Maya 三维动画基础案例教程

主　编　王东军

副主编　李培娥　侯　峰　路　璐

参　编　张晓婷　刘　鹏

北京理工大学出版社
BEIJING INSTITUTE OF TECHNOLOGY PRESS

内 容 简 介

本书秉承“面向工作过程”的编写理念，精选18个典型案例，覆盖Maya工作流程的各个环节，深入浅出地讲解使用Maya创建项目、建模、设置灯光材质、渲染输出、制作动画的完整工作流程。全书结构清晰、图文并茂，案例典型性强，不仅能提高读者的应用技能，还能提高读者的艺术创作能力。

本书既可以作为院校“数字媒体技术应用”和“动漫与游戏设计”等专业的教材，也可以作为从事动漫、游戏、影视后期处理工作人员的参考用书。

图书在版编目（CIP）数据

Maya三维动画基础案例教程 / 王东军主编 . -- 北京：北京理工大学出版社，2023.3

ISBN 978-7-5763-2039-8

Ⅰ. ①M… Ⅱ. ①王… Ⅲ. ①三维动画软件 – 案例 – 教材 Ⅳ. ①TP391.414

中国国家版本馆CIP数据核字（2023）第007822号

出版发行 / 北京理工大学出版社有限责任公司
社　　址 / 北京市海淀区中关村南大街5号
邮　　编 / 100081
电　　话 /（010）68914775（总编室）
（010）82562903（教材售后服务热线）
（010）68944723（其他图书服务热线）
网　　址 / http://www.bitpress.com.cn
经　　销 / 全国各地新华书店
印　　刷 / 定州市新华印刷有限公司
开　　本 / 889毫米 ×1194毫米　1/16
印　　张 / 13.5
字　　数 / 270千字
版　　次 / 2023年3月第1版　2023年3月第1次印刷
定　　价 / 79.00元

责任编辑 / 张荣君
文案编辑 / 张荣君
责任校对 / 周瑞红
责任印制 / 边心超

图书出现印装质量问题，请拨打售后服务热线，本社负责调换

Maya 是 Autodesk 公司出品的世界顶级的三维动画软件，其功能完善，工作灵活，易学易用，制作效率极高，渲染真实感极强，是电影级别的高端制作软件，应用领域涉及动画片制作、电影制作、电视栏目包装、广告制作、游戏开发、数字出版等。

本书秉承“面向工作过程”的编写理念，精选 18 个典型案例，覆盖 Maya 工作流程的各个环节，深入浅出地讲解使用 Maya 创建项目、建模、设置灯光材质、制作动画、渲染输出的完整工作流程。

本书采用任务引领驱动的编写体例，选用典型、实用、趣味的案例作为教学实例，根据工作任务完成的需要精选相匹配的知识点，将陈述性知识有机地嵌入到任务中。通过学习本书，将掌握如下内容：

第 1 章 初识 Maya。了解 Maya 软件；认识操作界面；学会自定义软件；熟悉基本快捷键。

第 2 章 Maya 基本操作。学会文件管理；熟练视图操作；熟练三维坐标与枢轴；灵活运用“复制”命令；理解层级概念；熟练对齐操作。

第 3 章 NURBS 建模。了解 NURBS 建模基本知识；熟练创建 NURBS 曲线；熟练修改 NURBS 曲线；熟练创建、编辑 NURBS 曲面；具备 NURBS 建模能力。

第 4 章 多边形建模。了解多边形建模基本知识；熟练创建多边形基本体；熟悉网格编辑基本命令；形成多边形建模能力。

第 5 章 灯光与渲染。了解照明知识;会使用三点布光;熟练使用、设置各种光源；熟悉不同渲染器的输出设置。

第 6 章 材质与贴图。了解材质的概念；熟悉各种材质的属性、能制作基本材质效果；理解 UV 概念；能编辑 UV、正确贴图。

第 7 章 基础动画。了解动画原理；能制作基本的转台动画、关键帧动画、受驱动关键帧动画、路径动画。

全书结构清晰，图文并茂，案例典型性强，不但能提高读者的应用技能，还能提高艺术创作能力，有利于读者触类旁通，快速胜任基本的三维模型、灯光、动画等工作，也为进一步地深入学习打下坚实的基础。

本书的配套资源中提供了所有实例的源文件和素材，以帮助读者熟练掌握 Maya 的制作的精髓，让新手从零起飞，进而跨入高手行列。

本书由王东军主编，李培娥、侯峰、路璐任副主编，张晓婷、刘鹏（汇众鼎视科技有限公司）参编。在编写过程中得到了汇众鼎视科技有限公司的技术与资源支持，在此衷心感谢！

由于编者水平有限，加之时间仓促，本书不足之处在所难免，欢迎广大读者批评指正。如有反馈建议，请发邮件至（bitpress_zzfs@bitpress.com.cn）联系。

编　者

目录
CONTENTS

第1章 初识 Maya

案例 1　熟悉 Maya 界面操作

案例描述

通过本案例，学会启动、关闭 Maya 软件，并熟悉 Maya 基本的界面操作。

学习目标

1. 知识目标

- 了解 Maya 软件的安装要求；
- 了解 Maya 的基本工作流程；
- 熟悉 Maya 的工作界面。

2. 技能目标

- 会启动、关闭 Maya 软件；
- 能熟练操作基本的 Maya 界面。

3. 素养目标

- 养成规范操作的习惯；
- 培养自主探究的学习能力。

操作步骤

（1）启动软件。执行“开始→ Autodesk Maya 2022 → Maya 2022”命令，或双击桌面上的快捷图标启动软件。初次启动 Maya 2022 时，会打开“新特性亮显设置”对话框，如图 1–1 所示。进行相关设置后单击“确定”按钮，Maya 2022 的新功能便会在操作界面以高亮绿色显示出来，如图 1–2 所示。如果不想让新功能以高亮绿色显示，那么可以在“新特性亮显设置”对话框中取消勾选“亮显新特性”复选框，然后单击“确定”按钮。启动完成后将进入 Maya 2022 的操作界面，如图 1–3 所示。

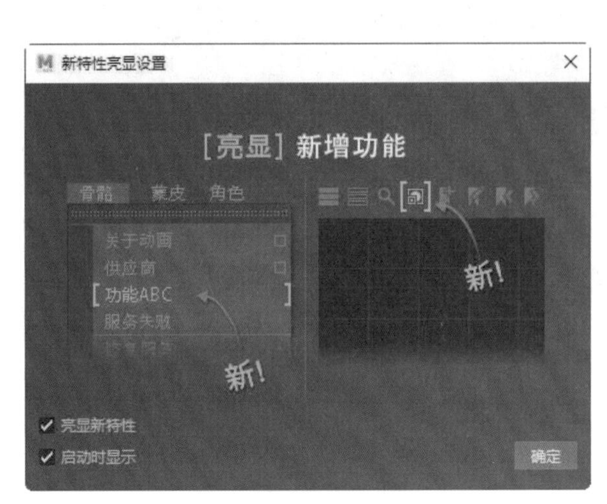

图 1–1

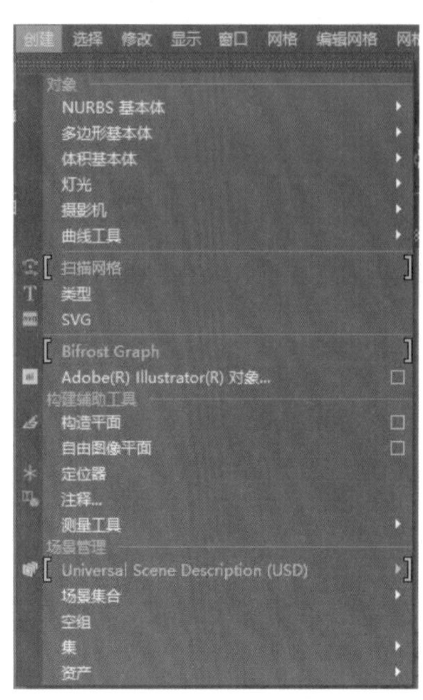

图 1–2

图 1–3

（2）切换功能模块。单击菜单集的不同模块选项，切换 Maya 的功能模块，从而改变菜单栏上相对应的命令，如图 1–4 所示。选择一个符合操作需要的菜单组合可以大大提高工作效率。

（3）显示、隐藏用户界面（User Interface，UI）元素。执行“窗口→设置 / 首选项→首选项”命令，打开“首选项”对话框，在左侧选择“UI 元素”选项，接着选中或取消选中要显示或隐藏的界面元素，最后单击“保存”按钮，即可显示或隐藏一部分界面元素，如图 1–5 所示。

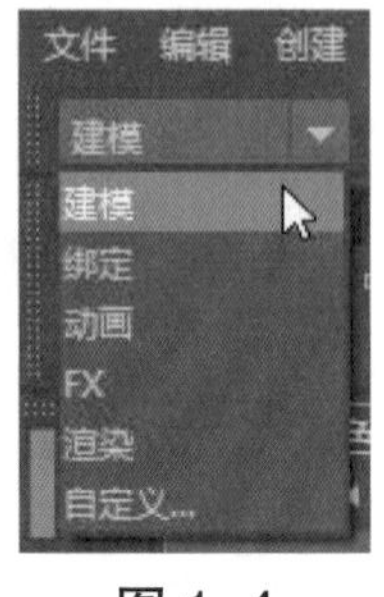

图 1–4

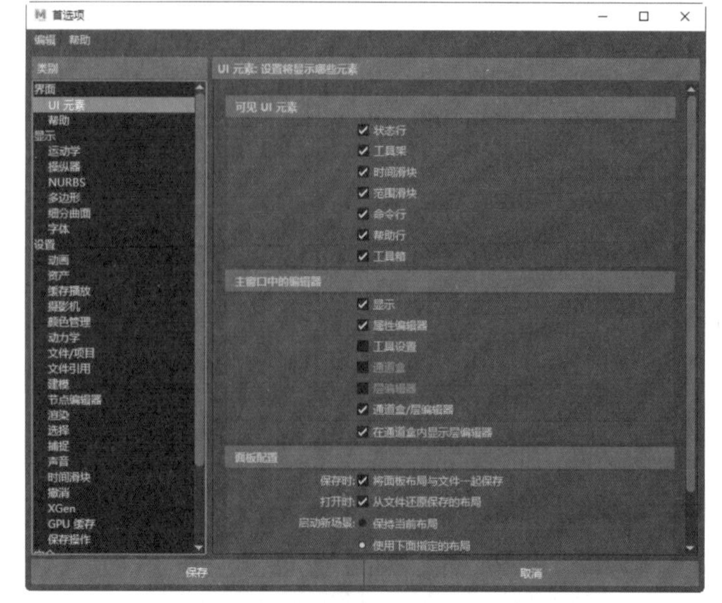

图 1–5

（4）工具架操作。单击工具架上方的工具架选项卡，可以切换不同的工具架，如“多边形”选项卡下的按钮集合对应的就是多边形建模的相关命令，如图 1–6 所示。

图 1–6

单击工具架左侧的“更改显示哪个工具架选项卡”按钮，在弹出的菜单中选择“自定义”选项可以自定义一个工具架，如图 1–7 所示。这样可以将常用的工具放在工具架上，形成一套自己的工作方式。单击“用于修改工具架的项目菜单”按钮，在弹出的菜单中选择“新建工具架”选项，这样可以新建一个工具架，如图 1–8 所示。

（5）切换视图。单击界面窗口左侧的“快捷布局工具”按钮，如图 1–9 所示，切换不同的视图模式。按【Alt】+ 鼠标左键对视窗进行旋转，按【Alt】+ 鼠标中键对视窗进行平移，按【Alt】+ 鼠标右键对视窗进行缩放。把鼠标指针放在不同的视图区域，按空格键进行视图切换。

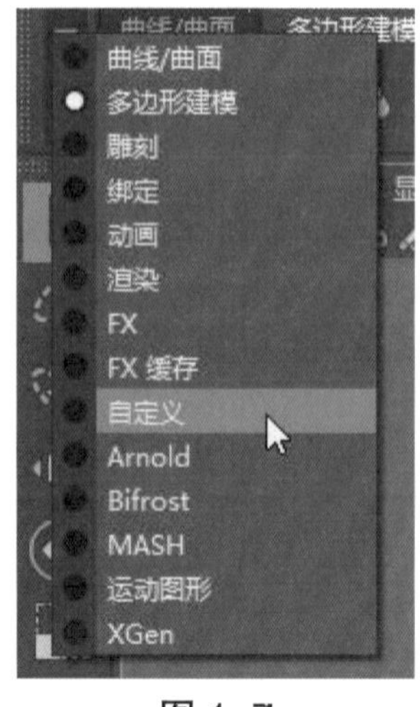

图 1–7

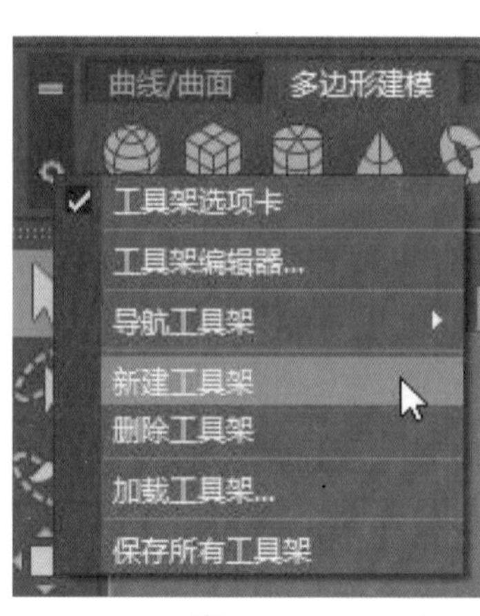

图 1–8

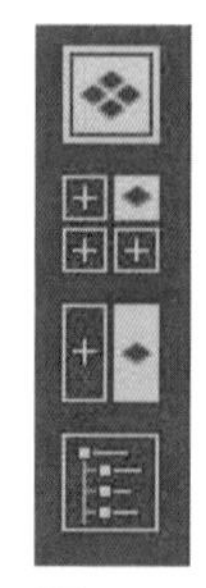

图 1–9

（6）使用热盒。将鼠标指针放置在工作区，按住空格键不放，热盒出现在以鼠标指针为中心的位置，如图 1–10 所示。热盒与 Maya 软件中的菜单命令完全相同，在实际操作中可以直接从热盒中执行菜单命令。

图 1–10

（7）按住空格键不放，在热盒右侧单击，出现图 1–11 所示的快捷菜单，单击“工具架”命令，工具架被隐藏，再次单击“工具架”命令，工具架被重新显示。

（8）按住空格键不放，在热盒下端单击，出现图 1–12 所示的快捷菜单；用同样的方法在热盒左侧、上端单击，分别出现图 1–13、图 1–14 所示的快捷菜单。

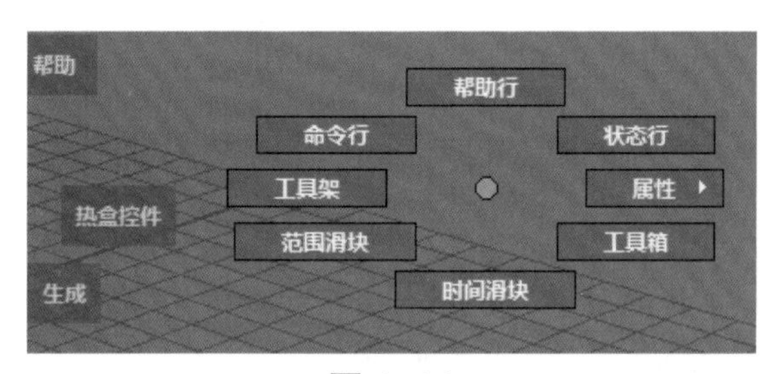

图 1–11

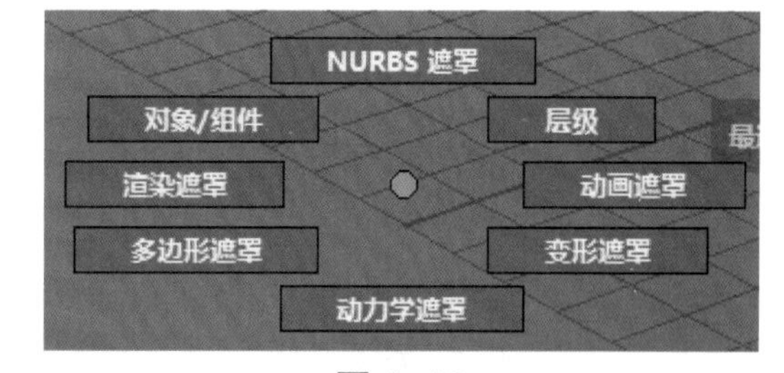

图 1–13

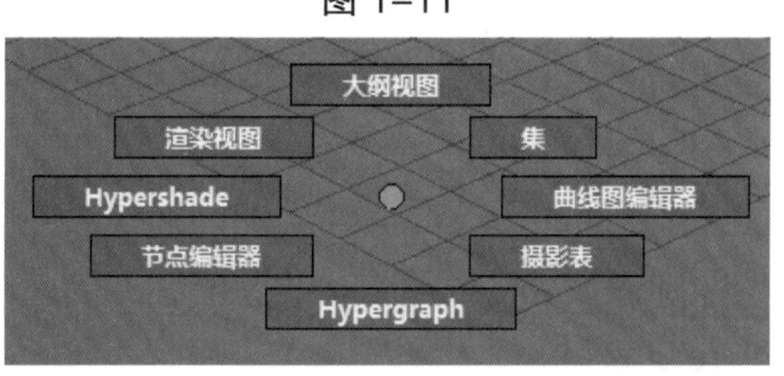

图 1–12

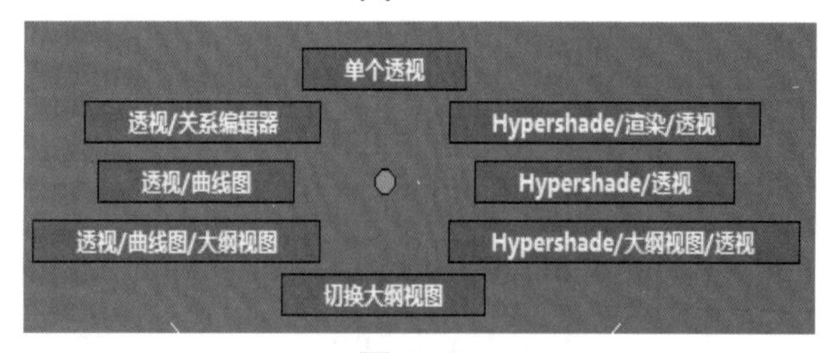

图 1–14

（9）按住空格键不放，单击热盒中间的“Maya”命令，出现图 1–15 所示的快捷菜单；用同样的方法单击“热盒控件”命令，弹出图 1–16 所示的快捷菜单，可以通过快捷菜单设置“透明度”等热盒属性。

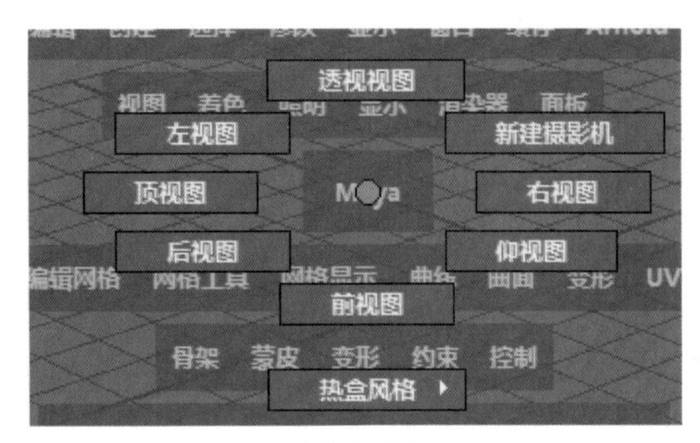

图 1–15

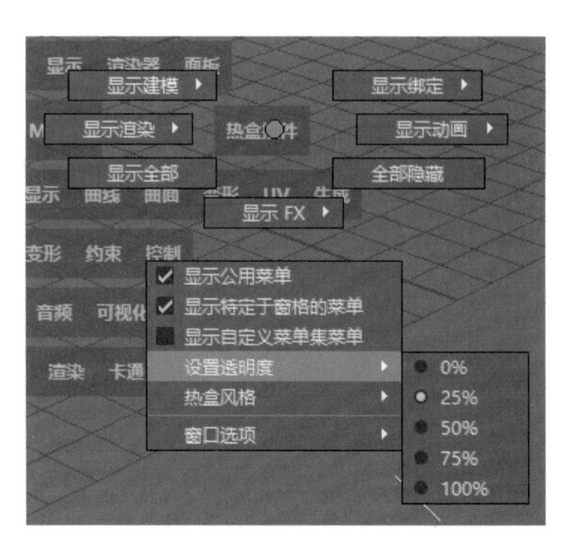

图 1–16

（10）执行“文件→退出”命令，退出软件。

知识精讲

1.1 Maya软件简介

Maya 是 Autodesk 公司出品的世界顶级的三维动画软件，其功能完善，工作灵活，易学易用，制作效率极高，渲染真实感极强，是电影级别的高端制作软件，应用领域涉及动画片制作、电影制作、电视栏目包装、广告制作、游戏开发、数字出版等。Maya 的计算机图学（Computer Graphics，CG）功能十分全面，建模、粒子系统、毛发生成、植物创建、衣料仿真等都可以轻松完成。

使用 Maya 的创作流程为：创建模型→角色绑定→动画→动力学、流体和其他模拟效果→绘制和 Paint Effects（特效笔刷）→照明、着色和渲染。

Maya 2022 提供了适用于 Maya 的 USD（通用场景描述）插件，还对 Maya 中动画、绑定和建模工具进行了重大更新，新增了对 Python 3 的支持，提供了基于 Bifrost 和 MtoA 的新插件。

Maya 2022 的操作系统：

- Microsoft® Windows® 10 操作系统。
- Apple® macOS® 11.x、10.15.x、10.14.x、10.13.x 操作系统。
- Linux® Red Hat® Enterprise 8.2、7.6~7.9 WS 操作系统。
- Linux® CentOS 8.2、7.6~7.9 操作系统。

中央处理器（Center Processing Unit，CPU）：

• 支持 SSE 4.2 指令集的 64 位 Intel® 或 AMD® 多核处理器。

• 在 Rosetta 2 模式下支持采用 M 系列芯片的 Apple Mac 型号。

显卡硬件：Maya 认证硬件。

随机存储器（Random Access Memory，RAM）：8GB RAM（建议使用 16GB 或更大空间）。

磁盘空间：6GB 可用磁盘空间（用于安装）。

指针设备：三键鼠标。

1.2 认识操作界面

Maya 2022 的操作界面由标题栏、菜单栏、状态行、工具架、工具箱、工作区、通道盒/层编辑器、时间滑块、范围滑块、命令行和帮助行等部分组成，如图 1-17 所示。

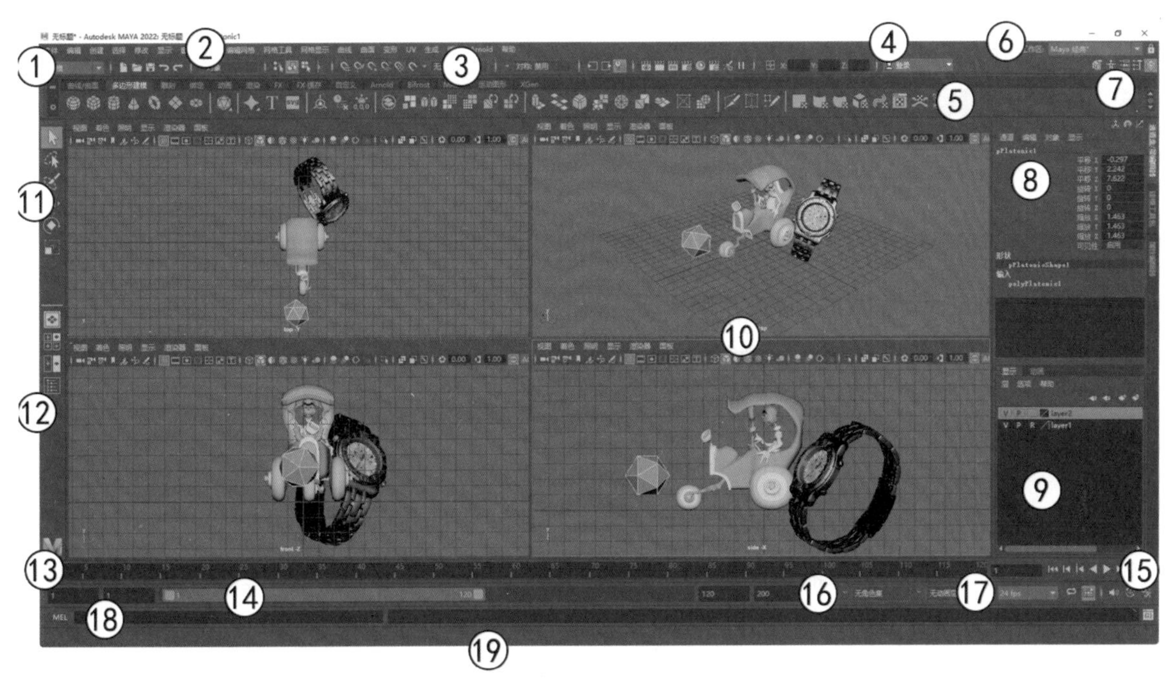

图 1-17

1. 菜单集

菜单集位于状态行左侧。它将可用菜单分为不同的类别，分别是：“建模”“绑定”“动画”“FX”和“渲染”。Maya 窗口菜单栏中的前 7 个菜单“文件”“编辑”“创建”“选择”“修改”“显示”和“窗口”始终可用，其余菜单根据所选的菜单集而变化，如图 1-18 所示。

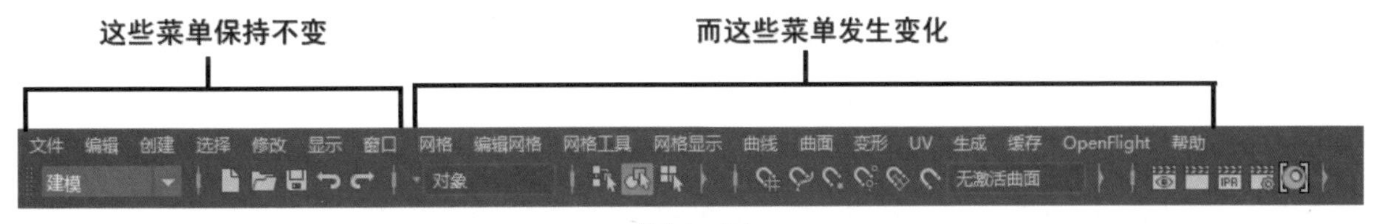

图 1-18

2. 菜单栏

菜单栏位于 Maya 窗口顶部标题栏下方，包含在场景中工作所使用的工具和操作命令。

除菜单栏外，还有用于面板和选项窗口的单独菜单。此外，还可以访问热盒主菜单中的菜单，通过将鼠标指针放置在工作区中按空格键即可打开热盒。

3. 状态行

状态行包含许多常用的常规命令对应的按钮（如文件保存按钮），以及用于设置对象选择、捕捉、渲染等的图标。此外，状态行还提供了快速选择字段，可针对输入的数值进行设置。默认情况下，状态行的各部分处于收拢状态。单击“显示 / 隐藏”按钮展开隐藏部分，单击“垂直分隔线”按钮可展开和收拢按钮组。图 1–19 所示为选择过滤控件，过滤可以选择的对象或组件类型。如图 1–20 所示，单击控件的“锁定 / 解除锁定当前选择”按钮后，可以单击直接运行操纵器；使用“亮显当前选择模式”，可以在组件模式中选择组件时使对象选择处于禁用状态。

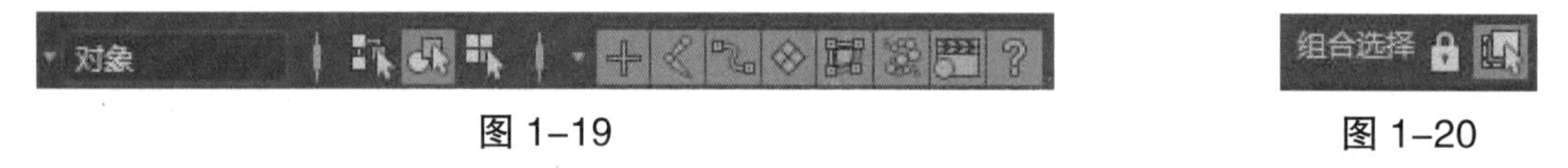

图 1–19　　　　图 1–20

单击图 1–21 所示的相应按钮，可以在绘制曲线时分别捕捉到“栅格”“曲线”“点”“投影中心”“视图平面”或者激活选定对象。

图 1–21

单击图 1–22 所示的“选定对象输入”和“选定对象输出”按钮可以选择、启用、禁用或列出选定对象的构建输入和输出。单击“构建历史开关”按钮，可以针对场景中的所有对象启用或禁用构建历史。

通过图 1–23 所示的输入框，可以在 Maya 场景中快速选择、重命名或变换对象和组件，而无须通过通道盒进行操作。

图 1–22　　　　图 1–23

4.“用户账户”菜单

登录到 Autodesk 账户，可以获取更多选项，例如，用于管理许可证或购买 Autodesk 产品的选项。

5. 工具架

工具架包含常见任务对应的按钮，并根据类别按选项卡进行排列。工具架的真正功效在于可以创建自定义工具架，然后在自定义工具架中创建只需单击一次即可快速访问的工具或命令快捷键。

6. 工作区选择器

选择专门设计用于不同工作流的窗口和面板的自定义或预定义排列，图 1–17 显示的是“Maya 经典”工作区。

7. 侧栏图标

图 1–24 所示的状态行按钮可打开和关闭许多常用的工具。从左到右，这些按钮依次显示建模工具包、HumanIK 窗口、属性编辑器、工具设置和通道盒 / 层编辑器（默认情况下处于打开状态并在此处显示）。

图 1–24

在“Maya 经典”工作区中，这些工具在侧栏窗格中以选项卡形式打开，但在浮动窗口中打开的“工具设置”除外。使用这些选项卡可以在打开的工具之间切换，或者单击当前选项卡可收拢整个窗格。单击收拢窗格中的任意选项卡即可将其还原。此外还可以拖曳这些选项卡来更改顺序，或者在这些选项卡上右击以获得更多选项。

8. 通道盒

通过通道盒，可以编辑选定对象的属性和关键帧值。默认情况下，将显示变换属性，可以在此处更改对象的属性，如图 1–25 所示。

9. 层编辑器

层编辑器中有显示层与动画层两种类型的层，如图 1–26 所示。

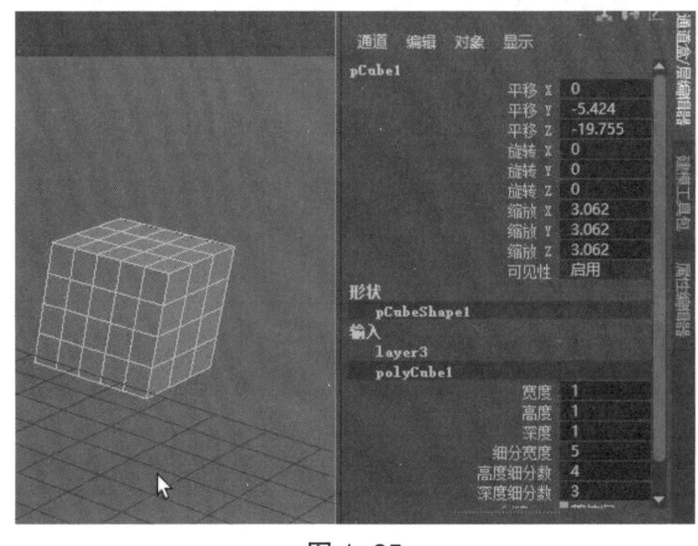

图 1–25

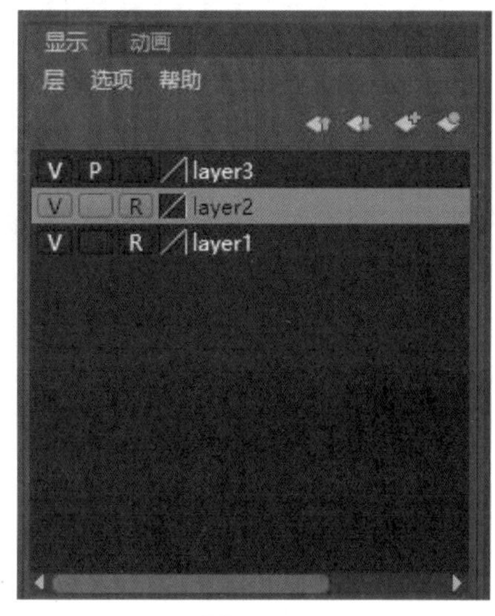

图 1–26

• 显示层：用来管理放入层中的物体是否被显示出来，可以将场景中的物体添加到层内，在层内对其进行隐藏、选择和模板化等操作。

• 动画层：用于融合、锁定或禁用动画的多个级别。

每个层名称旁边显示的 V、P 和 T 是视图设置，可以通过单击来启用和禁用它们。

其中：

- V：显示或隐藏层。
- P：表示在播放期间该层是可见的，禁用 P 会在播放期间隐藏该层。
- T：表示层中的对象已模板化，它们显示在线框中且不可选。
- R：表示层中的对象已被引用，它们不可选，但保持当前的显示模式。
- 空框：表示层中的对象正常并可供选择。

在所有情况下，都有一个默认层，对象在创建后最初放置在该层。

10. 视图面板

通过视图面板，可以使用摄影机视图通过不同的方式查看场景中的对象。单击左侧的快速布局按钮，可以在单视图面板布局与四视图面板布局之间切换，也可以在视图面板中显示不同的编辑器。通过每个视图面板中的面板工具栏，可以访问位于面板菜单中的许多常用命令。例如，可以在一个视图面板中以着色显示模式使用透视摄影机查看场景，并在另一个视图面板中以线框显示模式使用前正交摄影机查看场景，如图 1–27 所示。

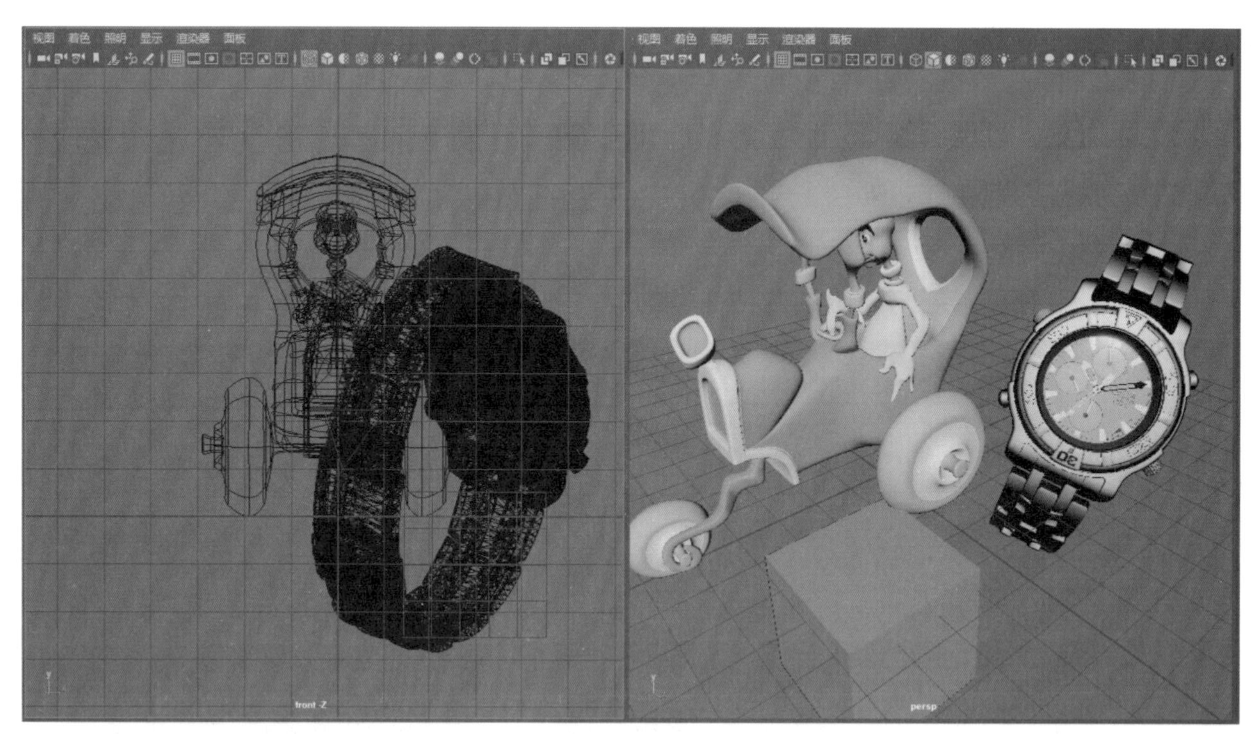

图 1–27

11. 工具箱

工具箱包含用于选择和变换场景中对象的工具。通过标准键盘快捷键可使用“选择”工具（Q）、“移动”工具（W）、“旋转”工具（E）、“缩放”工具（R）和显示操纵器（T），以及访问上次在场景中使用的工具（Y），如图 1–28 所示。

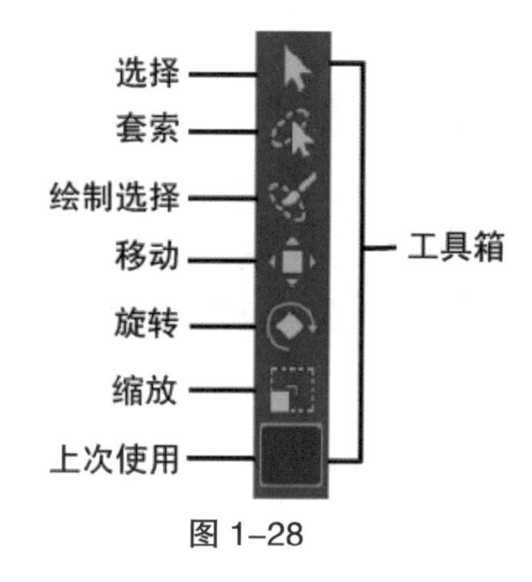

图 1-28

12. 快速布局按钮 / 大纲视图按钮

单击工具箱下面的前 3 个快速布局按钮，即可在有用的视图面板布局之间切换，而工具箱底部按钮用于打开大纲视图。

大纲视图以大纲形式显示场景中所有对象的层次列表，如图 1-29 所示。可以展开和收拢层次中分支的显示，层次的较低级别在较高级别下缩进。它是 Maya 的两个主要场景管理编辑器之一（另一个是 Hypergraph）。此外，大纲视图还会显示视图面板中通常隐藏的对象，如默认摄影机或没有几何体的节点（如着色器和材质）。通过勾选或取消勾选大纲视图面板中“展示”或“显示”菜单中的选项，可以控制大纲视图中显示的节点类型。

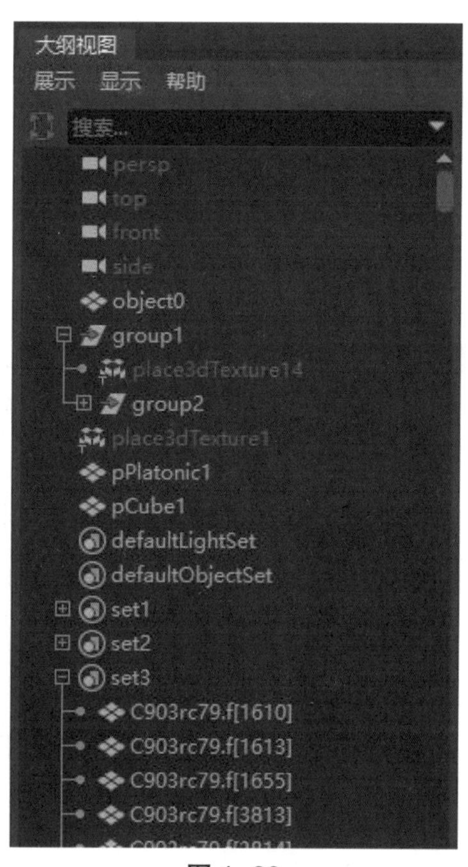

图 1-29

13. 时间滑块

时间滑块显示可用的时间范围、当前时间、选定对象或角色上的关键帧、“缓存播放”状态行和时间滑块书签。可以通过拖曳其中的红色播放光标浏览动画。

14. 范围滑块

范围滑块用于设置场景动画的开始时间和结束时间。如果要重点关注整个动画的更小部分，那么还可以设置播放范围。

15. 播放控件

通过播放控件，可以播放或预览时间滑块范围定义的动画。

16.“动画”或“角色”菜单

通过“动画”或“角色”菜单可以切换动画层和当前的角色集。

17. 播放选项

使用播放选项可以控制场景播放动画的方式，其中包括设置帧速率、循环控件、音频控件、自动设置关键帧和缓存播放，而且还支持快速访问时间滑块首选项。

18. 命令行

命令行的左侧区域用于输入单条 Mel 命令，右侧区域用于提供反馈。用户如果对 Maya 的 Mel 脚本语言很熟悉，那么可以使用这些区域。

19. 帮助行

当在操作界面中的工具和菜单项上滚动时，帮助行显示这些工具和菜单项的简短描述，而且还会提示用户使用工具或完成工作所需的步骤。

1.3 自定义软件

1. 自定义工具架

单击默认工具架旁边的⚙按钮，在弹出的菜单中选择“新建工具架”选项，输入新工具架的名称，然后单击“确定”按钮。

• 向工具架添加工具：选择工具，使用鼠标中键将工具图标从“工具箱”拖曳到工具架上。

• 向工具架添加菜单项：切换到要向其中添加菜单项的工具架，打开包含所需项目的菜单，然后按【Ctrl+Shift】组合键并单击菜单项。

• 向工具架添加面板布局：切换到想向其中添加布局按钮的工具架，在任何面板中选择“面板→面板编辑器”选项，切换到“布局”选项卡，选择布局名称，然后单击“添加到工具架”按钮。

2. 自定义操纵器

执行“窗口→设置 / 首选项→首选项”命令，在打开的“首选项”对话框的左窗格选择

“操纵器”选项，在右侧窗格可以设置操纵器的相关参数，如图 1–30 所示。

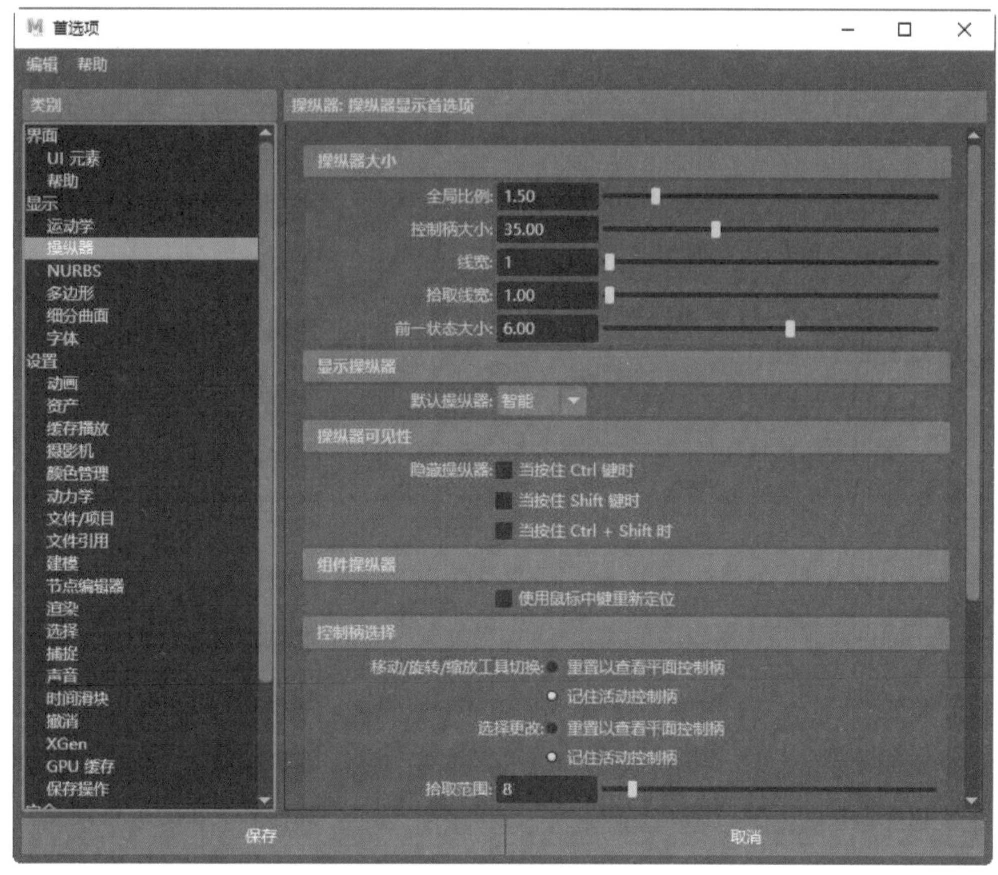

图 1–30

3. 自定义历史记录

执行“窗口→设置 / 首选项→首选项”命令，在打开的“首选项”对话框的左窗格选择“撤消”选项，在右侧窗格设置撤销历史的相关参数，如图 1–31 所示。

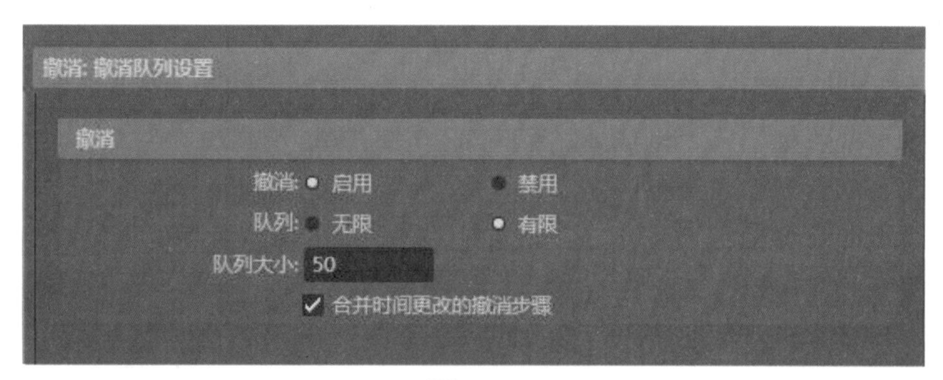

图 1–31

1.4 快捷键

熟练使用快捷键可以提高创作效率，Maya 常用快捷键如表 1–1 所示。更多的快捷键设置，可以通过执行“窗口→设置 / 首选项→热键编辑器”命令打开“热键编辑器”对话框查看。

表 1-1 Maya 常用快捷键

快捷键	功能解释	快捷键	功能解释
Enter	完成当前工具	插入	进入工具编辑模式
Q	选择工具	W	移动工具
E	旋转工具	R	缩放工具
Ctrl+T	显示通用操纵器工具	T	显示操纵器工具
Y	选择移动、旋转或缩放的最后使用的工具	D	使用鼠标左键移动枢轴（移动工具）
Ctrl+Z	撤销	Ctrl+Y	重做
G	重复上次操作	P	结成父子关系
Shift+P	断开父子关系	空格键	热盒（按下）
0	默认质量显示设置	1	粗糙质量显示设置
2	中等质量显示设置	3	平滑质量显示设置
Ctrl+N	新建场景	Ctrl+O	打开场景
Ctrl+S	保存场景	C	捕捉到曲线（按下并释放）
X	捕捉到栅格（按下并释放）	V	捕捉到点（按下并释放）

拓展练习

1. 熟练进行切换视图操作。
2. 熟练进行热盒菜单操作。
3. 熟练进行自定义工具架操作。

第2章 Maya基本操作

案例2 创建项目并归档场景

案例描述

在要求的存储路径创建项目，并在其中保存场景文件，然后归档场景。

学习目标

1. 知识目标

- 了解“视图”、“着色”、“面板”菜单的内容；
- 了解“视图”、“着色”、“面板”菜单的操作方法；
- 熟悉文件管理的方法。

2. 技能目标

- 能熟练使用“视图”、“着色”、“面板”菜单；
- 能熟练进行文件管理。

3. 素养目标

- 养成规范操作的习惯；
- 培养学生的学习兴趣，激发学生的发散思维。

操作步骤

（1）执行“文件→项目窗口”命令，打开“项目窗口”对话框，然后单击“新建”按钮，接着在“当前项目”文本框中输入新建项目的名称 chair，如图 2–1 所示。

（2）在“位置”后面选择将建立项目目录的路径（根据要求输入），如图 2–2 所示。

（3）单击“接受”按钮，这样就可以在指定的根目录下建立一个名称为 chair 的项目目录。打开该文件夹，可以观察到里面的目录结构，如图 2–3 所示。

（4）执行“文件→场景另存为”命令，打开“另存为”对话框，可以看到系统已经把保存路径自动设置为新建项目的对应文件夹。单击“另存为”按钮，如图 2–4 所示，保存场景。

图 2-1

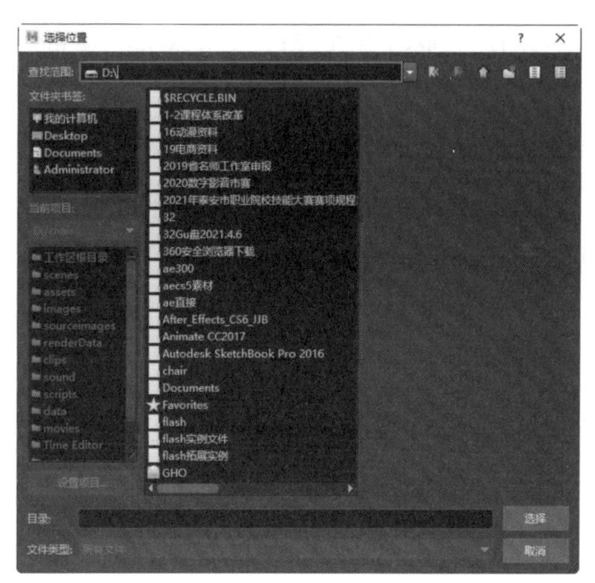

图 2-2

图 2-3

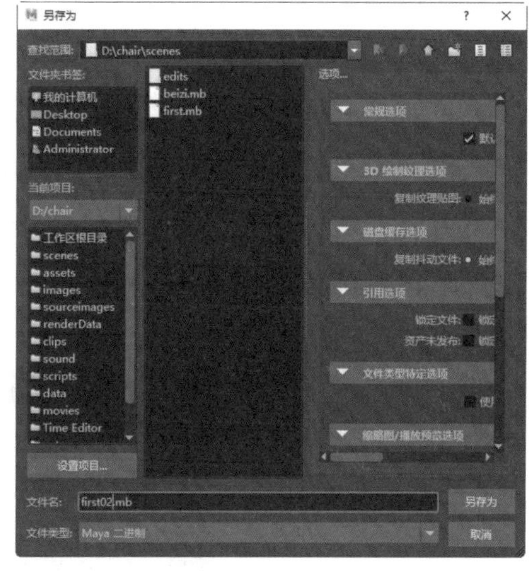

图 2-4

（5）执行“文件→归档场景”命令。

知识精讲

2.1　文件管理

文件管理可以把不同类型的文件有条理地放置，因此可以方便地对文件进行修改。在 Maya 中，各种类型的文件都放在不同的文件夹中，如一些参数设置、渲染图片、场景文件和贴图等，都有与之相对应的文件夹。在“文件”菜单下提供了一些文件管理的相关命令。

（1）新建场景：用于新建一个场景文件。新建场景的同时将关闭当前场景，如果当前场景未保存，那么系统会自动提示用户是否进行保存。

（2）打开场景：用于打开一个新场景文件，同时关闭当前场景。如果当前场景未保存，系统会自动提示用户是否进行保存。

（3）保存场景：用于保存当前场景，默认保存在项目文件的 scenes 文件夹中，也可以根据实际需要改变保存目录。

（4）场景另存为：将当前场景另保存一份，以免覆盖以前保存的场景。Maya 的场景文件有两种格式：一种是 mb 格式，这种格式的文件在保存期内调用的速度比较快；另一种是 ma 格式，是标准的 Native ASC Ⅱ 文件，允许用户用文本编辑器直接进行修改。

（5）递增并保存：在文件名称后加上递增的数字另存文件。

（6）归档场景：将场景文件打包处理，将与当前场景相关的文件打包为 zip 文件。这个功能对于整理复杂场景非常有用。

（7）保存首选项：将设置好的首选项设置保存好。

（8）优化场景大小：从场景中移除空的、无效的或未使用的部分，如无效的空层、无关联的材质节点、纹理、变形器、表达式及约束等，以减小场景的大小和复杂性。单击“优化场景大小”命令后面的按钮，打开“优化场景大小选项”对话框，如图 2–5 所示。如果直接执行“优化”命令，将优化“优化场景大小选项”对话框中的所有勾选的对象；如果只想优化某一类对象，可以单击“优化场景大小选项”中类型后面的“立即优化”按钮，这样可以对其进行单独的优化操作。

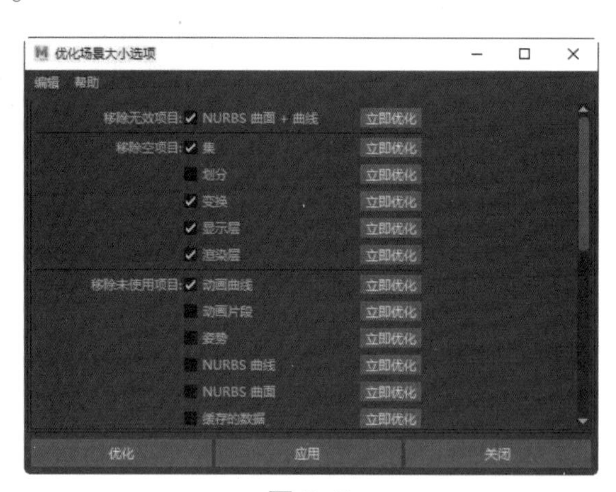

图 2–5

（9）导入：将已保存场景文件中的数据加载到现有场景中。

（10）导出全部：将所有对象保存到新的场景文件中。

（11）导出当前选择：将选定对象保存到新的场景文件中。

（12）项目窗口：打开“项目窗口”对话框。在该对话框中可以设置与项目有关的文件数据（如贴图、MEL 脚本、声音等）的保存路径。

（13）设置项目：设置工程目录，即指定 projects 文件夹作为工程目录文件夹。

（14）退出：退出 Maya，并关闭程序。

2.2 视图操作

在 Maya 的视图中可以很方便地进行旋转、缩放和推移等操作，每个视图实际上都是一个摄影机，对视图的操作也就是对摄影机的操作。在 Maya 中有两大类摄影机视图：一类是透视摄影机，也就是透视图，随着距离的变化，物体大小也会随之发生变化；另一类是平行摄影机，这类摄影机里只有平行光线，不会有透视变化，其对应的视图为正交视图，如顶视图和前视图。如图 2–6 所示。

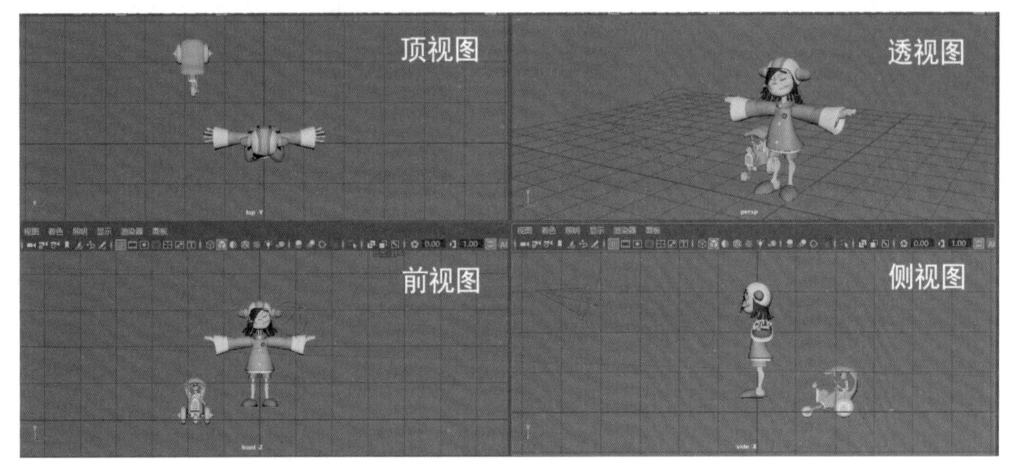

图 2–6

打开 Maya 软件，其默认显示的工作区是透视图窗口。按下空格键，可以切换为四视图显示方式。按下空格键，然后会出现四视图窗口，把鼠标指针移动到任一窗口，再按一下空格键，就可以把此窗口切换为当前视图窗口了。

1.“视图”面板菜单

“视图”面板菜单如图 2–7 所示，其菜单项对应的功能如下。

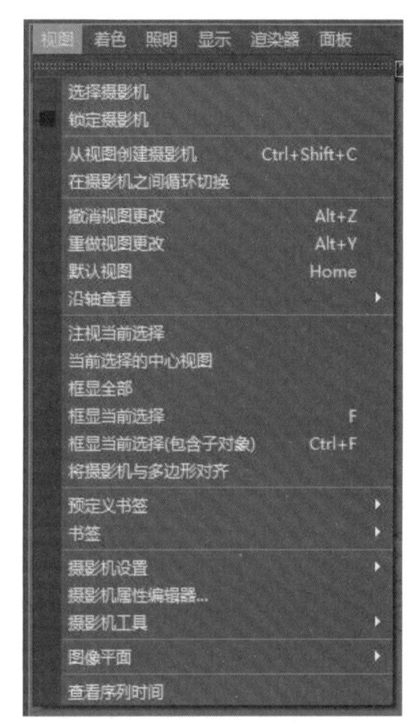

图 2–7

（1）选择摄影机：选择视图对应的摄影机。“通道盒”和“属性编辑器”中将显示该摄影机的属性。

（2）锁定摄影机：锁定当前选定的摄影机，避免意外更改摄影机位置进而更改动画。锁定摄影机后，不能调整其变换信息。

（3）从视图创建摄影机：使用当前摄影机设置创建新摄影机。新摄影机将自动变为活动状态。

（4）在摄影机之间循环切换：在场景中的自定义摄影机之间循环切换，如果不存在自定义摄影机，则在场景中的标准摄影机之间循环切换。

（5）默认视图：取消之前的视口更改并还原默认视图。

（6）沿轴查看：可以移动摄影机沿不同的轴查看场景。

从图 2-8、图 2-9 所示子菜单中选择所需的轴，视口底部的摄影机平视显示仪反射用户查看场景所使用的轴（透视 Z 与透视 -Z）。

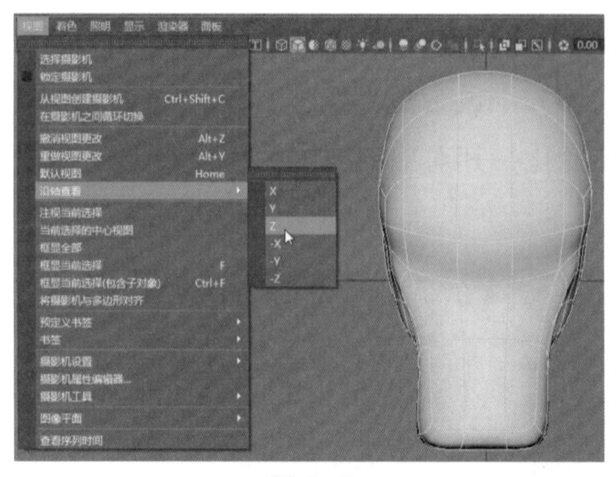

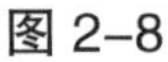

图 2-8

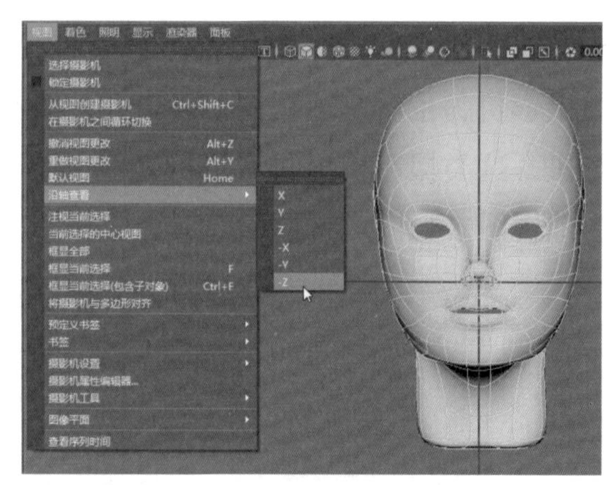

图 2-9

（7）框显全部：选择此选项或按【A】键，可查看视图并使场景中的所有对象充满视图。此外，还可以从主菜单中选择“显示→在所有视图中框显所有内容”选项或者按【Shift+A】组合键，在所有视图中框显所有对象。

（8）框显当前选择：选择此选项或按【F】键，可查看视图并使场景中的选定对象充满视图。此外，还可以从主菜单中选择“显示→在所有视图中框显当前选择”选项，或者按【Shift+F】快捷键在所有视图中框显当前选择的对象。

（9）摄影机工具：包括如下几个子菜单项。

• 翻滚工具：对视图的旋转操作只针对透视摄影机类型的视图，因为正交视图中的旋转功能是被锁定的。可使用【Alt+ 鼠标左键】对视图进行旋转操作，若想让视图在以水平方向或垂直方向为轴心的单方向上旋转，可以使用【Shift+Alt+ 鼠标左键】来实现。

• 平移工具：可使用【Alt+ 鼠标中键】来移动视图，同时也可以使用【Shift+Alt+ 鼠标中键】在水平或垂直方向上进行移动操作。

• 缩放工具：缩放视图可以将场景中的对象进行放大或缩小显示，实质上就是改变视图摄影机与场景对象的距离，可以将视图的缩放操作理解为对视图摄影机的操作。可使用【Alt+ 鼠标右键】或鼠标滚轮对视图进行缩放操作，也可以按【Ctrl+Alt+ 鼠标左键】框选出一个区域，使该区域放大到最大。

（10）图像平面：创建图像平面或访问其属性，可在视图中导入一张图片，将其作为建模的参考。

2.“着色”面板菜单

在操作复杂场景时，Maya 会消耗大量的资源，这时可以通过使用 Maya 提供的不同显示方式来提高运行速度，在视图菜单中的“着色”菜单中有各种显示命令，如图 2-10 所示。

• 线框：将模型以线框的形式显示在视图中。多边形以多边形网格方式显示出来，NURBS（非均匀有理数 B 样条线）曲面以等位结构线的方式显示在视图中，如图 2-11 所示。

• 对所有项目进行平滑着色处理：将全部对象以默认材质的实体方式显示在视图中，可以很清楚地观察到对象的外观造型，如图 2–12 所示。

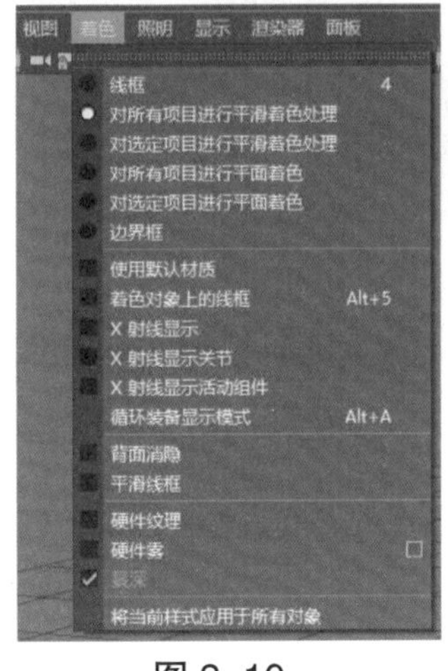

图 2–10

图 2–11

图 2–12

• 对选定项目进行平滑着色处理：将选择的对象以平滑实体的方式显示在视图中，其他对象以线框的方式显示，如图 2–13 所示。

• 对所有项目进行平面着色：这是一种实体显示方式，但模型会出现很明显的轮廓，显得不平滑，如图 2–14 所示。

• 对选定项目进行平面着色：将选择的对象以不平滑的实体方式显示出来，其他对象都以线框的方式显示出来，如图 2–15 所示。

图 2–13

图 2–14

图 2–15

• 边界框：将对象显示为表示其边界体积的长方体。边界框可以加快 Maya 操作的速度，同时还可以将复杂模型显著地区分开来，如图 2–16 所示。

• 使用默认材质：以初始的默认材质来显示场景中的对象，当使用对所有项目进行平滑着色处理等实体显示方式时，该功能才可用，如图 2–17 所示。

• 着色对象上的线框：如果模型处于实体显示状态，该功能可以让实体周围以线框围起来的方式显示出来，相当于线框与实体显示的结合体，如图 2–18 所示。

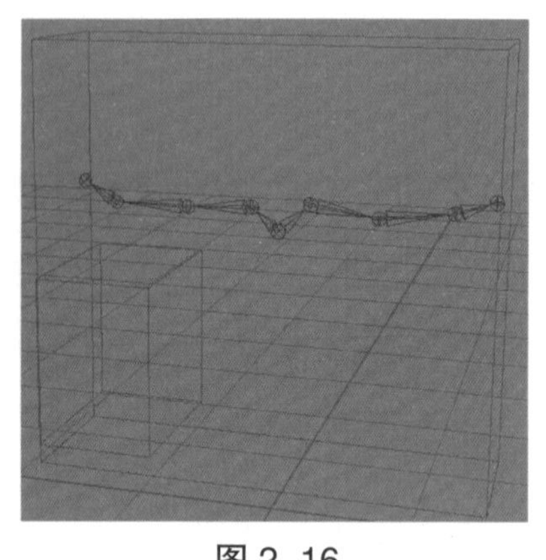

图 2–16

图 2–17

图 2–18

• X 射线显示：将对象以半透明的方式显示出来，可以通过该方法观察到模型背面的物体，如图 2–19 所示。

• X 射线显示关节：在着色对象顶部上方显示骨架关节，以便选择关节，如图 2–20 所示。

图 2–19

图 2–20

• 背面消隐：对于在平滑着色模式或平面着色模式下显示的对象，使其背面透明，有助于加快显示或操纵对象。图 2–21 所示为没有开启“背面消隐”的显示效果，图 2–22 所示为开启“背面消隐”的显示效果。

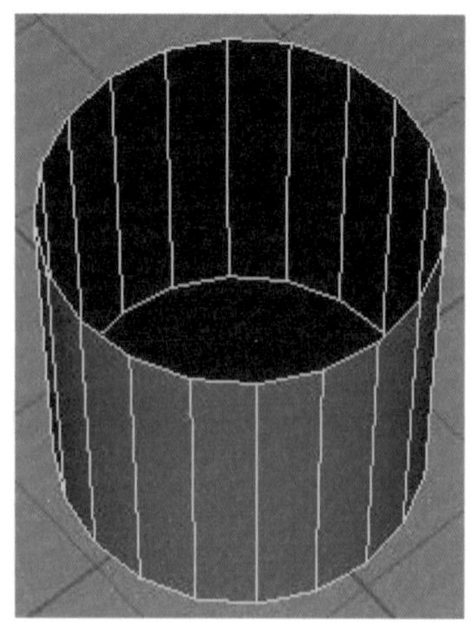

图 2–21

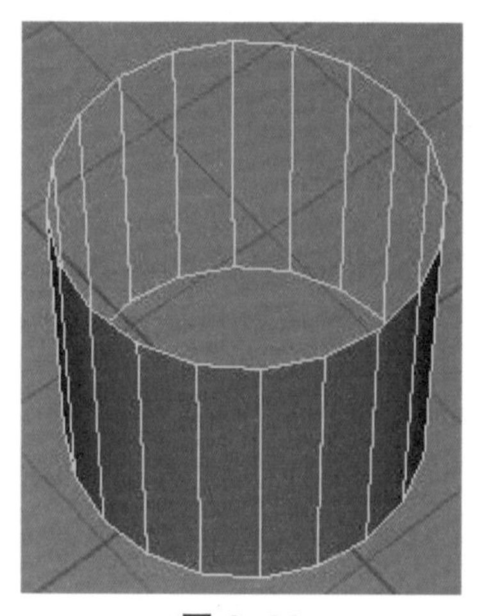

图 2–22

3.“面板”面板菜单

良好的视图布局有利于提高工作效率。图 2-23 所示的是视图中“面板”面板菜单下的调整视图布局的命令。

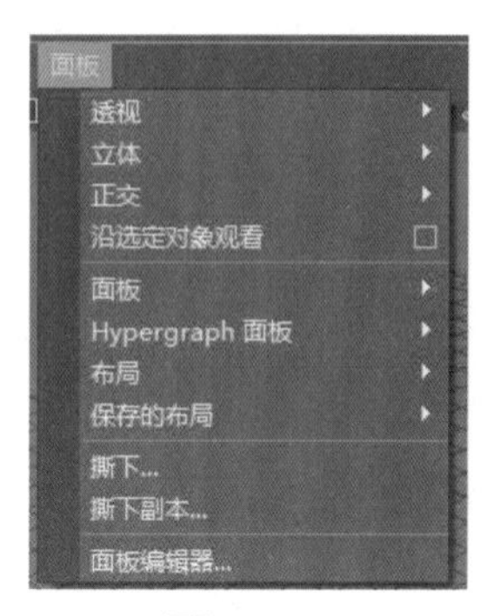

图 2-23

• 透视：用于创建新的透视图或选择其他透视图。

• 立体：可以更改为立体模式，或新建立体摄影机。

• 正交：可以更改为正交视图，或新建正交视图。

• 沿选定对象观看：通过选择的对象来观察视图，该命令可以通过选择对象的位置为视点来观察场景。

“沿选定对象观看”命令不只限于将摄影机切换作为观察视点，还可以将所有对象作为视点来观察场景，因此其常用来调节灯光，使用该命令可以很直观地观察到灯光所照射的范围。图 2-24 所示为通过透视图观察场景的效果，如图 2-25 所示为通过选定的聚光灯观察场景的效果。

图 2-24

图 2-25

• 面板：可以通过该命令来打开相应的对话框。

• Hypergraph 面板：用于切换“Hypergraph 层次”视图。

• 布局：该菜单中存放了一些视图的布局命令。

• 保存的布局：这里保存了 Maya 的一些默认布局，功能和左侧的“快速布局按钮”一样，可以很方便地切换到想要的视图。

• 撕下：将当前视图作为独立的对话框分离出来。

• 撕下副本：将当前视图复制一份作为独立对话框。

• 面板编辑器：如果对 Maya 所提供的视图布局不满意，可以在这里编辑出想要的视图布局。

案例3 通过调整参数变换对象

案例描述

通过在通道盒修改参数变换对象属性。

学习目标

1. 知识目标

- 了解“通道盒”；
- 掌握通过“通道盒”修改参数变换对象属性的方法；
- 理解“三维坐标”与“枢轴”的概念。

2. 技能目标

- 能熟练选择对象和组件；
- 能熟练变换对象和组件。

3. 素养目标

- 养成仔细观察的习惯；
- 培养自主探究的学习能力。

操作步骤

（1）执行“创建→多边形基本体→立方体”命令，在透视图中创建一个立方体，系统会自动将其命名为pCube1，如图2-26所示。

（2）在通道盒中观察控制立方体的属性参数，如图2-27所示。

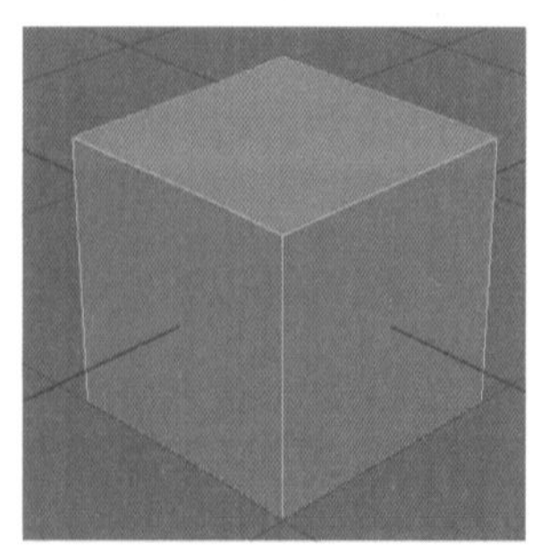

图2-26

平移 X	0
平移 Y	0
平移 Z	0
旋转 X	0
旋转 Y	0
旋转 Z	0
缩放 X	1
缩放 Y	1
缩放 Z	1
可见性	启用

图2-27

（3）改变通道盒中“平移X”“平移Y”“平移Z”这3个选项的数字框的参数，观察立方体在工作区的变化。选择“移动”工具，通过X、Y、Z 3个坐标轴拖曳立方体，同时观察通道盒中参数的变化，如图2-28所示。

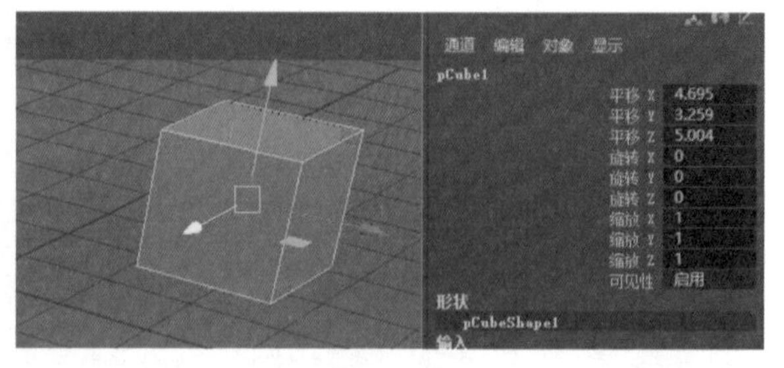

图2-28

（4）设置“旋转Z”选项的数值为60，这时可观察到立方体围绕Z轴旋转了60°，如图2-29所示。然后恢复其数值为0，以方便下面的操作。

（5）单击“输入”属性下的polyCube1选项，展开其参数设置面板，可以观察到里面记录了立方体的宽度、高度、深度以及3个轴向上的细分段数。设置“宽度”为3、“高度”为4、“深度”为1，如图2-30所示。

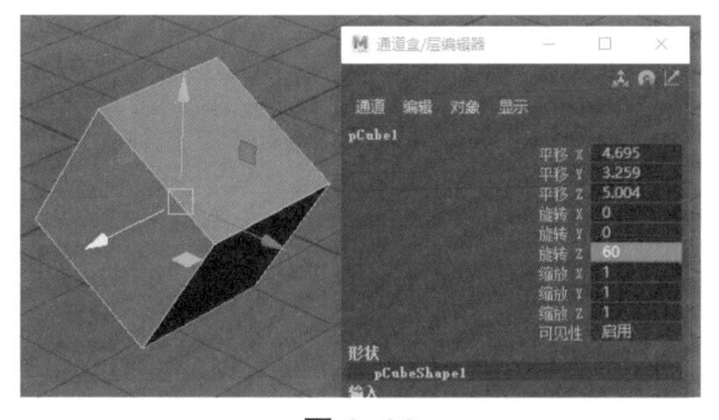

图2-29

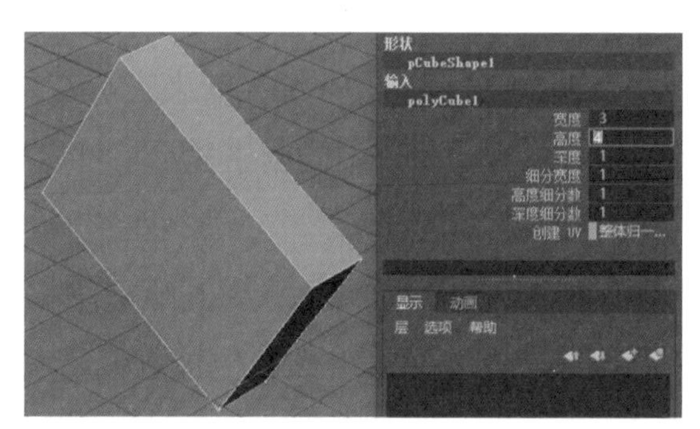

图2-30

（6）设置“宽度”“高度”“深度”值均为1，这时可以观察到立方体变成了边长为1个单位的立方体，如图2-31所示。

（7）设置“细分宽度”“高度细分数”“深度细分数”的数值为4，这时可以观察到立方体在X、Y、Z轴方向上分成了4段，也就是说“细分”参数用来控制对象的分段数，如图2-32所示。

图2-31

图2-32

（8）在“可见性”后面输入“0”，按【Enter】键，“可见性”的值变为“禁用”，这时可以观察到立方体从工作区隐藏，如图2-33所示。

（9）在“可见性”后面输入“1”，按【Enter】键，“可见性”的值变为“启用”，这时可以观察到立方体在工作区显示，如图2-34所示。

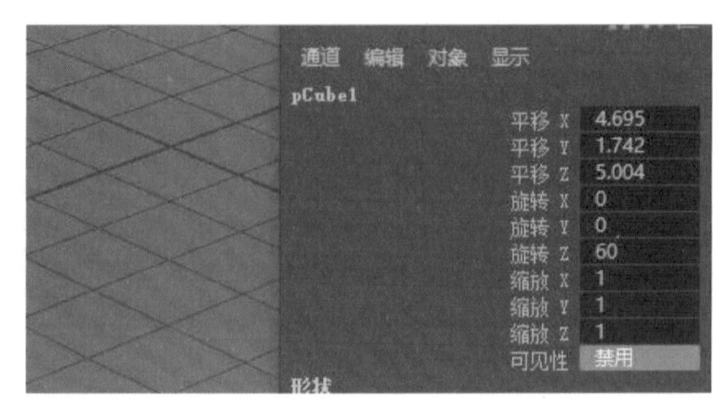

图 2–33

图 2–34

知识精讲

2.3 三维坐标与枢轴

在 Maya 中分别以红、绿、蓝来表示 X、Y、Z 轴，它们的原点位于场景的中心。视图窗口中的栅格显示了世界空间轴，如图 2–35 所示。

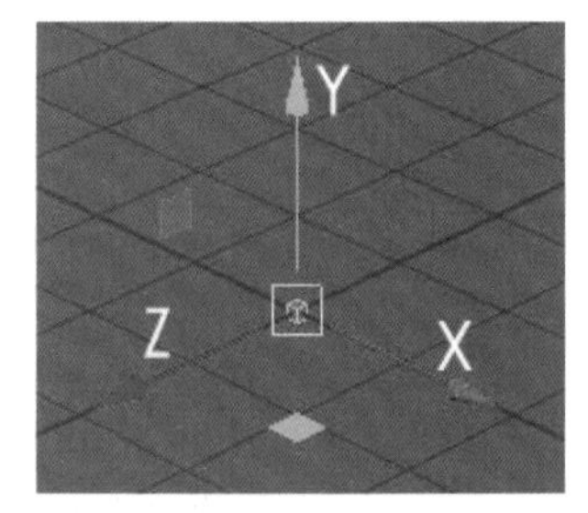

图 2–35

1. 调整枢轴的位置

枢轴点定义对象或组件绕其旋转和缩放的位置。默认情况下，一个对象或一组对象 / 组件的枢轴点位于其中心。如果要将对象围绕特定点旋转（如前臂围绕肘部旋转），则需要调整枢轴的位置。

可以通过以下方法改变枢轴点。

- 自定义枢轴：按【D】键或【Insert】键，进入轴心点编辑模式，然后拖曳手柄即可改变轴心点，如图 2–36 所示。
- 使枢轴点居中：选择对象，执行“修改→中心枢轴”命令，枢轴将移动到对象边界框的中心，如图 2–37 所示。

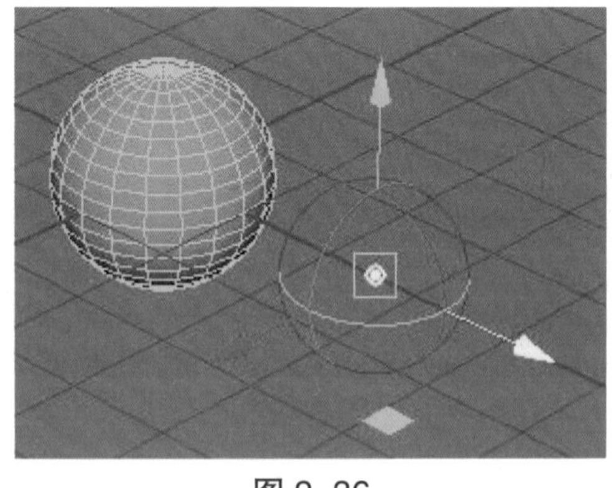

图 2–36

图 2–37

2. 选择对象和组件

Maya 有 3 种选择模式：“层次”“对象”“组件”。使用这些模式可以限制或过滤对其他对象的选择，从而仅选择所需的项目类型。可以在选择之前通过“状态行”的按钮定义选择的模式，如图 2–38 所示。

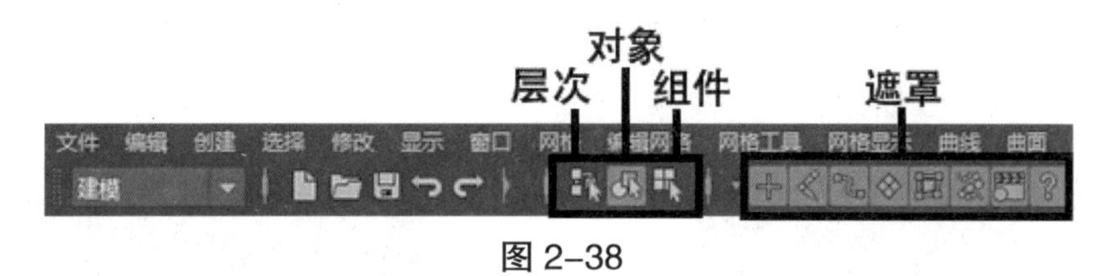

图 2–38

• 按层次选择：可以选择成组的物体。

• 按对象选择：使选择的对象处于物体级别，在此状态下，后面选择的遮罩将显示物体级别下的遮罩工具。

操作方法：确保 Maya 处于“对象”选择模式，从“工具箱”中拾取“选择工具”，或者按【Q】键并单击对象即可选择对象，按住【Shift】键单击可以加选或减选对象。

• 按组件选择：Maya 中的对象是几何体形状，组件用于将对象分成多个部分，例如，顶点（对象曲面上覆盖的点）、面（用于拆分对象曲面平铺）、边（每个面的边）就是组件级别，可以通过它们再次对创建的对象进行编辑。

操作方法：确保 Maya 处于“组件”选择模式，在对象上右击，然后从弹出的快捷菜单中选择组件类型（如选择“边”或“顶点”），如图 2–39 所示。然后从“工具箱”中拾取“选择”工具，或者按【Q】键并单击组件进行选择。

（1）“选择”工具。

• 使用“选择”工具在组件上拖曳鼠标进行“框选”或“拖选”，可以选择多边形网格上的多个组件。

• 使用“套索”工具，可以同时选择不规则区域的多个对象，如图 2–40 所示。

• 使用“绘制选择”工具，通过在选择区域拖动可以同时选择不规则区域的多个对象，如图 2–41 所示。按住【B】键并拖曳可以调整绘制工具半径。

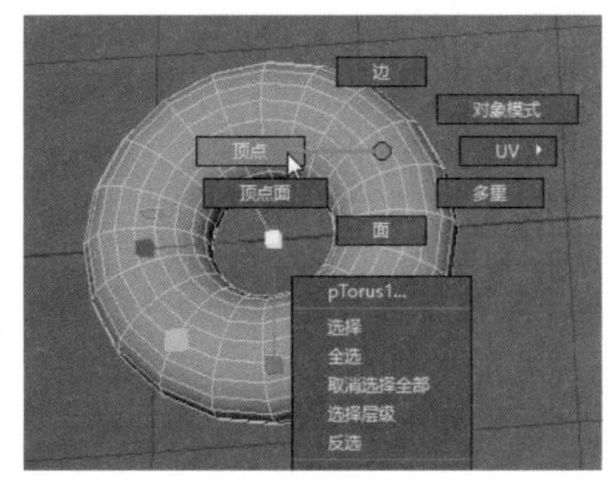

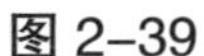
图 2–39

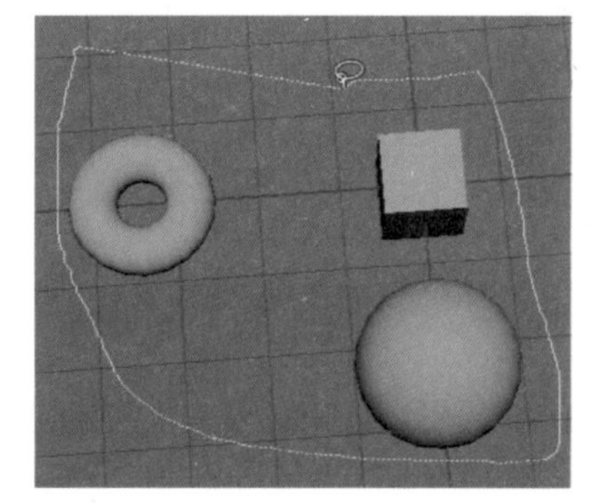

图 2–40

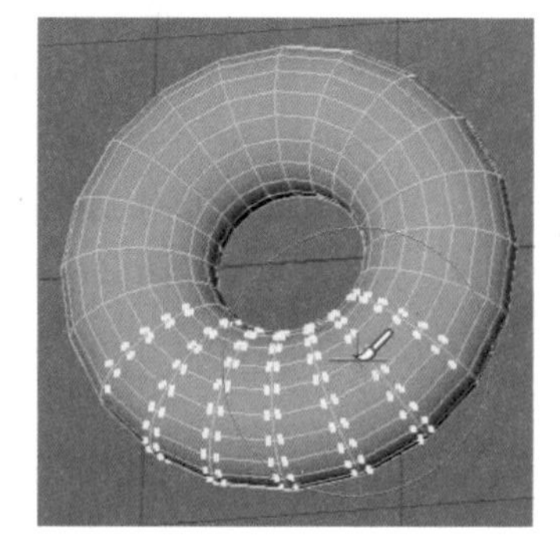

图 2–41

（2）“软选择”工具。

在采用渐变的方式选择顶点、边、面、UV 甚至多个网格时，借助“软选择”工具，有助于在模型上创建平滑的渐变或轮廓，而不必手动变换每个顶点。“软选择”工具的工作原理是，从选定组件到选择区域周围的其他组件保持一个衰减，来创建平滑过渡效果。例如，如果在平面中心选择一个顶点并向上平移来创建钉形，同时不使用“软选择”工具，其侧面就会非常陡峭，这个点也会非常明晰，如图 2–42 所示。启用“软选择”工具后，渐变和尖端会更加平滑，如图 2–43 所示。

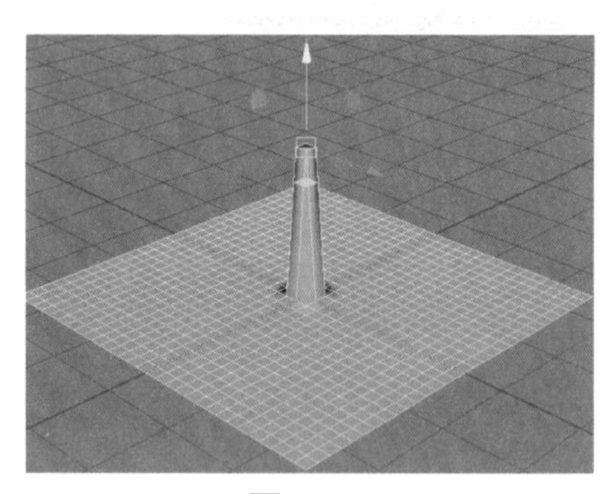

图 2–42

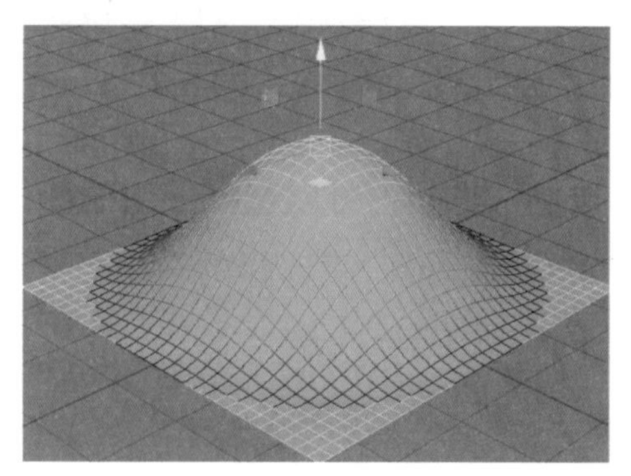

图 2–43

操作步骤：从“工具箱”中选择一个变换工具，按【B】键启用“软选择”工具，选择组件。

按【B】键并拖曳鼠标可以调整衰减区域的大小，也可以从“工具设置编辑器”中启用“软选择”并修改“软选择”设置。

（3）使用“选择”菜单。

“选择”菜单中提供了选择不同对象的命令，除了通用命令，还包括“类型”“多边形”“NURBS 曲线”“NURBS 曲面”4 类，如图 2–44、图 2–45 所示。

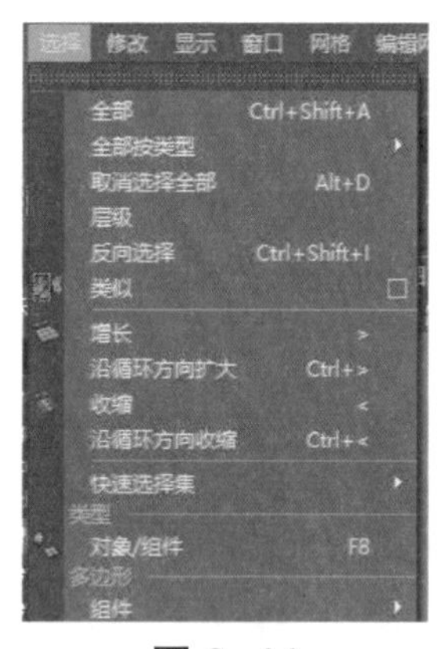

图 2–44

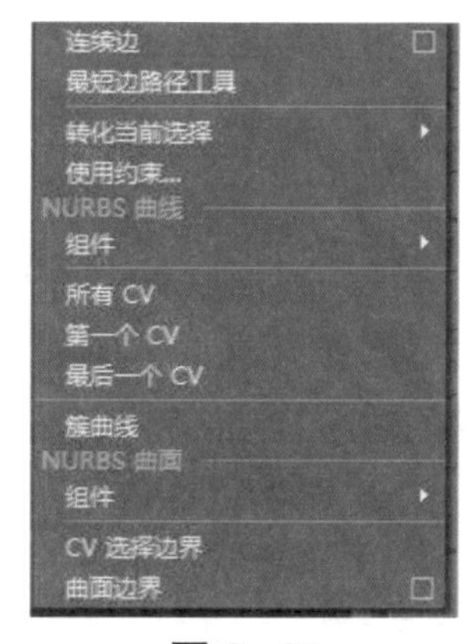

图 2–45

- 全部：选择所有对象。
- 全部按类型：该菜单中的命令会选择场景中特定类型的每个对象。
- 取消选择全部：取消选择状态。
- 层级：选择当前选择的所有父对象和子对象（场景层次中当前选定节点下的所有节点）。
- 反向选择：当场景有多个对象时，并且其中一部分处于被选择状态，执行该命令可以取消选择部分，而没有选择的部分则会被选择。
- 增长：从多边形网格上的当前选定组件开始，沿所有方向向外扩展当前选定组件的区域。扩展选择取决于原始选择组件的边界类型选择。

• 收缩：从多边形网格上的当前选定组件在所有方向上向内收缩当前选定组件的区域，减少的选择区域或边界的特性取决于原始选择组件。

• 快速选择集：在创建快速选择集后，执行该命令可以快速选择集里面的所有对象。

（4）在“大纲视图”中选择对象。

• 选择对象：在“大纲视图”中单击对象节点名称，如果是复杂场景，相对于尝试在视图面板中单击对象而言，在“大纲视图”中单击对象名称来选择对象通常更为容易。

• 选择多个对象：在“大纲视图”中按住【Shift】键并单击或按住【Ctrl】键并单击对象节点名称，前者将添加到选择，而后者则启用和禁用上一选择。

3. 变换对象和组件

（1）移动对象和组件。

移动对象和组件将更改对象或组件的空间位置。移动是相对于对象的枢轴进行的。如果选择了多个对象，则从其公用枢轴点［即添加到当前选择（关键对象）的最后一个对象］处开始移动。对于组件，枢轴点位于所有选定组件的中心。

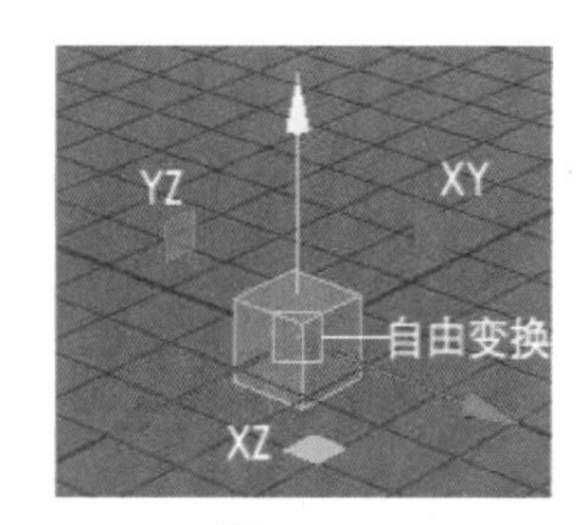

图 2-46

操作方法：选择一个或多个对象或组件，单击工具箱中的“移动”工具，或按【W】键，对象或组件如图 2-46 所示。

通过以下方法使用移动操纵器，更改选定对象的位置：

• 拖曳中心控制柄可以在视图中自由移动。

• 拖曳箭头可以沿轴移动。

• 拖曳平面控制柄可以沿该平面的两个轴进行移动。例如，拖曳绿色的平面控制柄可沿 XZ 平面移动。

• 单击箭头或平面控制柄使其处于活动状态（黄色），然后使用鼠标中键在视图中的任意位置拖曳以沿该轴或平面移动。

• 按住【Ctrl】键并单击箭头以激活其相应平面控制柄。

• 若未选择操纵器的任何部分，按住【Shift】键并使用鼠标中键进行拖曳，可在视图中拖曳的方向上移动。

（2）旋转对象和组件。

旋转对象或组件将更改其方向。旋转围绕对象枢轴进行。对于组件，枢轴点位于所有选定组件的中心。

操作方法：选择一个或多个对象或组件，单击工具箱中的“旋转”工具，或按【E】键，如 2-47 所示。

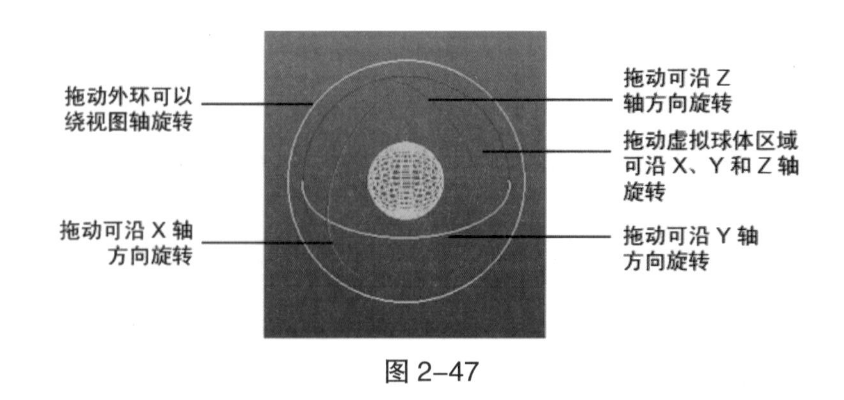

图 2–47

通过以下方法使用旋转操纵器，可以旋转选定的对象：

• 拖曳各个环可以绕不同的轴旋转。

• 拖曳蓝色外环在屏幕空间旋转，以朝向摄影机，旋转轴将会更改，具体取决于摄影机的角度。

• 在环的灰色区域之间拖曳，可以围绕任意轴自由旋转。

（3）缩放对象和组件。

缩放对象或组件将更改其大小。缩放从对象的枢轴处开始。对于组件，枢轴点位于所有选定组件的中心。

操作方法：选择一个或多个对象或组件，单击工具箱中的“缩放”工具，或按【R】键，如图 2–48 所示。

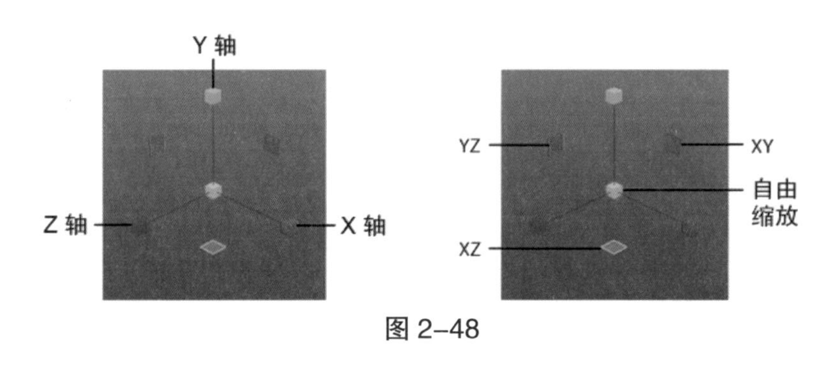

图 2–48

通过以下方法使用缩放操纵器，可以缩放选定的对象：

• 拖曳中心框可以沿所有方向均匀缩放。

• 沿 X、Y、Z 轴控制柄的长度方向在任意位置拖曳，以便沿该轴进行缩放。

• 拖曳平面控制柄以沿该平面的两个轴进行缩放。例如，拖曳绿色的平面控制柄可沿 X、Z 平面缩放。

• 单击轴或平面控制柄使其处于活动状态（黄色），然后使用鼠标中键在视图中的任意位置拖曳以沿该轴或平面缩放。

• 按住【Ctrl】键并单击一个框激活其相应平面控制柄，然后拖曳沿该平面缩放。

• 若未选择操纵器的任何部分，按住【Shift】键并使用鼠标中键进行拖曳，可沿在视图中拖曳的方向缩放。

（4）使用精确值移动、旋转和缩放。

尽管可以轻松使用“移动工具”“旋转工具”“缩放工具”的操纵器变换对象和组件，但有时需要使用精确值。可以使用通道盒或状态行中的输入框执行该操作。

• 在通道盒中输入精确的变换值。

选择对象或组件，在通道盒中的相应的 X、Y 或 Z 通道字段中为平移（移动）、旋转或缩放属性输入一个值。

• 在状态行中的输入框中输入精确的变换值。

选择对象或组件，选择“移动工具”“旋转工具”或“缩放工具”，在状态行右端的输入框中单击文本框旁边的图标，然后选择“绝对变换”或“相对变换”选项，单击输入字段，然后在相应的字段中输入 X、Y 和 Z 值，如图 2-49 所示。

X: Y: Z:

图 2-49

注意：如果选择“绝对变换”选项，需确保对象的变换值已冻结（或设置为 0），因为在输入框中输入这些值会将其重置。

4. 重置和冻结变换

变换对象时，Maya 会将其位置信息［按照与原点（0）位置的差值形式］存储在变换节点中。如果要将对象的变换值设置为 0 或设置为另一个起始位置，那么可以使用重置和冻结变换菜单项来控制对象的已保存变换信息。

（1）对对象做图 2-50 所示的变换操作，然后执行“修改→重置变换”命令，重置效果如图 2-51 所示。

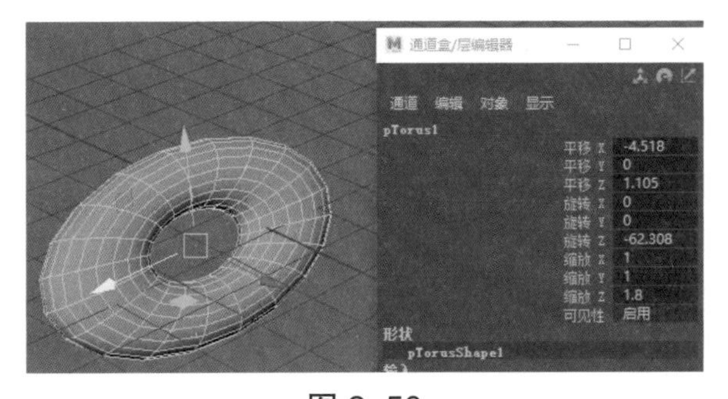

图 2-50

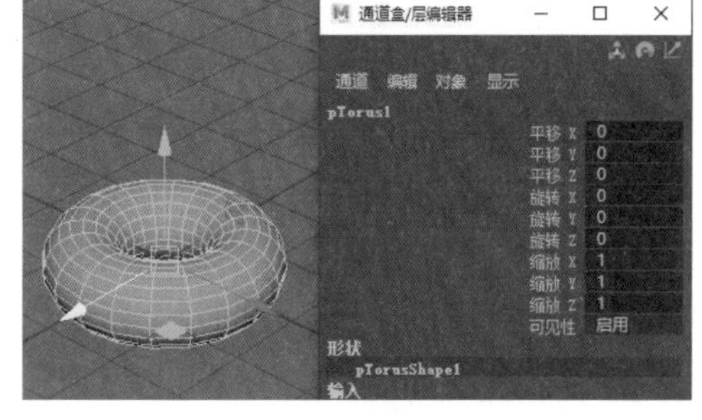

图 2-51

（2）对对象做图 2-50 所示的变换操作，然后执行“修改→冻结变换”命令，冻结效果如图 2-52 所示。

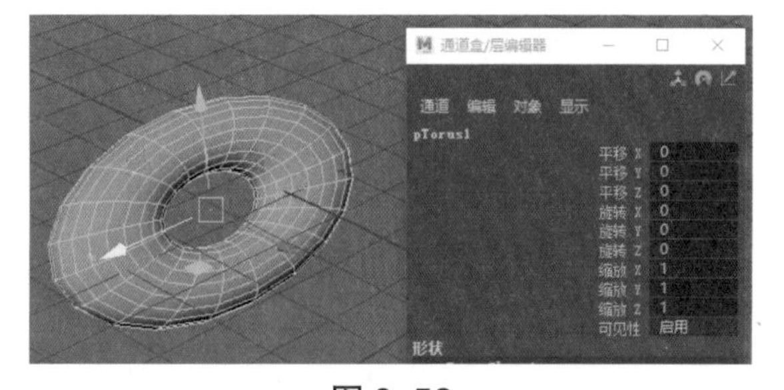

图 2-52

5. 删除对象和组件

可以按照以下方法删除对象和组件：

• 删除选择：选择“编辑→删除”命令，或按【Delete】键。

• 从选定对象中删除特定类型的组件：从“编辑→按类型删除”子菜单中选择一个项目。

• 删除特定类型的所有对象：从“编辑→按类型删除全部”子菜单中选择一个项目。

案例 4 复制变换对象

案例描述

灵活使用“复制”“对齐”命令，创建图 2-53 所示的模型。

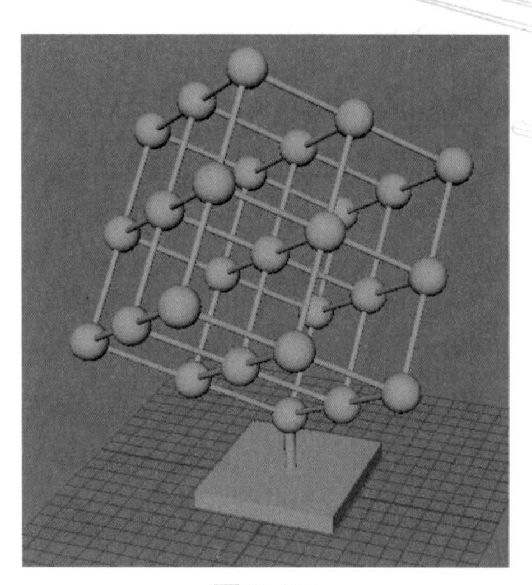

图 2-53

学习目标

1. 知识目标

- 了解“复制”命令组的用法；
- 理解“分组”的作用；
- 理解“父子关系”。

2. 技能目标

- 会使用“复制”命令；
- 会使用“分组”命令；
- 会使用“父子关系”命令；
- 会使用“对齐”命令。

3. 素养目标

- 养成规范操作的习惯；
- 培养自主探究的学习能力。

操作步骤

（1）新建一个场景，保存并命名为“分子”。单击工具架上的“多边形建模”选项卡，然后单击“多边形球体”按钮创建一个球体，如图 2–54 所示。

（2）选择球体，单击“编辑→特殊复制”命令后的方框按钮，打开图 2–55 所示的对话框，在其中进行参数设置，然后单击“特殊复制”按钮，复制效果如图 2–56 所示。

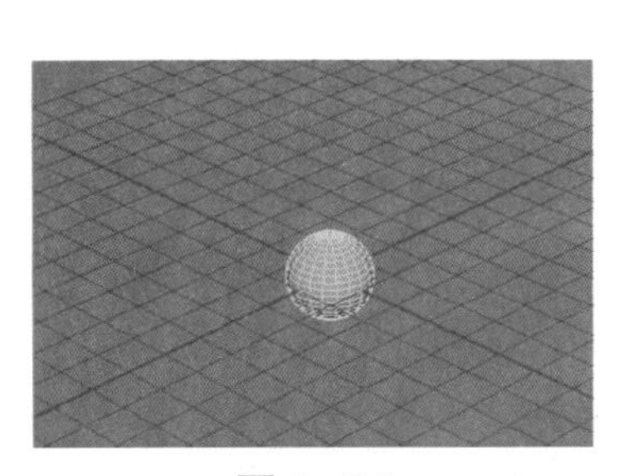

图 2–54

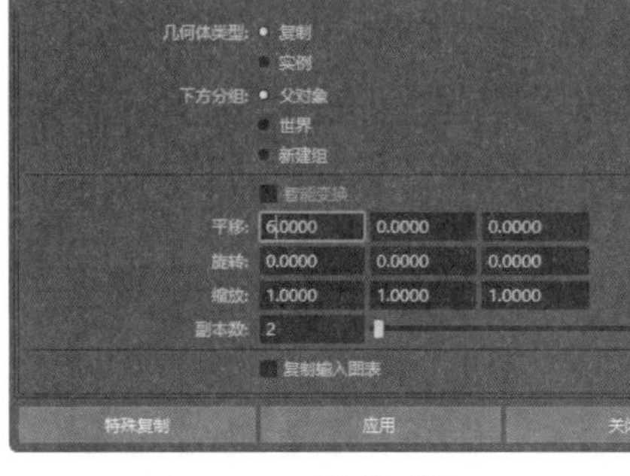

图 2–55

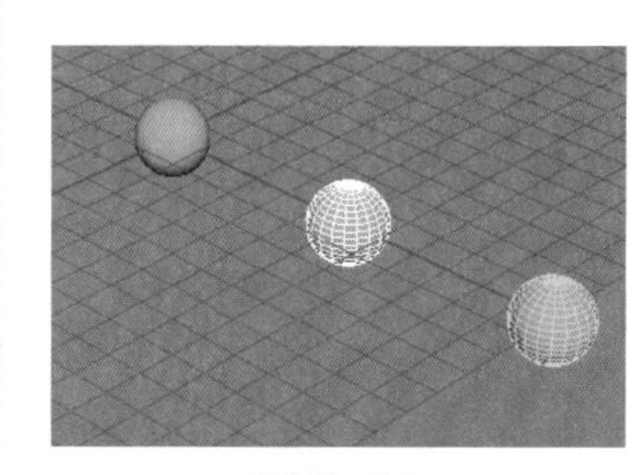

图 2–56

（3）单击工具架上的“多边形圆柱体”按钮，使用“缩放”工具调整其高度与截面大小，然后在通道盒中设置沿 Z 轴旋转属性为 90，最后用“移动”工具沿 X 轴调整位置，最终效果如图 2–57 所示。

（4）框选全部对象，按【Ctrl+G】组合键把选中的对象组合为 group1。选中组，再次执行“特殊复制”命令，参数设置如图 2–58 所示，复制结果如图 2–59 所示。

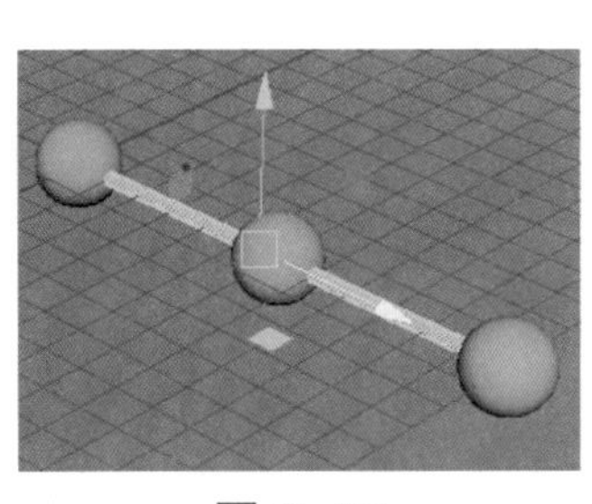

图 2–57

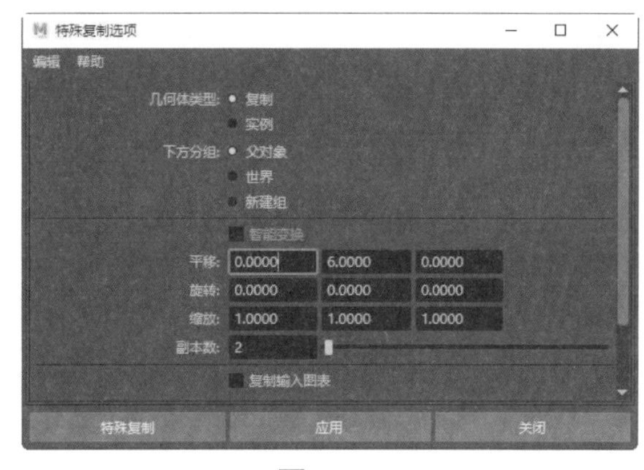

图 2–58

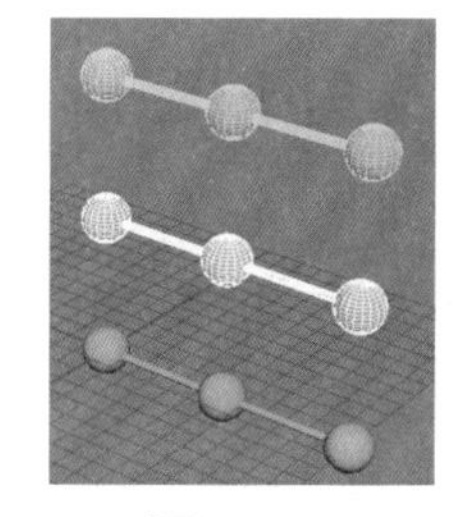

图 2–59

（5）选择最下方的圆柱体，按【Ctrl+D】组合键复制，然后设置 Z 轴旋转属性为 0，切换到前视图，先使用“移动”工具调整位置，如图 2–60 所示。先选择圆柱体，然后按【Shift】键选择左下角的球体，执行“修改→对齐工具”命令，单击对齐工具的“水平居中”按钮，如图 2–61 所示。选择圆柱体，执行“特殊复制”命令，参数设置如图 2–55 所示，复制完成效果如图 2–62 所示。

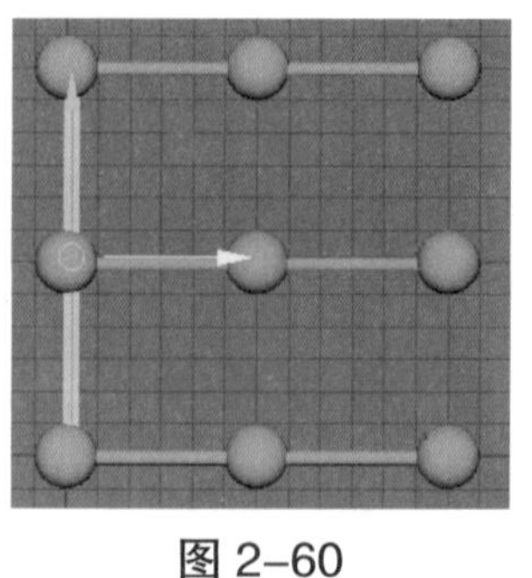

图 2–60

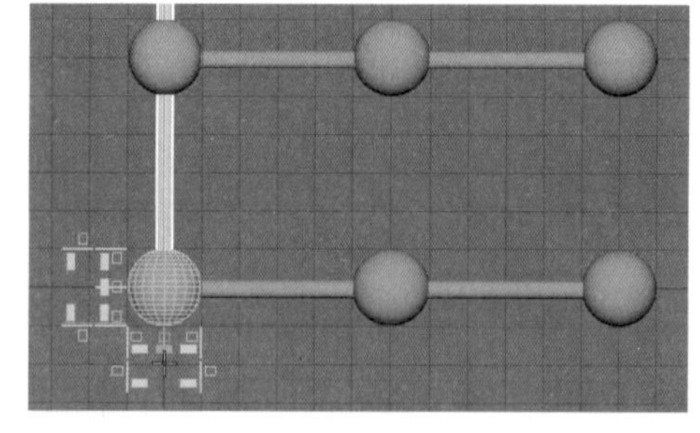

图 2–61

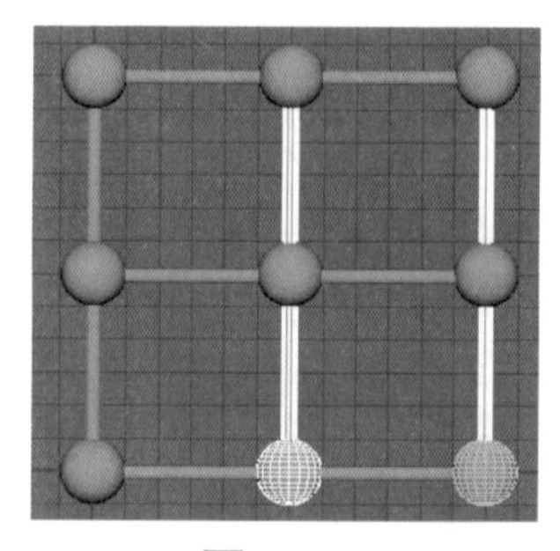

图 2–62

（6）框选全部对象，按【Ctrl+G】组合键组合选中的对象。选中组，再次执行“特殊复制”命令，参数设置如图 2–63 所示，复制结果如图 2–64 所示。选择左下角的圆柱体。复制并调整位置与方向，然后经过多次复制与调整位置，得到图 2–65 所示的模型。

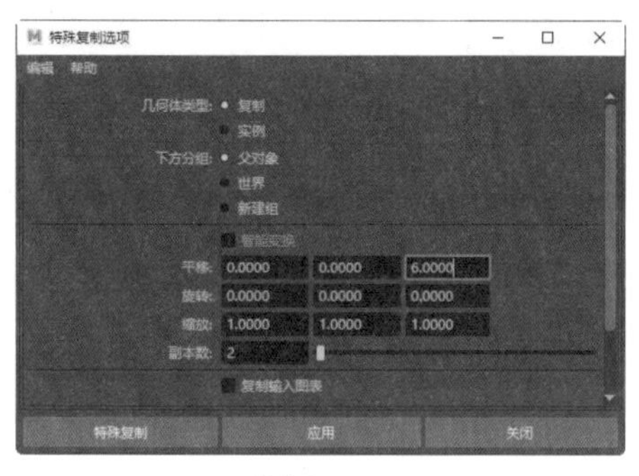

图 2–63

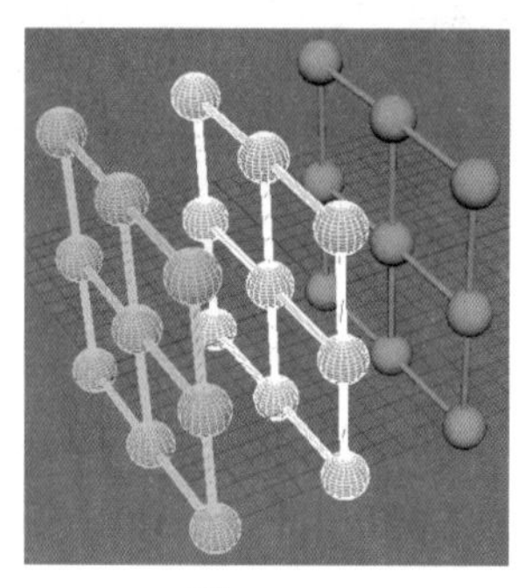

图 2–64

图 2–65

（7）框选全部对象，按【Ctrl+G】组合键把选中的对象组合。选中组，执行“修改→中心枢轴”命令，然后使用“旋转”工具调整对象组在三维空间的方向。创建一个多边形立方体，修改大小，放置在下方。创建一个多边形圆柱体，修改大小，放置在下方立方体与前面创建的模型组之间。最终模型效果如图 2–53 所示。

知识精讲

2.4 复制

复制是一种省时省力的建模方法，复制产生的副本有“复制”副本与“实例”副本两种类型。“复制”副本与原始对象是彼此相互独立的关系；“实例”副本与原始对象是链接关系，更改原始对象的“输入”参数会同步更改该原始对象的所有“实例”副本。

1. 简单复制

简单复制选定对象可执行以下操作之一：

• 按【Ctrl+D】组合键。

• 选择“编辑→复制”选项或按【Ctrl+C】组合键，然后选择“编辑→粘贴”选项或按【Ctrl+V】组合键。

• 在“对象”模式下按【Shift】键并拖曳任何变换操纵器。也称为智能复制。

2. 复制并变换

按【Ctrl+D】组合键复制副本之后，修改副本的属性，确认副本处于选中状态，选择“编辑→复制并变换”选项或按【Shift+D】组合键，新生成的副本将延续前面属性的变换。

例如，选择圆柱体，按【Ctrl+D】组合键复制，把副本“平移X”的属性修改为3，连续按两次【Shift+D】组合键，又生成2个X轴向间隔3单位的副本，如图2–66所示。

3. 特殊复制

单击“编辑→特殊复制”命令后面的方框按钮可以打开“特殊复制选项”对话框，如图2–67所示。在该对话框中可以设置更多的参数，让对象产生更复杂的变化。

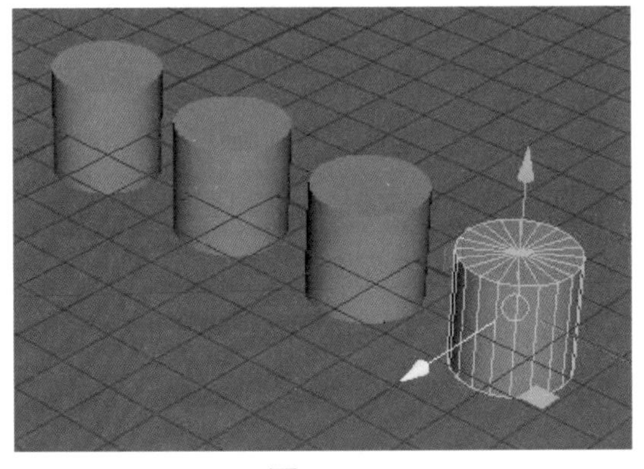

图2–66

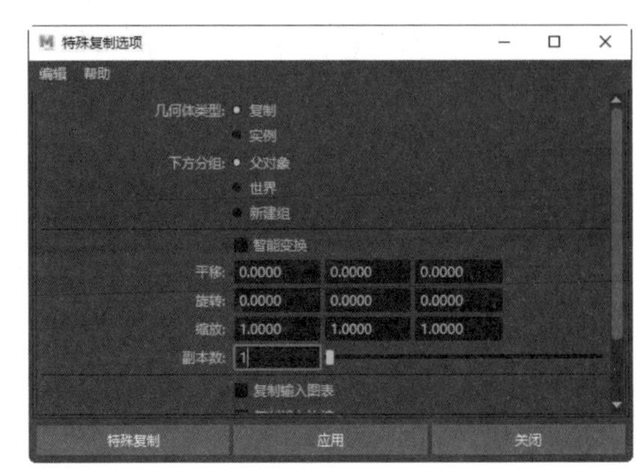

图2–67

“特殊复制选项”中各参数含义如下。

• 复制：创建被复制的几何体的“复制”副本。

• 实例：创建被复制的几何体的“实例”副本。

• 下方分组，包含以下4个选项。

• 父对象：将选定对象分组到层次中这些对象的最低公用父对象之下。

• 世界：将选定对象分组到世界（层次顶级）下。

• 新建组：为副本新建组节点。

• 智能变换：启用“智能变换”后，Maya可将相同的变换应用至全部副本。

• 平移、旋转、缩放：为X、Y和Z指定偏移值，Maya将这些值应用至复制的几何体，可以定位、缩放或旋转对象，就如Maya复制对象一样。

• 副本数：指定要创建的副本数，范围从1到1000。

2.5 层级

1. 分组

将对象分组时，可以将组作为单一单位选择、移动、旋转和缩放。选择一个或多个对象后，执行“分组”命令可以将这些对象编为一组。在复杂场景中，使用组可以很方便地管理和编辑场景中的对象。通过“大纲视图”可以看到分组之后的层级关系，如图 2-68 所示。

解组：将一个组里的对象释放出来，解散该组。

2. 父子关系

父子关系是一种层级关系，可以让子对象跟随父对象进行变换。

• 建立父子关系：用来创建父子关系。例如，选择立方体，按住【Shift】键再选择圆环与球体，然后按【P】键，选择的最后一个对象球体成为父对象。打开大纲视图可以看到其层级关系，如图 2-69 所示。

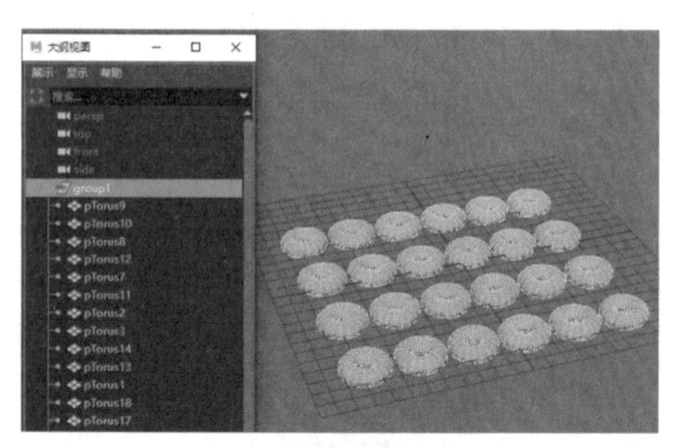

图 2-68

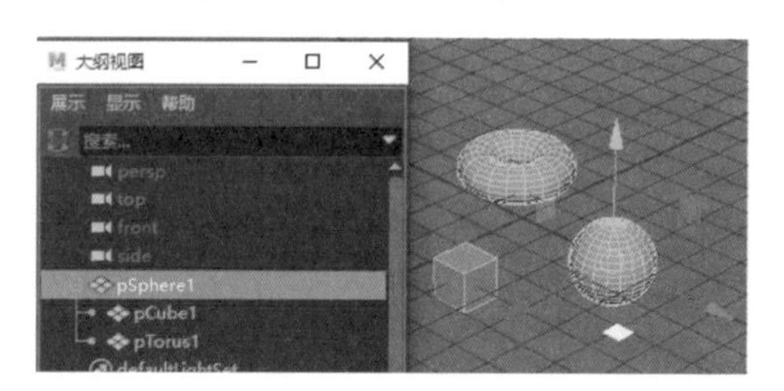

图 2-69

• 断开父子关系：创建好父子关系后，执行该命令可以解除对象间的父子关系。选择要从父组中移除的子物体，按【Shift+P】组合键将从父组中排除选定对象。

2.6 对齐

1. 捕捉对齐对象

该菜单下提供了一些常用的对齐命令，如图 2-70 所示。

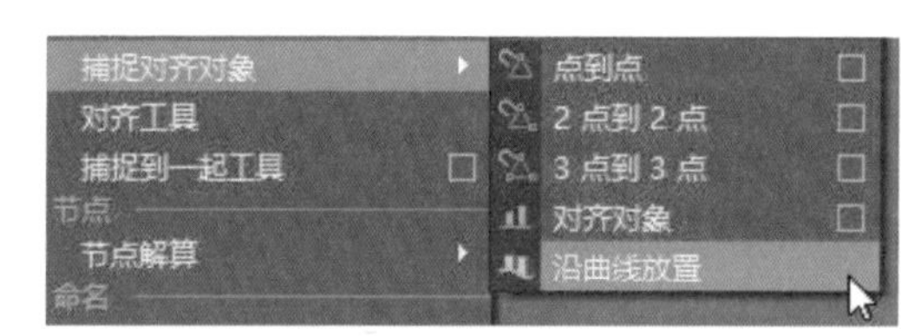

图 2-70

• 点到点：该命令可以将选择的两个或多个对象的点进行对齐。

• 2 点到 2 点：当选择一个对象上的两个点时，两点之间会产生一个轴，另外一个对象也是如此，执行该命令可以将这两条轴对齐到同一方向，并且其中两个点会重合。

• 3 点到 3 点：选择 3 个点来作为对齐的参考对象。

• 对齐对象：用来对齐两个或更多的对象。

选择要对齐的对象，如图 2-71 所示。单击“修改→捕捉对齐对象→对齐对象”右侧的方框，打开“对齐对象选项”对话框，选择对齐模式，如图 2-72 所示。单击“对齐”或“应用”按钮，效果如图 2-73 所示。

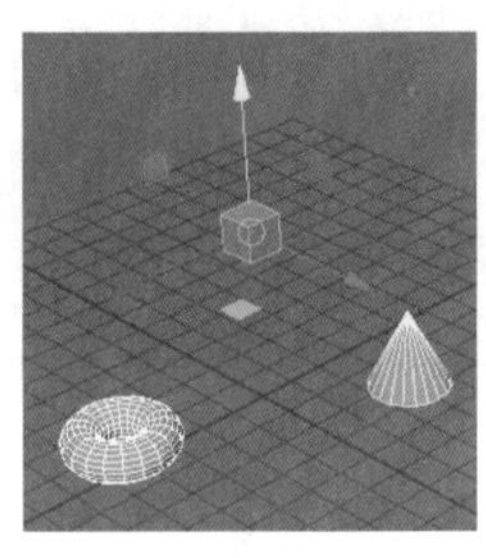
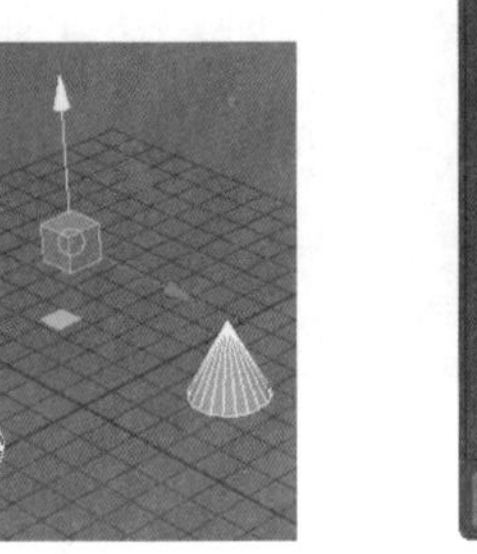

图 2-71

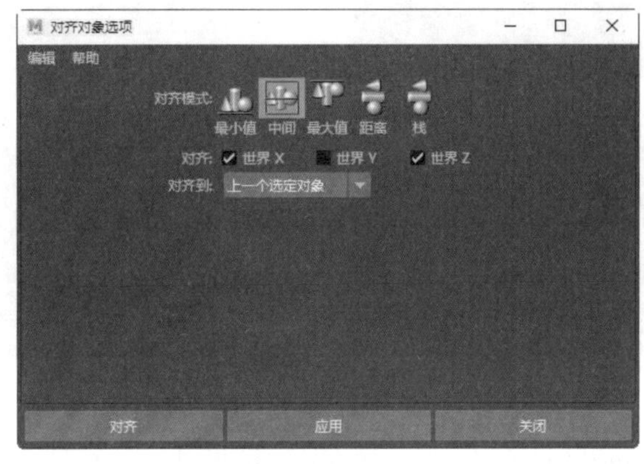

图 2-72

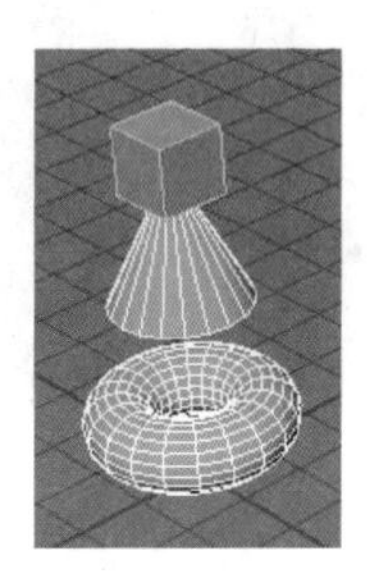

图 2-73

“对齐对象选项”对话框各选项含义如下。

对齐模式:

- “最小值”：沿距离 0 最近的边对齐对象。
- “中间”：对齐中心。
- “最大值”：沿距离 0 最远的边对齐对象。
- “距离”：沿对象之间的距离均匀分布对象。
- “栈”：移动对象，使对象排列到一起，彼此之间没有空间。

对齐到:

- “上一个选定对象”：将对象移动到关键对象，该对象将亮显为绿色。
- “选择平均”：将对象移动到对象坐标的平均位置。

2. 沿曲线放置

沿曲线位置对齐对象。例如，同时选中图 2-74 所示的对象与曲线，执行“沿曲线放置”命令后效果如图 2-75 所示。

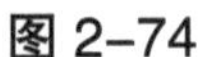

图 2-74

图 2-75

3. 使用交互式操纵器对齐对象

（1）选择“修改→对齐工具”选项，选择要对齐的对象，其他对象将对齐到最后一个选定（关键）的对象。该对象将亮显为绿色，如图 2-76 所示。

（2）单击箭头所指的图标对齐对象，对齐效果如图 2-77 所示。

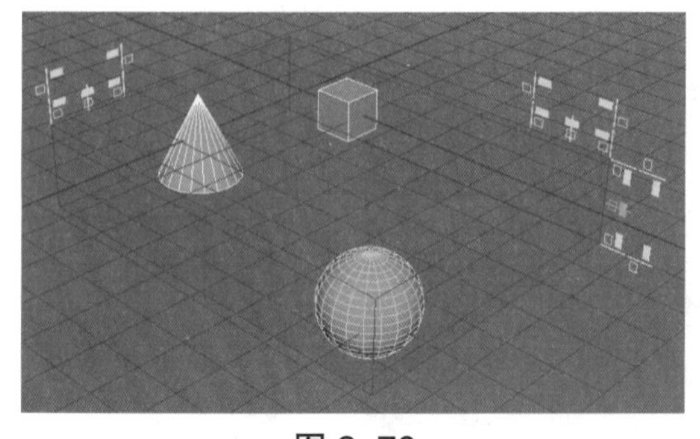

图 2-76

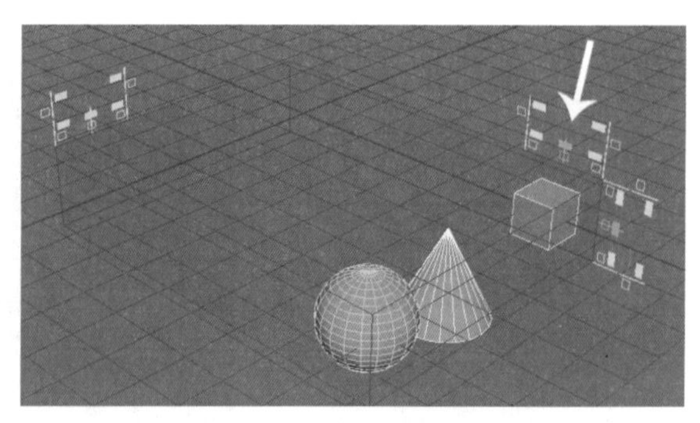

图 2-77

（3）图标显示边界框的对齐方式，例如 X 轴向的对齐图标作用如图 2-78 所示，其他轴向的对齐图标以此类推。

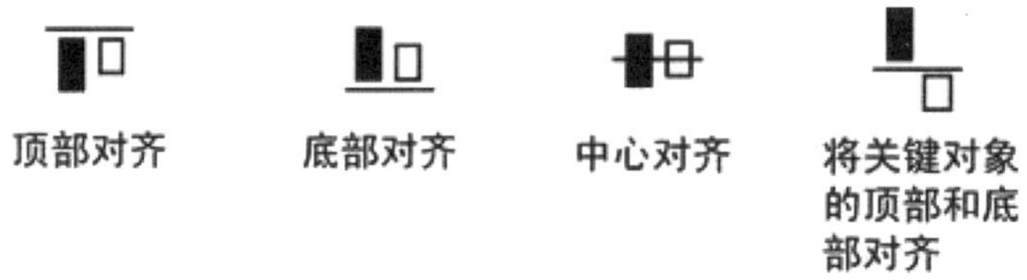

顶部对齐　底部对齐　中心对齐　将关键对象的顶部和底部对齐

图 2-78

4. 捕捉到一起工具

该工具可以让对象以移动或旋转的方式对齐到指定的位置。在使用工具时，会出现两个箭头连接线，通过点可以改变对齐的位置。例如在场景中创建两个对象，然后使用该工具，单击第 1 个对象的表面，再单击第 2 个对象的表面，如图 2-79 所示，按【Enter】键就可以将表面 1 对齐到表面 2，如图 2-80 所示。

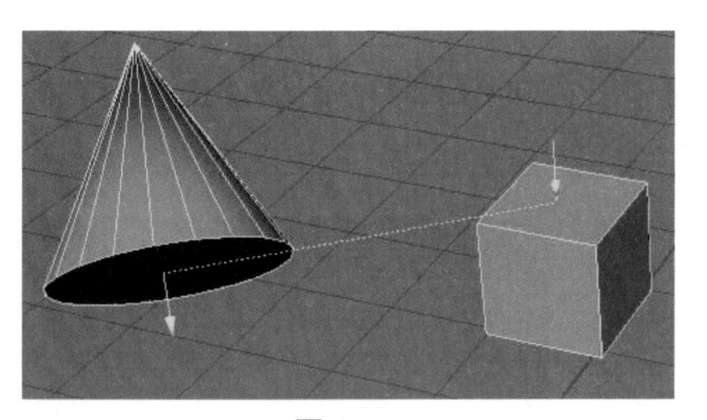

图 2-79

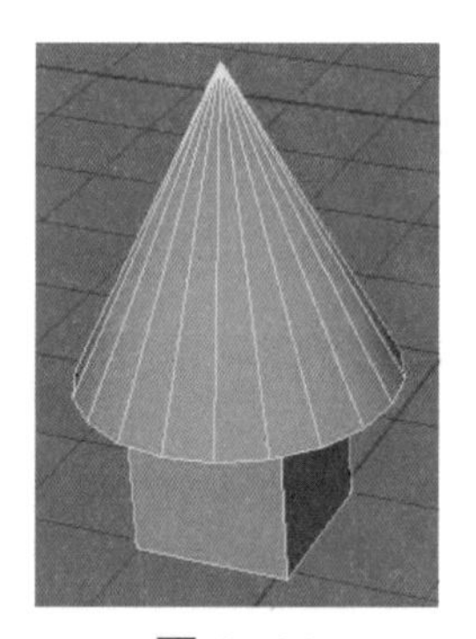

图 2-80

拓展练习

1. 熟练进行视图操作，熟悉相应的快捷键操作。

2. 创建不同的基本对象，熟练“缩放”“移动”“旋转”的基本操作。

3. 在 D 盘创建项目“lianxi”，找到目录文件夹，观察其结构，把自己的 Maya 练习文件存放在此目录对应文件夹下。

4. 练习“递增并保存”“归档场景”的用法，理解其实际用途。

第3章 NURBS建模

案例 5 使用“旋转”命令创建对象

案例描述

使用 NURBS 曲线工具，创建图 3-1 所示的水杯三维模型。

图 3-1

学习目标

1. 知识目标

- 了解 NURBS 建模知识；
- 了解创建 NURBS 曲线的方法；
- 了解修改 NURBS 曲线的方法。

2. 技能目标

- 会创建 NURBS 曲线；
- 能熟练修改、编辑 NURBS 曲线。

3. 素养目标

- 养成规范操作的习惯；
- 培养自主探究的学习能力。

操作步骤

（1）新建场景，保存并命名为“水杯”。切换到“前视图”模式，选择“Bezier 曲线”工具，按【X】键激活“捕获到栅格”功能，绘制如图 3–2 所示的曲线。放开【X】键，关闭“捕捉到栅格”功能。

（2）单击“曲面→旋转”菜单命令右侧的方框，打开“旋转选项”对话框，在其中进行相关参数的设置，如图 3–3 所示。单击“旋转”按钮，得到图 3–4 所示的模型。

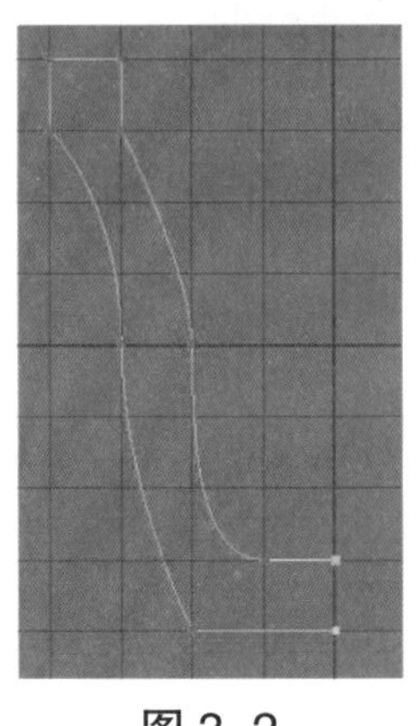

图 3–2

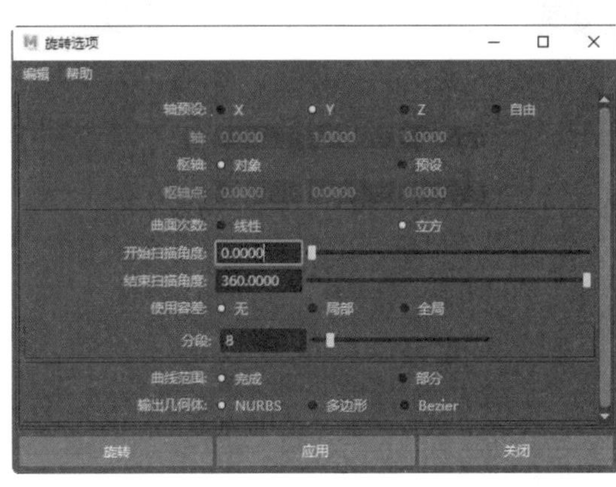

图 3–3

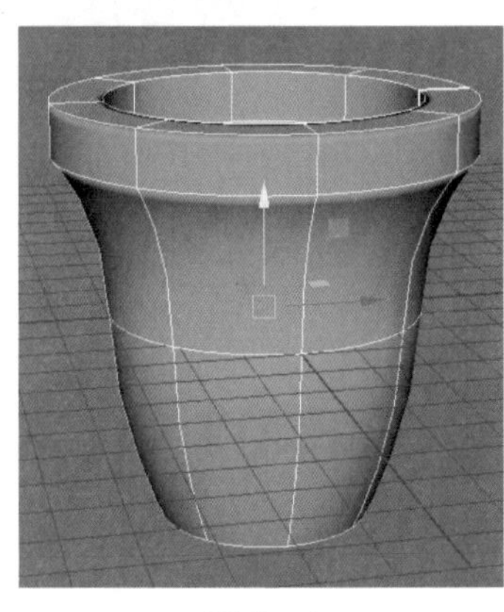

图 3–4

（3）使用“移动”工具沿着 X 轴平移模型，使之与曲线分离，如图 3–5 所示。右击曲线，在弹出的快捷菜单中选择“控制顶点”模式，修改曲线形状，模型的形状也随之变化，如图 3–6 所示。

（4）在“前视图”模式，激活“捕获到栅格”功能，选择“bezier 曲线”工具，参照杯子的曲线，绘制图 3–7 所示的曲线杯盖曲线。

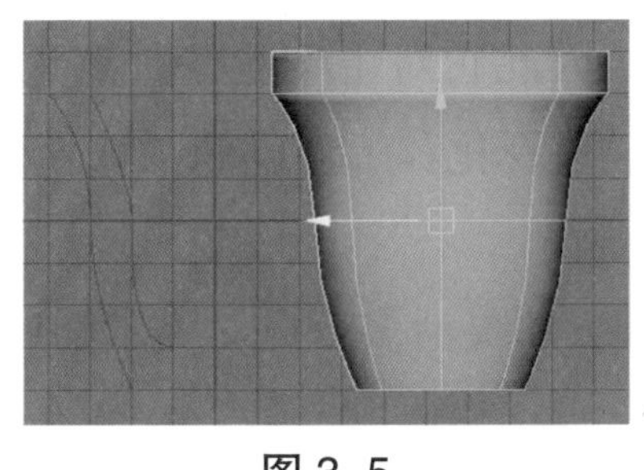

图 3–5

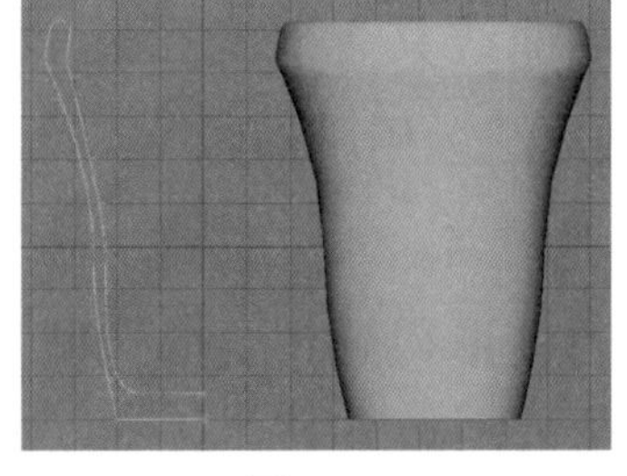

图 3–6

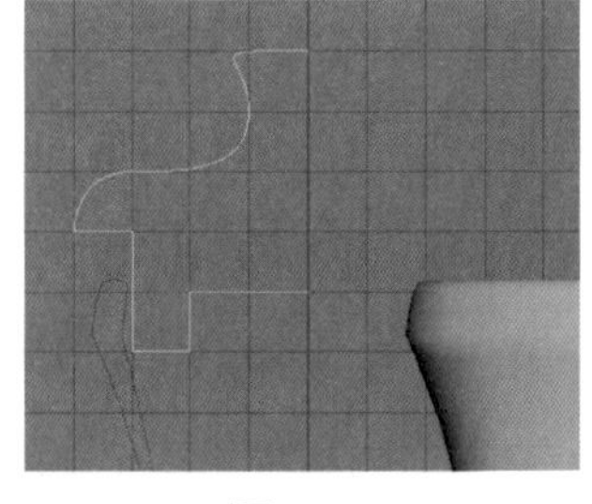

图 3–7

（5）关闭“捕捉到栅格”功能，右击曲线，在弹出的快捷菜单中选择“控制顶点”模式，修改曲线形状，如图 3–8 所示。执行“曲面→旋转”命令（或者单击“工具架”上的“旋转”工具按钮），使用如图 3–3 所示参数设置。单击“旋转”按钮，然后把杯盖移动到杯子上方，如图 3–9 所示。

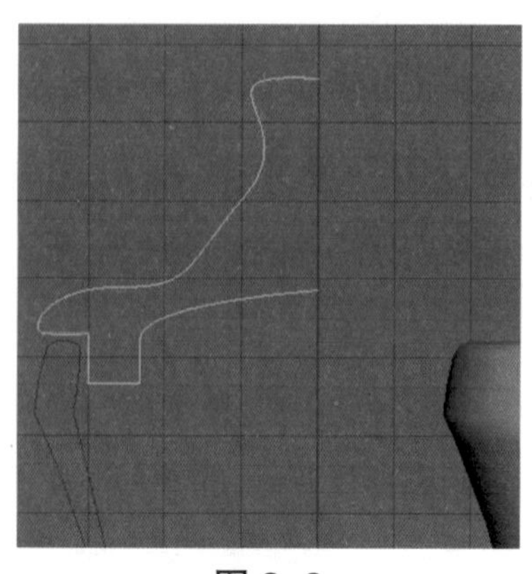

图 3–8

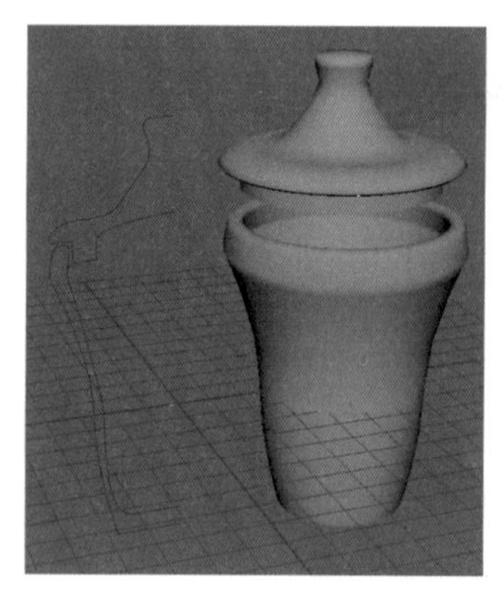

图 3–9

（6）删除历史与曲线。选择杯子与杯盖，按【Ctrl+D】组合键复制，然后分别调整位置与方向，效果如图 3–1 所示。按【Ctrl+S】组合键保存场景文件。

知识精讲

3.1 NURBS建模概述

NURBS（非均匀有理数 B 样条线）是一种可以用来在 Maya 中创建 3D 曲线和曲面的几何体类型。Maya 提供的其他几何体类型为多边形和细分曲面。

“非均匀”是指曲线的参数化，“有理数”是指基本的数学表示。“非均匀有理数”允许 NURBS 除了表示自由曲线之外，还可表示精确的二次曲线（如抛物线、圆形和椭圆）。“B 样条”是采用参数化表示的分段多项式曲线（样条线）。

由于 NURBS 用于构建曲面的曲线具有平滑和最小特性，因此它对于构建各种有机 3D 形状十分有用。NURBS 曲面类型广泛运用于动画、游戏、科学可视化和工业设计领域。

曲面的建模方法可以分为以下两类。

第 1 类：用原始的几何体进行变形得到想要的造型。这种方法灵活多变，对美术功底要求比较高。

第 2 类：通过由点到线、由线到面的方法来塑造模型。通过这种方法创建出来的模型的精度比较高，很适合创建工业领域的模型。

3.2 创建NURBS曲线

曲面对象的基本组成元素有点、曲线和曲面，通过这些基本元素可以构成复杂的高品质模型。

曲线由控制点、编辑点和壳线等基本元素组成，可以通过这些基本元素对曲线进行变形调整，如图 3–10 所示。

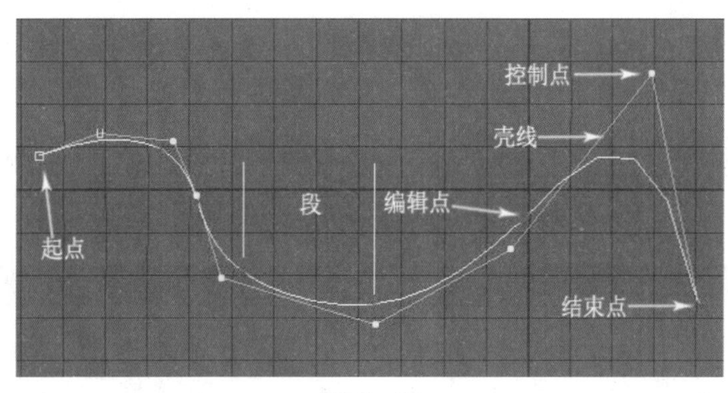

图 3-10

• 控制点：是壳线的交界点。通过对控制点的调节，可以在保持曲线良好平滑度的前提下对曲线进行调整，很容易达到想要的造型而不破坏曲线的连续性。控制点的数量等于曲线次数 +1，例如次数为 3 的曲线，每个跨度就有 4 个控制点。通过插入编辑点或增加曲线的次数来增加跨度数的方法，可以增加控制点的数量，以加强对曲线形状的控制。

第一个控制点（在曲线的起点处）将绘制为正方形，第二个控制点为大写字母 U，其他控制点都将绘制为很小的点。

• 编辑点：在 Maya 中，编辑点用一个小“x”来表示，其是曲线上的结构点，每个点都在曲线上，也就是说曲线都必须经过编辑点。

• 壳线：是控制点之间的连线。在曲面中，可以通过壳线来选择一组控制点对曲面进行变形操作。

• 段：是编辑点之间的部分，可以通过改变段数来改变编辑点的数量。

1. 创建 CV 曲线

执行“创建→曲线工具→ CV 曲线工具”命令，然后在工作区的不同位置连续单击创建曲线，完成后按【Enter】键即可。

单击“创建→曲线工具→CV 曲线工具”右侧的方框，可以打开 CV 曲线工具对应的“工具设置”对话框，如图 3-11 所示。

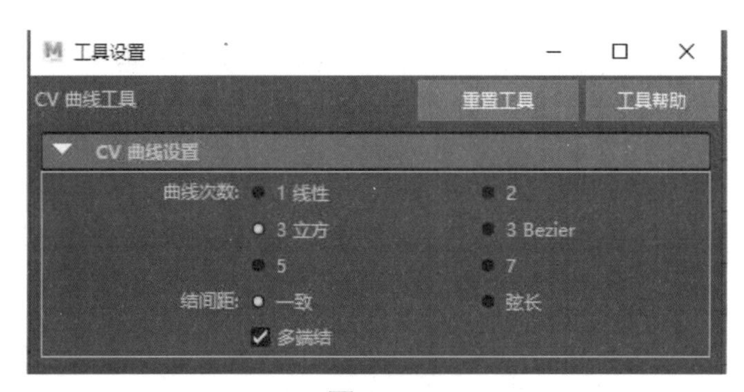

图 3-11

• 曲线次数：曲线的平滑度由“次数”来控制，共有 5 种次数，分别是 1、2、3、5、7。次数其实是一种连续性的问题，也就是切线方向和曲率是否保持连续。次数为 1：表示曲线的切线方向和曲率都不连续，呈现出来的曲线是一种直棱直角曲线，如图 3-12 所示，这个次数适合建立一些尖锐的物体。次数为 2：表示曲线的切线方向连续而曲率不连续，从外观上观察比较平滑，但在渲染曲面时会有棱角，特别是在反射比较强烈的情况下。次数为 3 以上：表示切线方向和曲率都处于连续状态，此时的曲线非常光滑，因为次数越高，曲线越平滑，如图 3-13 所示。

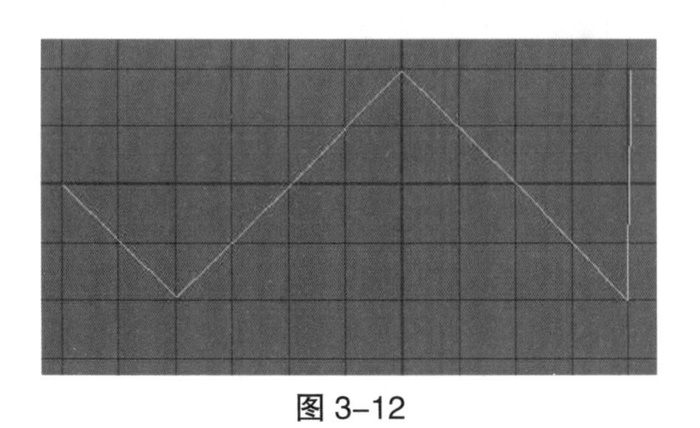

图 3-12

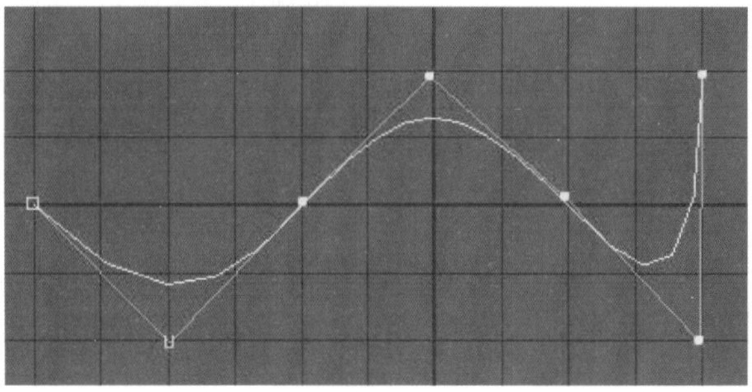

图 3-13

• 结间距：结间距的类型用于设置 Maya 将 U 位置值指定给编辑点（结）的方式。

“一致”结间距可以创建更便于预测的曲线 U 位置值。

“弦长”结间距可以更好地分布曲率。如果使用曲线构建曲面，则曲面可能会更好地显示纹理。

• 多端结：启用此设置时，曲线的末端编辑点（结）将在末端控制点上重合。通常，这使曲线的末端区域更易于控制。如图 3-14 所示为关闭“多端结”绘制效果，图 3-15 为开启“多端结”绘制效果。

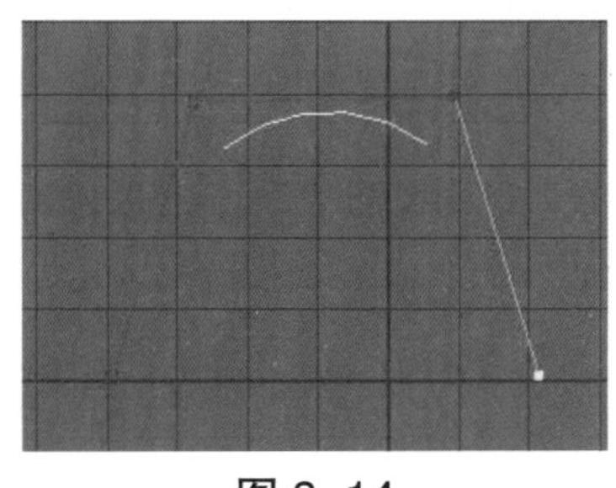

图 3-14

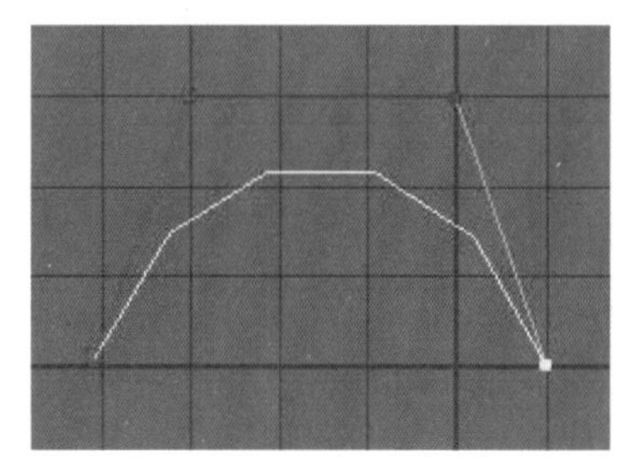

图 3-15

• 重置工具：将“CV 曲线工具”的所有参数恢复到默认设置。

2. 创建 EP 曲线

通过该工具可以精确地控制曲线所经过的位置。

执行“创建→曲线工具→ EP 曲线工具”命令，在工作区单击放置编辑点，最后按【Enter】键完成曲线的创建。

3. 徒手绘制 NURBS 曲线

执行“创建→曲线工具→铅笔曲线工具”命令，拖曳鼠标绘制曲线草图，松开鼠标即可完成绘制。

“铅笔曲线工具”会创建具有大量数据点的曲线。执行“曲线→重建”命令可以简化曲线。

4. 创建 Bezier 曲线

Bezier 曲线是 NURBS 曲线的子集，它由两种类型的控制顶点组成，即定位点和切线。定位点位于曲线上并确定切线的原点，切线确定曲线通向相邻定位点时的形状，如图 3–16、图 3–17 所示。

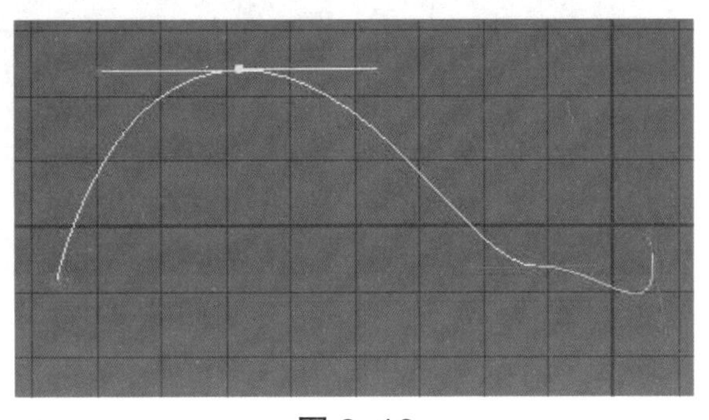

图 3–16

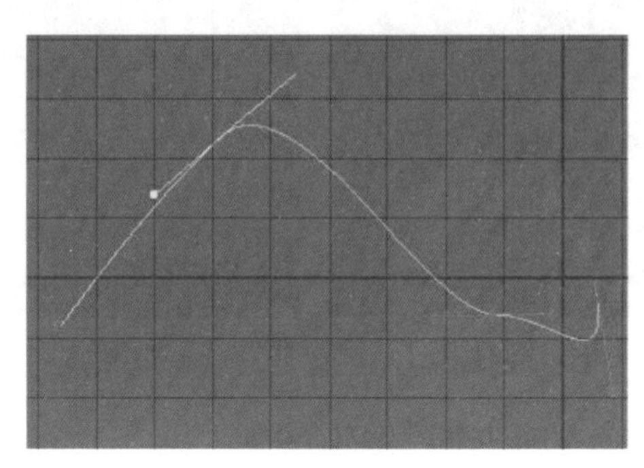

图 3–17

由于 Bezier 曲线是 NURBS 曲线的子集，因此可以对 Bezier 曲线执行大多数 NURBS 操作，也可以对 Bezier 曲线和 NURBS 曲线的组合执行 NURBS 操作。通常，涉及所有 Bezier 曲线的操作会生成 Bezier 曲线，而涉及 Bezier 曲线和 NURBS 曲线组合的操作会生成 NURBS 曲线。

创建 Bezier 曲线，执行以下操作：

（1）执行“创建→曲线工具→ Bezier 曲线工具”命令或单击“曲线 / 曲面”工具架上的“Bezier 曲线工具”。

（2）执行下列操作之一：

- 若要放置定位点，单击场景。
- 若要放置定位点并操纵其切线，在场景上单击并拖曳鼠标。
- 若要将定位点添加到现有曲线，同时保持其形状，单击曲线上的任意位置。
- 若要删除锚点，选择它，然后按【Delete】键。
- 若要闭合曲线，按【Ctrl+Shift】组合键并单击曲线的第一个锚点。

（3）完成放置锚点后，按【Enter】键结束该曲线并退出“Bezier 曲线工具”。

5. 创建圆弧

使用此工具，可以通过指定两个或 3 个端点，然后操纵中心点 / 半径来创建圆弧。

（1）创建两点圆弧。

执行“创建→曲线工具→两点圆弧”命令，单击放置圆弧的第一个端点（曲线上的点）和第二个端点，Maya 会显示一个针对新圆弧的操纵器，拖曳其中任意一个点移动这些点，如图 3–18 所示。绘制结束后按【Enter】键完成圆弧的创建，如图 3–19 所示。

（2）创建三点圆弧。

执行“创建→曲线工具→三点圆弧”命令，单击放置圆弧的 3 个端点，Maya 会显示一个针对新圆弧的操纵器，如图 3–20 所示。

请执行下列任一操作：

• 拖曳端点或中心点移动它们。

• 单击圆可以切换圆弧在端点之间移动的方向。

• 按【Enter】键完成圆弧的创建，如图 3–21 所示。

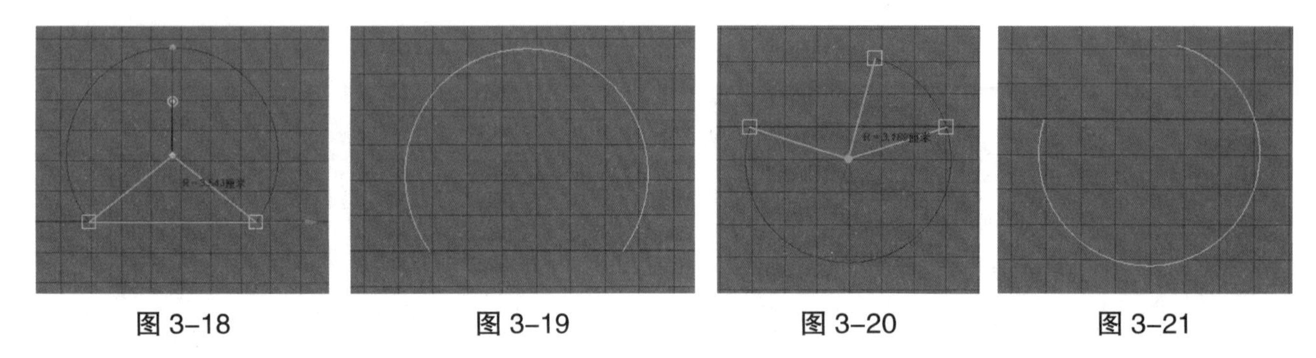

图 3–18 图 3–19 图 3–20 图 3–21

（3）在创建后编辑圆弧

在通道盒中，选择与要更改的圆弧关联的 Circular Arc（圆弧）节点。在工具箱中单击“显示操纵器工具”，将出现圆弧操纵器，使用操纵器进行编辑即可。

3.3 修改NURBS曲线

1. 锁定长度

选择“锁定长度”选项时，选定的曲线（或选定的控制点）将保持恒定的壳线长度。然后，如果修改曲线（如通过移动控制点），那么曲线的形状会调整，以保持恒定的壳线长度。

2. 解除锁定长度

选择“解除锁定长度”选项时，选定的曲线（或选定的控制点）将不再保持恒定的壳线长度。然后，如果修改曲线（如通过移动控制点），则曲线的壳线长度将不再保持恒定（且仅移动的控制点发生实际移动）。

3. 弯曲

使选定曲线（或选定控制点）朝一个方向弯曲。曲线的第一个控制点将保持其原始位置。

执行“曲线→弯曲”命令，打开“弯曲曲线选项”对话框，在其中可以设置弯曲曲线参数，如图 3–22 所示。

• 弯曲量：确定选定曲线的每个分段的弯曲程度。“弯曲量”越大，曲线的弯曲程度越大。由于“弯曲量”会影响每个分段，因此，具有较多控制点的曲线将比具有较少控制点的曲线弯曲程度更大。

• 扭曲：控制选定曲线的弯曲方向。

4. 卷曲

卷曲选定曲线（或选定控制点）以使其类似螺旋。曲线的第一个控制点将保持其原始位置。

单击“曲线→卷曲”后面的方框按钮，打开“卷曲曲线选项”对话框，如图 3–23 所示。

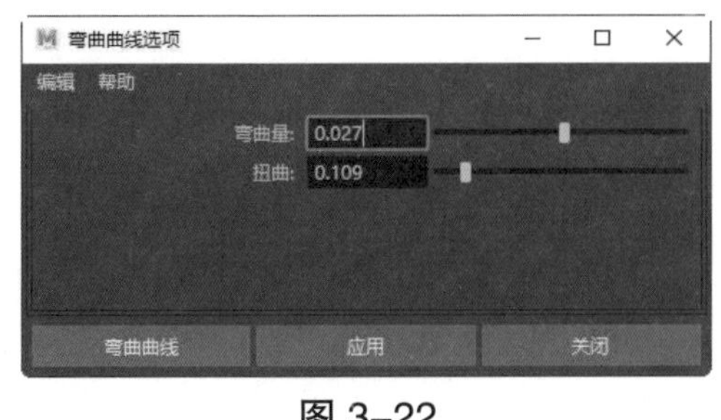

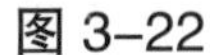
图 3–22

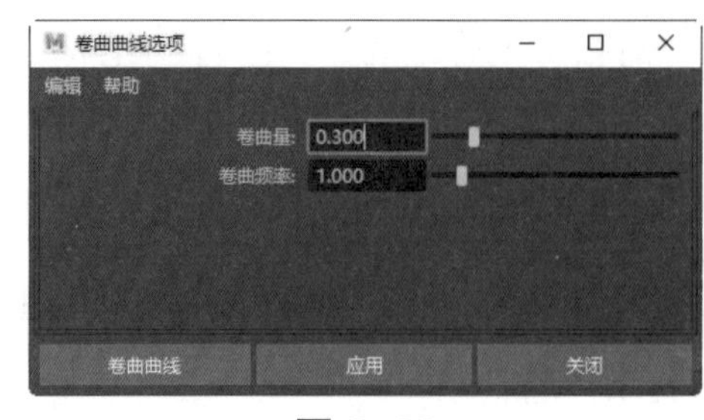

图 3–23

• 卷曲量：确定选定曲线的每个分段将被卷曲的量。“卷曲量”越高，产生的效果就越大。相对于具有较少控制点的曲线，对具有多个控制点的曲线产生的效果更大，因为“卷曲量”影响每个分段。

• 卷曲频率：确定选定曲线将被卷曲的量。

提示：不建议对一条曲线应用两次“卷曲”，第二次“卷曲”会产生不理想的结果，因为它尝试卷曲已卷曲的曲线。

5. 缩放曲率

根据“比例因子”和“最大曲率”值，可以改变曲线的曲率，使选定曲线（或选定控制点）更直，或扩大其现有曲率。

单击“曲线→缩放曲率”后面的方框按钮设置曲线的缩放曲率。对图 3–24 所示的曲线进行参数设置，如图 3–25 所示，效果如图 3–26 所示。

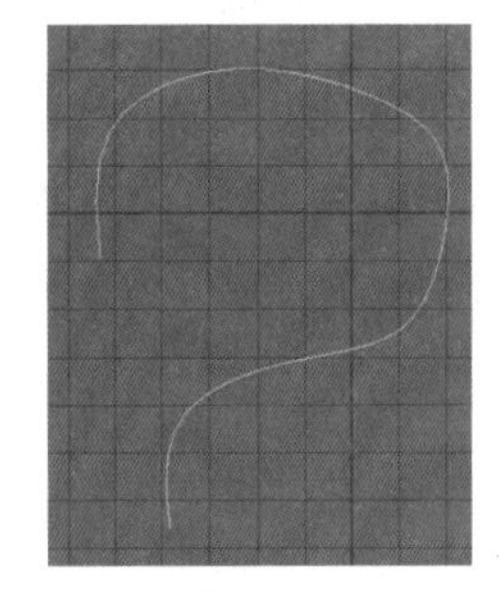
图 3–24

图 3–25

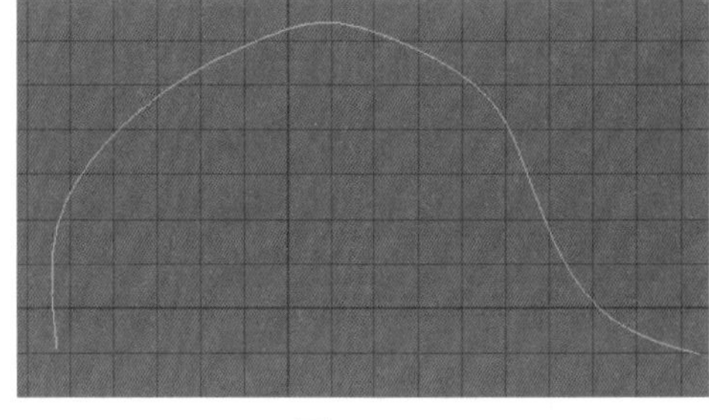
图 3–26

• 比例因子：确定会将选定曲线的每个分段拉直的程度或使其现有曲率扩大的程度。“比例因子”越高，效果越显著。在包含较多控制点的曲线上的效果将比在包含较少控制点的曲线上的效果更显著。

如果“比例因子”小于 1，那么选定曲线将变得更直；如果“比例因子”大于 1，那么选定曲线将使其现有曲率扩大。

• 最大曲率：控制相邻分段之间所允许的最大角度。

6. 平滑

使选定曲线（或选定控制点）更平滑。曲线的第一个和最后一个控制点将保留它们的原始位置。可以在不减少曲线结构点数量的前提下使曲线变得更加光滑，在使用“铅笔曲线工具”绘制曲线时，一般要通过该命令来进行光滑处理。如果要减少曲线的结构点，可以使用

“重建”命令来设置曲线重建后的结构点数量。

• 平滑因子：设置曲线的平滑程度。数值越大，曲线越平滑。

7. 拉直

使选定曲线（或选定控制点）更直（以曲线第一分段的方向）。曲线的第一个控制点将保持其原始位置。

• 平直度：用来设置拉直的强度。数值为 1 时，曲线完全拉直；数值为 2 时，选定曲线将翻转，因此它们具有相反的曲率。

• 保持长度：该选项决定是否保持原始曲线的长度。默认为启用状态，如果关闭该选项，拉直后的曲线将在两端的控制点之间产生一条直线。

3.4 编辑NURBS曲线

1. 复制曲面曲线

基于选定的曲面边、等参线或曲面上的曲线创建新的 NURBS 曲线。

执行“曲线→复制曲面曲线”命令，设置复制曲面曲线选项。

• 与原始对象分组：选择该选项后，可以让复制出来的曲线作为源曲面的子对象；关闭该选项时，复制出来的曲线将作为独立的对象。

• 可见曲面等参线：可以复制对象在 U 方向、V 方向或这两个方向的所有等参线。该选项仅在整个曲面都被选中时可用。“U”指定 U 方向的所有等参线，“V”指定 V 方向的所有等参线，二者指定 U 方向和 V 方向所有等参线。

2. 对齐

使用“对齐”命令，可以对齐两条曲线的端点。

选择两条曲线，如图 3–27 所示。单击“对齐”命令后面的方框按钮，打开“对齐曲线选项”对话框，设置如图 3–28 所示。单击“对齐”按钮，效果如图 3–29 所示。

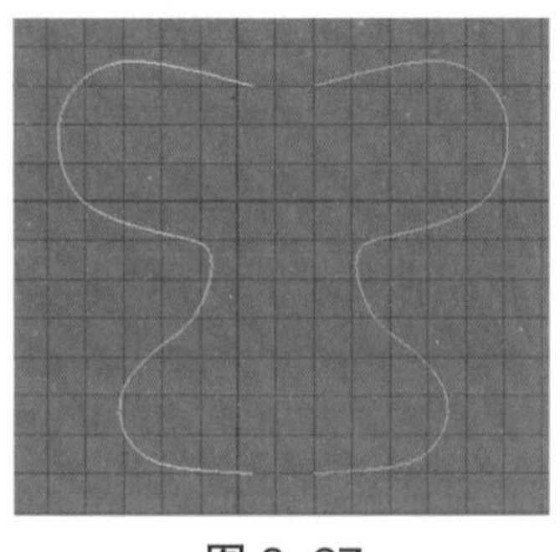

图 3–27

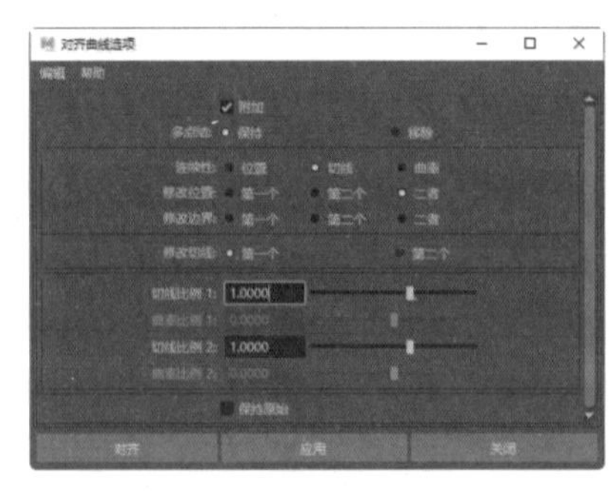

图 3–28

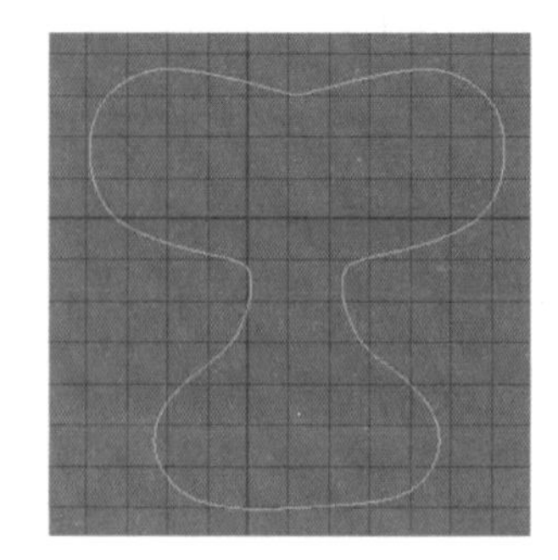

图 3–29

（1）附加：将对接后的两条曲线连接为一条曲线。

（2）多点结：用来选择是否保留附加处的结构点。“保持”为保留结构点；“移除”为移除结构点，移除结构点时，附加处将变成平滑的连接效果。

（3）连续性：决定对齐后的连接处的连续性。

• 位置：使两条曲线直接对齐，而不保持对齐处的连续性。

• 切线：将两条曲线对齐后，保持对齐处的切线方向一致。

• 曲率：将两条曲线对齐后，保持对齐处的曲率一致。

（4）修改位置：用来决定移动哪条曲线来完成对齐操作。

• 第一个：移动第一个选择的曲线来完成对齐操作。

• 第二个：移动第二个选择的曲线来完成对齐操作。

• 二者：将两条曲线同时向均匀的位置移动来完成对齐操作。

（5）修改边界：以改变曲线外形的方式来完成对齐操作。

• 第一个：改变第一个选择的曲线来完成对齐操作。

• 第二个：改变第二个选择的曲线来完成对齐操作。

• 二者：将两条曲线同时向均匀的位置上改变外形来完成对齐操作。

（6）修改切线：使用“切线”或“曲率”对齐曲线时，该选项决定改变哪条曲线的切线方向或曲率来完成对齐操作。

• 第一个：改变第一个选择的曲线。

• 第二个：改变第二个选择的曲线。

（7）切线比例 1：用来缩放第 1 个选择曲线的切线方向的变化大小。

一般在使用该选项后，要在通道盒里修改参数。

（8）切线比例 2：用来缩放第 2 个选择曲线的切线方向的变化大小。

一般在使用该命令后，要在通道盒里修改参数。

（9）曲率比例 1：用来缩放第 1 个选择曲线的曲率大小。

（10）曲率比例 2：用来缩放第 2 个选择曲线的曲率大小。

（11）保持原始：选择该选项后会保留原始的两条曲线。

3. 添加点工具

使用该工具可以将点添加到选定曲线的末端。

4. 附加

将 NURBS 曲线在端点接合起来，形成一条新曲线。可以选择两条或多条曲线进行附加。

5. 分离

将一条曲线分割为两条新曲线。在需要分离的位置插入一个“曲线点”，然后执行“分离”命令，即可将曲线在插入点处进行分离。

6. 编辑曲线工具

在单击的曲线上将显示一个操纵器，通过它可以更改曲线上任意点的位置和方向。调整“切线操纵器大小”来控制操纵器上切线方向控制柄的长度。

7. 移动接缝

将闭合 / 周期曲线的接合点移动到选定的编辑点。切换到“曲线点”编辑模式，在曲线上要设置接缝的位置单击标记曲线点，然后选择“移动接缝”选项，即可把接缝移动到设置的曲线点位置。

8. 开放 / 闭合

在开放和闭合 / 周期之间转化曲线，可以将开放曲线变成封闭曲线，或将封闭曲线变成开放曲线。

9. 圆角

可以让两条相交曲线上指定的曲线点或两条分离曲线之间产生平滑的过渡曲线。使用如图 3–30 所示的参数设置，如图 3–31 所示为在两条不相交的曲线间生成圆角，图 3–33 为在图 3–32 所示的两条相交曲线上的两个曲线点之间生成的圆角。

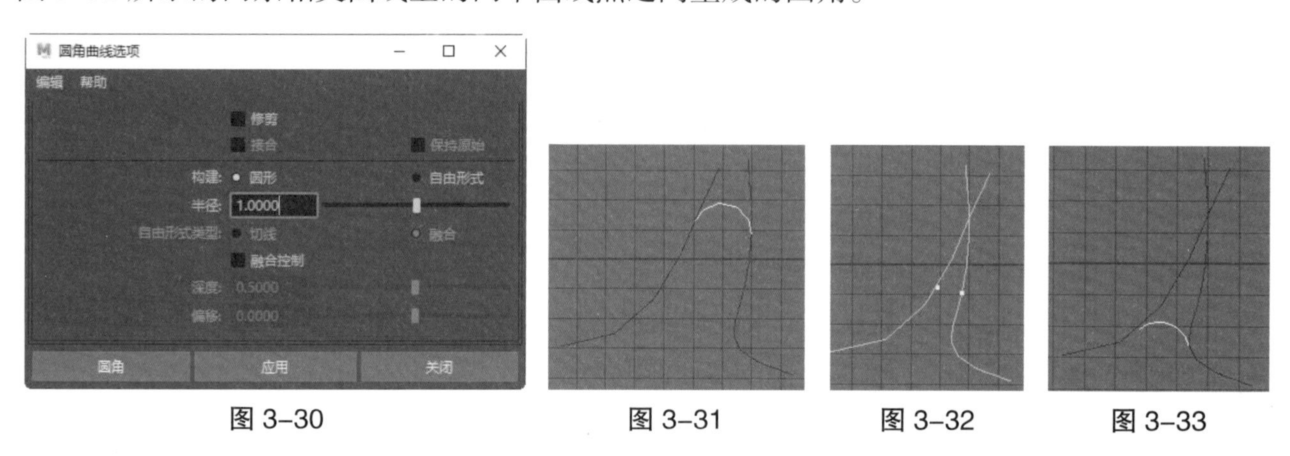

图 3–30　图 3–31　图 3–32　图 3–33

10. 切割

在视图中将相交曲线从相交处分割。例如选择图 3–34 所示的曲线，设置参数如图 3–35 所示，切割后删掉部分曲线，效果如图 3–36 所示。

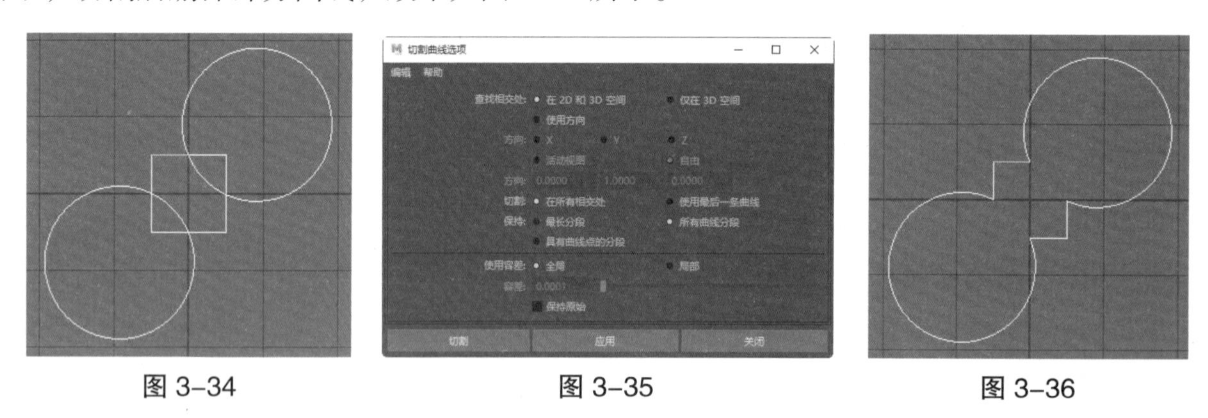

图 3–34　图 3–35　图 3–36

（1）查找相交处：用来选择两条曲线的投影方式。

• 在 2D 和 3D 空间：在正交视图和透视图中求出投影交点。

• 仅在 3D 空间：只在透视图中求出交点。

（2）使用方向：使用自定义方向求出投影交点，有 x 轴、y 轴、z 轴、“活动视图”和“自由”5 个选项可以选择。

（3）切割：用来决定曲线的切割方式。

• 在所有相交处：切割所有选择曲线的相交处。

• 使用最后一条曲线：只切割最后选择的一条曲线。

（4）保持：用来决定最终保留和删除的部分。

• 最长分段：保留最长线段，删除较短的线段。

• 所有曲线分段：保留所有的曲线段。

• 具有曲线点的分段：根据曲线点的分段进行保留。

11. 相交

创建曲线点定位器，按某个视图或方向可以在多条曲线的交叉点处产生定位点，这样可以很方便地对定位点进行捕捉、对齐和定位等操作。

12. 延伸

延伸一条曲线，或者创建一条新曲线作为延伸。

13. 插入结

在指定曲线点处插入编辑点。

14. 偏移

创建所选内容的副本，从原始位置偏移一定的距离。

15. CV 硬度

设定选定 CV 的多重性。主要用来控制次数为 3 的曲线的控制点的多样性因数。例如，选择图 3–37 所示的控制点，选择“CV 硬度”选项，效果如图 3–38 所示。

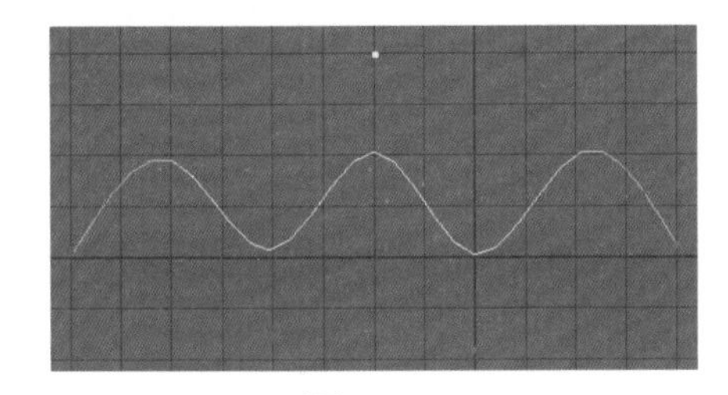
图 3–37

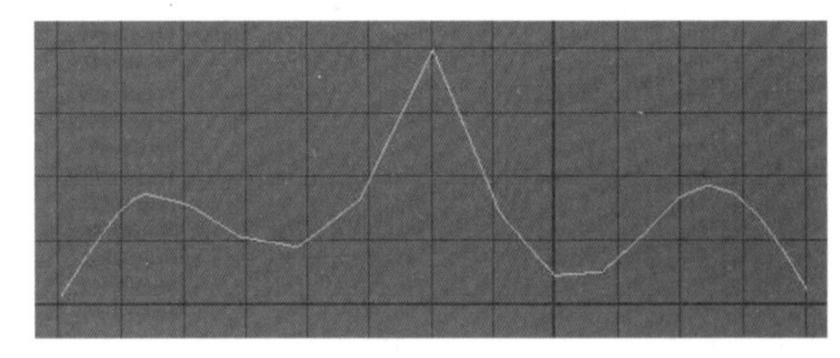
图 3–38

16. 拟合 B 样条线

将一个三次（立方）线拟合到一次（线性）曲线中，从而可以将曲线改变成三阶曲线，并且可以对编辑点进行匹配，如图 3–39 所示。在从其他产品（其中曲线次数为 1）导入曲线、表面和数字化数据后，通常会使用“拟合 B 样条线”选项，如图 3–40 所示。

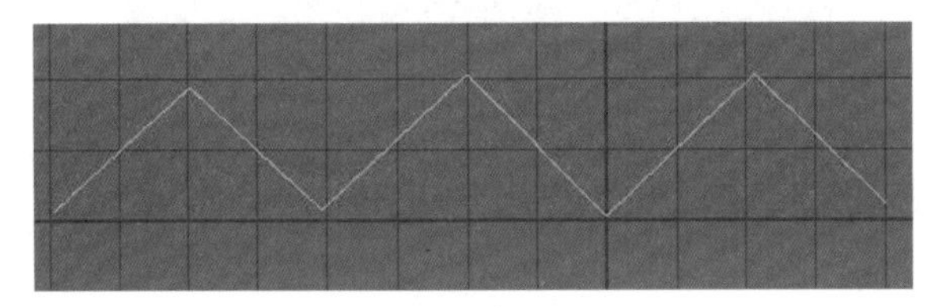
图 3–39

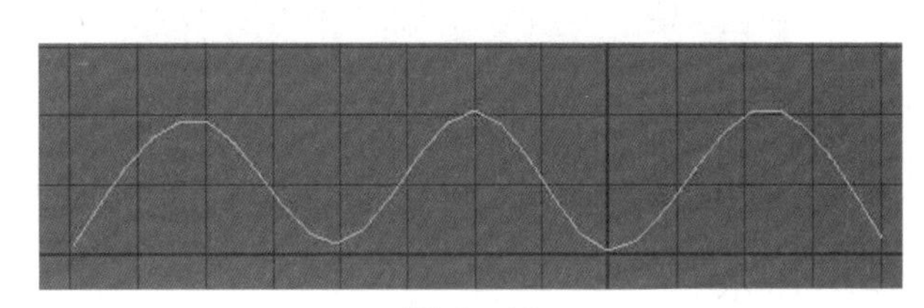
图 3–40

17. 投影切线

使曲线切线端点或曲率与另一个曲线或曲面连续。

18. 平滑

在选定曲线中平滑折点，此命令可以多次使用以进一步增加平滑度。

19. Bezier 曲线

可用于更改 Bezier 曲线上的选定锚点（控制顶点）或选定切线，从而修正曲线的形状。该命令包括“锚点预设”和“切线选项”两个子命令。

（1）锚点预设。

• Bezier：选择 Bezier 曲线的控制点后，执行“Bezier”命令，可以调出 Bezier 曲线的控制手柄，如图 3-41 所示。

• Bezier 角点：执行“Bezier 角点”命令，可以使 Bezier 曲线的控制手柄只有一边受到影响，如图 3-42 所示。

• 角点：执行“角点”命令可以取消贝塞尔曲线的手柄控制，使其成为控制点，如图 3-43 所示。

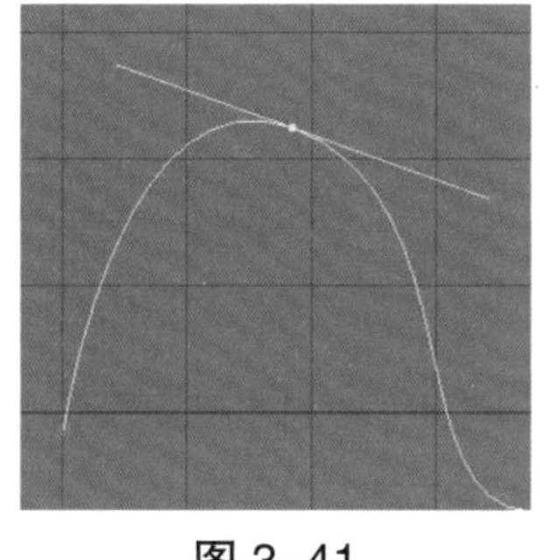

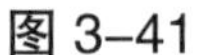
图 3-41

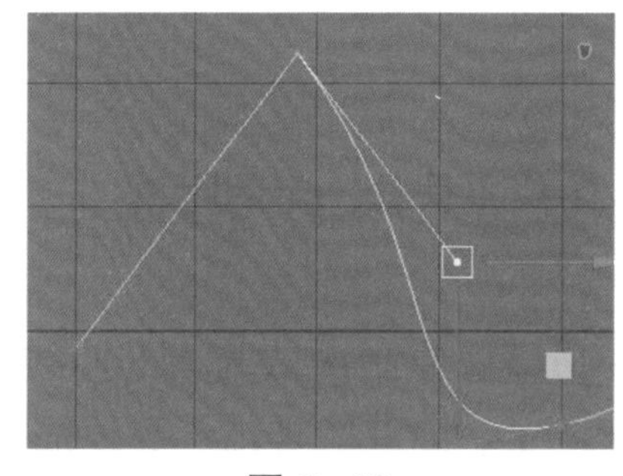

图 3-42

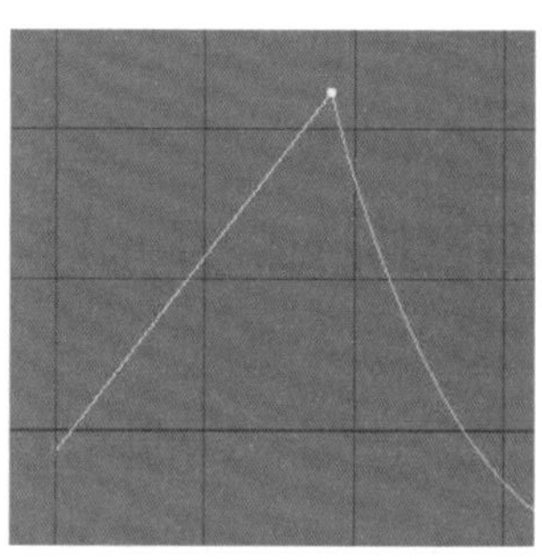

图 3-43

（2）切线选项。

• 光滑锚点切线：可以使 Bezier 曲线的手柄两端对称，如图 3-44 所示。

• 断开锚点切线：可以打断 Bezier 曲线的手柄控制，使其只有一边受到控制，如图 3-45 所示。

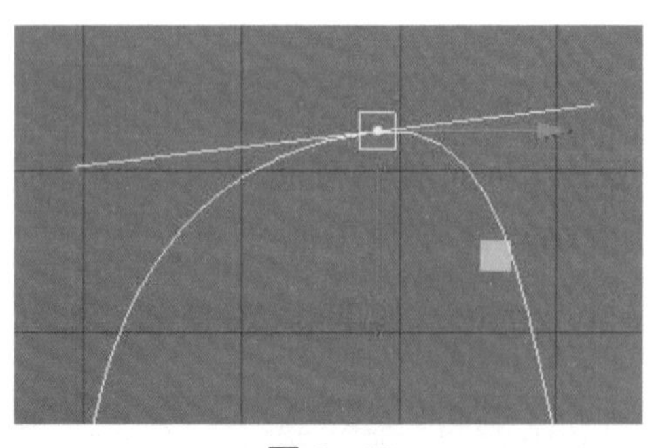

图 3-44

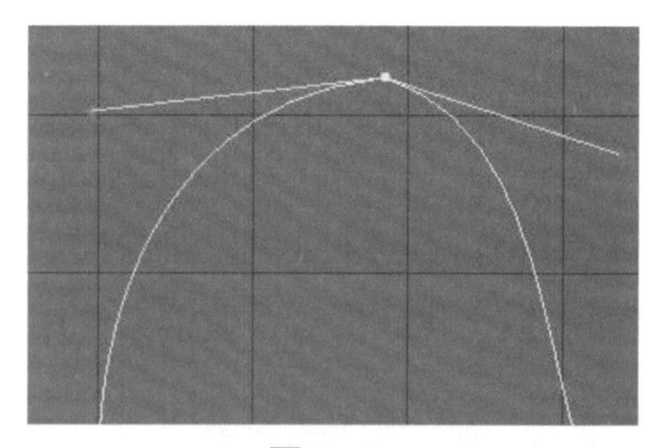

图 3-45

• 平坦锚点切线：当调整 Bezier 曲线的控制手柄时，可以使两边调整的距离相等，如图 3-46 所示。

• 不平坦锚点切线：当调整 Bezier 曲线的控制手柄时，可以使曲线只有一边受到影响，如图 3–47 所示。

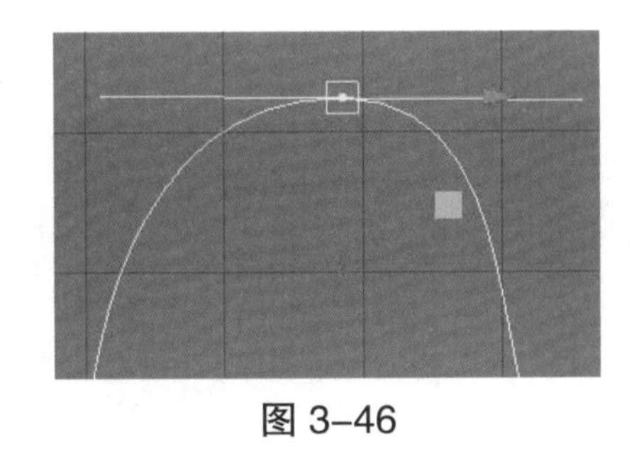

图 3–46

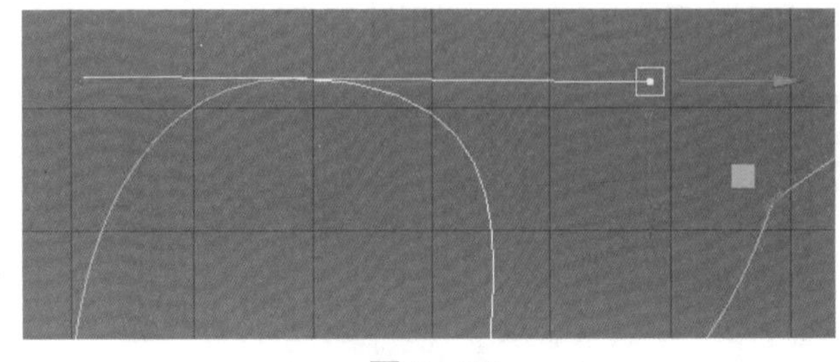

图 3–47

20. 重建

执行各种操作来修改选定曲线，可以修改曲线的一些属性，如结构点的数量和次数等。如图 3–48 所示的曲线，进行如图 3–49 所示的设置后，效果如图 3–50 所示。

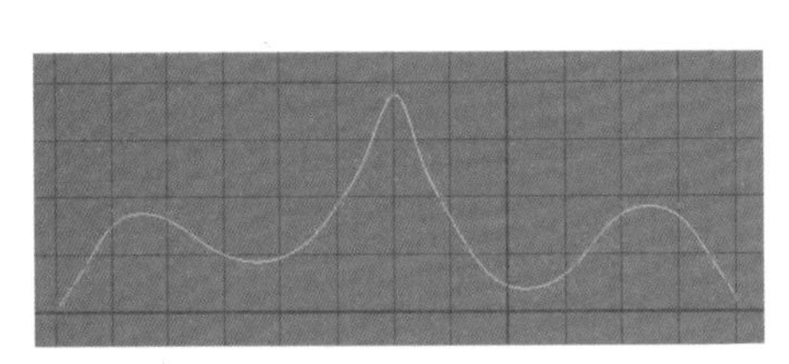

图 3–48

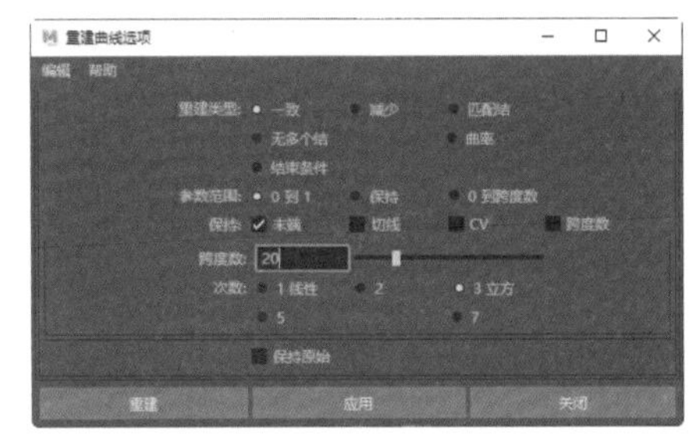

图 3–49

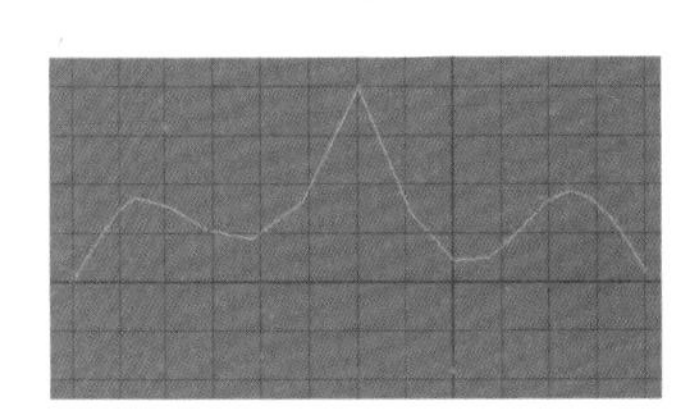

图 3–50

（1）重建类型：选择重建的类型。

• 一致：用统一方式来重建曲线。

• 减少：由“容差”值来决定重建曲线的精简度。

• 匹配结：通过设置一条参考曲线来重建原始曲线，可重复执行，原始曲线将无限趋向于参考曲线的形状。

• 无多个结：删除曲线上的附加结构点，保持原始曲线的段数。

• 曲率：在保持原始曲线形状和度数不变的情况下，插入更多的编辑点。

• 结束条件：在曲线的终点指定或除去重合点。

（2）参数范围。

• 0 到 1：可将结果曲线的参数范围设定为 0 到 1。

• 保持：可将重建曲线的参数范围与原始曲线匹配。

• 0 到跨度数：可创建整型结值，使数值输入更加容易。

（3）保持：如果要重建曲线使其具有原始的结束点、切线、控制点或跨度数，可启用“末端”“切线”“CV”或“跨度数”。“跨度数”仅可与“一致”选项结合使用。

（4）跨度数：指定结果曲线中的跨度数。

（5）次数：“次数”越高，曲线就越平滑。默认设置（“3 立方”）可适用于大多数曲线。

21. 反转方向

反转选定曲线的方向，可以交换曲线的起点与结束点。如图 3–51 所示曲线起点在左端，反转方向后起点在右端，如图 3–52 所示。

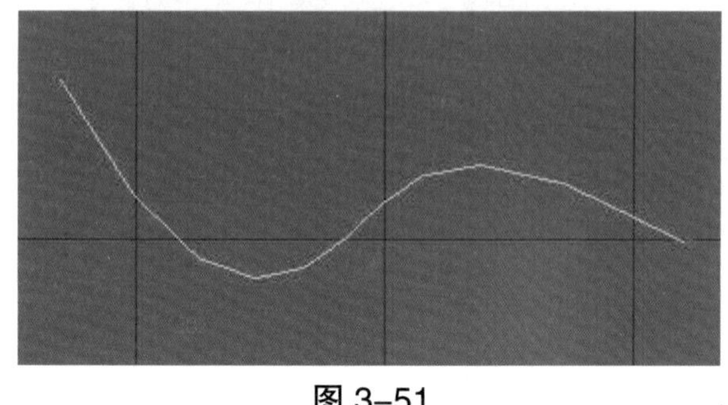

图 3–51

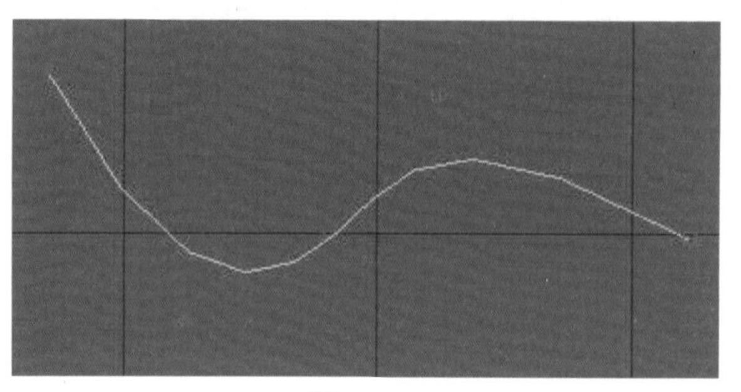

图 3–52

案例 6　创建轮胎模型

案例描述

使用 NURBS 曲线，创建图 3-53 所示的轮胎模型。

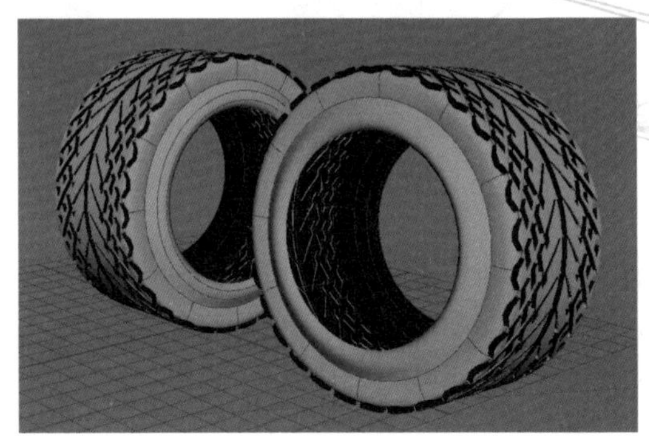

图 3-53

学习目标

1. 知识目标

- 了解“曲面”的概念；
- 了解创建 NURBS 基本体的方法；
- 了解创建曲面的方法。

2. 技能目标

- 会创建 NURBS 基本体；
- 会创建曲面。

3. 素养目标

- 养成规范操作的习惯；
- 培养造型审美能力。

操作步骤

（1）新建场景，保存文件，命名为“轮胎”。切换到顶视图，绘制如图 3-54 所示的曲线，按【Ctrl+D】组合键复制曲线，在通道盒设置曲线副本的“旋转 X”为 180，效果如图 3-55 所示。按【Ctrl+G】组合键，选择全部曲线。

（2）切换到前视图，在通道盒设置曲线组的“平移 Y”值为 6。创建一个 NURBS 圆柱体，设置其半径为 5、分段为 12、跨度为 6，在“通道盒”设置其“旋转 X”值为 90，如图 3-56 所示。

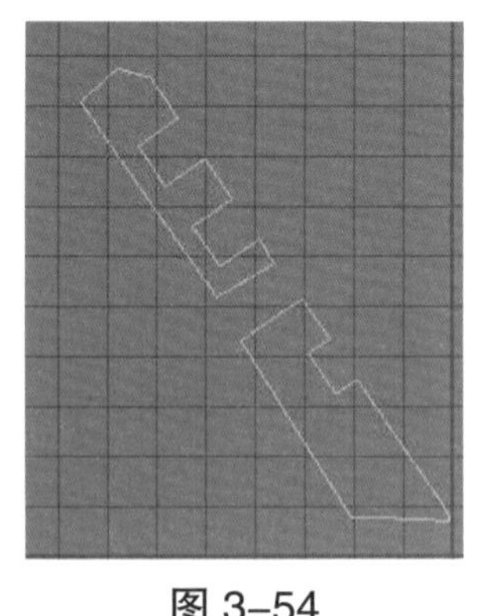

图 3-54

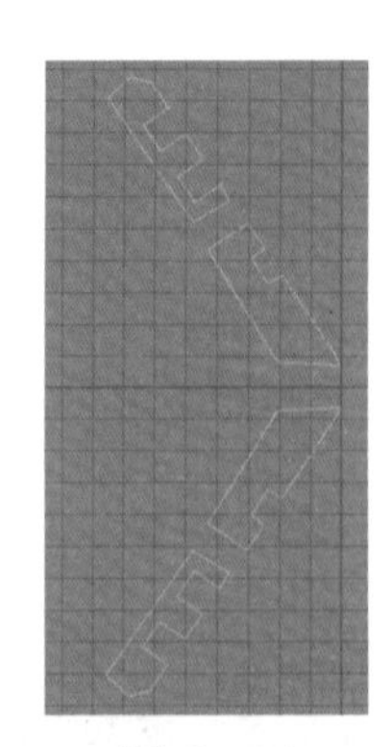

图 3-55

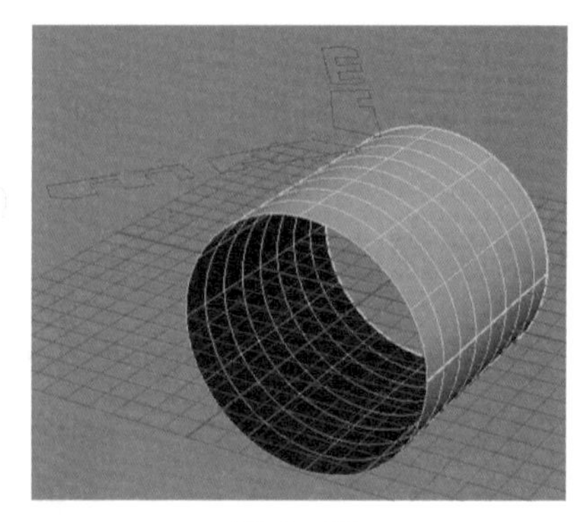

图 3-56

（3）切换到侧视图，进入“控制顶点”编辑模式，选择左、右两侧的顶点，如图 3-57 所示；使用“缩放工具”按住中心控制点拖曳进行缩小操作，效果如图 3-58 所示。

图 3-57

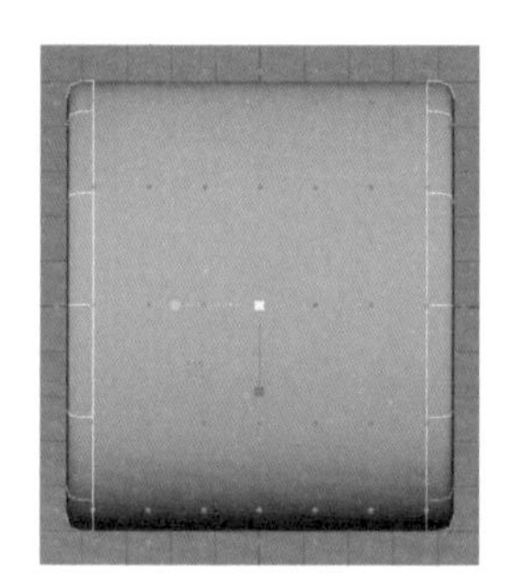

图 3-58

（4）回到对象模式，按【Ctrl+D】复合键复制圆柱体，在通道盒设置隐藏副本。切换到顶视图，修改曲线的位置与大小，如图 3-59 所示。选择曲线，然后按【Shift】键选择圆柱曲面，执行“曲面→在曲面上投影曲线”命令，投影效果如图 3-60 所示。选择投影到圆柱曲面上的曲线，单击“曲面→挤出”命令右侧的方框，打开“挤出选项”对话框，在其中进行相关参数设置，如图 3-61 所示。

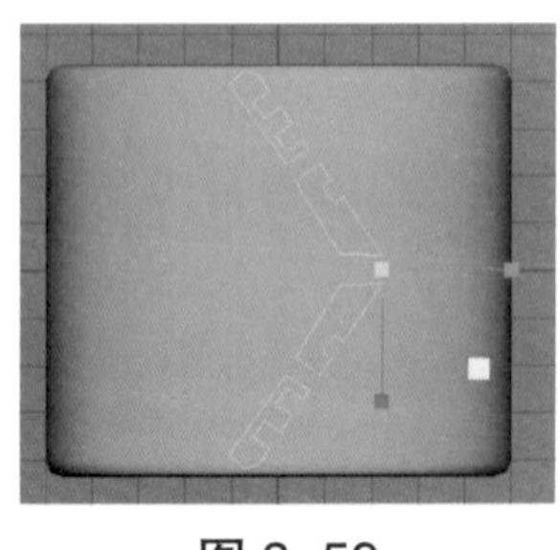

图 3-59

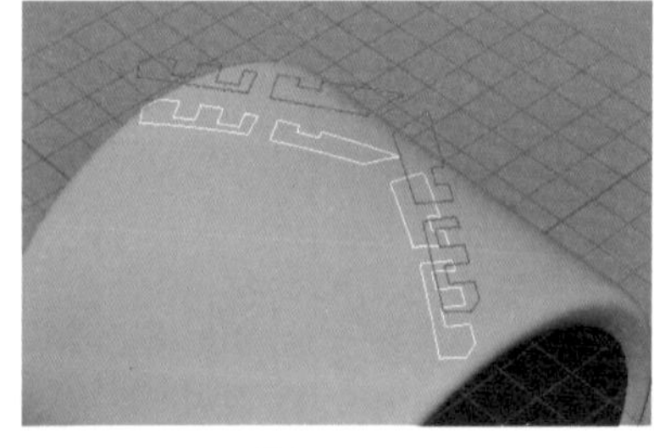

图 3-60

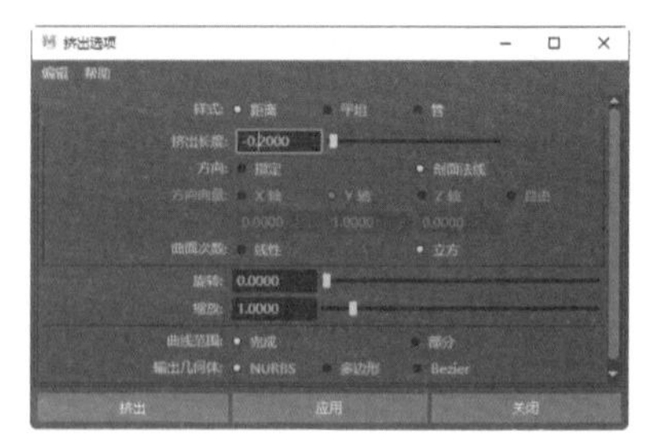

图 3-61

（5）单击“挤出”按钮，挤出效果如图 3-62 所示。删除挤出对象以外的所有对象。选择圆柱体曲面，单击“曲面→修剪工具”命令右侧的方框，在修剪工具对应的“工具设置”对话框中进行设置，如图3-63所示，关闭对话框，选择需要保留的面，效果如图3-64所示。

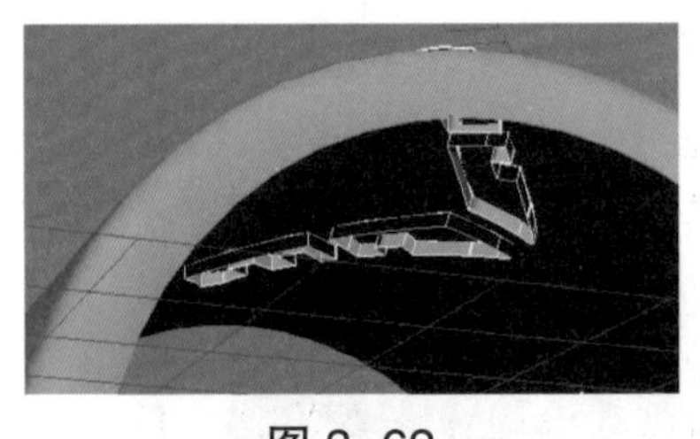
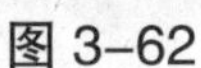

图 3-62

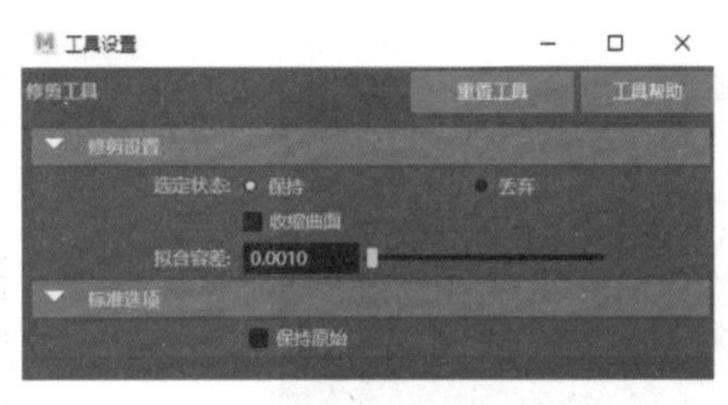

图 3-63

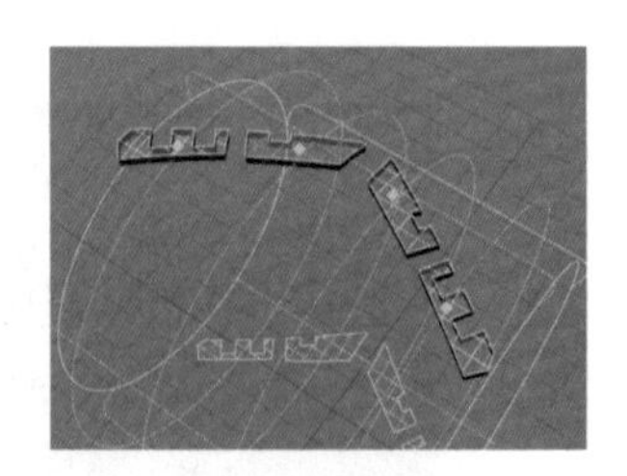

图 3-64

（6）按【Enter】键，修剪效果如图 3-65 所示。选择挤出的对象，执行“编辑→按类型删除→历史特殊复制”命令，打开“特殊复制选项”对话框，在其中进行参数设置，如图 3-66 所示，复制效果如图 3-67 所示。

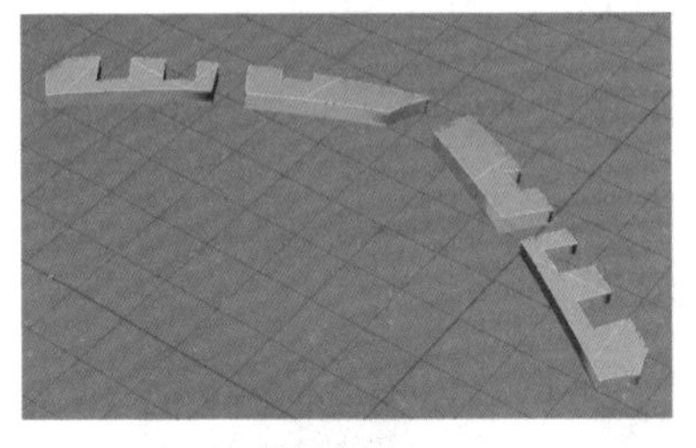

图 3-65

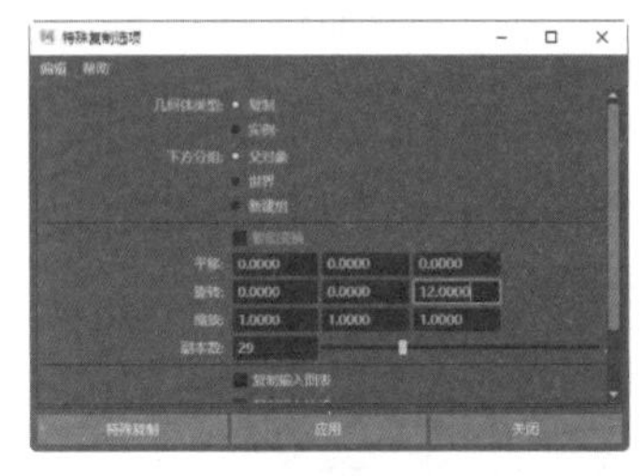

图 3-66

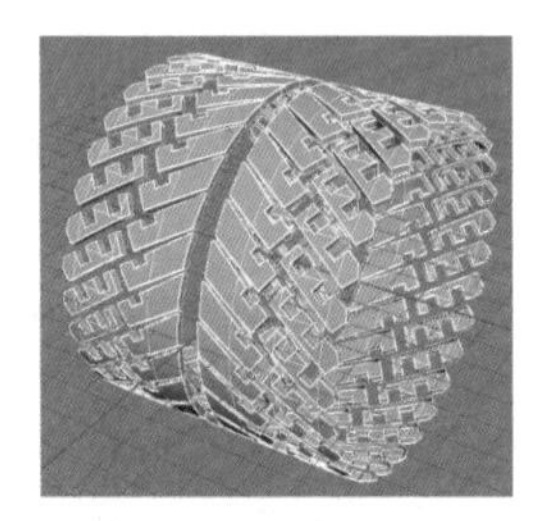

图 3-67

（7）在大纲视图中选择隐藏的圆柱体副本，设置“可见性”为“启用”。选择圆柱体副本，在 X、Y、Z 轴方向上适当缩小相同的值，如图 3-68 所示。选择所有对象，按【Ctrl+G】组合键，切换到侧视图，使用缩放工具沿 Z 轴进行缩小操作，如图 3-69 所示。

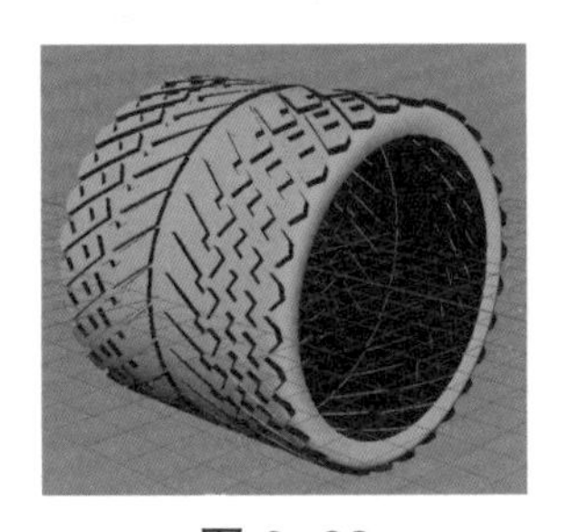

图 3-68

图 3-69

（8）切换到前视图，选择最内侧的等参线，执行“曲线→复制曲面曲线”命令，如图 3-70 所示。选择刚复制的曲线，连续按【Ctrl+D】组合键 3 次，分别调整 3 条复制的曲线大小与 Z 轴位置，如图 3-71、图 3-72 所示。

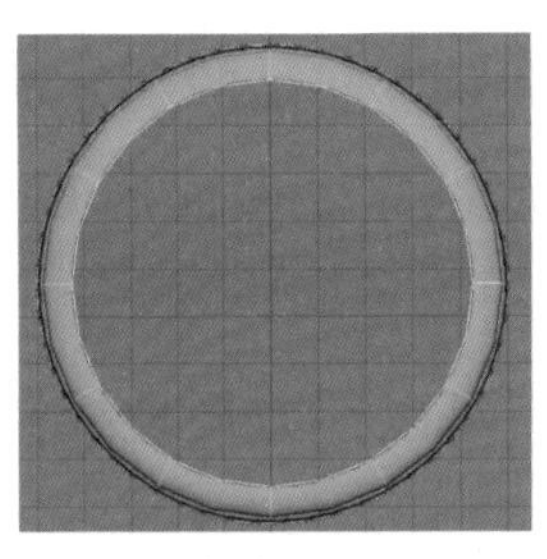

图 3-70

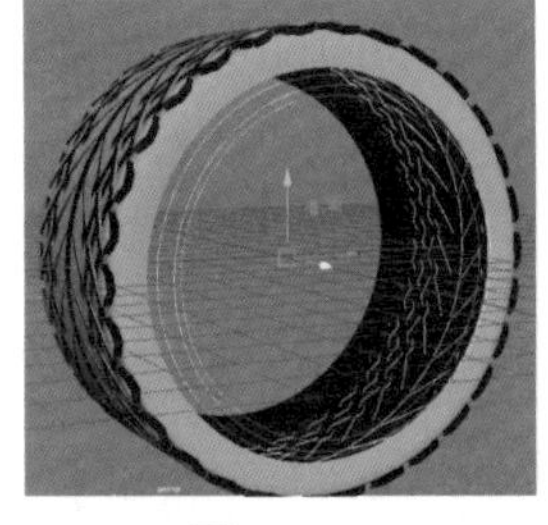

图 3-71

图 3-72

（9）由外到内依次选择 4 条曲线，执行“曲面→放样”命令，参数设置如图 3-73 所示，效果如图 3-74 所示。

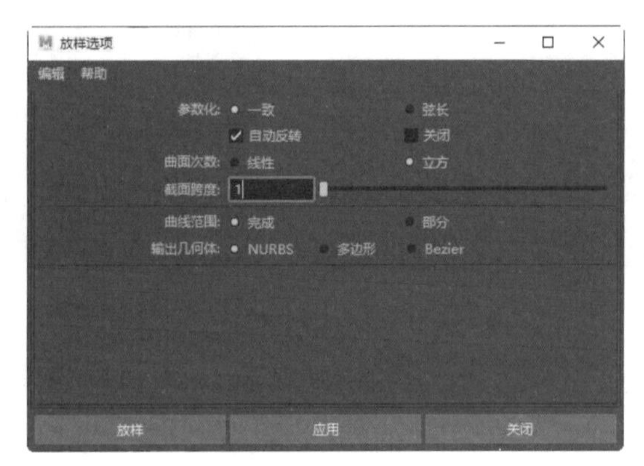

图 3–73

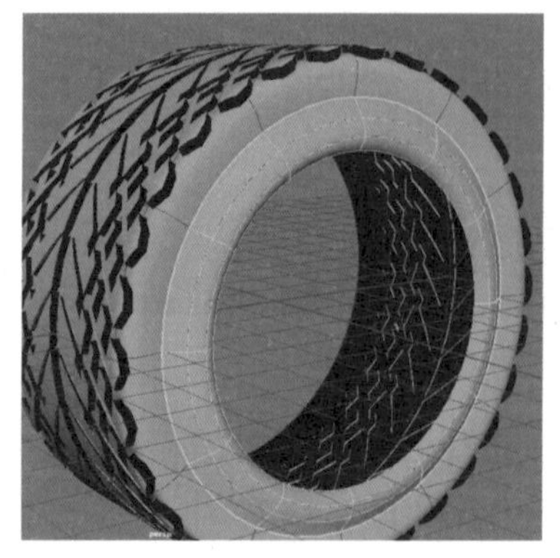

图 3–74

（10）选择新生成的曲面，选择“特殊复制”选项，在打开的“特殊复制选项”对话框中进行参数设置，如图 3–75 所示。单击“特殊复制”按钮，最终模型如图 3–76 所示。

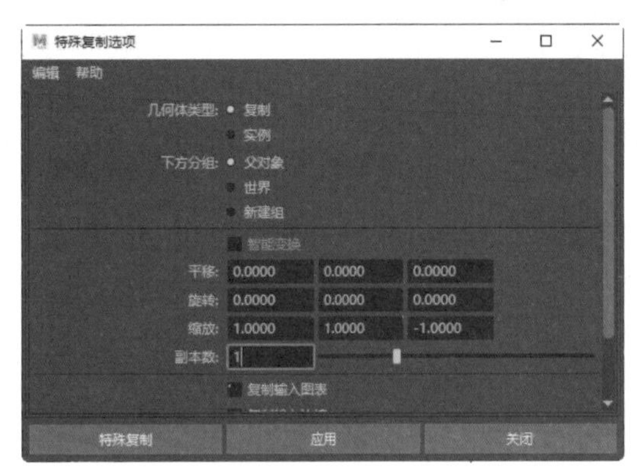

图 3–75

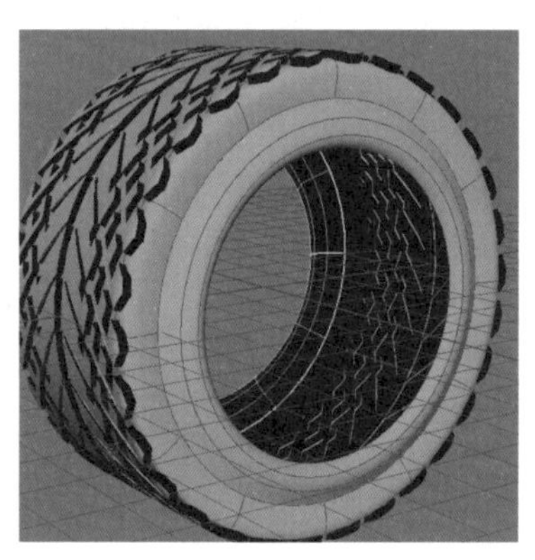

图 3–76

（11）选择所有对象，按【Ctrl+G】组合键组合对象，按【Ctrl+D】组合键复制对象，调整副本的位置方向，如图 3–53 所示，保存场景文件。

3.5 曲面

1. 曲面基本元素介绍

• 曲面起始点：即 U 方向和 V 方向上的起始点。V 方向和 U 方向是两个分别用字母“V”和“U”来表示的控制点，如图 3–77 所示。它们与起始点一起决定了曲面的 UV 方向，这对后面的贴图制作非常重要。

• 控制点：和曲线的控制点作用类似，都是壳线的交点，可以很方便地控制曲面的平滑度，在大多数情况下都是通过控制点来对曲面进行调整。

• 壳线：是控制点的连线，可以通过选择壳线来选择一组控制点，然后对曲面进行调整，如图 3–78 所示。

• 曲面面片：曲面上的等参线将曲面分割成无数的面片，每个面片都是曲面面片，如图

3-79 所示。可以将曲面上的曲面面片复制出来加以利用。

- 等参线：是 U 方向和 V 方向上的网格线，用来决定曲面的精度。
- 曲面点：是曲面上等参线的交点。

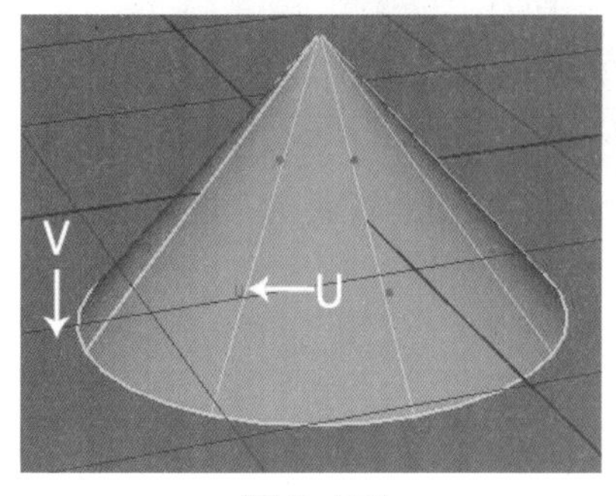

图 3-77

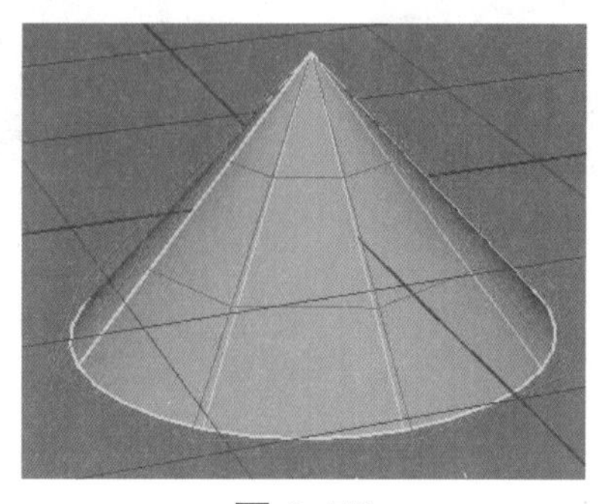

图 3-78

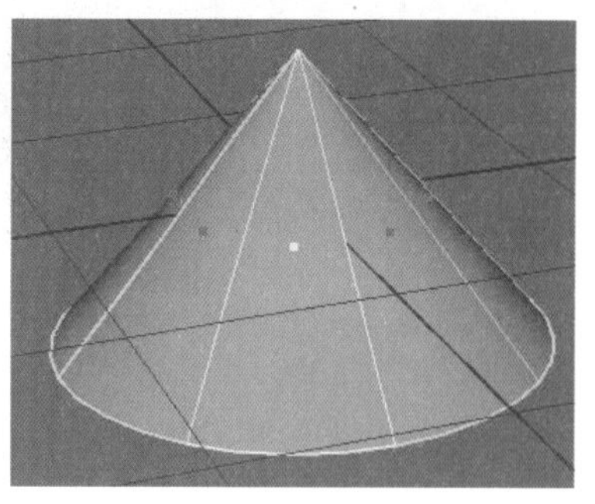

图 3-79

2. 创建 NURBS 基本体

（1）球体。

创建的球体可以作为圆形类对象的起始点，例如，眼球、行星和人头。单击“创建→NURBS 基本体→球体”命令右侧的方框，打开“NURBS 球体选项”对话框，如图 3-80 所示。

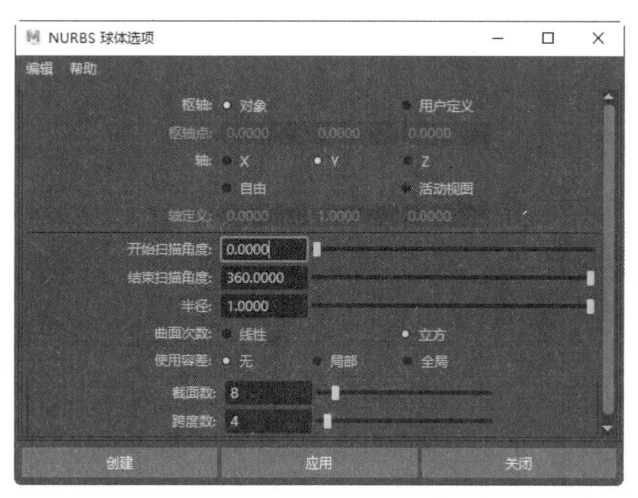

图 3-80

- 枢轴。默认情况下，将“枢轴”设置为“对象”，并从原点创建基本体，特别是当旋转枢轴和缩放枢轴位于原点时。如果将“枢轴”设置为“用户定义”，则可以通过在“枢轴点”X、Y 和 Z 框中输入值对枢轴（和基本体）进行定位。
- 轴。选择“X”“Y”或“Z”来指定对象预设轴的方向。选择“自由”选项启用 X、Y 和 Z 轴定义，输入新值选择轴方向。选择“活动视图”选项创建垂直于当前正交视图的对象。如果当前建模视图是摄影机或透视视图，则“活动视图”选项无作用。
- 开始扫描角度和结束扫描角度。可以通过指定旋转度数来创建部分球体。如图 3-81 所示为“结束扫描角度”为 360 度与 180 度时的球体俯视图。
- 半径。设置基本体的宽度和深度，此处用来设置球体的大小。
- 曲面次数。“线性”曲面具有面状外观，“立方”曲面为圆形外观，如图 3-82 所示。

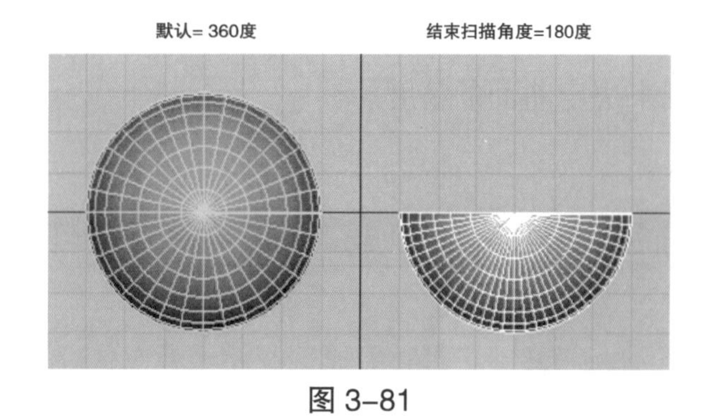

图 3–81

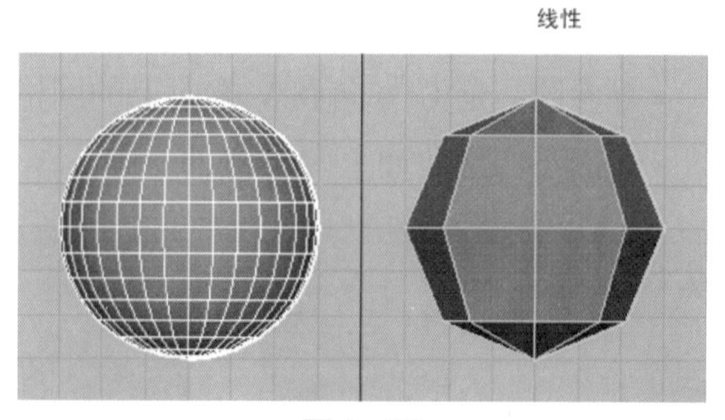

图 3–82

• 使用容差。可以使用此选项来提高基本体图形的精度。如果设置为“全局”容差，则使用“首选项”对话框内“设置”部分的“位置”容差值。值越低，曲面精度越高。如果设置为“局部”，可以在“NURBS 球体选项”对话框输入值来覆盖“首选项”对话框中的“位置”容差值。如果设置为“无”，则将忽略容差并使用指定的分段数和跨度数创建球体。

• 截面数。设置创建在球体某一方向上的曲面曲线数。曲面曲线（也称为等参线）显示曲面图形的轮廓。曲面的截面（和跨度）越多，就能越精确地显示曲面变形。

图 3–83 所示的两个球体中左边的球体有 8 个截面，而右边球体有 16 个截面。如果值小于 4，那么球体就会较为粗糙。

• 跨度数。设置创建在球体横穿截面方向上的曲面曲线数，如图 3–84 所示。如果值小于 4，球体会较为粗糙。

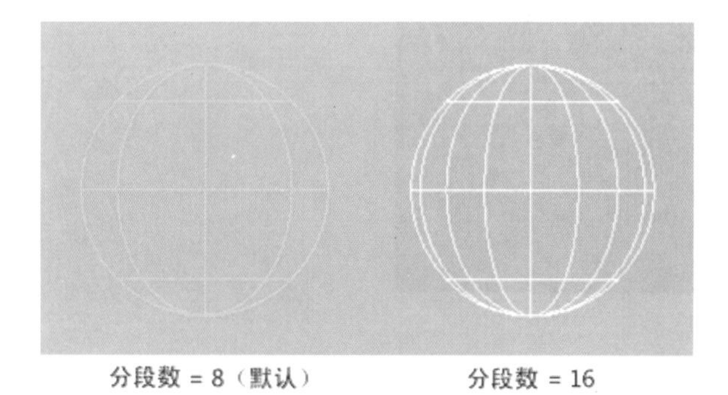

图 3–83

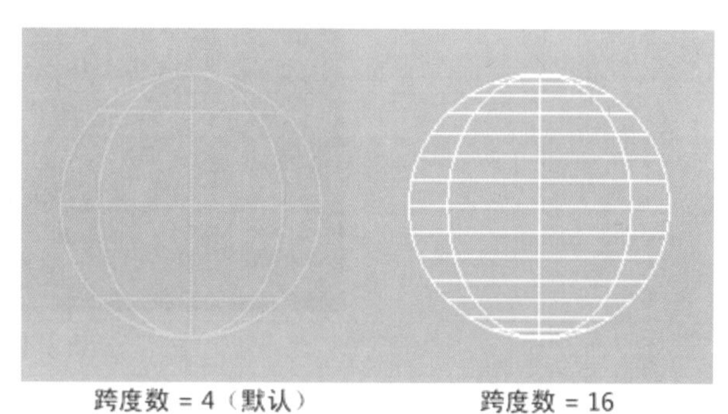

图 3–84

（2）立方体。

立方体有 6 个面，每个面都是可选的。整个立方体为一个组，如图 3–85、图 3–86 所示。

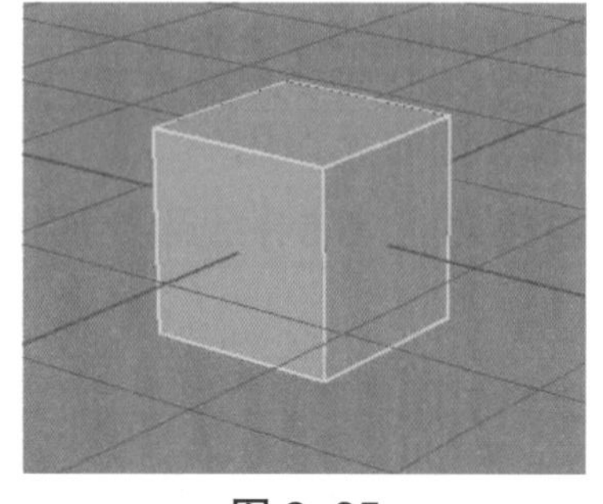

图 3–85

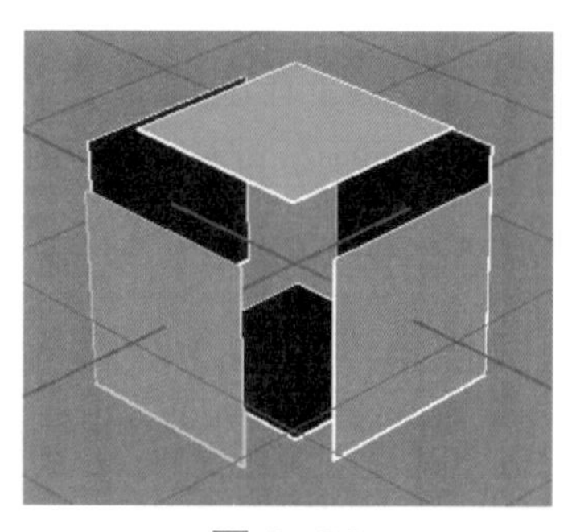

图 3–86

立方体的专有选项如下。

• 宽度、长度、高度：设置立方体尺度。

• U 面片、V 面片：设置跨度数和分段数。

（3）圆柱体。

可以创建带有或不带有结束端面的圆柱体。圆柱体的特殊选项是有关结束端面的，可以创建有一个、两个或没有结束端面的圆柱体。

圆柱体的专有选项如下。

• 封口：用来设置是否为圆柱体添加盖子，或者在哪一个方向上添加盖子。“无”选项表示不添加盖子；“底”选项表示在底部添加盖子，而顶部镂空；“顶”选项表示在顶部添加盖子，而底部镂空；“二者”选项表示在顶部和底部都添加盖子。如图 3–87 所示。

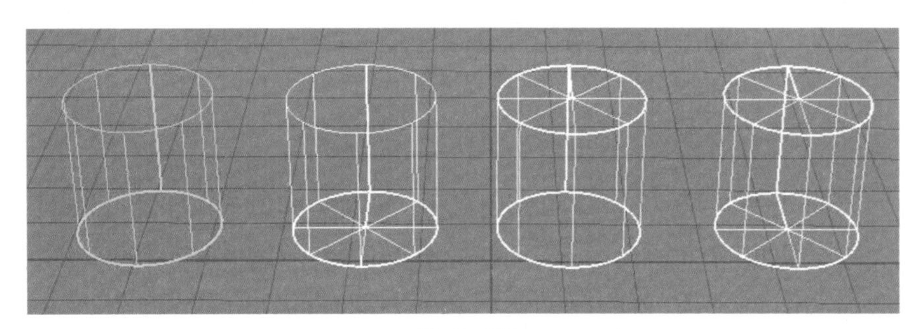

图 3–87

选择“封口上的附加变换”选项时，盖子将作为圆柱体的子物体；如果关闭该选项，盖子和圆柱体会变成一个整体。

（4）圆锥体。

可以创建底部带有或不带有端面的圆锥体。其选项类似于其他 NURBS 基本体选项。

（5）平面。

平面是由指定数量的面片组成的平坦曲面。其选项类似于其他 NURBS 基本体选项。

（6）圆环。

圆环是 3D 环。其选项类似于其他 NURBS 基本体选项。

（7）圆形。

圆形是曲线，而不是曲面。其选项类似于球体选项。

（8）方形。

方形是一个由 4 个曲线组成的组，而不是曲面。在各种建模操作中方形很有用，例如，修剪建筑的窗图形。其选项类似于其他 NURBS 基本体选项。

（9）交互式创建。

当“交互式创建”处于启用状态并选中基本体选项框时，会在工具窗口显示基本体选项的子集。工具设置中没有轴选项。此外，“半径”“宽度”“高度”“深度”选项仅适用于单击创建，不适用于交互式创建。

3. 创建曲面

（1）放样。

沿一系列剖面曲线蒙皮曲面，可以将多条轮廓线生成一个曲面。如图 3–88 所示，由下到上选择曲线，设置放样选项如图 3–89 所示，单击“放样”按钮，生成图 3–90 所示的曲面。

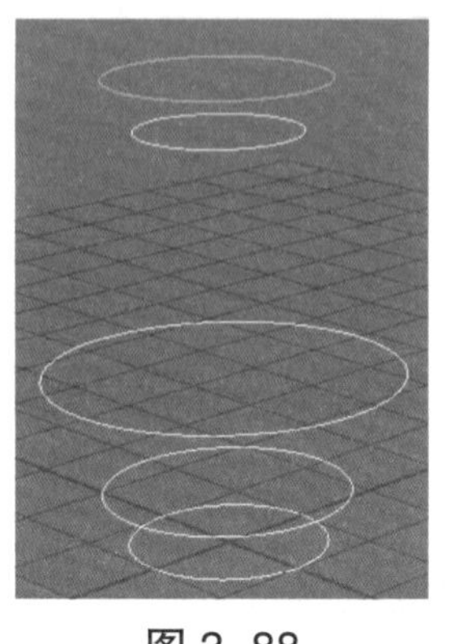

图 3–88

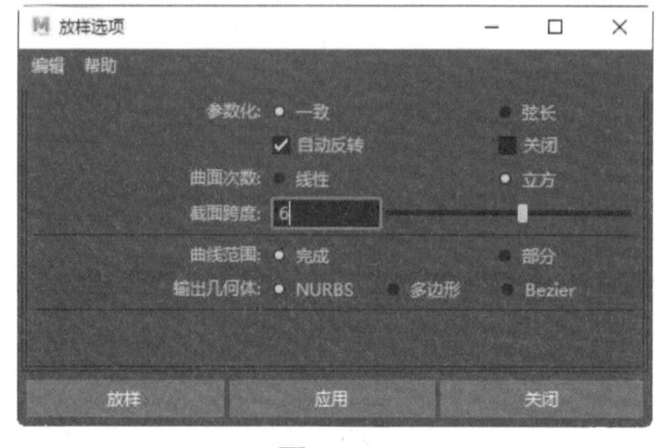

图 3–89

图 3–90

• 参数化。

• 一致：使剖面曲线与 V 方向平行，在 U 方向生成曲面的参数值的间距均匀。

• 弦长：U 方向生成曲面上的参数值要基于剖面曲线开始点之间的距离。如果曲线具有相同的曲线次数和编辑点数，那么放样曲面会在 U 方向具有相同数量的跨度数。曲面将更容易操纵和添加纹理。

• 自动反转：可以自动反转方向不一致的曲线，防止放样曲面产生扭曲现象。

• 关闭：选择该选项后，生成的曲面会自动闭合。

• 曲线范围：如果选择“部分”选项，可以在放样操作后使用“显示操纵器工具”，更改用于创建曲面的 subCurve（细分曲线）长度。

（2）平面。

在边界曲线内创建平面（平坦）曲面。选择如图 3–91 所示的曲线，选择“平面”选项，生成平面效果如图 3–92 所示。

图 3–91

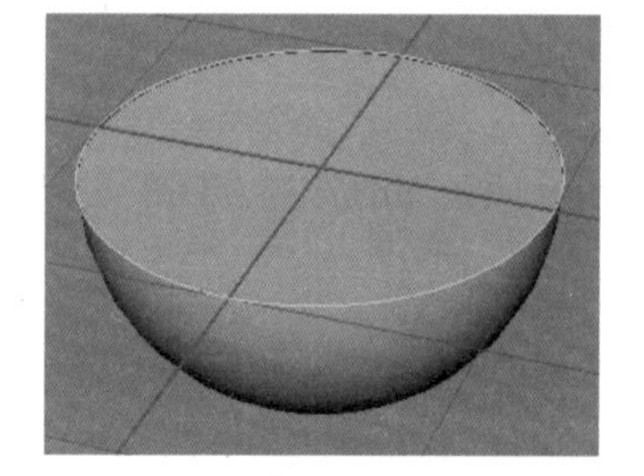

图 3–92

（3）旋转。

绕枢轴点旋转剖面曲线来扫描生成曲面。如图 3–93 所示，在前视图绘制曲线，在“旋转选项”对话框中设置参数如图 3–94 所示，旋转生成曲面如图 3–95 所示。

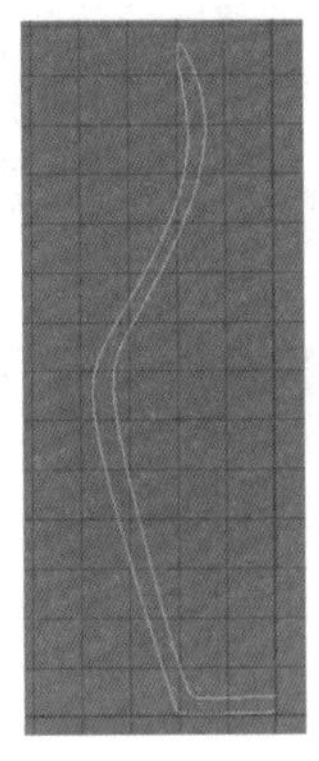

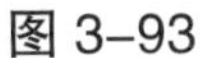

图 3–93

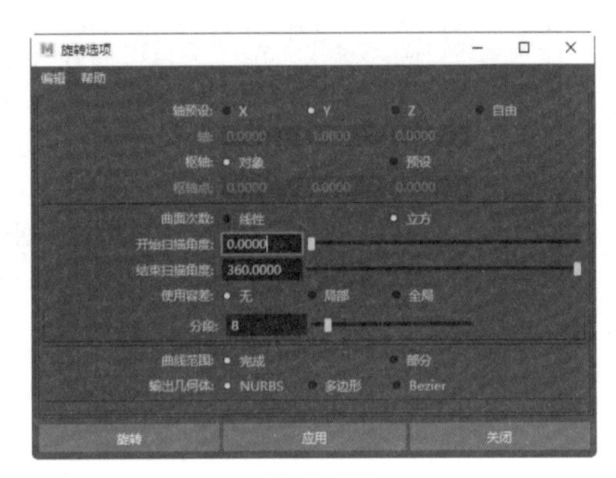

图 3–94

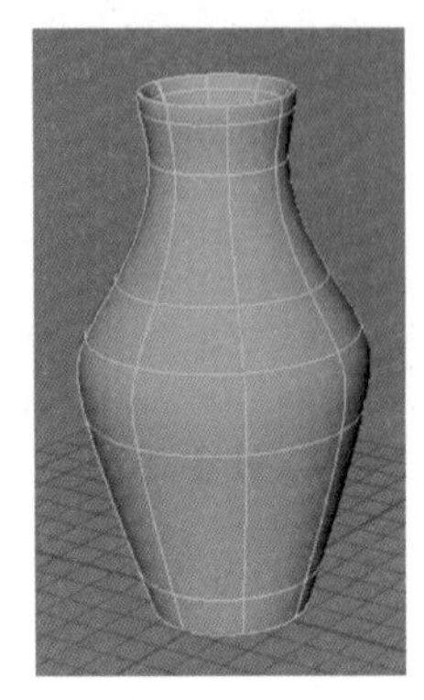

图 3–95

（4）双轨成形。

通过沿两条路径曲线扫描一系列剖面曲线创建一个曲面，生成的曲面可以与其他曲面保持连续性。“双轨成形 1 选项”对话框中的选项可用于沿两条路径（轨道）曲线扫描 1 条、2 条或 3（或更多）条横截面曲线，如图 3–96 所示。生成的曲面通过剖面曲线进行插值。

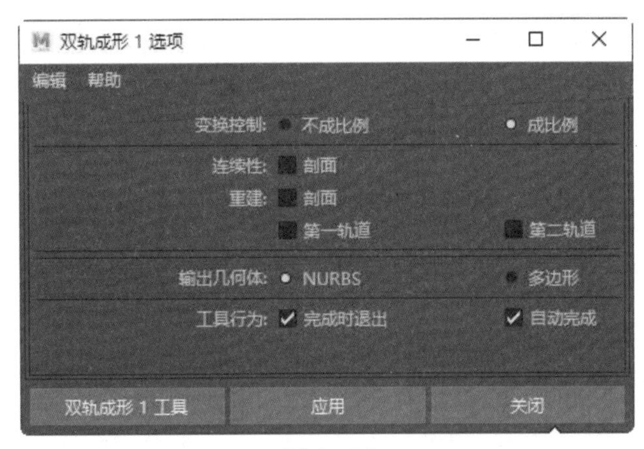

图 3–96

“双轨成形 1 选项”窗口各选项参数含义如下。

- 变换控制：可以选择如何沿轨道缩放剖面曲线扫描。
- 不成比例：以不成比例的方式扫描曲线。
- 成比例：以成比例的方式扫描曲线。
- 连续性：这使生成的曲面切线与剖面曲线下的曲面保持连续性。
- 重建：先重建剖面曲线或轨道曲线，然后再将这些曲线用于创建曲面。
- 第一轨道：重建第 1 次选择的路径。
- 第二轨道：重建第 2 次选择的路径。

绘制图 3–97 所示的两条曲线作为轨道，然后绘制图 3–98 所示的剖面线（剖面线的两个端点要吸附到轨道上），执行“双轨成形 1”命令，然后依次单击剖面线与两条轨道，生成的曲面效果如图 3–99 所示。

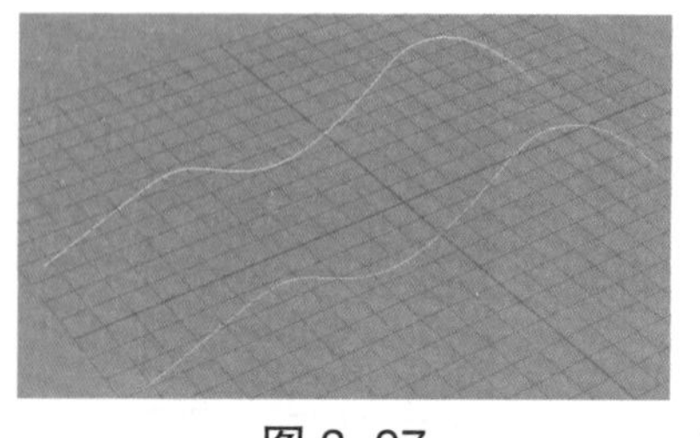
图 3-97

图 3-98

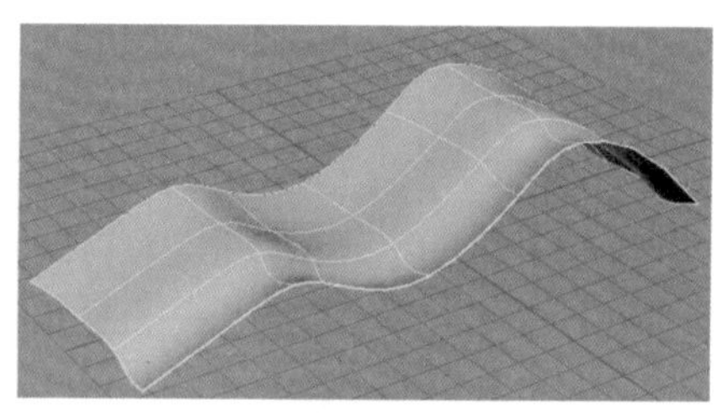
图 3-99

在轨道的另一端增加一条曲线，如图 3-100 所示；执行“双轨成形 2”命令，生成曲面如图 3-101 所示。

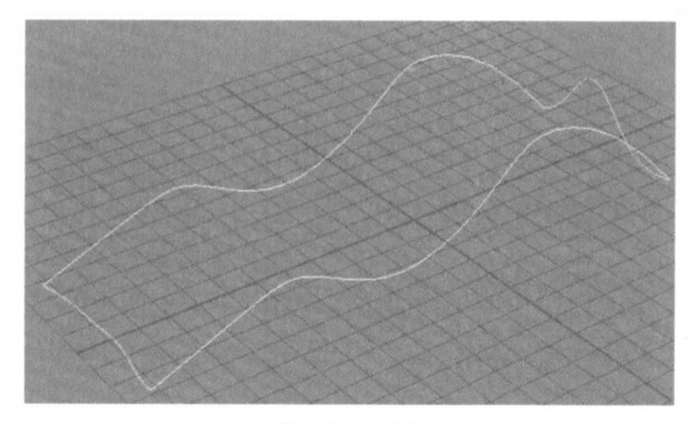
图 3-100

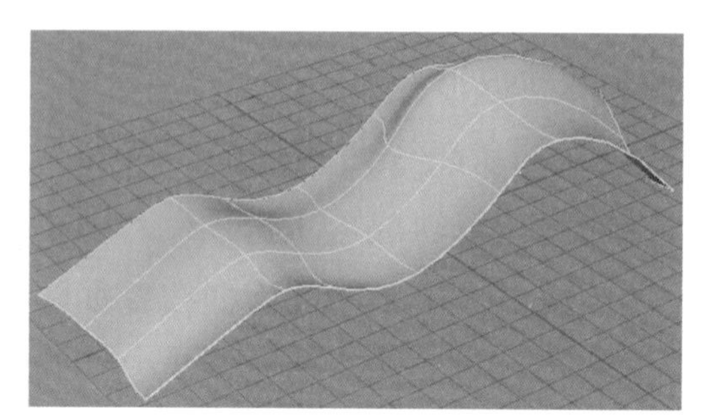
图 3-101

在轨道上再增加一条曲线，如图 3-102 所示；执行“双轨成形 3+”命令，生成曲面如图 3-103 所示。

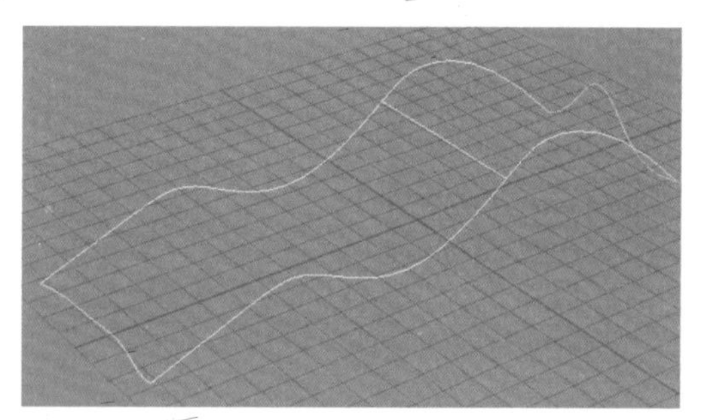
图 3-102

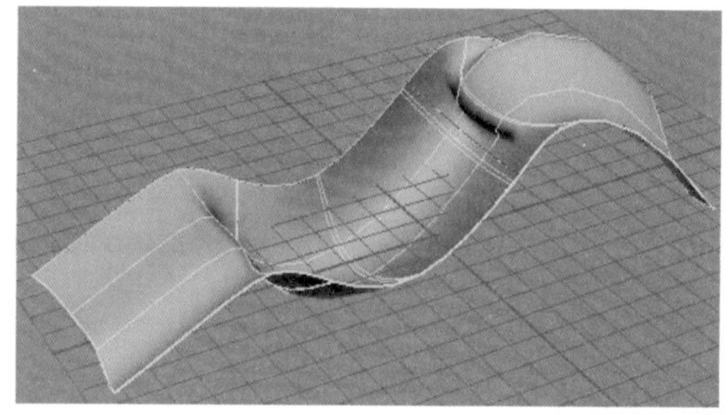
图 3-103

（5）挤出。

通过沿路径曲线扫描剖面曲线来创建曲面。挤出“距离”的“挤出选项”对话框设置如图 3-104 所示，挤出“管”的“挤出选项”对话框设置如图 3-105 所示。

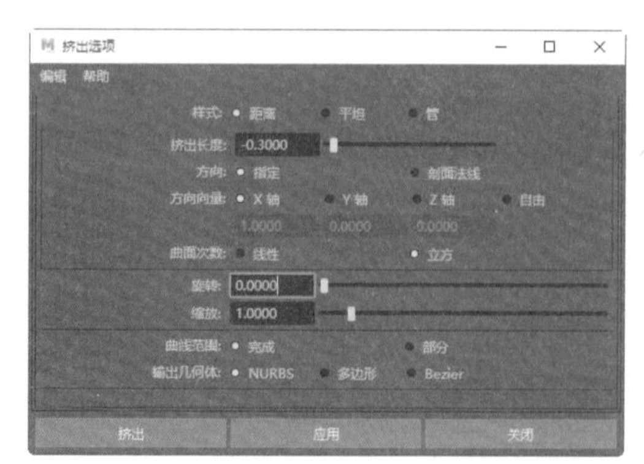

图 3-104

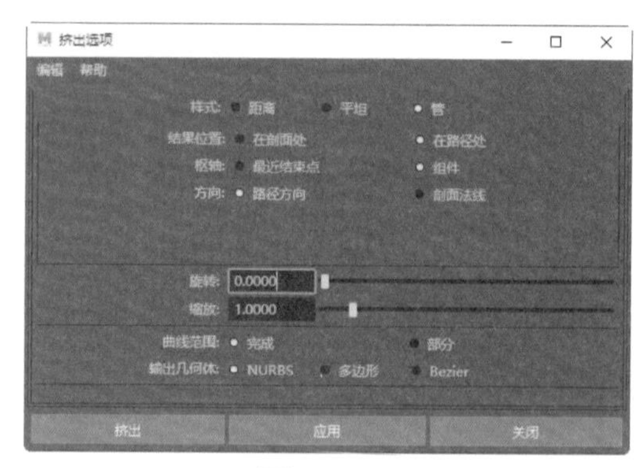

图 3-105

• 样式。

• 距离：将以直线形式挤出剖面。启用该选项时，请勿选择路径曲线。该选项窗口会提供3个附加选项："挤出长度""方向""曲面次数"。

• 平坦：将在横截面沿挤出路径移动时保持其方向。

• 管：将横截面以与路径曲线相切的方式挤出曲面，这是默认的创建方式。图3-106所示自左开始分别为"距离"沿Y轴挤出、"平坦"挤出、"管"挤出的效果。

• 结果位置：决定曲面挤出的位置。

• 在剖面处：挤出的曲面在轮廓线上。如果轴心点没有在轮廓线的几何中心，那么挤出的曲面将位于轴心点上。

• 在路径处：挤出的曲面在路径上。

• 枢轴：用来设置挤出时的枢轴点类型。

• 最近结束点：使用路径上最靠近轮廓曲线边界盒中心的端点作为枢轴点。

• 组件：让各轮廓线使用自身的枢轴点。

• 方向：用来设置挤出曲面的方向。

• 路径方向：沿着路径的方向挤出曲面。

• 剖面法线：沿着轮廓线的法线方向挤出曲面。

• 旋转：设置挤出的曲面的旋转角度。

• 缩放：设置挤出的曲面的缩放量。如图3-107所示为挤出同时进行"旋转""缩放"效果。

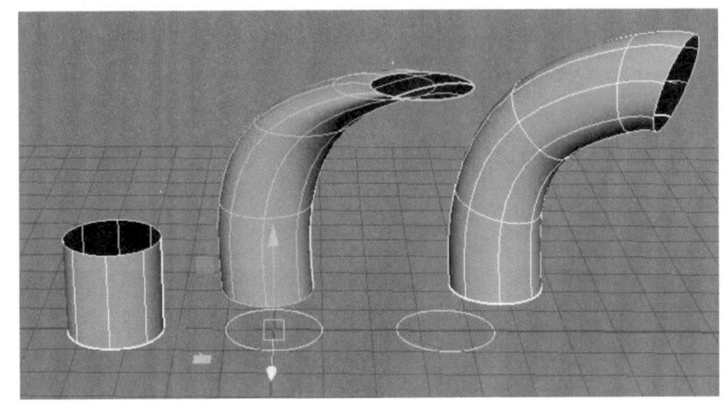

图3-106

图3-107

（6）边界。

通过在边界曲线之间进行填充来创建曲面。例如，选择如图3-108所示的4条曲线，执行"边界"命令，生成如图3-109所示的曲面。

（7）方形。

通过填充由四条相交边界曲线定义的区域，创建由四条边构成的曲面。四条边界曲线必须相交，并且必须按顺时针方向或逆时针方向选择曲线。通过将曲线端点捕捉到一条公共栅格线，或者通过将一条曲线的端点磁体捕捉到另一条曲线的端点，可以确保曲线相交。

例如，以此选择图 3–110 所示的 4 条曲线，执行“方形”命令后，效果如图 3–111 所示。

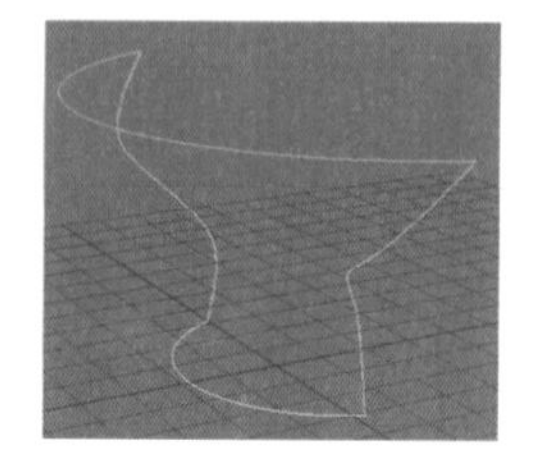
图 3–108

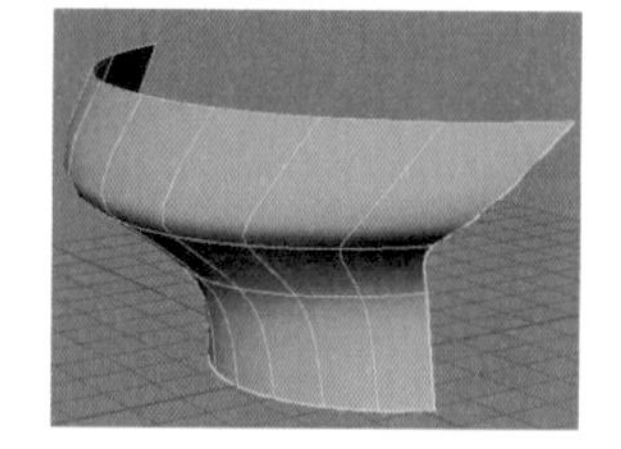
图 3–109

图 3–110

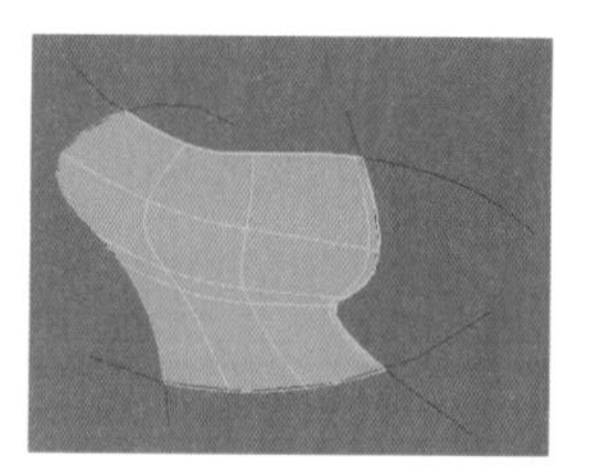
图 3–111

（8）倒角。

从剖面曲线创建倒角切换曲面。“倒角选项”对话框如图 3–112 所示。

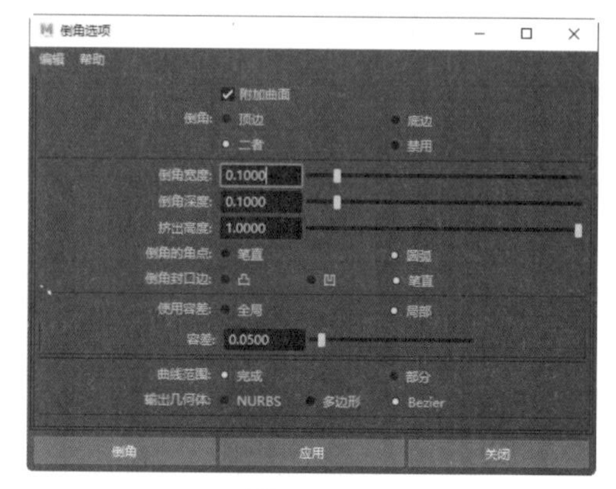

图 3–112

• 附加曲面：此选项附加倒角曲面的每个部分。如果禁用此选项，则不附加曲面，这些曲面是独立的。

• 倒角：指定在什么位置产生倒角曲面。如图 3–113 所示，自左侧开始分别是选择“顶边”“底边”“二者”“禁用”选项创建倒角的效果。

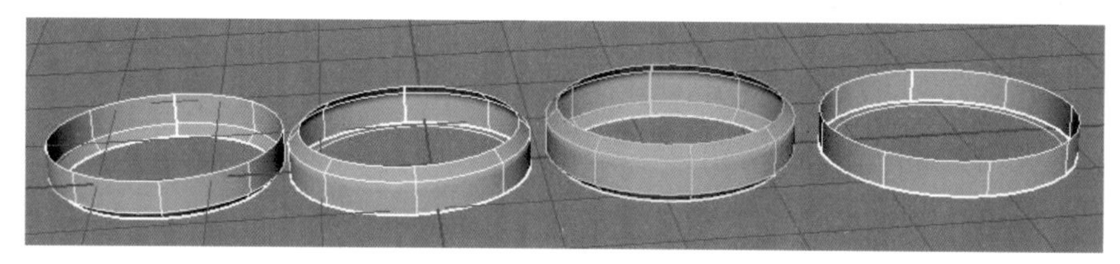
图 3–113

• 倒角的角点：指定在倒角曲面中如何处理原始构建曲线中的角点。如图 3–114 所示的效果为“圆弧”角点，图 3–115 所示的效果为“笔直”角点。

• 倒角封口边：设定曲面的倒角部分的形状。如图 3–116 所示，自左侧开始分别展示了“凸”“凹”“笔直”倒角封口效果。

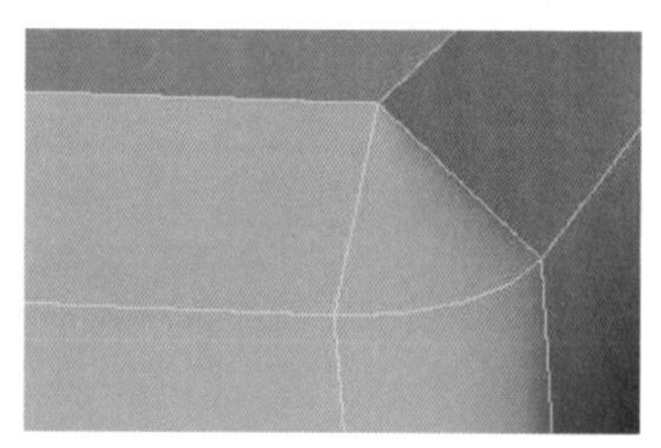
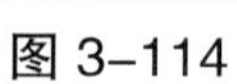
图 3–114

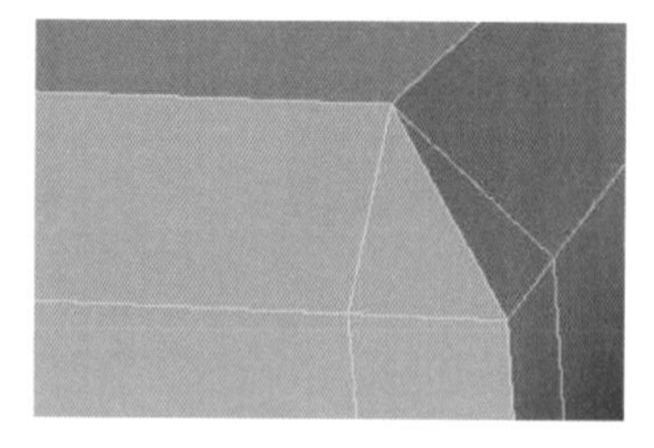
图 3–115

图 3–116

（9）倒角 +。

可用于创建倒角过渡曲面，其控制程度高于常规“倒角”，该命令集合了非常多的倒角效果。

案例 7　创建马灯模型

案例描述

综合运用 NURBS 建模工具，参考实拍图片，创建图 3–117 所示的马灯三维模型。

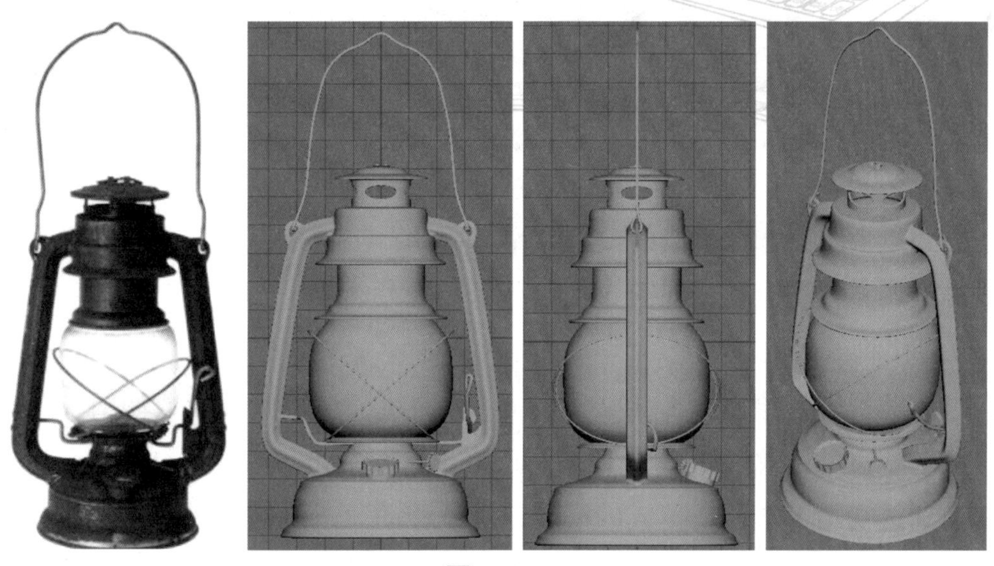

图 3–117

学习目标

1. 知识目标

- 了解编辑 NURBS 曲面的方法；

2. 技能目标

- 了能熟练编辑 NURBS 曲面；

3. 素养目标

- 了养成规范操作的习惯；
- 了培养综合运用知识的能力。

操作步骤

（1）制作灯头。用外部看图程序打开图片作为参考。在 Maya 中新建一个场景，保存并命名为“马灯”。切换“侧视图”为当前视图，设置“CV 曲线”工具的曲线次数为 3^3，绘制如图 3–118 所示的灯头曲线。按住【X】键，画曲线时能捕获到网格，在曲线弯曲的地方，至少画出 3 个点以便后面进行形状调整（按【Shift】键可画直线）。

（2）选择曲线，进入“对象模式”，单击“曲面→旋转”命令后面的方框打开“旋转选项”对话框，设置参数如图 3–119 所示，然后单击“旋转”按钮，效果如图 3–120 所示。

图 3–118

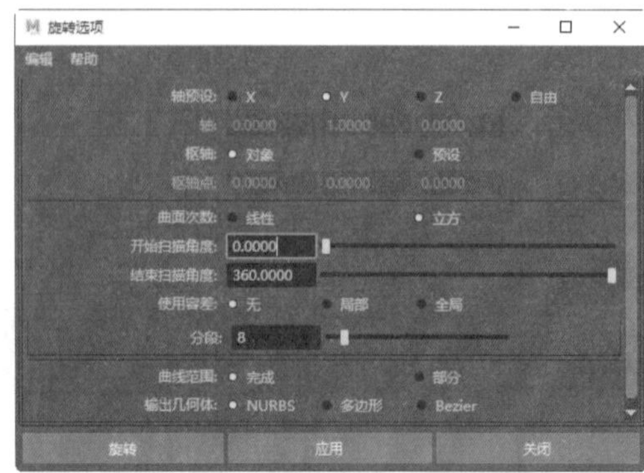

图 3–119

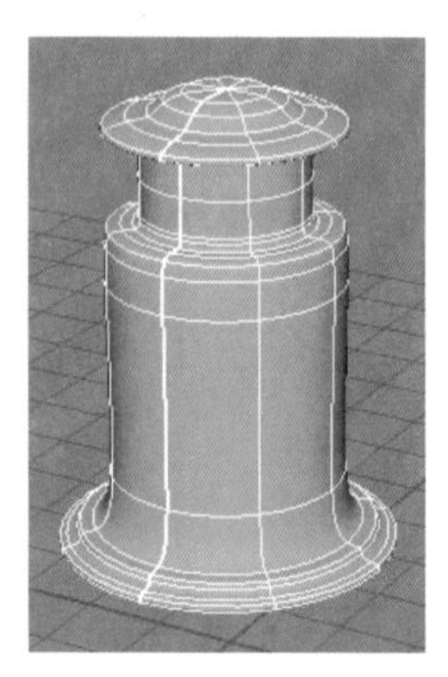

图 3–120

（3）切换到透视图，选择生成的模型，用“移动”工具拖曳平移，与曲线分开，然后通过修改曲线继续调整模型形状，如图 3–121 所示。隐藏曲线，然后将模型的平移参数重新设置为 0，使模型移回初始位置。

（4）切换到侧视图，绘制图 3–122 所示的 CV 曲线，设置旋转参数如图 3–119 所示，执行“曲面→旋转”命令，效果如图 3–123 所示。

（5）切换到透视图，选择新生成的模型，用“移动”工具拖曳平移，与曲线分开，然后通过修改曲线继续调整模型形状，如图 3–124 所示。隐藏曲线，然后将模型的平移参数重新设置为 0，使模型移回初始位置。

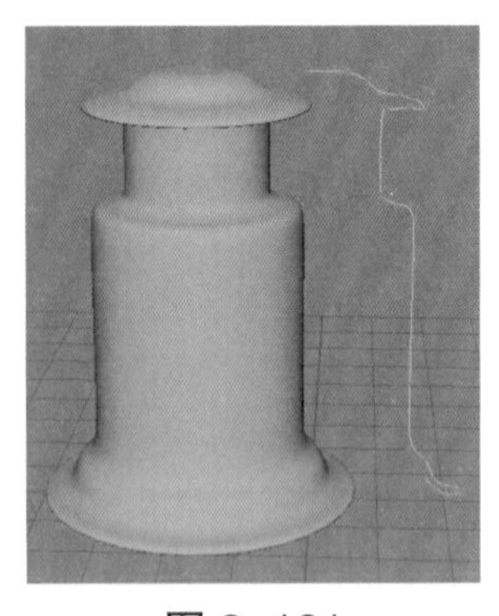

图 3–121

图 3–122

图 3–123

图 3–124

（6）制作灯座。切换到侧视图，绘制图 3–125 所示的两条 CV 曲线，设置旋转参数如图 3–119 所示，执行“曲面→旋转”命令，效果如图 3–126 所示。

（7）切换到透视图，选择新生成的模型，重复步骤（5）的操作，最终修改效果如图 3–127 所示。

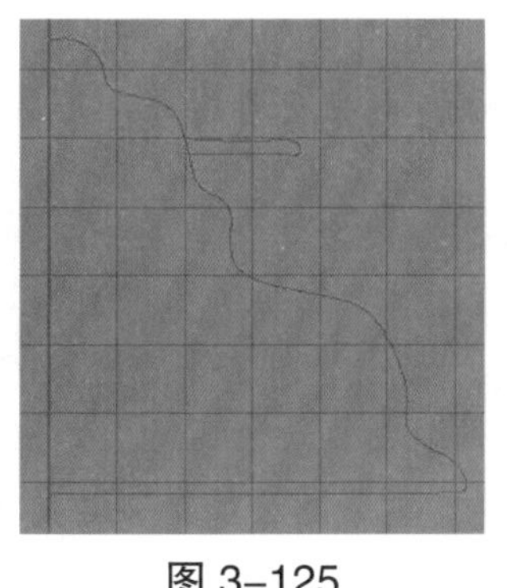
图3-125

图3-126

图3-127

（8）框选灯座对象，调整缩放属性，结果如图3-128所示。

（9）制作灯罩。创建一个NURBS球体，设置分段数为128，其他参数使用默认值。进入“等参线”模式，选择上方的等参线，如图3-129所示。执行“曲面分离”命令，然后选择顶部曲面，按【Delete】键删除，如图3-130所示。用相同的方法，删除底部曲面，如图3-131所示。

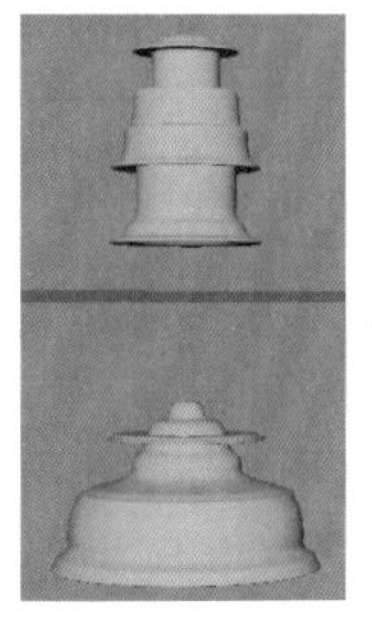

图3-128

图3-129

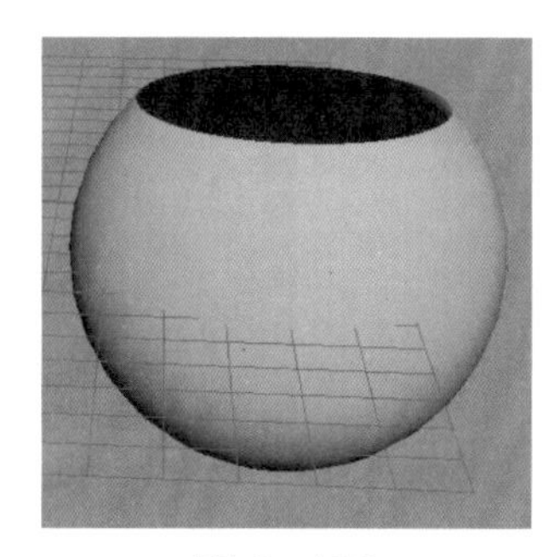
图3-130

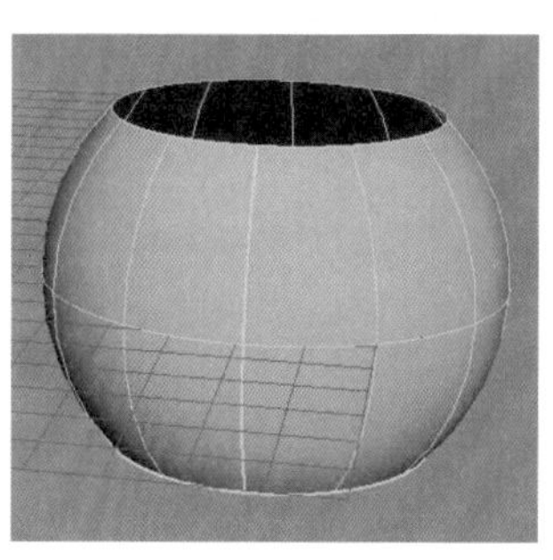
图3-131

（10）将把灯罩的平移X、平移Y、平移Z均设置为0，将球体放置到场景中心位置。调整灯罩、灯头、灯座的整缩放、平移Y属性，如图3-132所示。选择灯罩，插入两条等参线，如图3-133所示。进入“壳线”模式，通过调整新插入的等参线对应的壳线修改灯罩的形状，如图3-134所示。切换到“线框”显示模式，通过调整灯罩上方的壳线缩放、平移属性，使灯罩与灯头紧密结合，如图3-135所示。

图3-132

图3-133

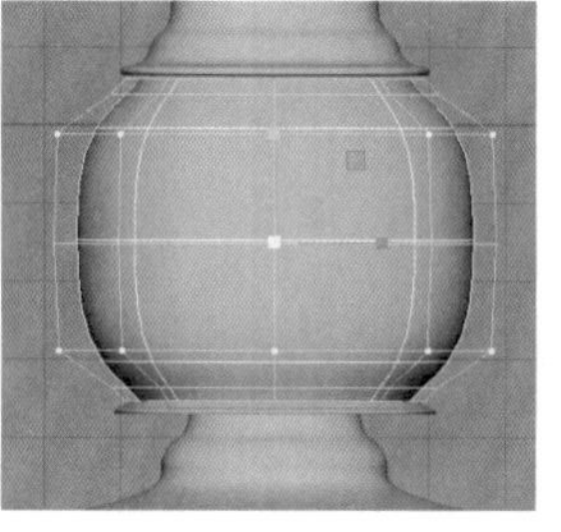
图3-134

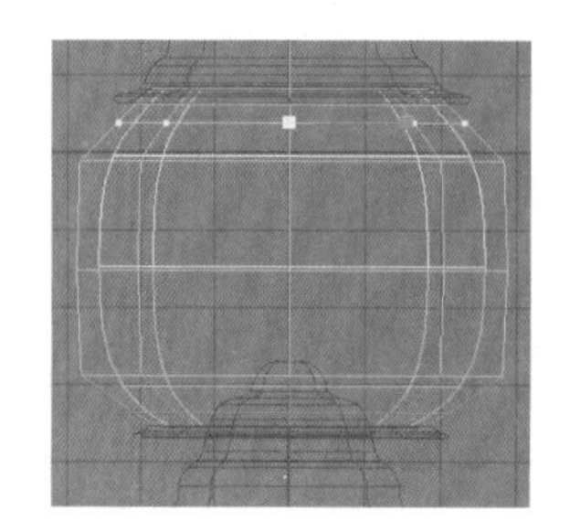
图3-135

（11）制作支架。在侧视图绘制如图3-136所示的曲线。在前视图创建一个NURBS圆形，设置分段数为12，如图3-137所示。修改圆形的形状，如图3-138所示。选择圆形与曲线，单击“曲面挤出”右侧的方框，在“挤出选项”对话框中设置挤出参数，如图3-139所示。

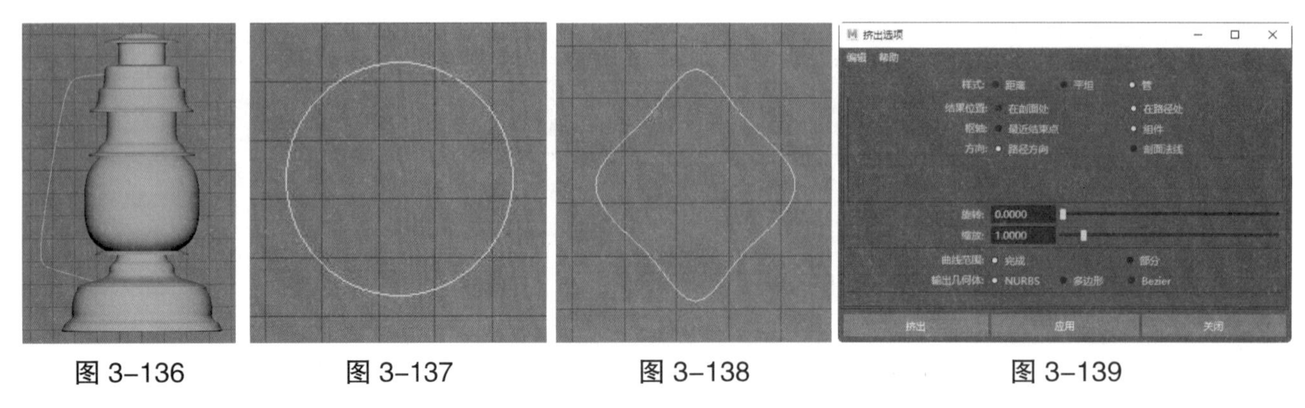

图 3–136　图 3–137　图 3–138　图 3–139

（12）单击“挤出”按钮，效果如图 3–140 所示。通过修改圆形与曲线的缩放、旋转、平移属性，进一步修改挤出的模型，效果如图 3–141 所示。按【Ctrl+D】组合键复制支架，设置副本的“旋转 Z”参数值为 –1，效果如图 3–142 所示。

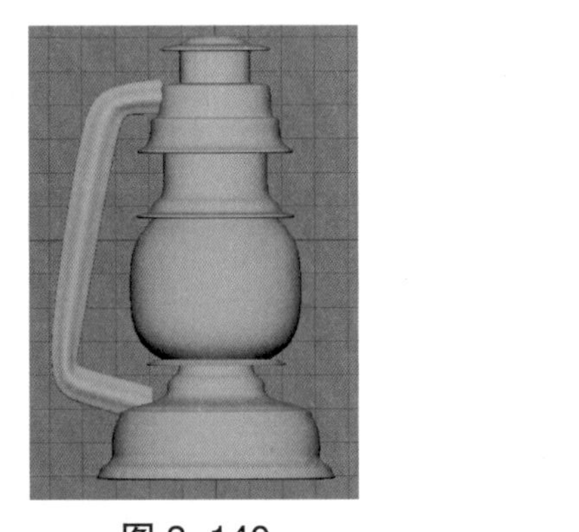

图 3–140

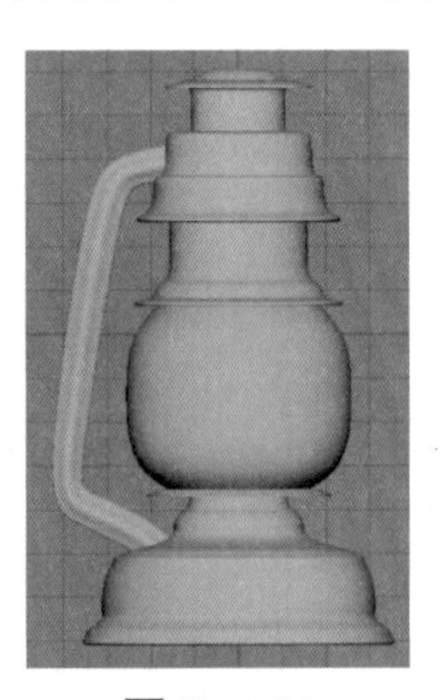

图 3–141

图 3–142

（13）先选择支架，然后按【Shift】选择灯座，单击“曲面→曲面圆角→圆形圆角”右侧的方框，在“圆形圆角选项”对话框中设置参数，如图 3–143 所示。单击“应用”按钮，生成的圆角效果如图 3–144 所示。用同样的方法制作支架与灯头的圆角效果，然后选择两个圆角部分，按【Ctrl+D】组合键复制，设置副本的“旋转 Z”参数值为 –1，最终效果如图 3–145 所示。

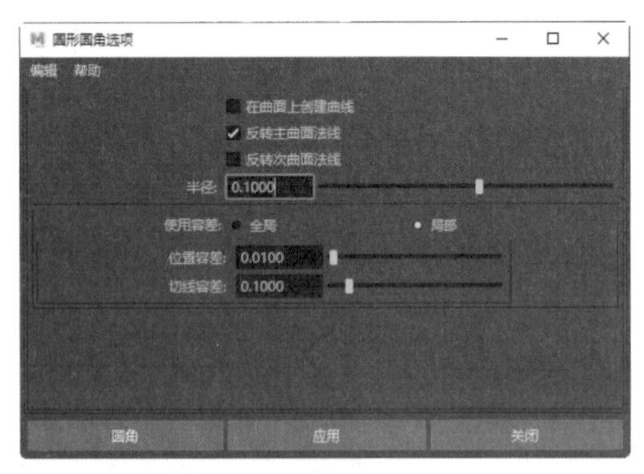

图 3–143

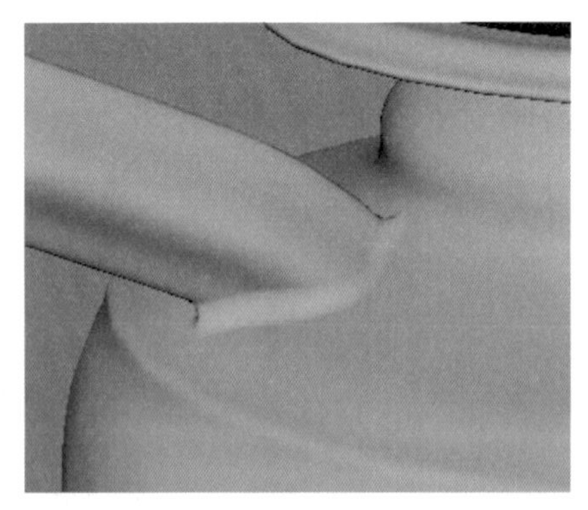

图 3–144

图 3–145

（14）制作灯头的气孔。用“交互式创建”方式在侧视图创建一个圆柱体，设置“平移 X”“平移 Z”的值均为 0，删除其顶面与底面，用缩放工具修改其截面形状，如图 3–146 所示。切换到顶视图，修改其高度，如图 3–147 所示。按【Ctrl+D】组合键复制，修改副本的“旋转 Y”值为 90，如图 3–148 所示。

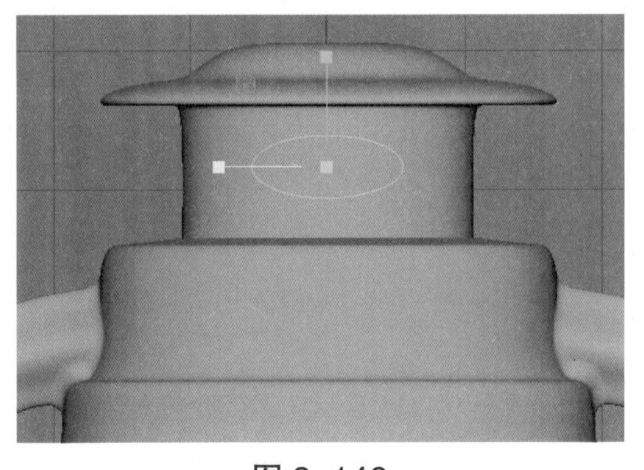

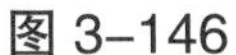

图 3-146

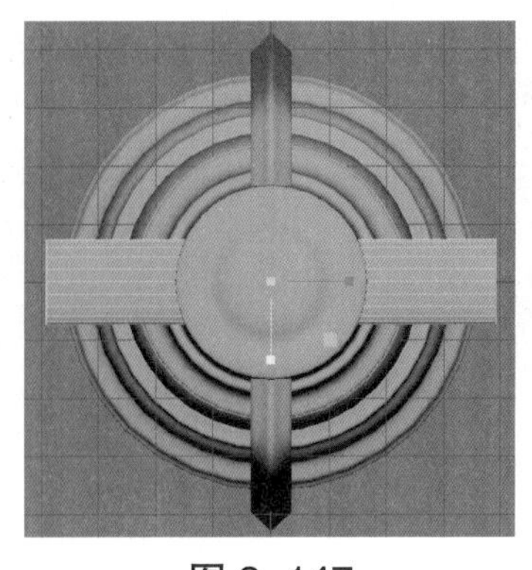

图 3-147

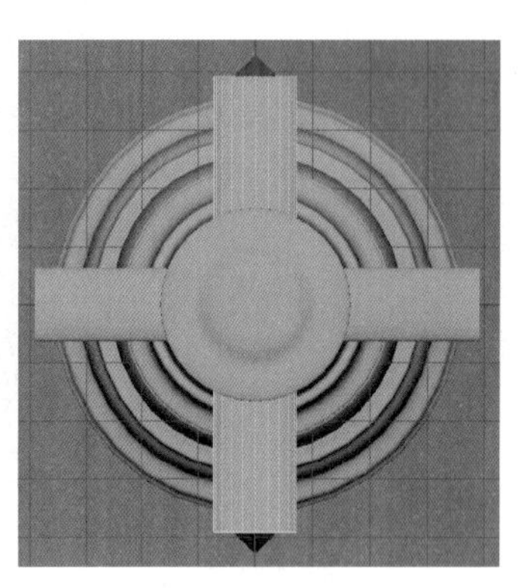

图 3-148

（15）选择灯头曲面，然后按【Shift】键选择圆柱曲面，单击“曲面→曲面圆角→圆形圆角”右侧的方框，在弹出的“圆形圆角选项”对话框中设置参数，如图 3-149 所示。单击“应用”按钮，删除圆柱曲面。选择圆柱副本曲面然后按【Shift】键选择灯头曲面，再次单击“应用”按钮，删除圆柱副本。

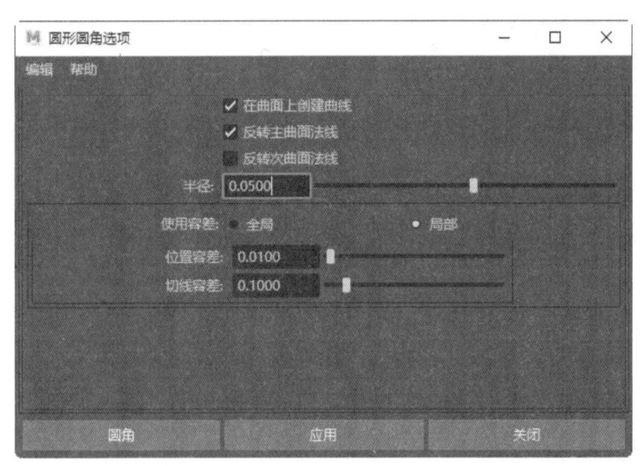

图 3-149

（16）选择灯头曲面，单击“曲面→修剪工具”右侧的方框，设置“选定状态”参数为“保持”，“拟合容差”为 0.001，然后单击要保留的部分，如图 3-150 所示，按【Enter】键确认，完成效果如图 3-151 所示。

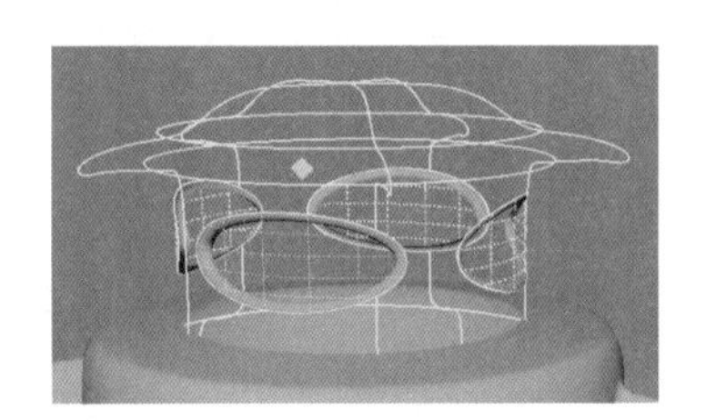

图 3-150

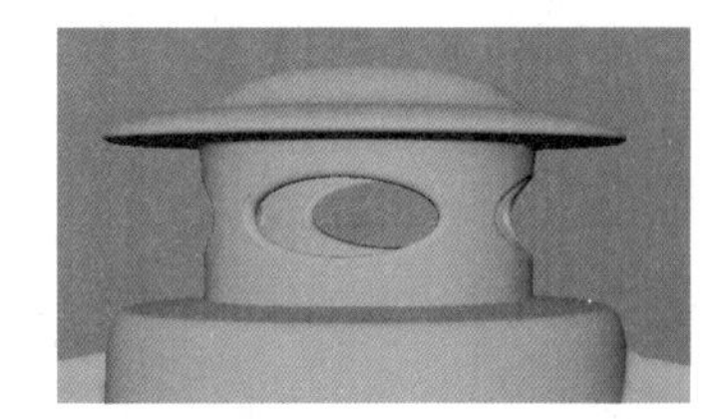

图 3-151

（17）制作穿绳孔。在侧视图绘制如图 3-152 所示的曲线。在顶视图绘制 NURBS 圆形，调整分段为 12，修改形状如图 3-153 所示。选择圆形与曲线，单击“曲面挤出”右侧的方框，在“挤出选项”对话框中设置挤出参数，如图 3-139 所示。继续通过修改曲线与圆形完善挤出的模型，效果如图 3-154 所示。选择支架，然后按【Shift】键选择新生成的模型，在“圆形圆角选项”对话框中设置参数，如图 3-155 所示，单击“圆角”按钮，效果如图 3-156 所示。选择新生成的模型及圆角，按【Ctrl+D】组合键复制，设置副本的“缩放 Z”值为 -1。

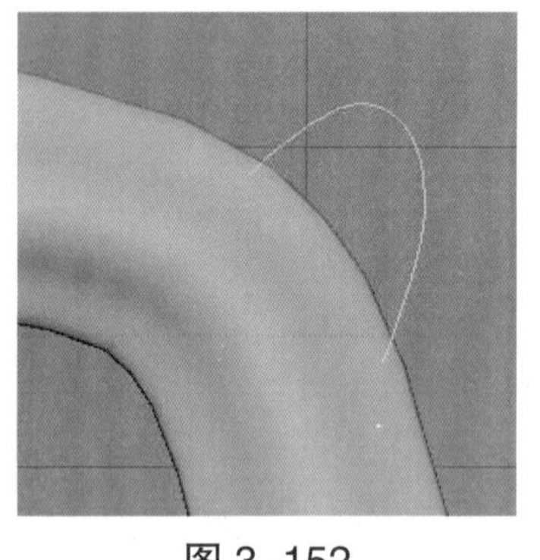

图 3–152

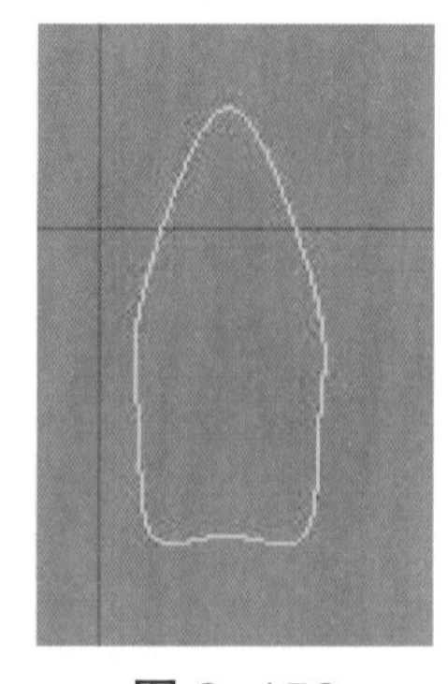

图 3–153

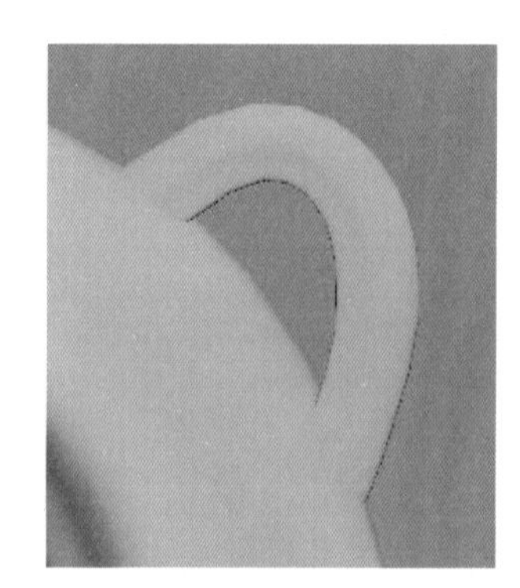

图 3–154

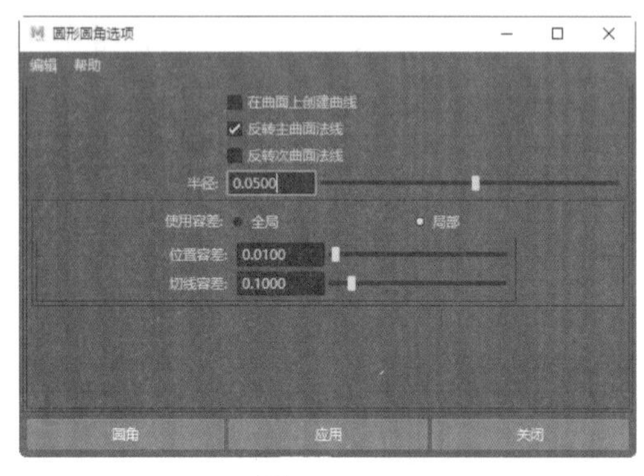

图 3–155

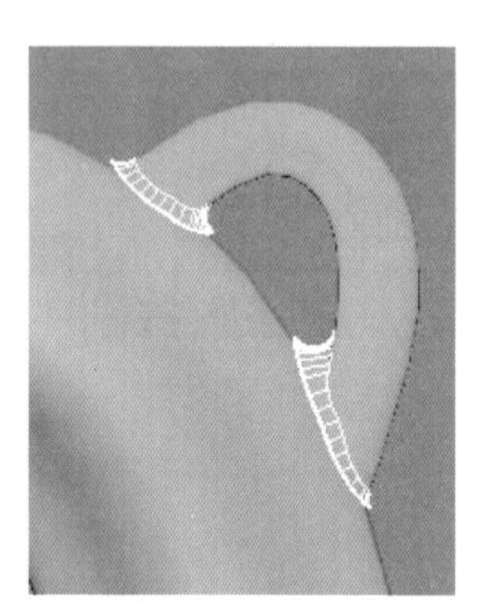

图 3–156

（18）制作提绳。在侧视图绘制图 3–157 所示的曲线，切换不同视图，修改穿绳孔处的曲线形状如图 3–158 所示。按【Ctrl+D】组合键复制曲线，设置副本的“缩放 Z”值为 –1。同时选择两段曲线，单击“曲线→附加”右侧的方框，设置“附加方法”为“融合”，“融合偏移”为 0.5，单击“附加”按钮。在顶视图绘制一个 NURBS 圆形，选择圆形与曲线，选择“挤出”选项，参数设置如图 3–139 所示。继续修改圆形的“缩放”“旋转”参数，效果如图 3–159 所示。选择提绳末端截面的等参线，选择“曲面平面”选项，效果如图 3–160 所示。对提绳另一端做相同操作。

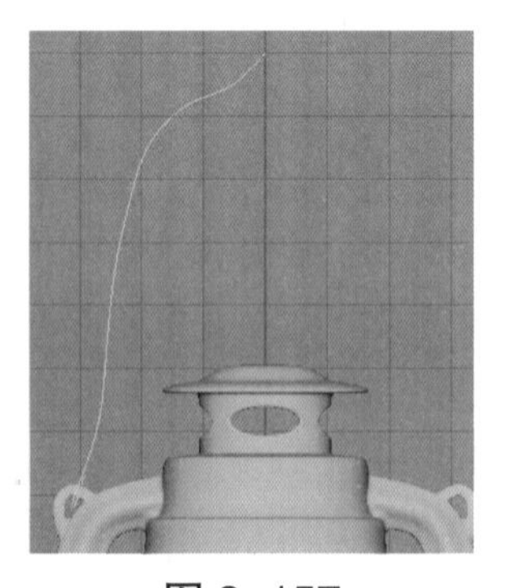

图 3–157

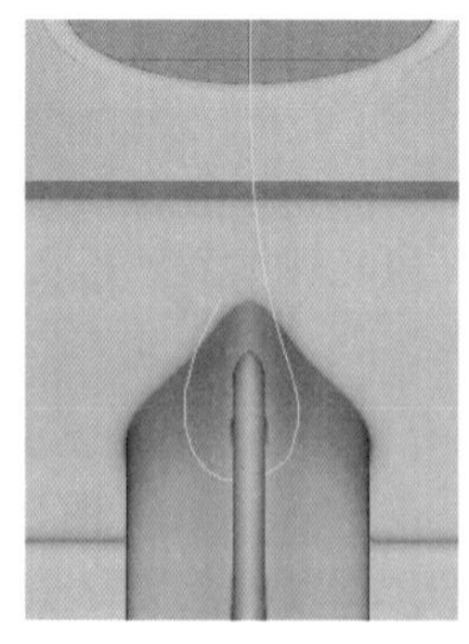

图 3–158

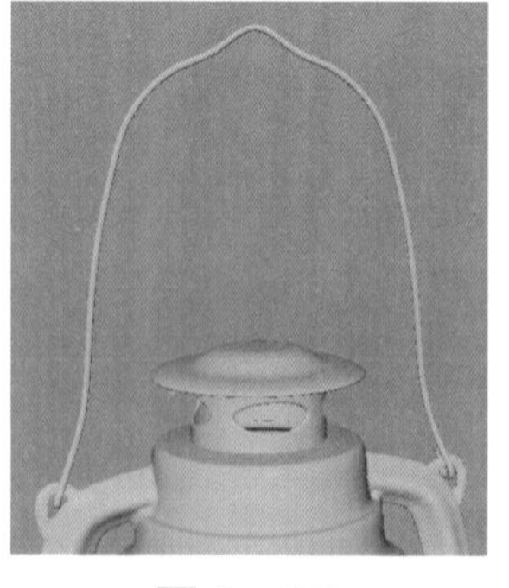

图 3–159

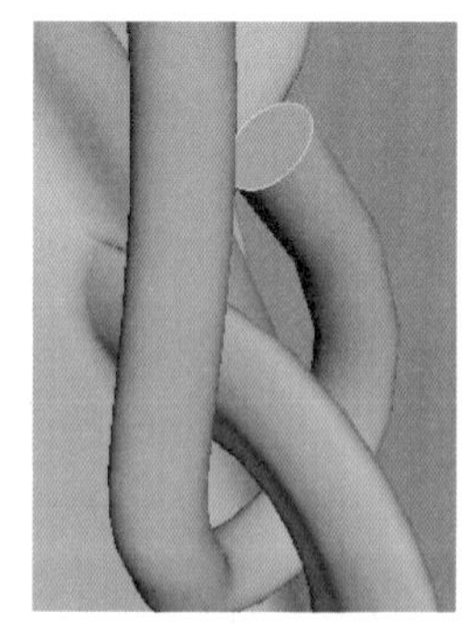

图 3–160

（19）制作注油孔。选择全部对象，单击图层面板的“创建新层并指定选定对象”按钮创建新层，然后隐藏层。创建一个 NURBS 圆形，修改“分段数”为 32，复制生成第 2 个圆形，沿 Y 轴向上拖曳一段距离，然后复制第 2 个圆形，用缩放工具调大新生成的第 3 个圆，进入“控制点”模式，按【Shift】键间隔选中 16 个点，用缩放工具修改形状，如图 3–161

所示。复制调整好的圆生成第 4 个圆，沿 Y 轴向上拖曳。复制第一个圆，沿 Y 轴向上拖动，放置在比第 4 个圆略低一些的位置，如图 3–162 所示。

（20）以此选择第 1、2、3、4、5 个圆形，单击工具架上的“放样”按钮。然后选择第 5 个圆，单击工具架上的“平面”按钮，制作效果如图 3–163 所示。选择全部对象，依次执行“冻结变换”“删除历史”和“中心枢轴”命令，然后显示隐藏的层，把“注油孔”放置在适当的位置，如图 3–164 所示。

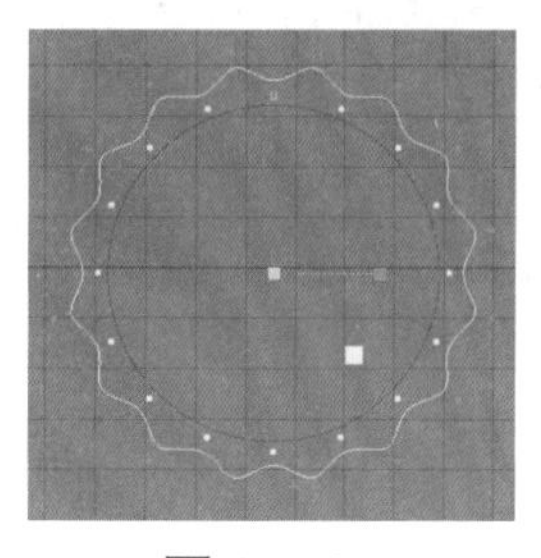
图 3–161

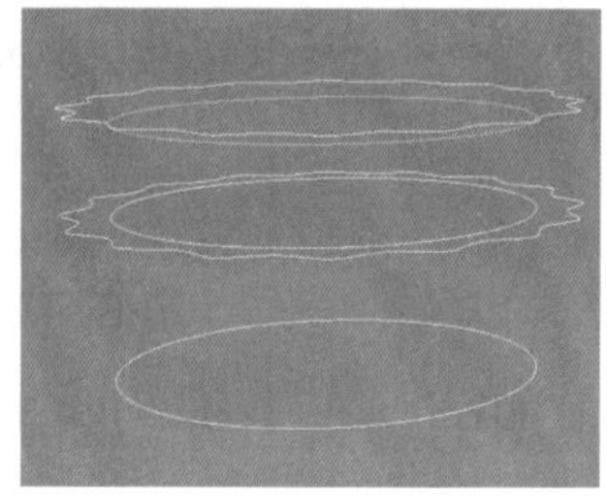
图 3–162

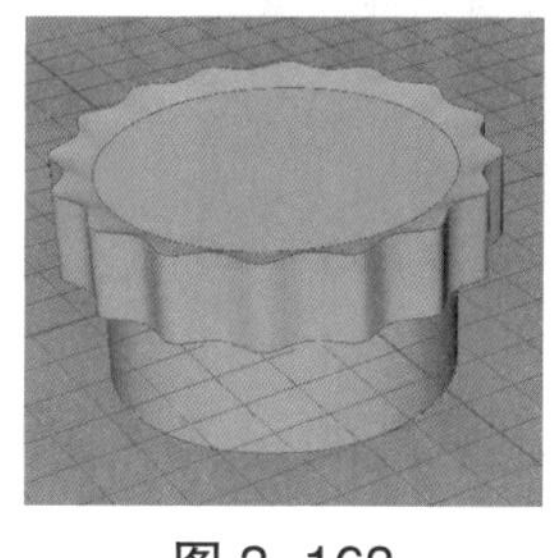
图 3–163

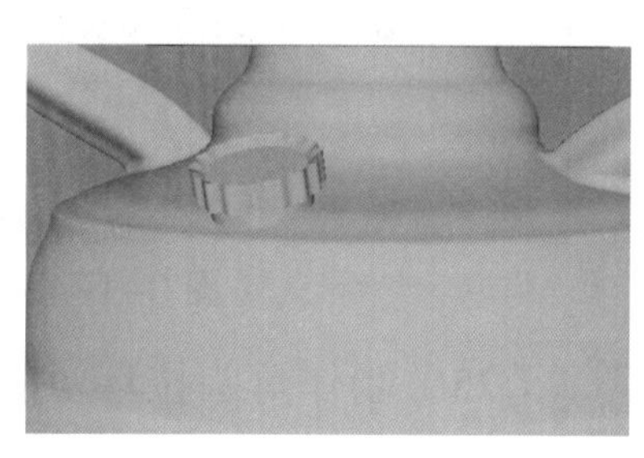
图 3–164

（21）制作灯罩保护栏。创建两个 NURBS 圆环，修改“缩放”“位置”“旋转”参数，效果如图 3–165 所示。

（22）制作灯芯调节旋钮。用与制作“注油孔”相同的方法制作调节旋钮，如图 3–166~图 3–168 所示。

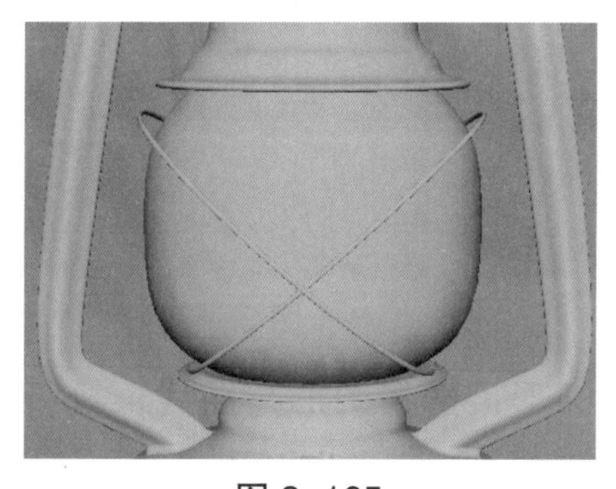
图 3–165

图 3–166

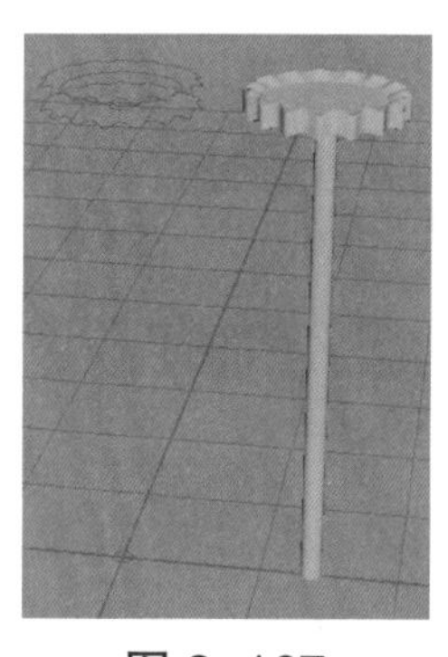
图 3–167

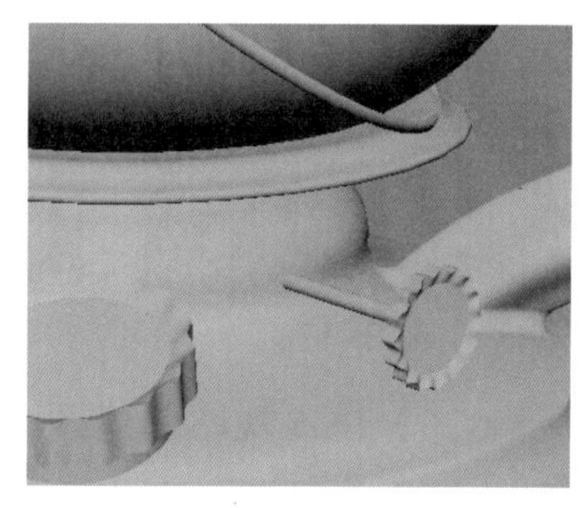
图 3–168

（23）制作调节手柄。在侧视图创建如图 3–169 所示的曲线，复制曲线，把复制的副本沿 X 轴调整位置，如图 3–170 所示。同时选择两条曲线，单击工具架上的“放样”按钮，效果如图 3–171 所示。删除历史，然后执行“中心枢轴”命令，切换到前视图，调整对象中心到 X 轴的原点，如图 3–172 所示。分别选择最外层的等参线，然后单击工具架上的“平面”按钮，效果如图 3–173 所示。

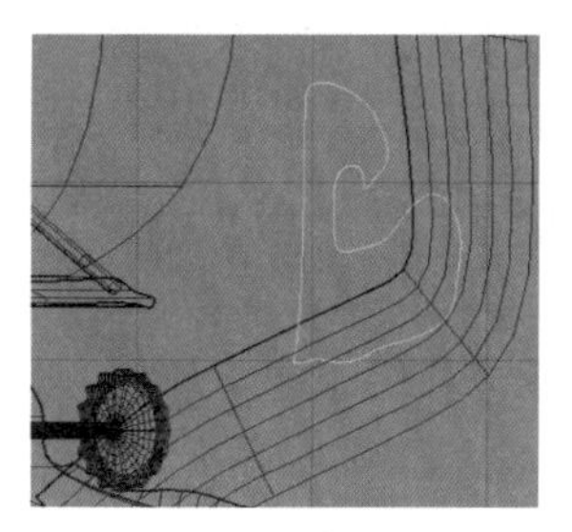
图 3–169

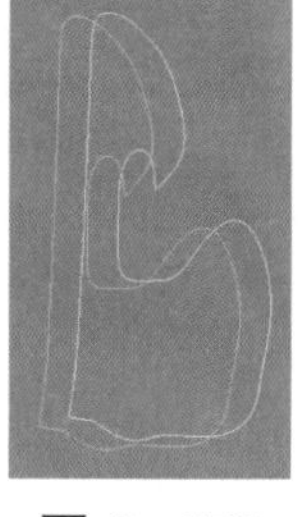
图 3–170

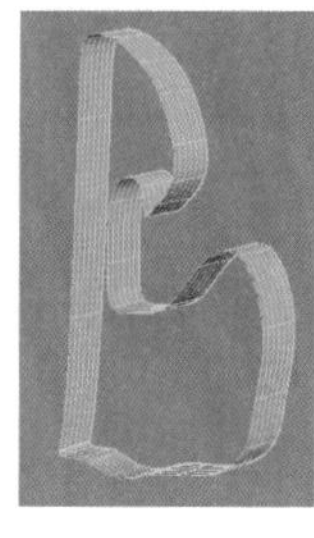
图 3–171

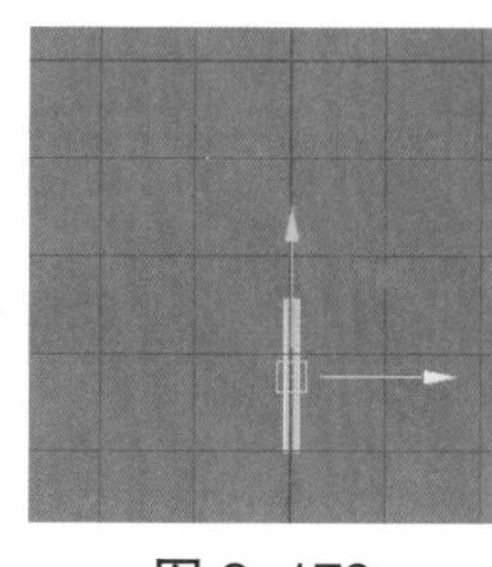
图 3–172

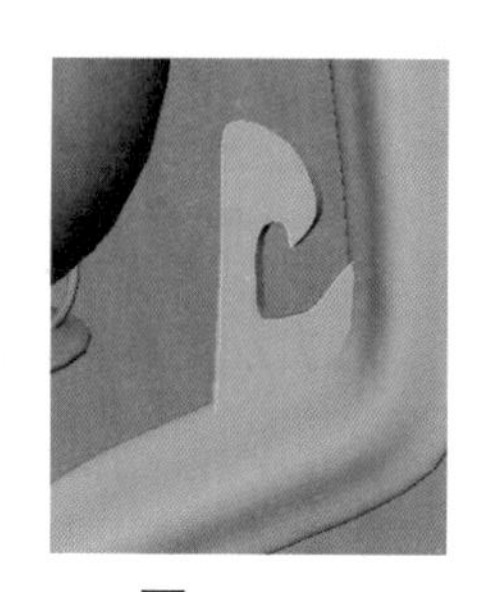
图 3–173

（24）在侧视图创建图 3–174 所示的曲线，在前视图创建一个 NURBS 圆形。选择圆形与曲线，单击“曲面挤出”右侧的方框，在“挤出选项”对话框中设置挤出参数，如图 3–139 所示。单击“挤出”按钮，然后调整圆形的“缩放”与“旋转”参数，效果如图 3–175 所示。

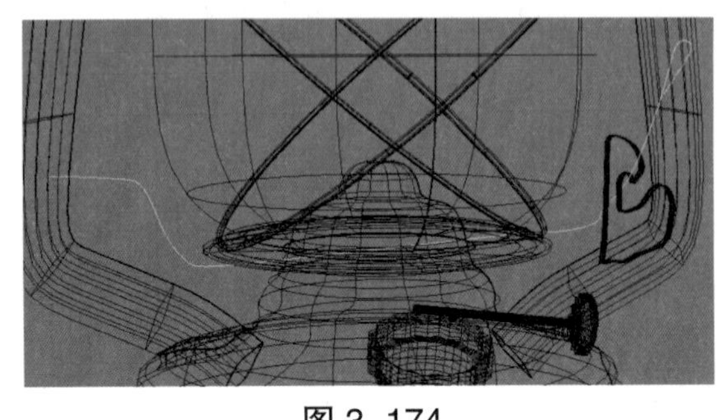

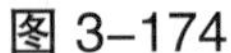

图 3–174

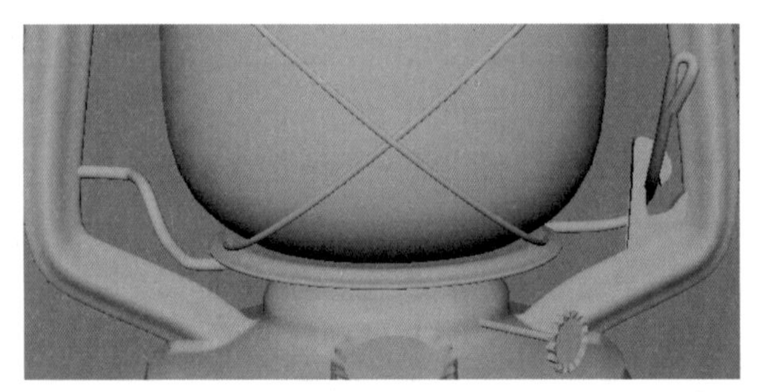

图 3–175

（25）制作灯头拉环。隐藏马灯的提绳，在前视图的灯头上方创建如图 3–176 所示的曲线。选择两条曲线，执行“放样”命令，然后复制一份生成的面，把副本沿 Z 轴调整位置，如图 3–177 所示。同时选择两个面各自最下面的两条等参线，执行“放样”命令，再同时选择两个面各自最上面的两条等参线，执行“放样”命令。分别选择两段的各自 4 条等参线，执行“平面”命令，效果如图 3–178 所示。把新创建的模型分组，并复制一份，沿 X 轴调整位置，如图 3–179 所示。

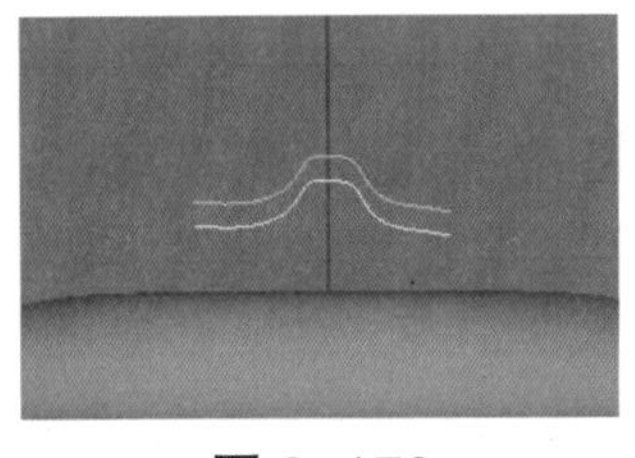

图 3–176

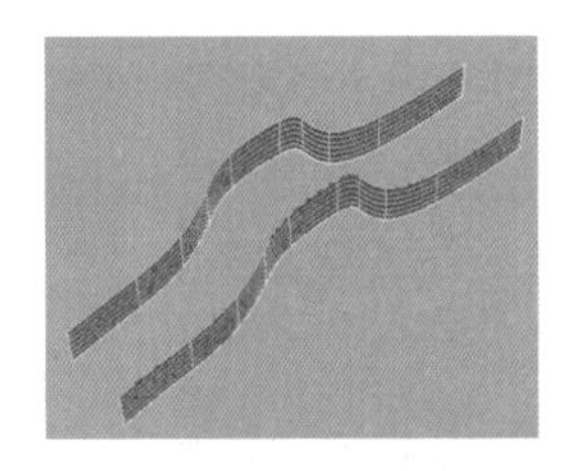

图 3–177

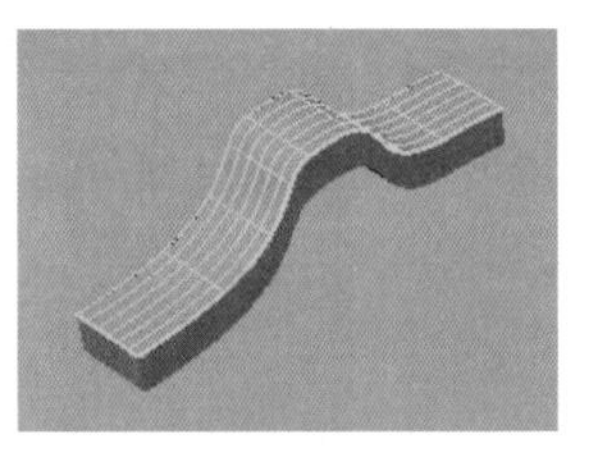

图 3–178

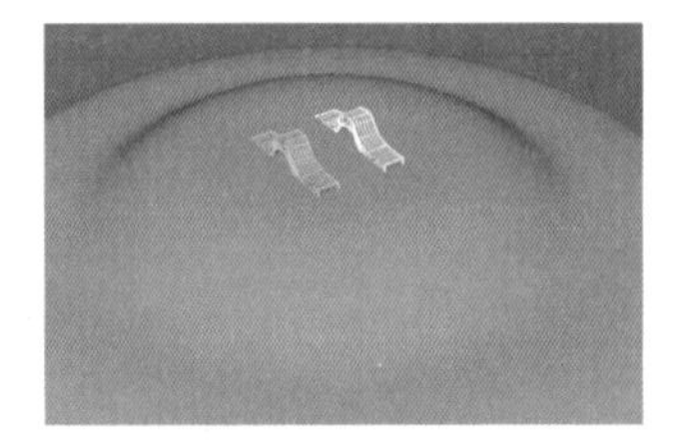

图 3–179

（26）在顶视图创建图 3–180 所示的曲线，再创建一个圆形，选择圆形与曲线，执行“挤出”命令，在“挤出选项”对话框中设置参数，如图 3–139 所示。修改圆的大小与方向，最终效果如图 3–181 所示。切换到前视图，调整拉环在 Y 轴的位置，显示隐藏的模型，效果如图 3–182 所示。

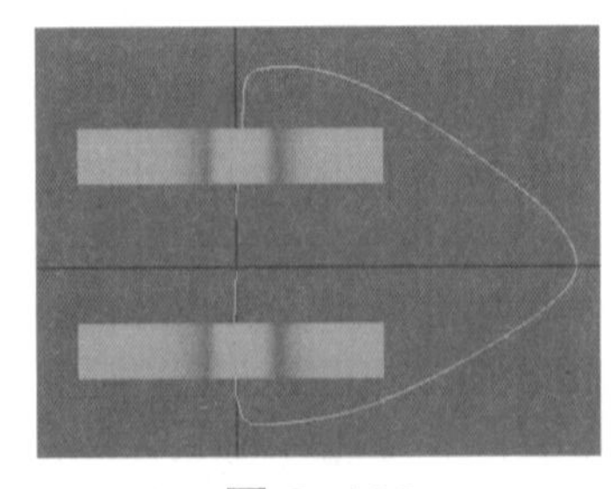

图 3–180

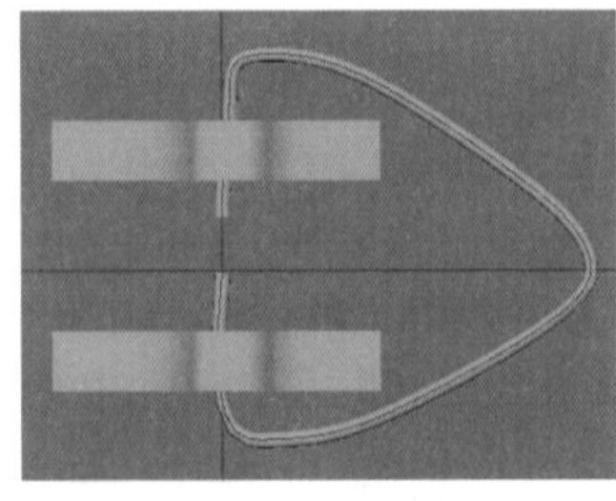

图 3–181

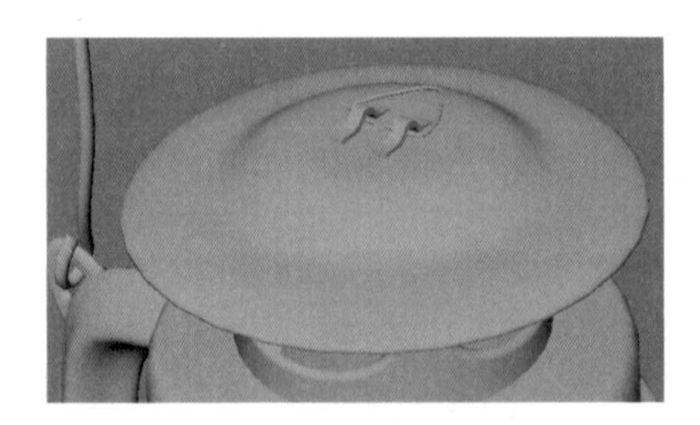

图 3–182

（27）保存场景文件。制作完成的整体效果如图 3–117 所示。

知识精讲

3.6 编辑NURBS曲面

1. 复制 NURBS 面片

在选定的 NURBS 面片中创建新的曲面。与原始对象分组：如果启用，则将复制曲面作为原始对象的子对象。如果禁用，则生成的曲面独立于原始对象。

2. 对齐

可以将两个曲面进行对齐操作，也可以通过选择曲面边界的等参线来对曲面进行对齐，使曲面的边相切或曲率连续。图 3–183 所示的两个曲面，对齐后效果如图 3–184 所示。

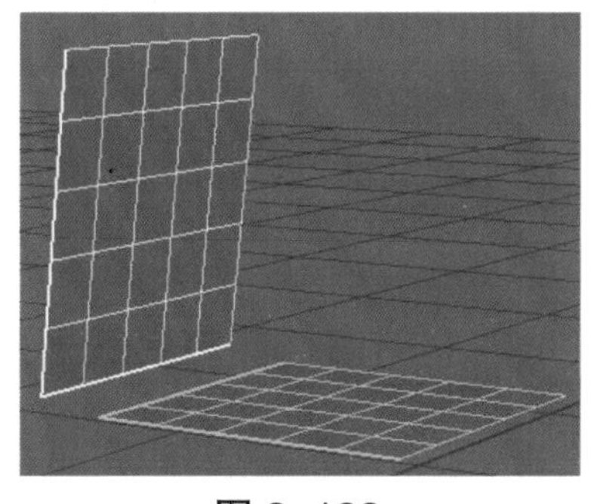

图 3–183

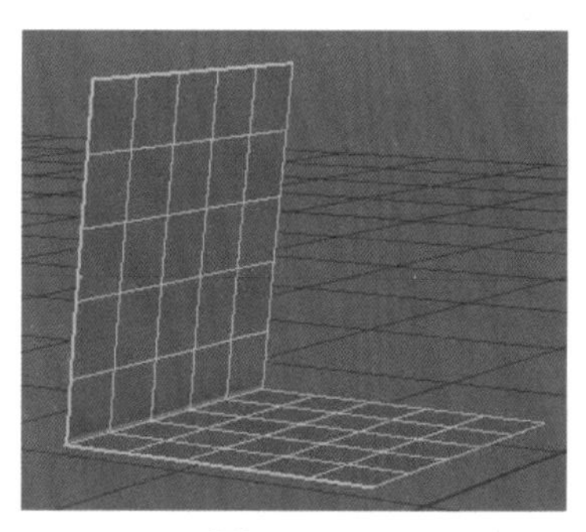

图 3–184

3. 附加

将两个曲面接合在一起形成单个曲面，有以下两种附加方法。

- 连接：可附加选定曲面而不会使其扭曲，如图 3–185 所示。
- 混合：可创建接合原始曲面的连续曲面，添加的一些扭曲如图 3–186 所示。

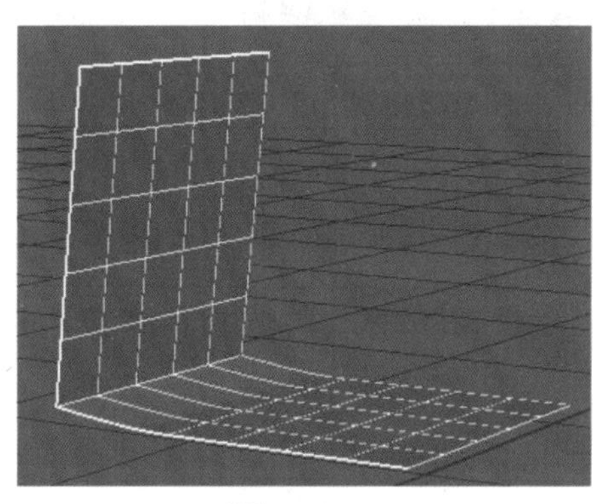

图 3–185

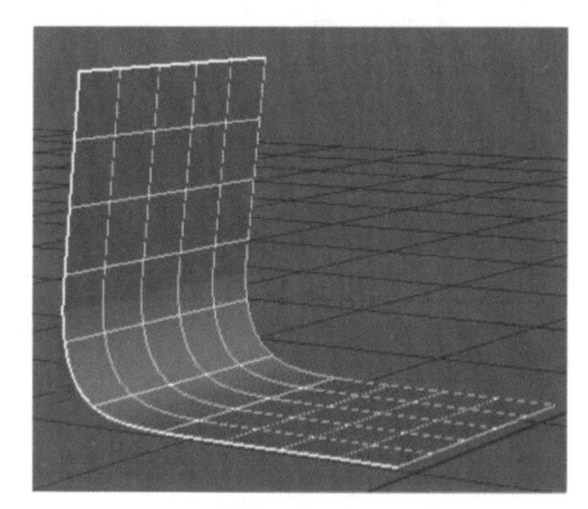

图 3–186

4. 附加而不移动

通过选择两条曲面上的等参线，在两个曲面间产生一个混合曲面，并不对原始对象进行移动变形操作。

5. 分离

将一个曲面按照选定的等参线分割为多个曲面。

6. 移动接缝

将闭合 / 周期曲面的接缝移动至选定的等参线。

7. 开放 / 闭合

可以将曲面在 U 方向或 V 方向进行打开或封闭操作。

8. 相交

可以在曲面的交界处产生一条相交曲线，以用于后面的剪切操作。

“曲面相交选项”对话框参数如下。

（1）为以下项创建曲线。

• 第一曲面：仅会在选择的第一个曲面（目标曲面）上生成相交曲线。

• 两个面：在两个曲面上均生成相交曲线。这是默认设置。

提示：如果选择多个曲面，则最后选择的曲面将成为目标曲面。例如，如果选择 10 个曲面，则前 9 个曲面将和第 10 个曲面相交。

（2）曲线类型。

• 曲面上的曲线：生成的曲线为曲面曲线。

• 3D 世界：将在 3D 世界空间创建曲线，生成的曲线是独立的曲线。该曲线不是曲面上的曲线，因此无法用来修剪该曲面。

例如，同时选择图 3–187 所示的两个相交曲面，执行“相交”命令后，交界处生成曲线，如图 3–188 所示。

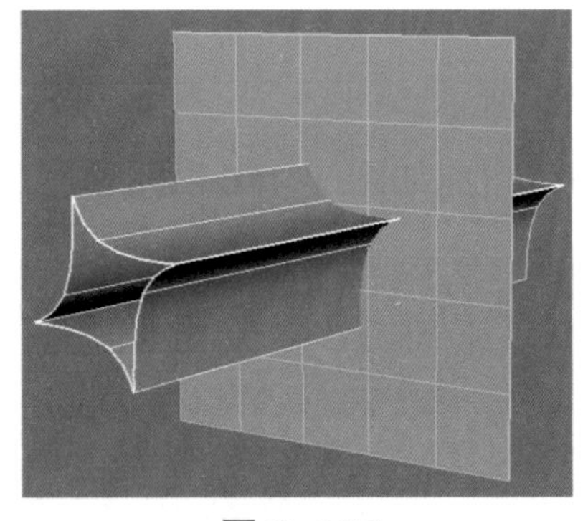

图 3–187

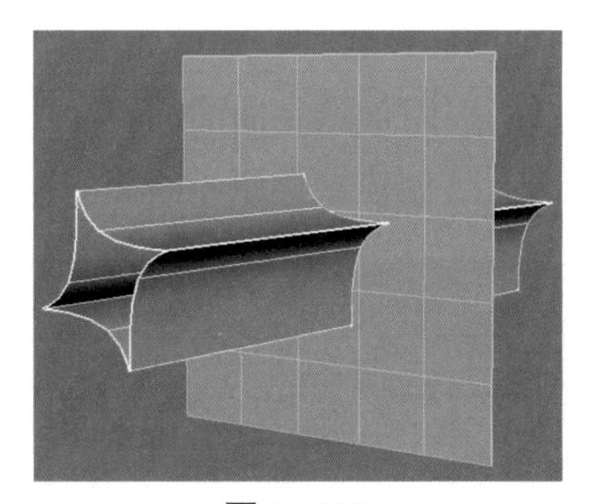

图 3–188

9. 修剪工具

通过使用修剪工具，根据曲面上的曲线来对曲面进行修剪。

修剪工具各选项含义如下。

• 选定状态：用来决定选择的部分是保留还是丢弃。

• 保持：保留选择部分，去除未选择部分。

• 丢弃：保留去掉部分，去掉选择部分。

例如，在图 3–188 操作的步骤之后选择平面，然后执行“修剪工具”命令，设置“选定状态”为“保持”，然后单击要保留的区域，如图 3–189 所示，按【Enter】键，删除管状对象。平面的修剪效果如图 3-190 所示。

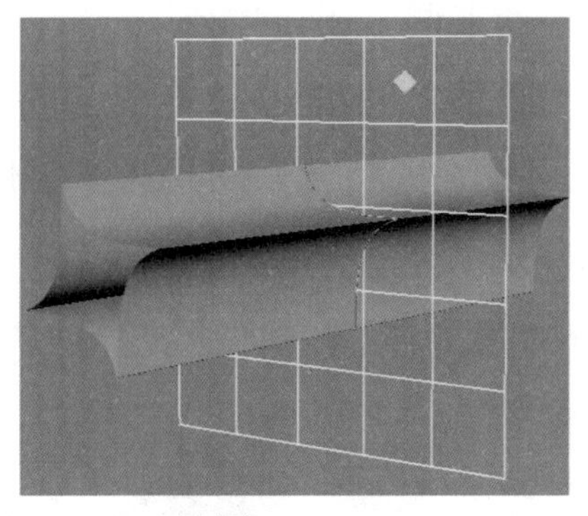
图 3-189

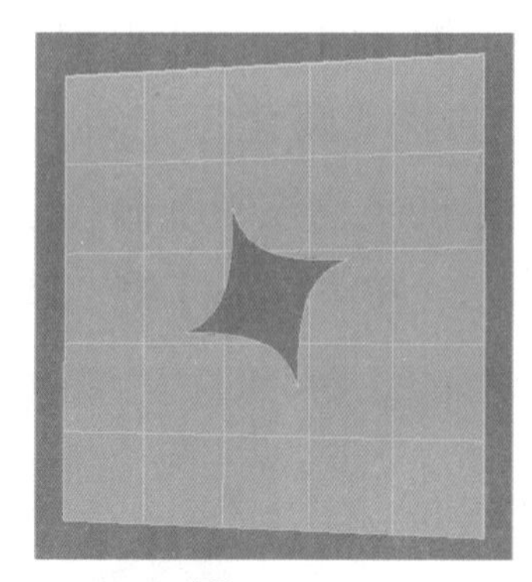
图 3-190

10. 取消修剪

撤销对曲面的上次修剪或所有修剪。

11. 在曲面上投影曲线

通过在曲面上投影 3D 曲线创建曲面上的曲线。在“曲面上投影曲线选项”对话框中各选项含义如下。

- 沿以下项投影：用来选择投影的方式。
- 活动视图：用垂直于当前激活视图的方向作为投影方向。
- 曲面法线：用垂直于曲面的方向作为投影方向。

例如，选择如图 3-191 所示的“活动视图”投影方式，视图投影结果如图 3-192 所示；选择如图 3-193 所示的“活动视图”投影方式，视图投影结果如图 3-194 所示。

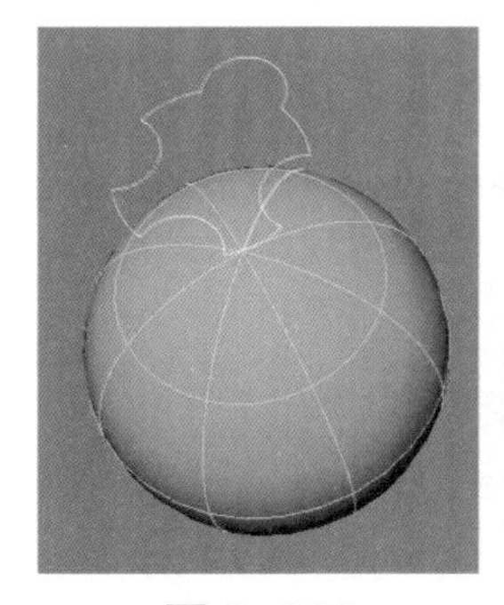
图 3-191

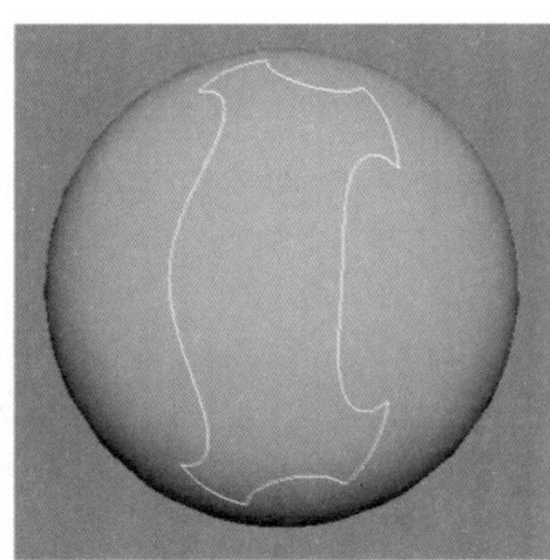
图 3-192

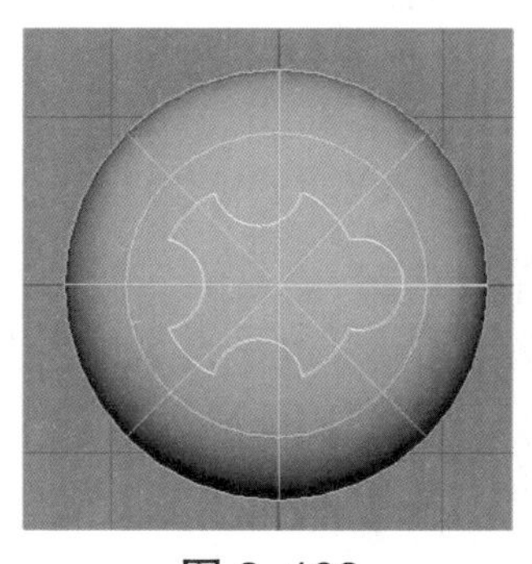
图 3-193

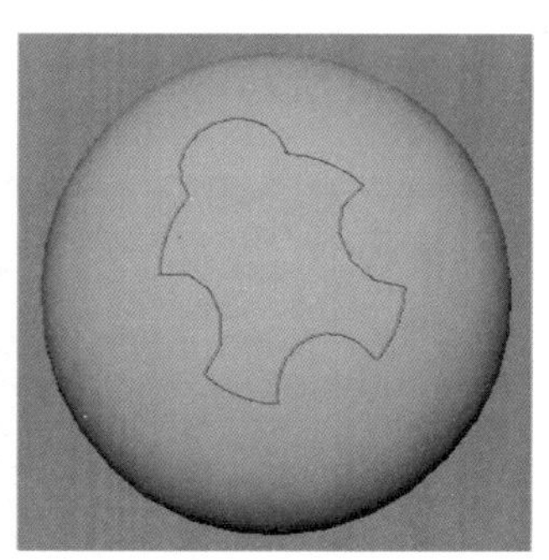
图 3-194

12. 延伸

可以将曲面沿着 U 方向或 V 方向进行延伸，也可以在 U 方向和 V 方向两个方向上同时延伸。

13. 插入等参线

可以在曲面的指定位置插入等参线，而不改变曲面的形状，也可以在选择的等参线之间添加一定数目的等参线。

14. 偏移

为选定曲面创建副本，并将其偏移一定的距离。

15. 圆化工具

沿现有曲面之间的边创建圆形过渡曲面，可以通过手柄来调整倒角半径。

例如，选择“圆化”工具，在图 3–195 所示两个曲面之间的边缘拖曳鼠标，出现图 3–196 所示的黄色控制手柄，拖曳手柄调节半径（也可以在通道盒直接输入半径值），如图 3–197 所示，按【Enter】键，圆化效果如图 3–198 所示。

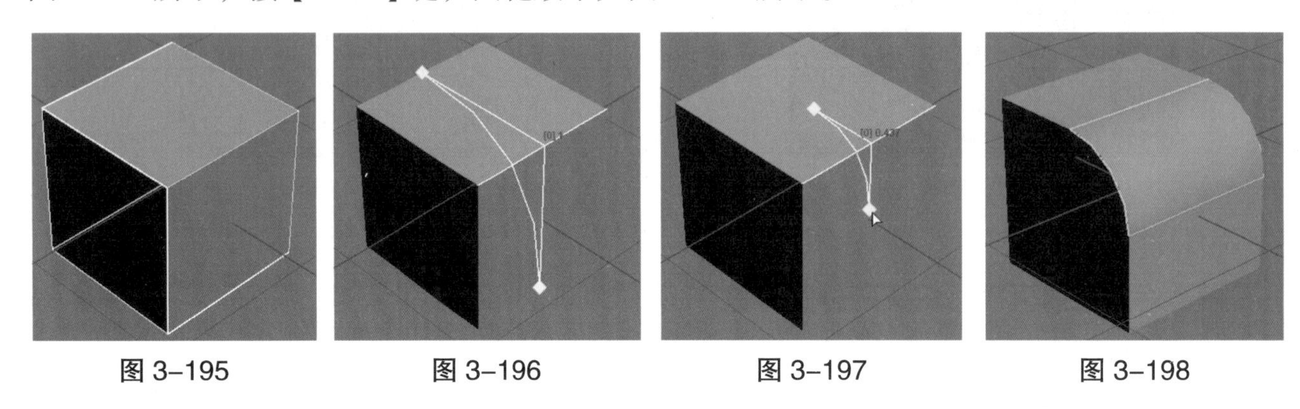

图 3–195　图 3–196　图 3–197　图 3–198

16. 缝合

可用于将点、边或曲面缝合在一起。

（1）缝合曲面点。

• 指定相等权重：如果启用了该选项，则为所有点指定 0.5 的权重。如果禁用了该选项，则为第一个选定点指定 1.0 的权重，而其他点均为 0。默认设置为启用。

• 层叠缝合节点：启用该选项，则缝合操作将忽略曲面上之前的任何缝合操作。例如，如图 3–199 所示，选择两个曲面上的两个点，设置参数，执行“缝合曲面点”命令，效果如图 3–200 所示。

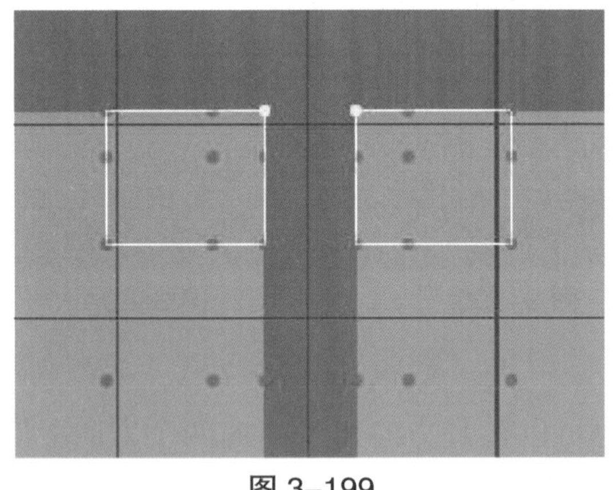

图 3–199

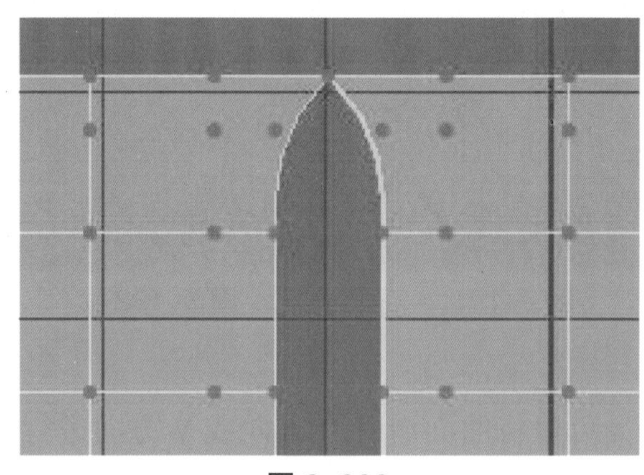

图 3–200

（2）缝合边工具。

可以将两个曲面的边界（等参线）缝合在一起，会在缝合处产生光滑的过渡效果。

缝合边工具各选项含义如下。

• 融合：设置曲面在缝合时缝合边界的方式，有两个。

• 位置：直接缝合曲面，不对缝合后的曲面进行光滑过渡处理。

- 切线：将缝合后的曲面进行光滑处理，以产生光滑的过渡效果。
- 设置边 1/2 的权重：用于控制两条选择边的权重变化。
- 沿边采样数：用于控制在缝合边时的采样精度。

例如，选择要缝合在一起的两个曲面上各自的等参线，如图 3–201 所示；设置参数，执行“缝合边工具”命令，此时将创建临时缝合曲面；拖曳操纵器，编辑缝合范围，如图 3–202 所示；按【Enter】键完成缝合，效果如图 3–203 所示。

图 3–201

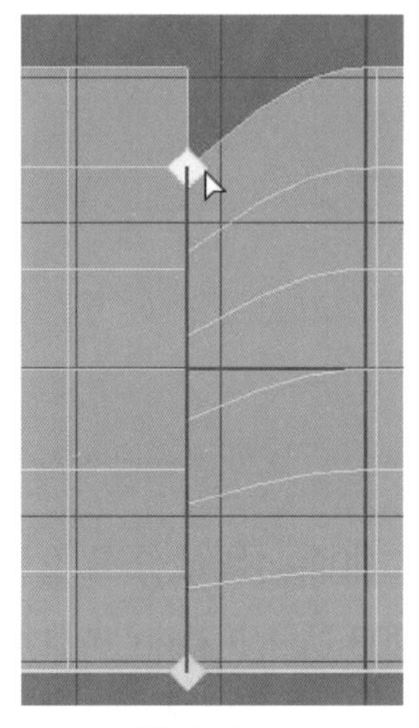
图 3–202

图 3–203

（3）全局缝合。

可以将多个曲面同时进行缝合操作，并且曲面与曲面之间可以产生光滑的过渡。选择曲面，设置参数，单击“全局缝合”按钮即可完成缝合。

17. 曲面圆角

在两个现有曲面之间创建圆角曲面。

（1）圆形圆角。

选择两个相交的曲面，如图 3–204 所示，设置参数，执行“圆形圆角”命令，效果如图 3–205 所示。

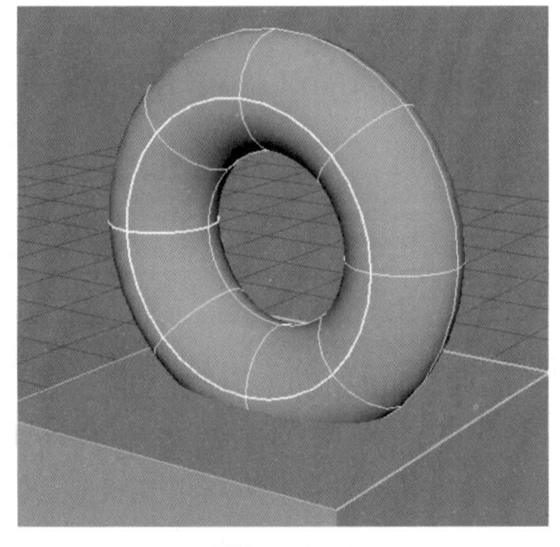
图 3–204

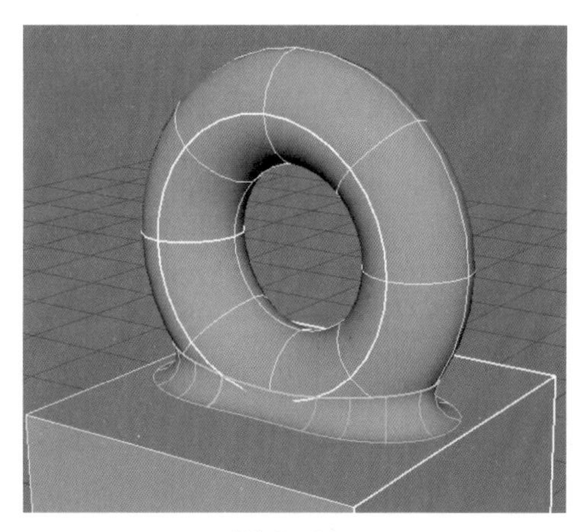
图 3–205

(2)自由形式圆角。

选择每个曲面上的一条等参线或曲面上的曲线，作为圆角的开始点和结束点，如图 3-206 所示；设置参数，执行“自由形式圆角”命令，效果如图 3-207 所示。

图 3-206

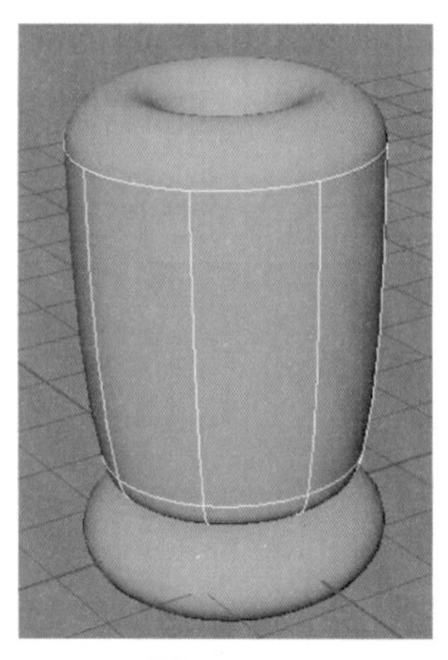

图 3-207

(3)圆角融合工具。

可以使用手柄直接选择等参线、曲面曲线或修剪边界来定义想要倒角的位置。例如，设置“圆角融合选项”参数，如图 3-208 所示；执行“圆角融合工具”命令，选择图 3-209 所示的下方曲面上的等参线，按【Enter】键，再选择上方曲面上的等参线，如图 3-210 所示，按【Enter】键，效果如图 3-211 所示。

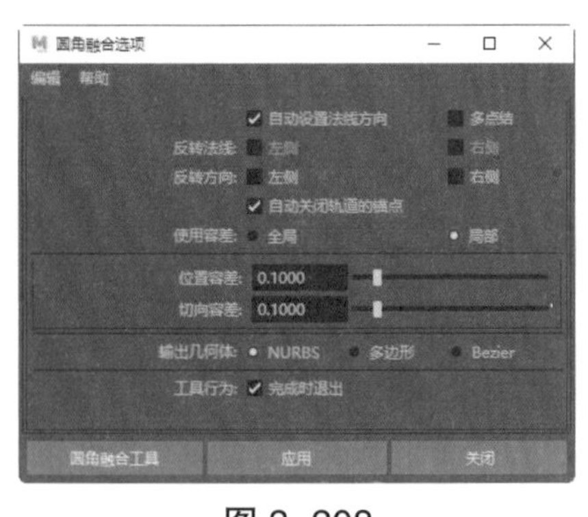

图 3-208

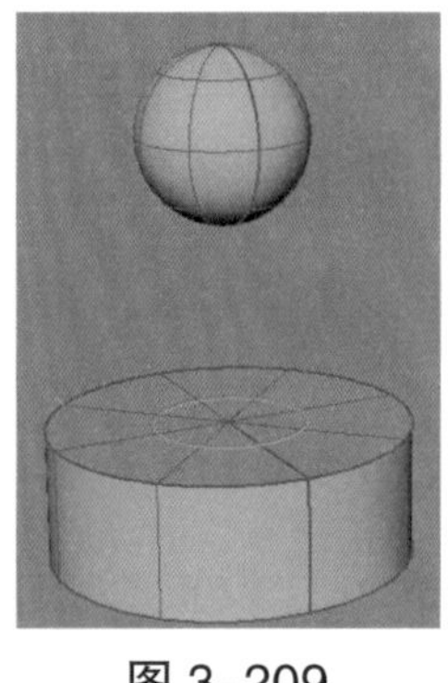

图 3-209

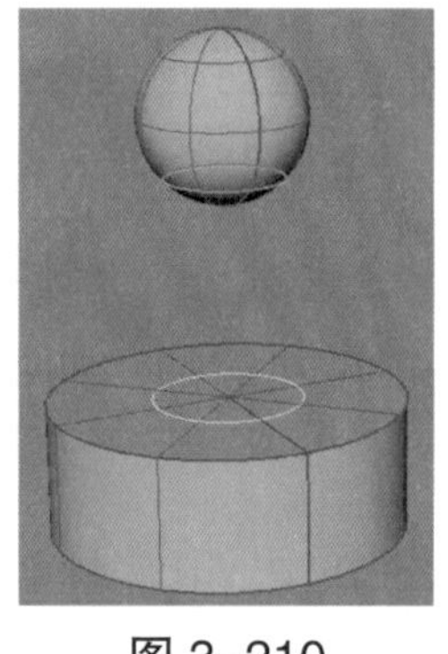

图 3-210

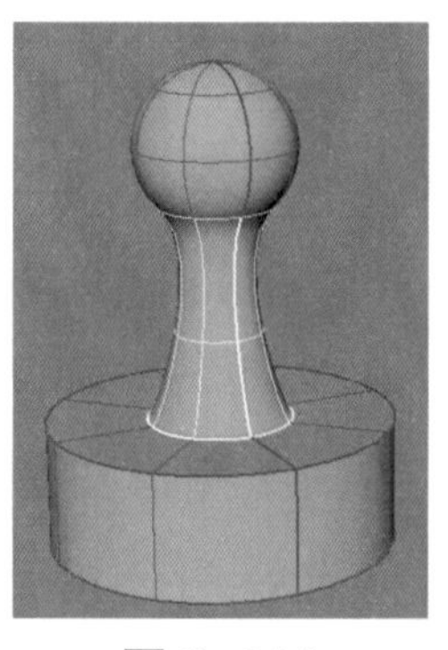

图 3-211

“圆角融合选项”对话框中各参数含义如下。

• 自动设置法线方向：选中该复选框后，Maya 会自动设置曲面的法线方向。

• 反转法线：当取消选中“自动设置法线方向”复选框时，该选项才可选，主要用来反转曲面的法线方向。“左侧”表示反转第 1 次选择曲面的法线方向，“右侧”表示反转第 2 次选择曲面的法线方向。

• 反转方向：当取消选中“自动设置法线方向”复选框时，该选项可以用来纠正圆角的扭曲效果。“自动关闭轨道的锚点”复选框，用于纠正两个封闭曲面之间圆角产生的扭曲效果。

18. 雕刻几何体工具

使用该工具可以雕刻 NURBS、多边形和细分曲面。

19. 曲面编辑

• 曲面编辑工具：可以对曲面进行编辑（推、拉操作）。通过设置“切线操纵器大小”，可以设置切线操纵器的控制力度。

• 断开切线：可以沿所选等参线插入若干条等参线，以断开表面切线。

• 平滑切线：可以将曲面上的切线变得平滑。

20. 布尔

使用“布尔”命令，可以修剪两个曲面以创建布尔运算的外观。例如，创建两个曲面，如图 3–212 所示，执行“布尔→并集工具”命令，单击一个曲面，按【Enter】键，然后单击另一个曲面，运算结果如图 3–213 所示。

图 3–212

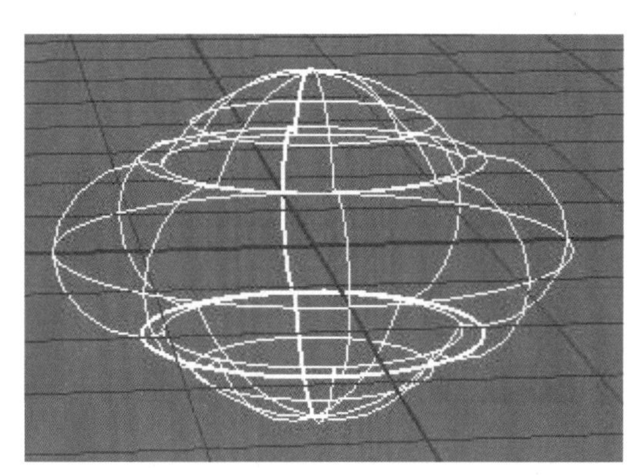

图 3–213

创建两个曲面，如图 3–212 所示，执行“布尔→差集工具”命令，单击圆环曲面，按【Enter】键，然后单击球体曲面，运算结果如图 3–214 所示。

创建两个曲面，如图 3–212 所示，执行“布尔→交集工具”命令，单击一个曲面，按【Enter】键，然后单击另一个曲面，运算结果如图 3–215 所示。

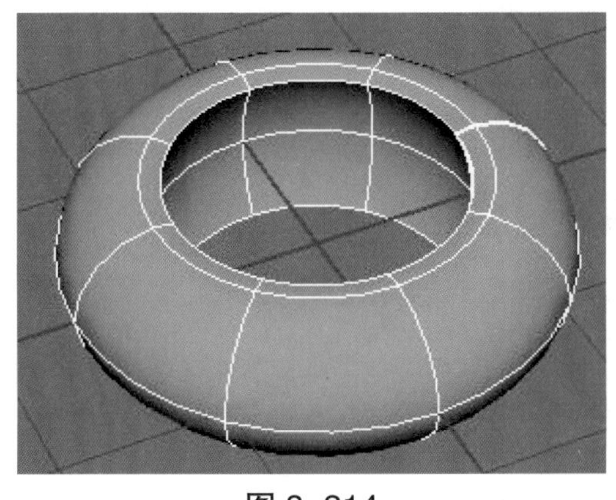

图 3–214

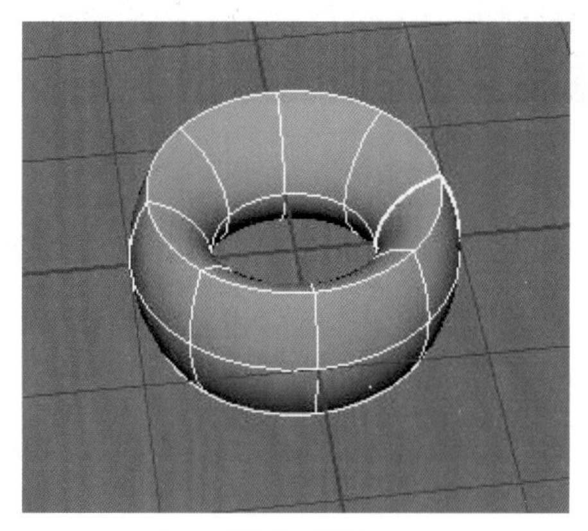

图 3–215

21. 重建

使用“重建”工具可以对选定曲面执行各种操作。“重建曲面选项”对话框参数如下。

• 重建类型：用来设置重建的类型，这里提供了 8 种重建类型，分别是“一致”“减少”“匹配结”“无多个结”“非有理”“结束条件”“修剪转化”和“Bezier”。

- 参数范围：用来设置重建曲面后 U/V 的参数范围。
  - 0 到 1：将 U/V 参数值的范围定义在 0~1。
  - 保持：重建曲面后，U/V 方向的参数值范围将保留原始范围值不变。
  - 0 到跨度数：重建曲面后，U/V 方向的范围值是 0 到实际的段数。
- 方向：设置沿着曲面的哪个方向重建曲面。
- 保持：设置重建后要保留的参数。
  - 角：让重建后的曲面的边角保持不变。
  - CV：让重建后的曲面的控制点数目保持不变。
  - 跨度数：让重建后的曲面的分段数目保持不变。
- U/V 方向跨度数：用来设置重建后的曲面在 U/V 方向上的段数。
- U/V 方向次数：设置重建后的曲面在 U/V 方向上的次数。

22. 反转方向

选择“反转方向”选项可以反转或交换选定曲面的 U/V 方向。

拓展练习

使用 NURBS 建模工具创建以下模型。

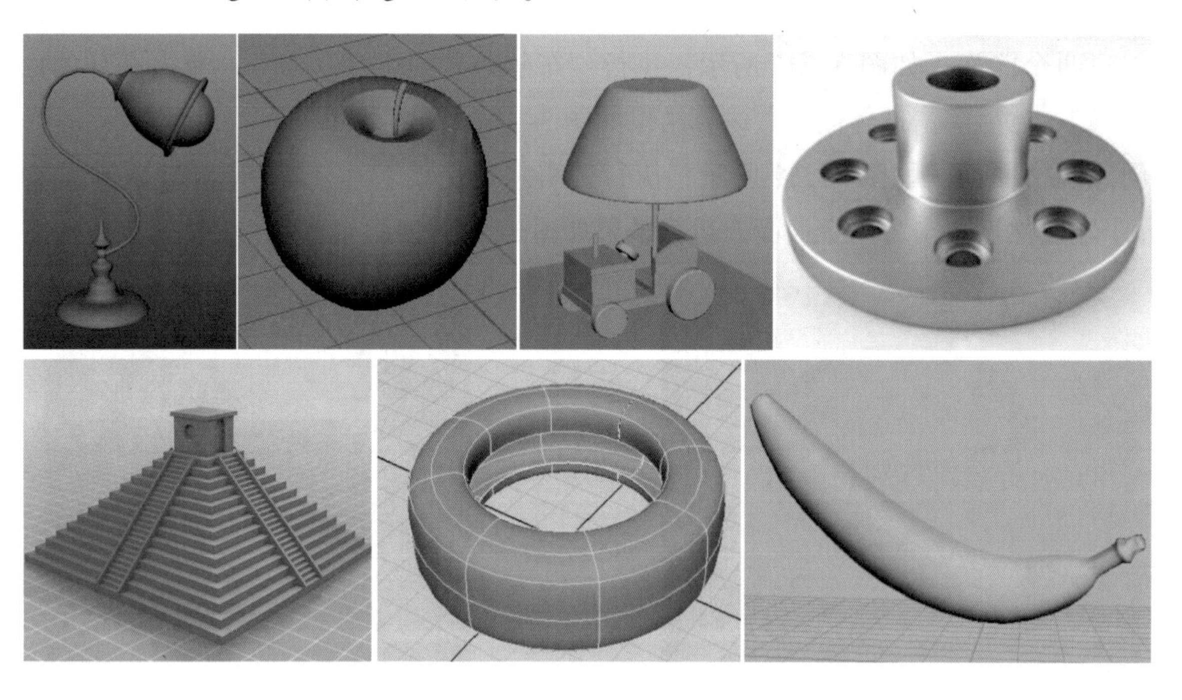

第 4 章 多边形建模

4

案例 8 创建多边形飞机模型

案例描述

通过本案例，熟悉多边形基本体的用法，熟练使用“挤出”“多切割”“插入循环边”及“合并”命令，提升空间造型能力。图 4-1 所示为使用相关命令创建好的飞机模型效果。

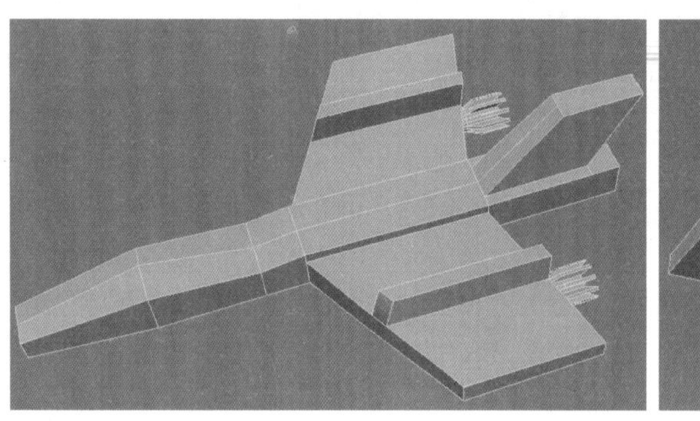
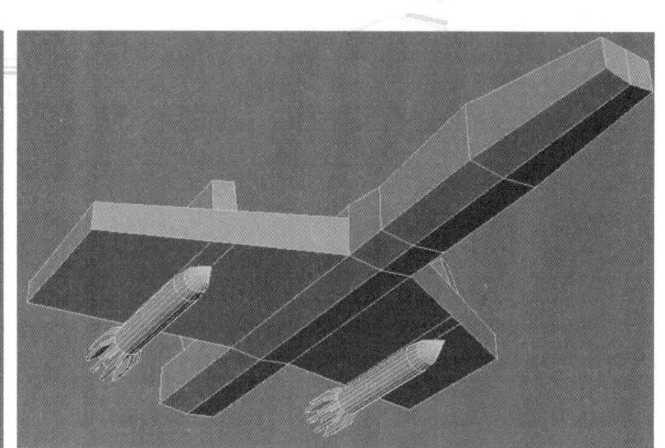

图 4-1

学习目标

1. 知识目标

- 了解多边形建模的概念；
- 了解创建多边形基本体的方法。

2. 技能目标

- 能熟练创建多边形基本体。

3. 素养目标

- 养成规范操作的习惯；
- 培养自主探究的学习能力。

操作步骤

（1）新建场景，保存命名为“飞机”。创建一个多边形立方体，设置细分宽、高、深属性分别为 2、1、5，用缩放工具进行变形操作，效果如图 4-2 所示。右击立方体，在弹出的快捷菜单中选择“面”模式，选择左侧的所有面，删除，效果如图 4-3 所示。选择保留的组件，进入“对象”模式，打开“特殊复制选项”对话框，设置如图 4-4 所示。

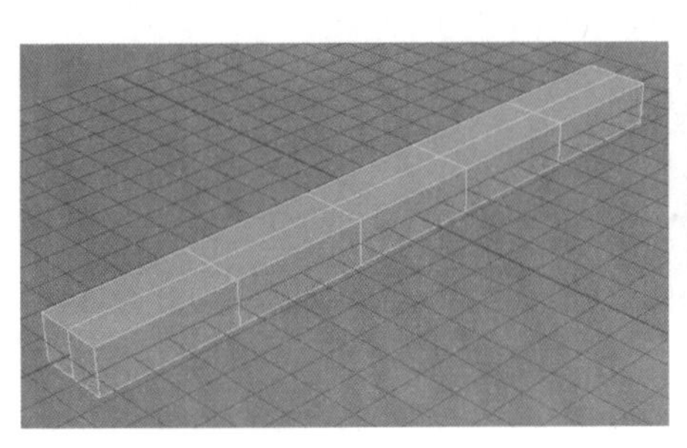

图 4–2

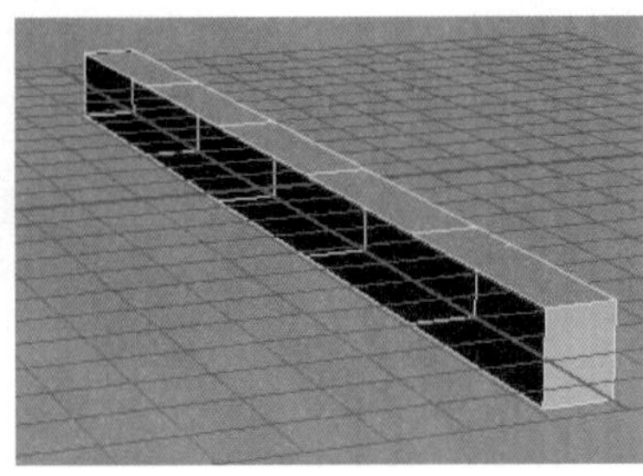

图 4–3

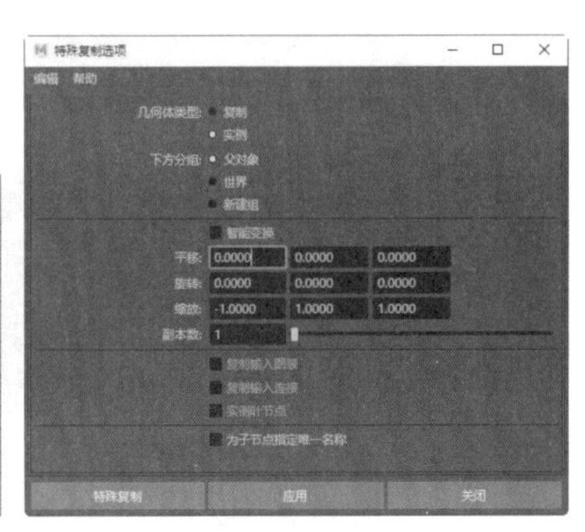

图 4–4

（2）单击“特殊复制”按钮，复制效果如图 4–5 所示。切换到“顶点”编辑模式，调整模型右侧的点，左侧复制的实例部分会同步变化，如图 4–6 所示。

图 4–5

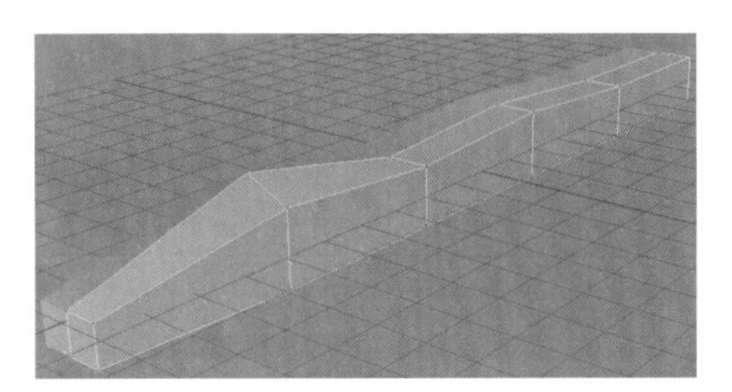

图 4–6

（3）切换到“边”编辑模式，调整模型的中间 3 条纵向边位置如图 4–7 所示。执行“网格工具→多切割”命令，单击左、右两个边上的点生成一个新的边，如图 4–8 所示。

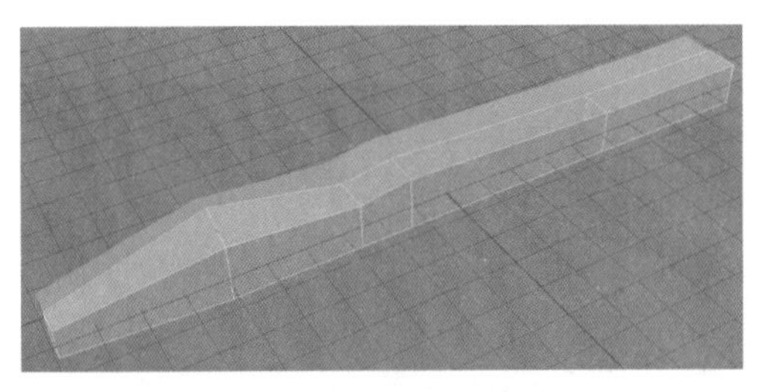

图 4–7

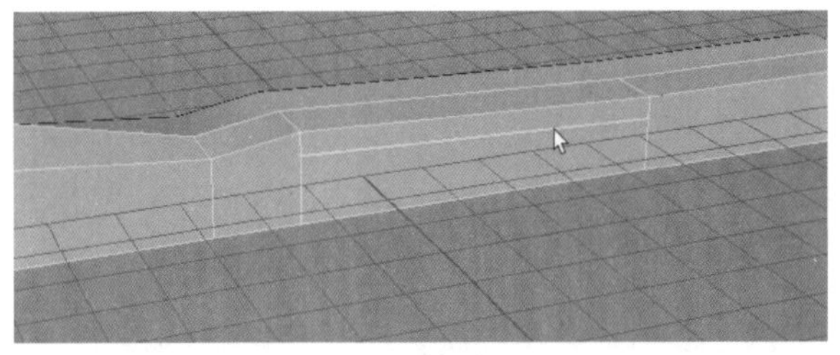

图 4–8

（4）切换到“面”编辑模式，选择如图 4–9 所示的面，执行“编辑网格→挤出”命令，向外拖曳蓝色手柄，修改如图 4–10 所示。

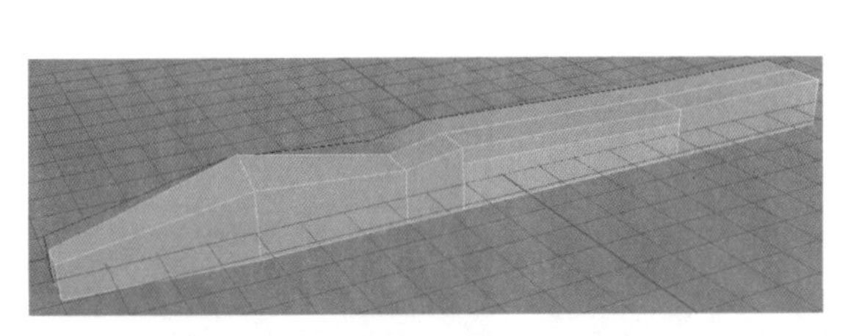

图 4–9

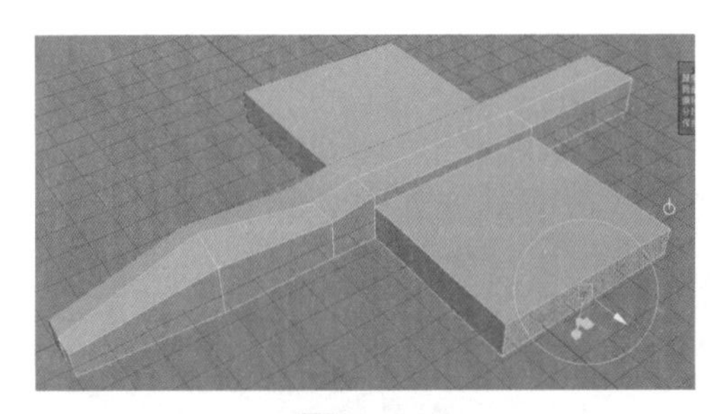

图 4–10

（5）选择绿色手柄飞机向后方拖曳，选择红色手柄飞机向上方拖曳，效果如图 4–11 所示。单击“缩放”工具，按住中心控制点拖曳，适当缩小挤出的面，如图 4–12 所示。

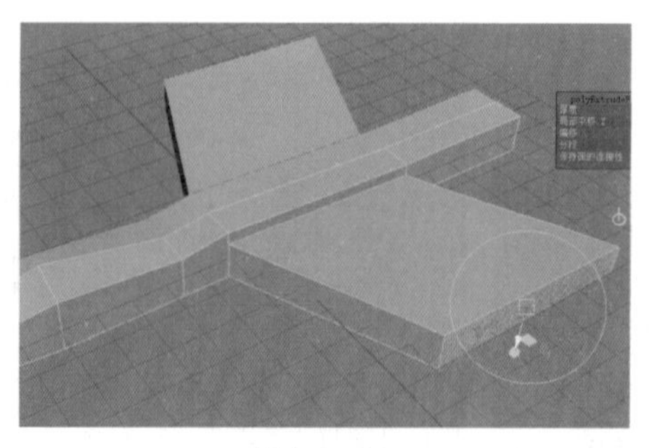

图 4–11

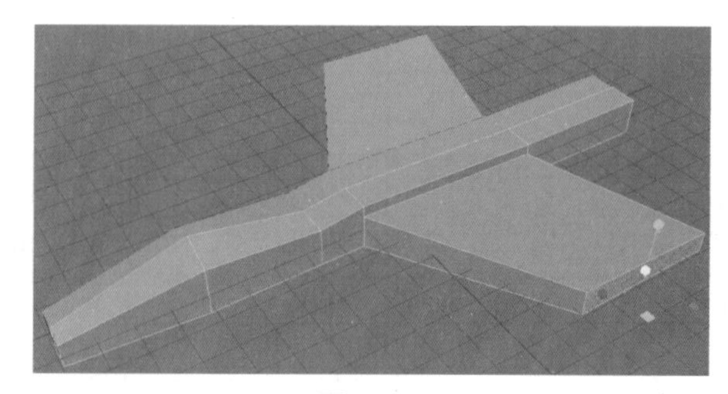

图 4–12

（6）切换到“边”编辑模式，执行“网格工具→插入循环边”命令，在机翼边缘拖曳，插入两个循环边，如图 4–13 所示。选择上方的面，向上向后挤出，如图 4–14 所示。

图 4–13

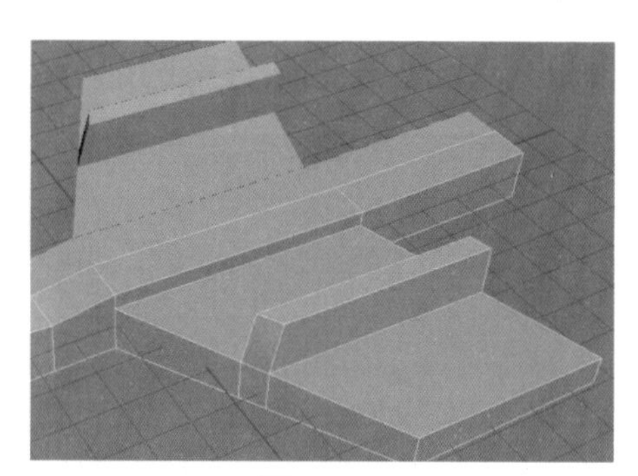

图 4–14

（7）创建一个多边形圆柱体，修改大小与方向，如图 4–15 所示。在圆柱两端插入两条循环边，如图 4–16 所示。进入“顶点”编辑模式，向外拖曳圆柱的中心顶点，如图 4–17 所示。

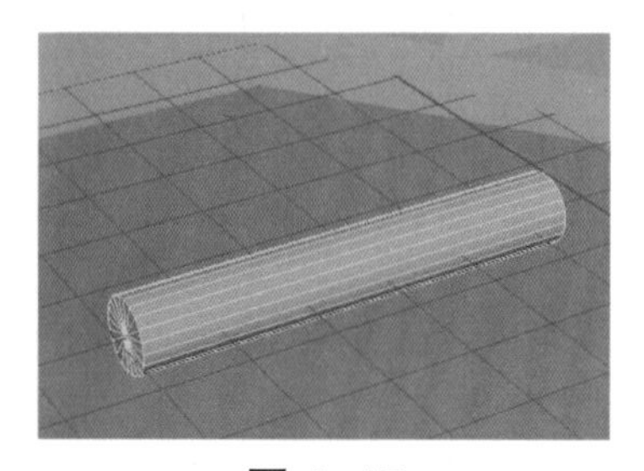

图 4–15

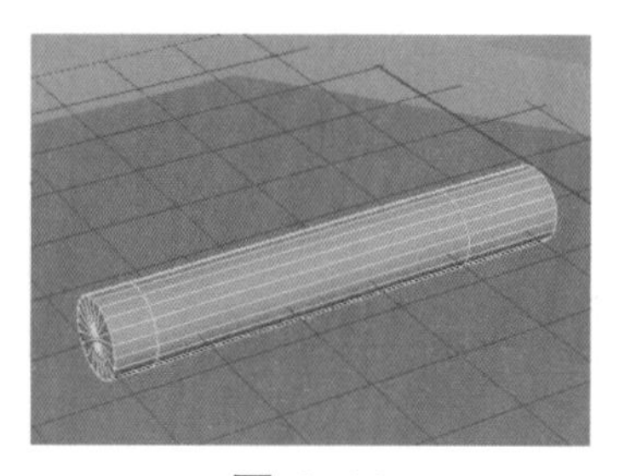

图 4–16

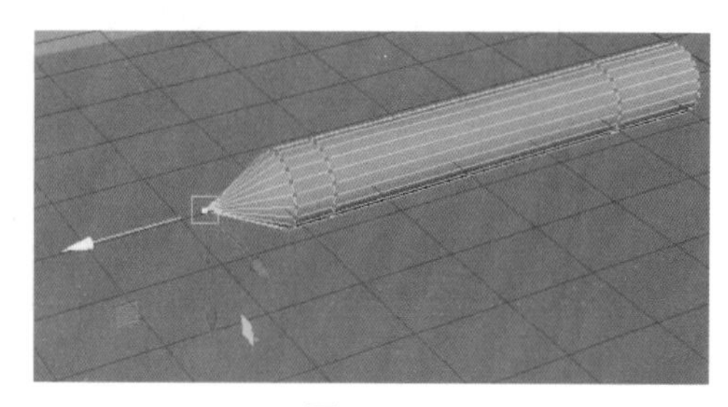

图 4–17

（8）选择顶端的一圈顶点，适当缩小，如图 4–18 所示。进入“面”编辑模式，间隔选择圆柱另一端一周的面，如图 4–19 所示。在工具栏中单击“挤出”按钮，向外拖曳挤出，如图 4–20 所示。

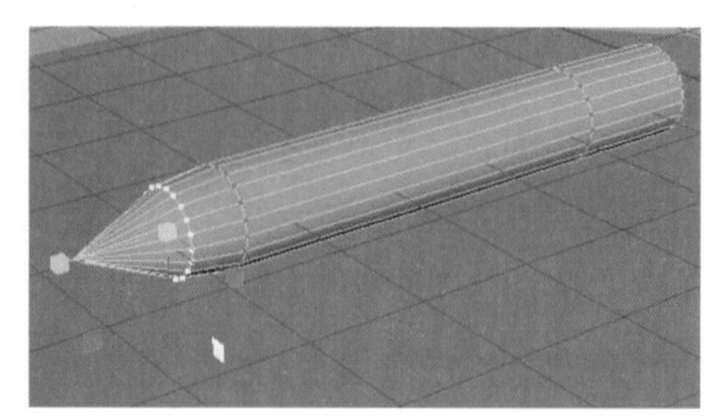

图 4–18

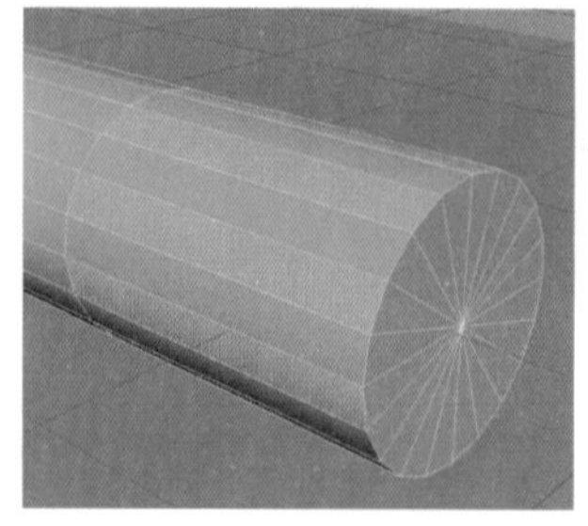

图 4–19

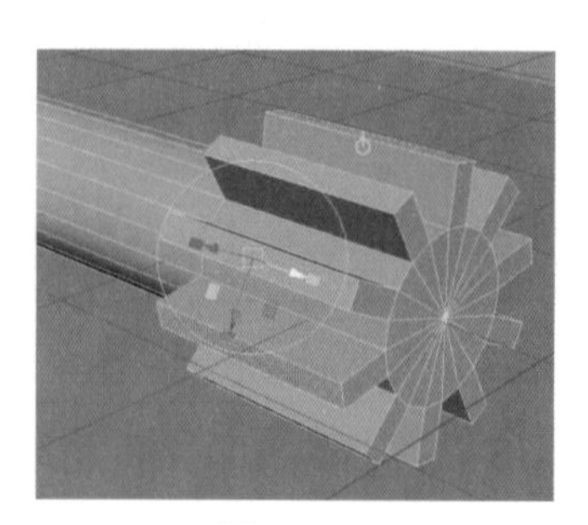

图 4–20

（9）单击“挤出”按钮右上角的按钮，修改挤出中心，然后向火箭模型的尾部拖曳，效果如图 4–21 所示。制作完成的火箭模型如图 4–22 所示。

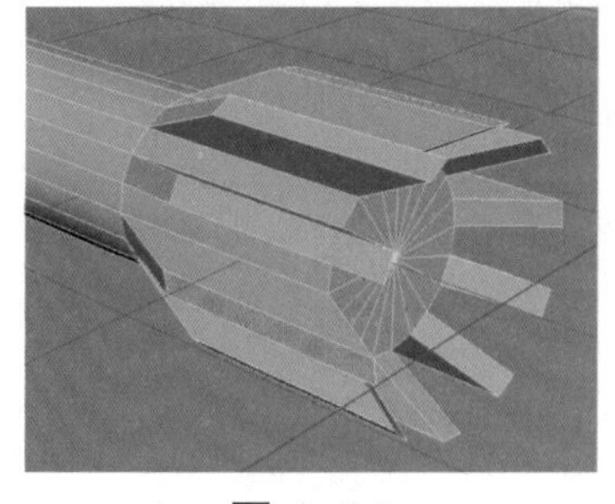
图 4–21

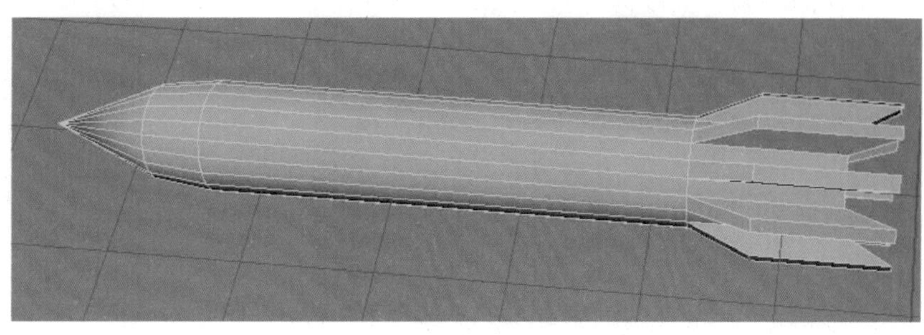
图 4–22

（10）把火箭模型放置在机翼下方，如图 4–23 所示。

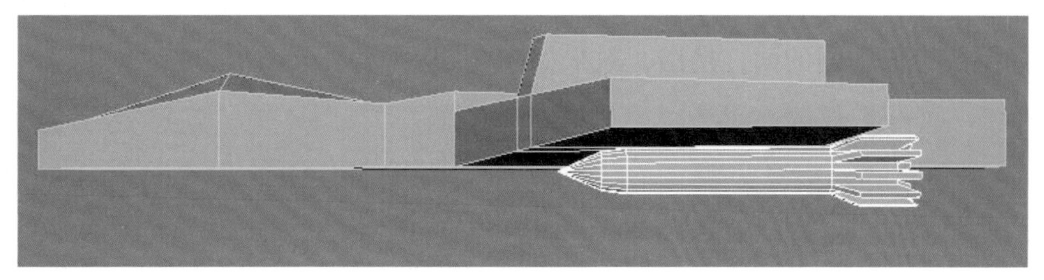
图 4–23

（11）打开“线框”显示模式，单击状态栏中的“捕捉到栅格”按钮，启用栅格捕捉移动对象，选择导弹模型，按【D】键，把其轴心点移到 X 轴的 0 点位置，如图 4–24 所示。选择“特殊复制”选项，复制导弹模型，效果如图 4–25 所示。

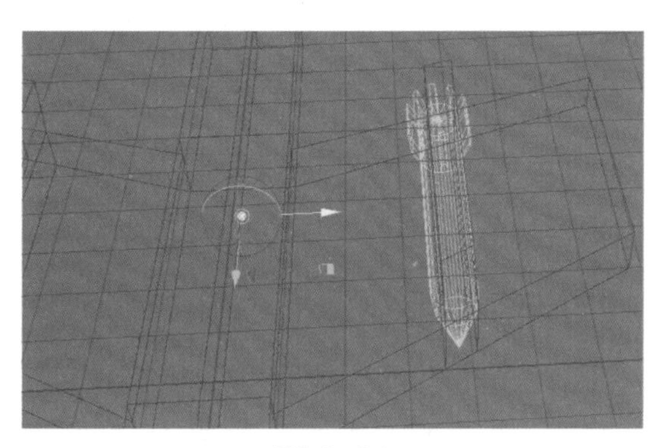
图 4–24

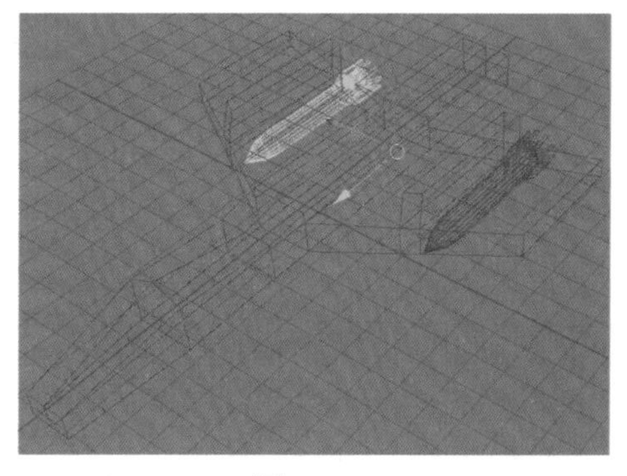
图 4–25

（12）使用“多切割”工具，为飞机尾部增加两条边，如图 4–26 所示。进入“对象”编辑模式，同时选择左右两侧的所有组件，执行“网格→结合”命令，进入“顶点”编辑模式，选择机身中心的所有点，如图 4–27 所示，执行“编辑网格→合并”命令合并中心顶点。

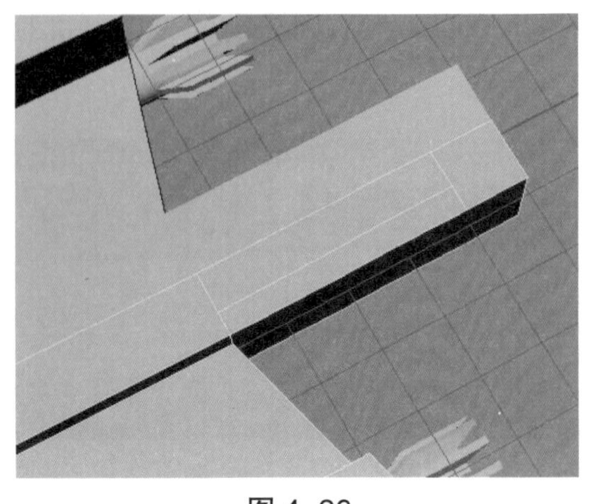

图 4-26

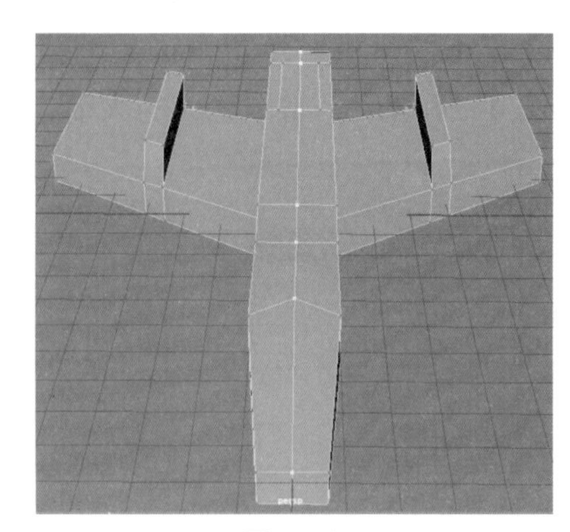

图 4-27

（13）进入“边”编辑模式，删除尾部多余的边，效果如图 4-28 所示。进入“面”编辑模式，选择尾部上面中间的面，挤出，效果如图 4-29 所示。

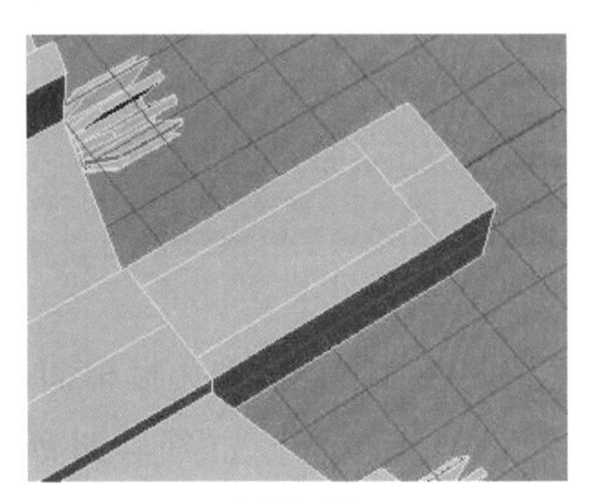

图 4-28

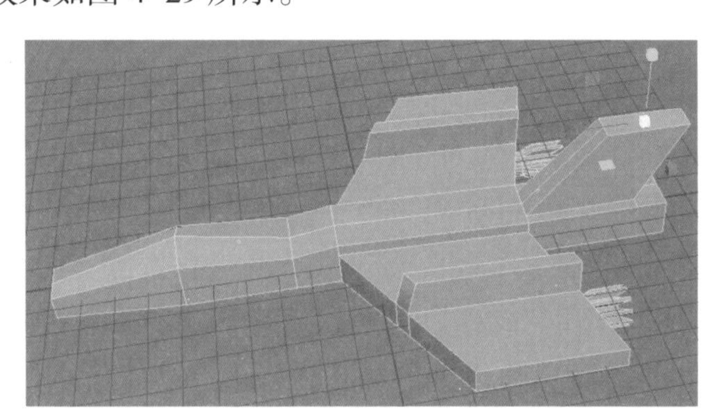

图 4-29

（14）最终完成的飞机模型效果如图 4-1 所示，保存场景文件。

知识精讲

4.1 多边形建模概述

多边形建模是一种非常直观的建模方式，也是 Maya 中最为重要的一种建模方法。多边形建模是通过控制三维空间中物体的点、线、面来塑造物体的外形。在塑造物体的过程中，可以很直观地对物体进行修改，并且面与面之间的连接也很容易创建。

多边形由基于顶点、边和面（可用于在 Maya 中创建三维模型）的几何体组成，如图 4-30 所示。多边形是直边形状（3 条或更多边），由三维点（顶点）和连接它们的直线（边）定义。多边形的内部区域称为面。顶点、边和面是多边形的基本组件，使用这些基本组件可选择和修改多边形。

使用多边形建模时，通常使用三边多边形（称为三角形）或四边多边形（称为四边形）。此外，Maya 还支持使用 4 条以上的边创建多边形（n 边形），但它们不常用于建模。

单个多边形通常称为面，并定义为以 3 个或更多顶点及其关联的边为边界的区域。将多个面连接到一起时，它们会创建一个面网络，称为多边形网格（也称为多边形集或多边形对象），如图 4-31 所示，使用多边形网格可创建 3D 多边形模型。

图 4-30

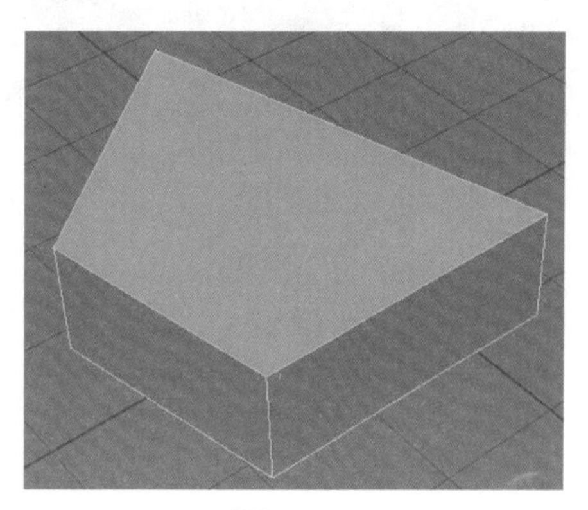

图 4-31

4.2　创建多边形基本体

在典型的 Maya 工作流中，可以先创建预定义的“基本体”形状作为 3D 建模的起点。这些基本体可以按原样使用，或者进一步修改为更复杂的形状。例如，创建球体基本体，然后对其进行缩放，以便形成椭球体，或分离半个球体以形成圆顶；创建平面以用作场景中的地板；使用布尔功能将基本体相互交叉并生成新的形状等。

在 Maya 2022 中基本多边形几何体有球体、立方体、圆柱体、圆锥体、圆环、平面、圆盘、柏拉图多面体、棱锥、棱柱、管道、螺旋线、齿轮、足球等，如图 4-32 所示。

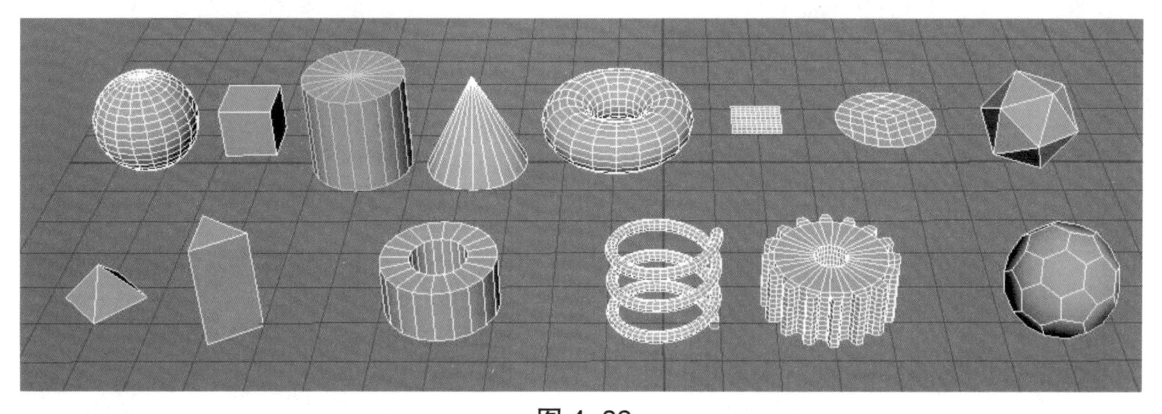

图 4-32

1. 使用“创建”菜单创建多边形基本体

通过“创建”菜单创建基本体可以指定基本体属性，然后再创建基本体。使用该方法，在 X、Y、Z 原点处创建基本体，使用“创建”菜单在 X、Y、Z 原点处创建基本体。

（1）执行“创建→多边形基本体”命令，然后从基本体列表中选择基本体选项方框。例如，“球体”。单击基本体旁边的方框时，将显示该基本体的选项对话框，如图 4-33 所示。

（2）在基本体的选项对话框中，根据需要编辑基本体的属性。可以设定指定半径、缩放和细分的属性以及指定默认 UV 纹理坐标是否与基本体一同创建的属性，如图 4–34 所示。

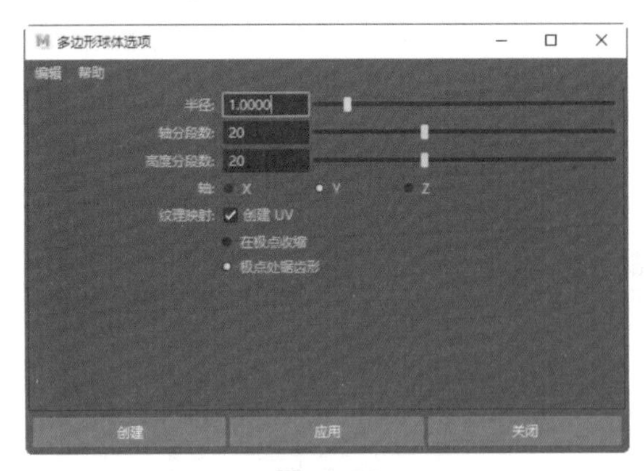

图 4–33

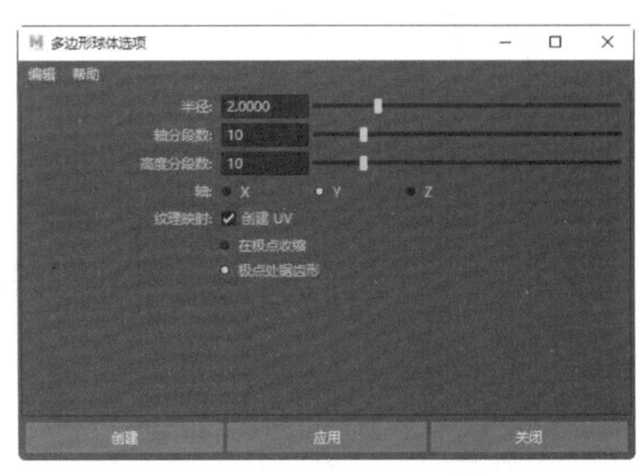

图 4–34

（3）单击“创建”按钮。基本体对象将显示在场景视图的 X、Y、Z 原点处。默认情况下，基本体保持选定状态，因此可以对它执行其他操作，如“移动”“旋转”或“缩放”，如图 4–35 所示。创建基本体后，可以使用通道盒或属性编辑器修改其属性。图 4–36 所示为通道盒所显示的对象属性，图 4–37、图 4–38 所示为“属性编辑器”所显示的对象属性，可以通过修改属性参数编辑对象。

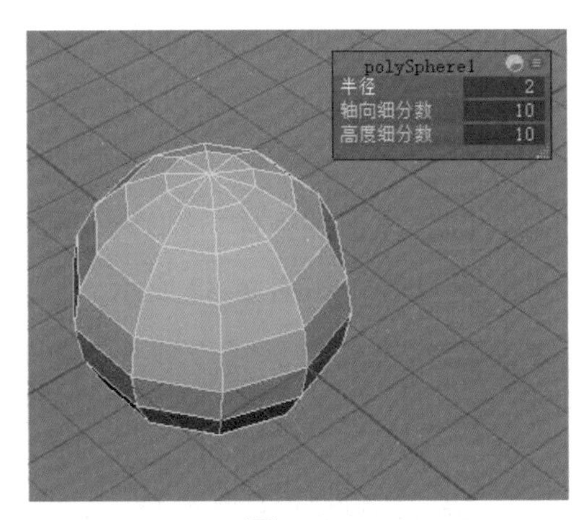

图 4–35

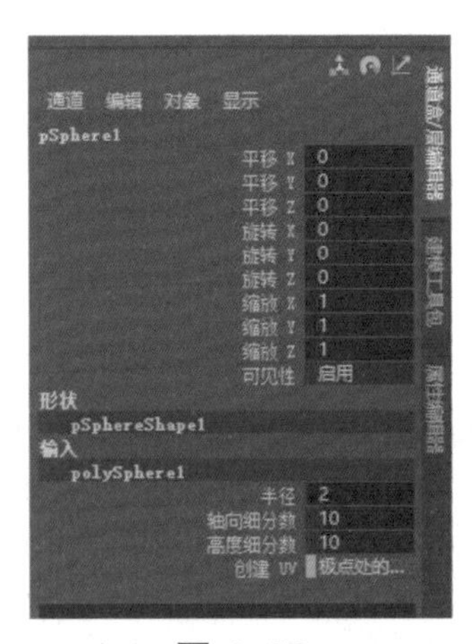

图 4–36

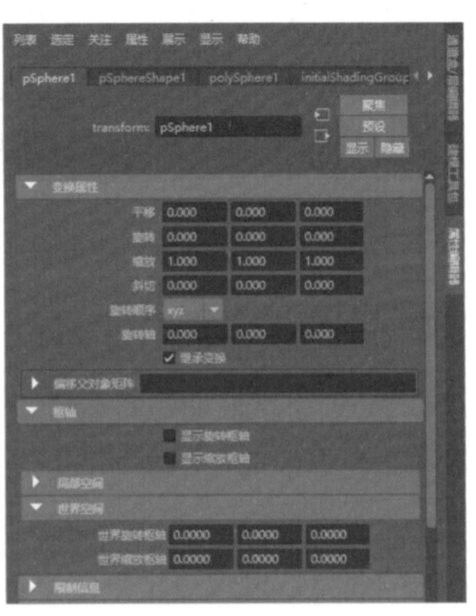

图 4–37

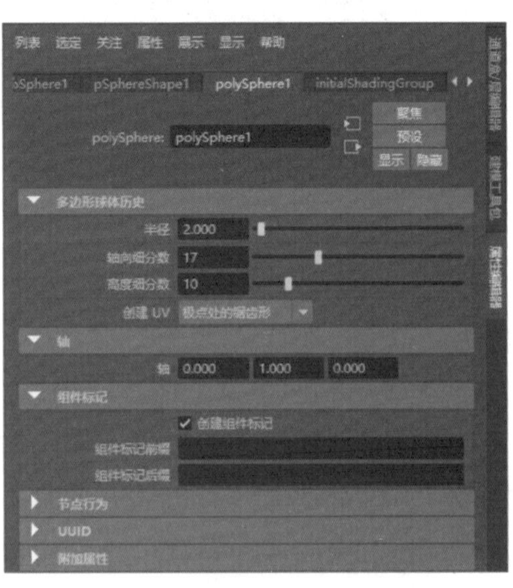

图 4–38

（4）通过设置相关参数可直接在场景中调整属性，如图 4–39 所示。若要切换“视图中编辑器”的显示，按【T】键激活“显示操纵器工具”，然后执行“显示→题头显示→视图中编辑器”命令。

图 4–39

2. 以交互方式创建多边形基本体

（1）启用“创建→多边形基本体 →交互式创建”。

（2）选择“创建→多边形基本体”选项，并选择基本体类型，或者从“多边形”工具架中选择基本体类型。

（3）使用适当的方法以交互方式创建基本体。

- “球体”“圆环”“棱锥”“足球”“柏拉图多面体”：在场景视图中，单击并拖曳以创建基本体。注意：“圆环”基本体还需执行单击并拖曳步骤，以指定“截面半径”属性。
- “立方体”“圆柱体”“圆锥体”“棱柱”：在场景视图中，单击并拖曳以指定位置和基础大小，再次单击并拖曳以指定高度。
- “管道”和“螺旋线”：在场景视图中，单击并拖曳以指定位置和基础大小，再次单击并拖曳以指定高度。单击并拖曳以指定这些基本体类型的以下属性：“管道”，指定管道的厚度；“螺旋线”，指定圈数。

可以使用正交视图更准确地设置基本体的轴。不管创建基本体时使用的是何种视图（顶视图、前视图或侧视图），该视图都是将对齐基本体的轴（Y、Z 或 X）的方式。

（4）在创建过程中，按住【Shift】键或【Ctrl】键可实现以下效果。

【Ctrl】键：从其中心增大平面基本体和立方体基本体。

【Shift】键：将所有基本体约束到三维等边比例，并从其基础增大它们。

【Ctrl+Shift】组合键：将所有基本体约束到三维等边比例，并从其中心增大它们。

此外，在交互式创建过程中随时按【Enter】键，便可立即完成基本体的创建，并跳过任何剩余的属性。

有用的交互式创建选项：

- 在交互式基本体创建过程中，可以将多边形捕捉到场景中的现有对象。例如，可以将多边形捕捉到栅格，曲线，CV、顶点或枢轴，还可激活对象。
- 使用这些功能，可以在创建基本体时，捕捉到由场景中任何其他对象定义的线或平面中的投影点。例如，可以创建一个圆柱体作为天文台的屋顶上的望远镜。
- 某些栅格捕捉操作可能会限制透视视图中的交互式基本体创建。例如，如果启用栅格捕捉并以交互方式创建立方体的底，则在透视视图中工作时若栅格捕捉处于启用状态，则无法通过垂直拖曳来创建高度组件。应改为在透视视图中创建立方体的底，然后切换到前正交视图或侧正交视图，以使用栅格作为参考来捕捉立方体的高度。

3. 使用工具架创建多边形基本体

（1）在场景视图中，选择工具架中的“多边形”选项卡。

（2）单击多边形基本体图标。

根据“交互式创建”选项的设定方式，基本体将出现在原点，或者系统提示用户单击并拖曳，以在场景中创建基本体。

4.3 多边形右键菜单

使用多边形右键菜单可快速对多边形进行创建和编辑。

不选择对象，按【Shift】键右击，在弹出的快捷菜单中会显示多边形基本体的创建命令，如图 4–40 所示。选择命令即可创建对应基本几何体。

选择多边形对象，右击，在弹出的快捷菜单中会显示多边形的下一级别命令，如图4–41 所示。

进入物体组件层级，例如进入了点、边或面级别，按住【Shift】键右击，在弹出的快捷菜单中显示的是相关的编辑点的工具与命令，如图 4–42 所示。

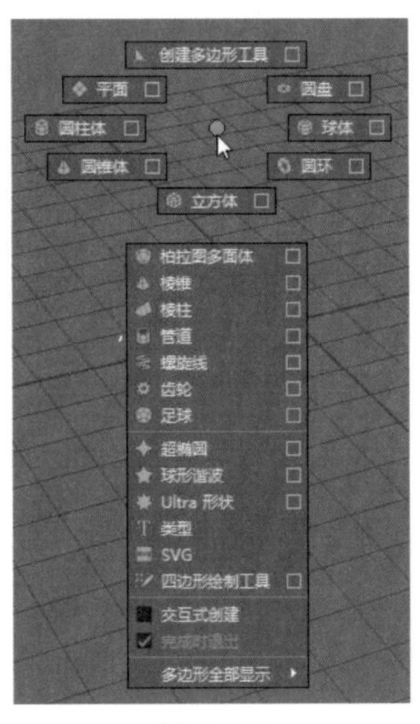

图 4–40

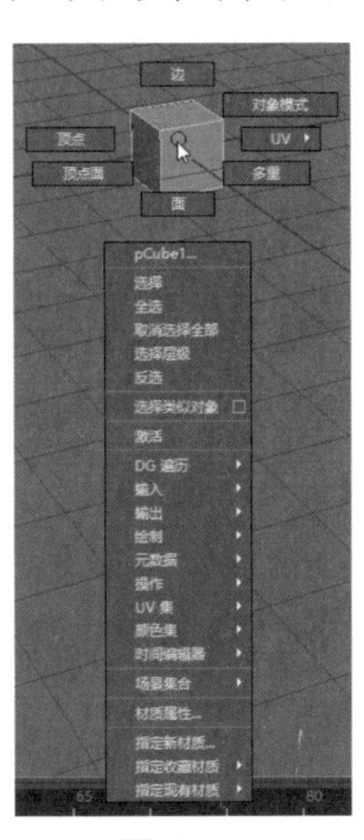

图 4–41

图 4–42

案例 9　创建音箱模型

案例描述

通过本案例，熟悉多边形基本体的用法，熟练使用“挤出”“多切割”“插入循环边”及“合并”命令，提升空间造型能力。图 4–43 所示为使用相关命令创建完成的音箱模型效果。

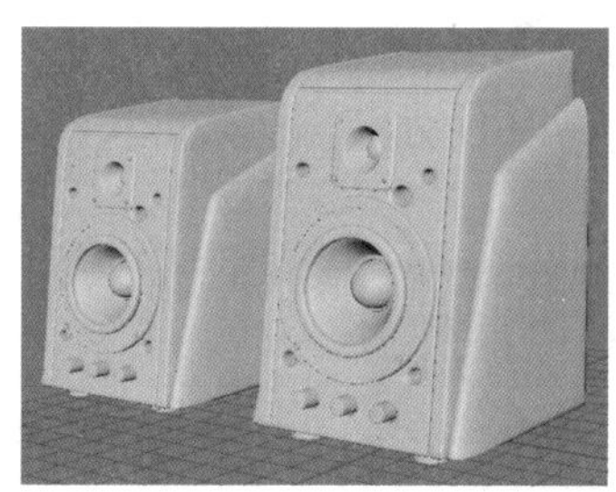

图 4–43

学习目标

1. 知识目标

- 了解“网格”命令；
- 了解“编辑网格”的方法。

2. 技能目标

- 会使用“网格”命令；
- 会使用“编辑网格”命令；
- 能熟练使用“挤出”命令。

3. 素养目标

- 养成规范操作的习惯；
- 培养举一反三的学习能力。

操作步骤

（1）创建音箱主体。新建场景，保存命名为“音箱”。创建一个多边形立方体，用缩放工具修改大小，效果如图 4–44 所示。选择立方体上面的一条边，执行“编辑网格→倒角”命令，修改倒角参数值，效果如图 4–45 所示。重复以上操作，为背部的上边添加倒角效果，如图 4–46 所示。

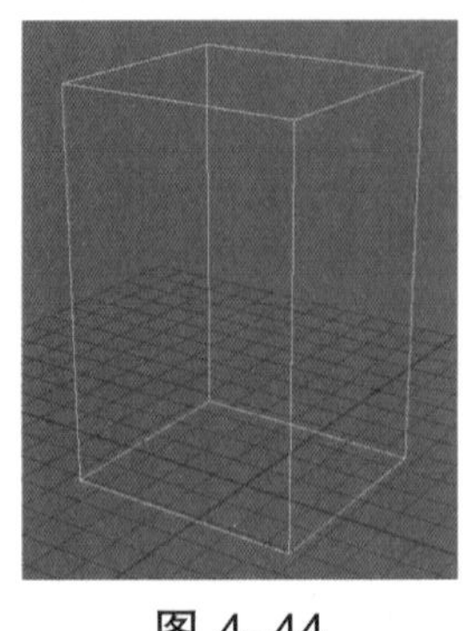

图 4–44

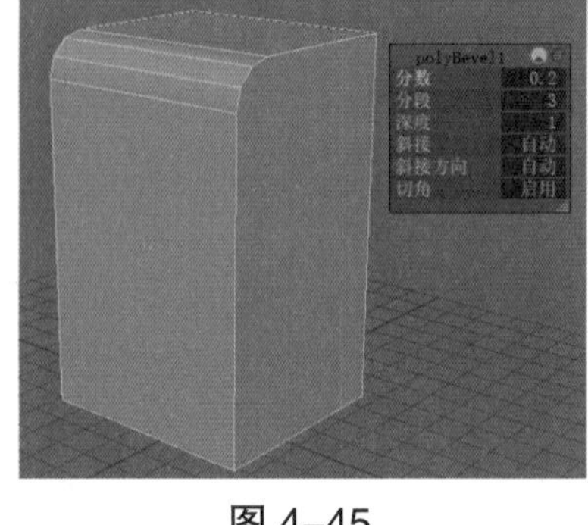

图 4–45

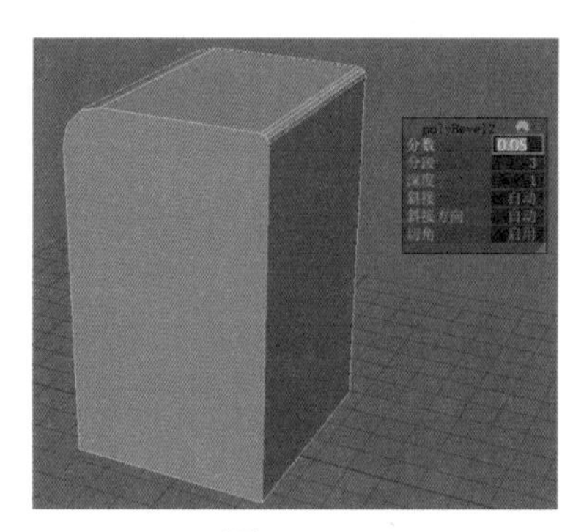

图 4–46

（2）时间滑块。打开“工具设置”对话框，在其中选中“多个循环边”单选按钮，设置“循环边数”为 3，如图 4–47 所示。插入 3 条竖向循环边，如图 4–48 所示。选择两侧的插入边，调整位置，如图 4–49 所示。继续插入横向的循环边，如图 4–50 所示。

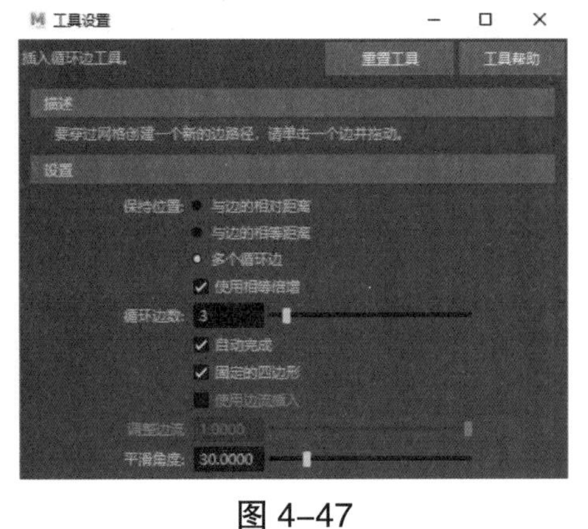

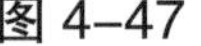

图 4–47

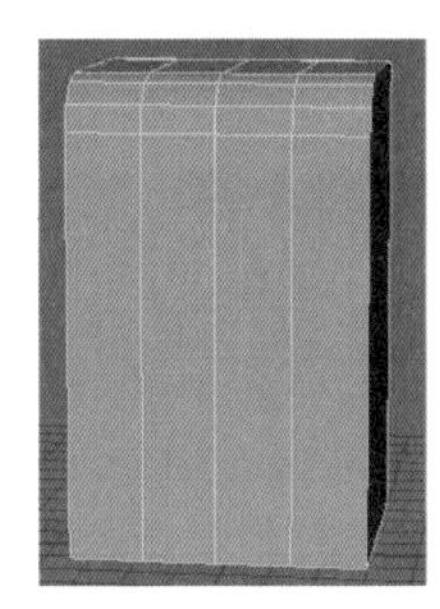

图 4–48

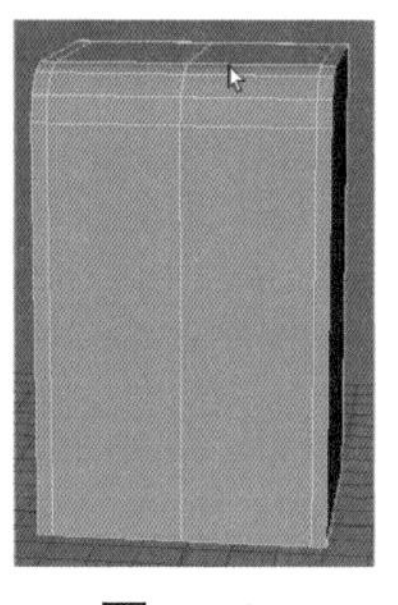

图 4–49

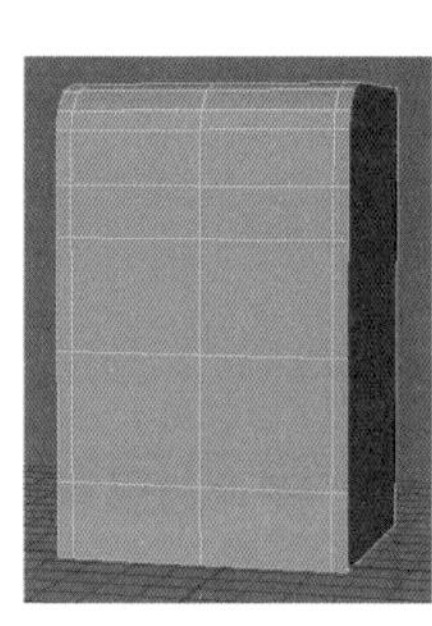

图 4–50

（3）创建一个多边形圆柱体，设置轴向细分为 8，端面细分为 0，沿 X 轴旋转 90°，如图 4–51 所示。切换到前视图，开启“捕捉到点”设置，将圆柱轴心点对齐音箱上边的十字交叉点，然后复制一个对齐下面的点，调整大小，如图 4–52 所示，在透视图中显示的效果如图 4–53 所示。

（4）选择音箱，然后按住【Shift】键选择两个圆柱体，在菜单栏中执行“网格→布尔→差集”命令，结果如图 4–54 所示。删除圆柱底部的两个面，如图 4–55 所示。

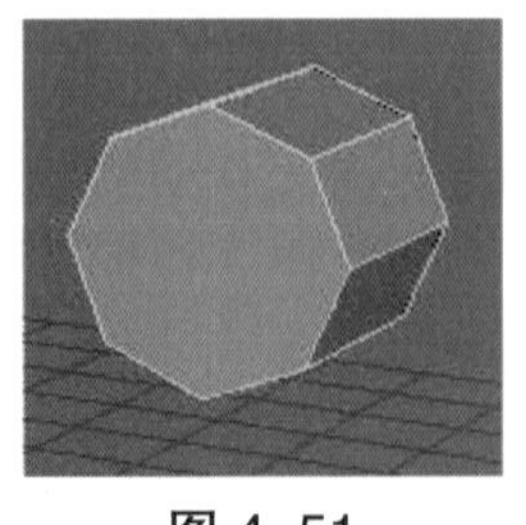

图 4–51

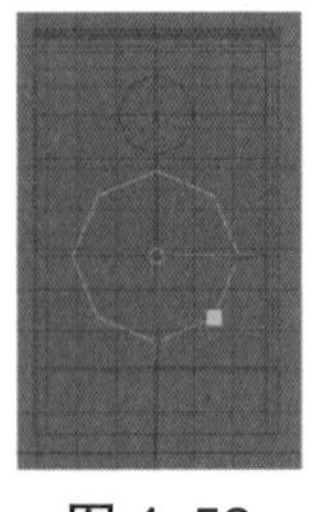

图 4–52

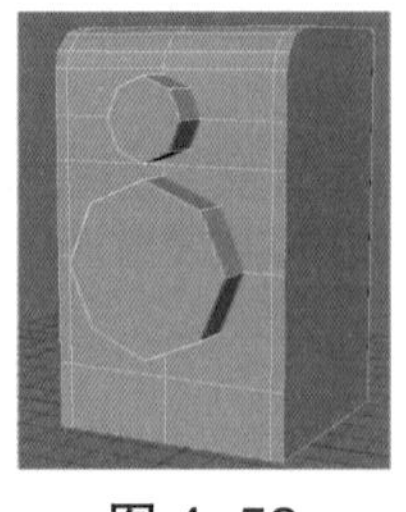

图 4–53

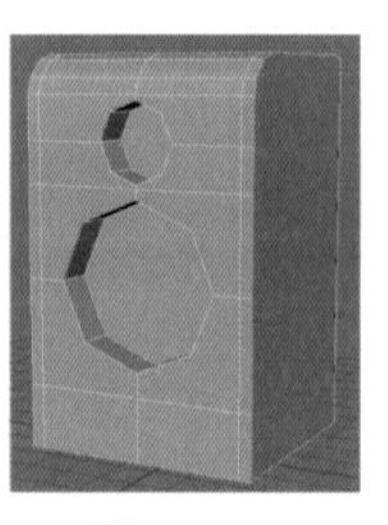

图 4–54

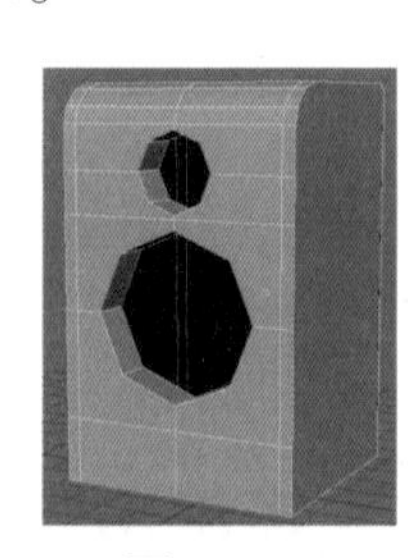

图 4–55

（5）选择音箱上洞口的内侧面，使用“挤出”工具向内挤出，如图 4–56 所示。从音箱内部删除挤出的厚度面，如图 4–57 所示。对小洞口重复以上的“挤出”“删除”操作。使用

“多切割”工具，在音箱正面洞口周围添加边，如图 4–58 所示。

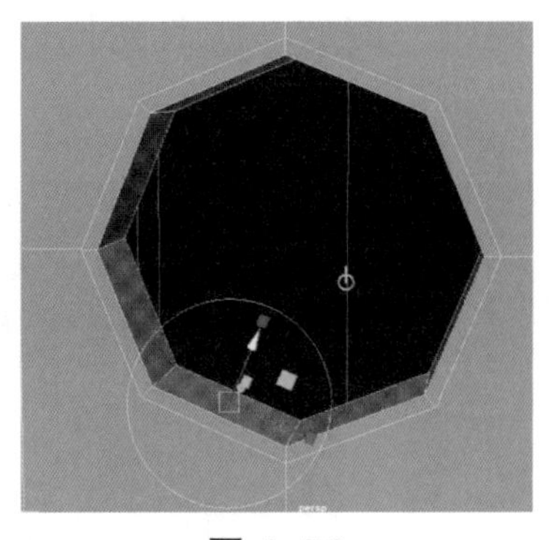

图 4–56

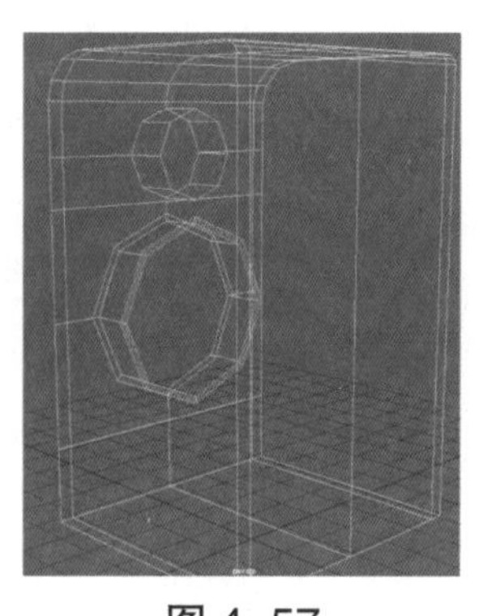

图 4–57

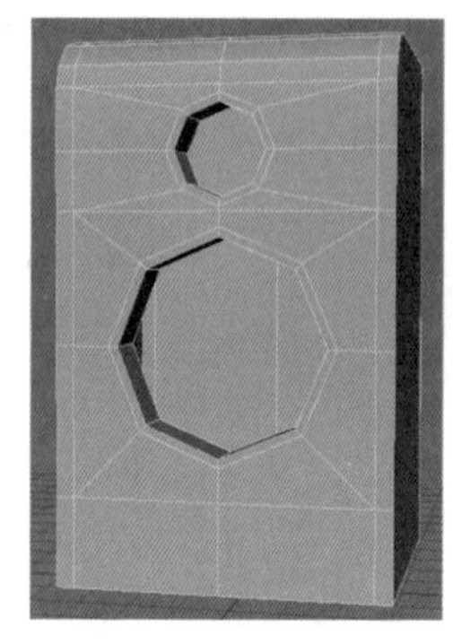

图 4–58

（6）创建大喇叭。选择大洞口的内侧面，执行“编辑网格→复制”命令复制面，单击挤出操纵器右上方的“局部 / 世界切换”按钮，切换为世界坐标，然后把复制的面移出音箱，如图 4–59 所示。选择复制的面，向内挤出，然后删除背面挤出的厚度部分，如图 4–60 所示。选择内圈的挤出面，进行多次挤出、缩放和移动操作，创建如图 4–61 所示的喇叭模型，创建过程中随时按【3】键查看平滑显示效果，以便及时修改模型。完成后的平滑显示效果如图 4–62 所示。

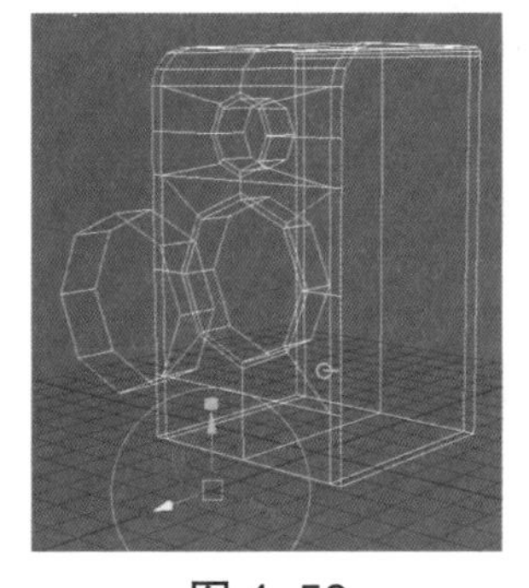

图 4–59

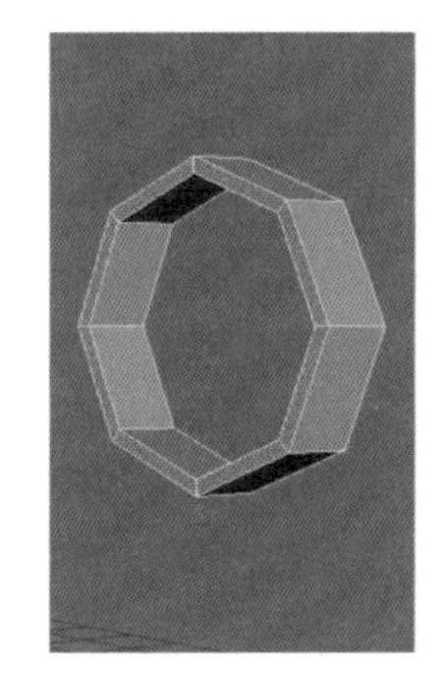

图 4–60

图 4–61

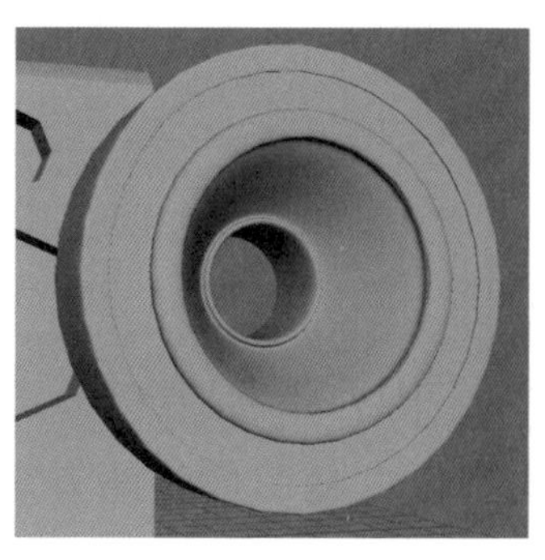

图 4–62

（7）创建一个多边形球体，轴向细分与高度细分都设置为 8，删掉球体的下半部分，沿 X 轴旋转 90°，如图 4–63 所示。开启线框显示模式，在前视图中将球体的中心与喇叭的中心对齐，调整到合适大小，如图 4–64 所示。把半球适当压扁，效果如图 4–65 所示，平滑显示效果如图 4–66 所示。

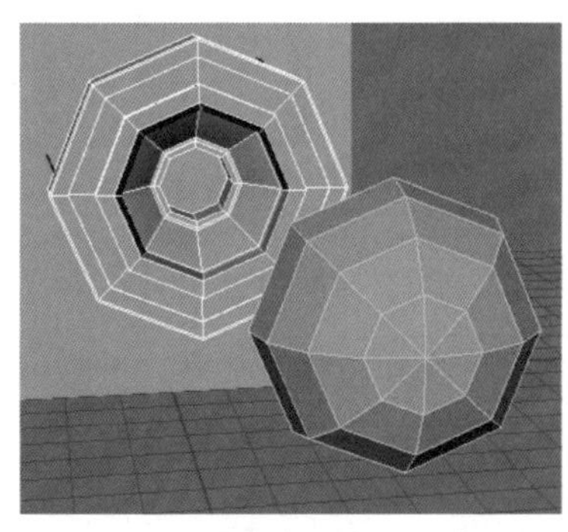

图 4–63

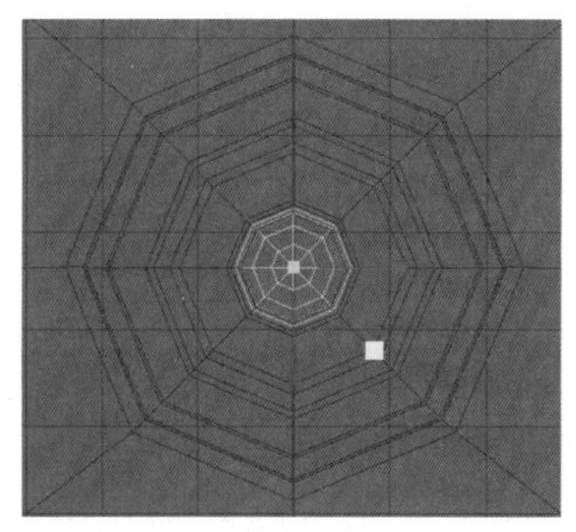

图 4–64

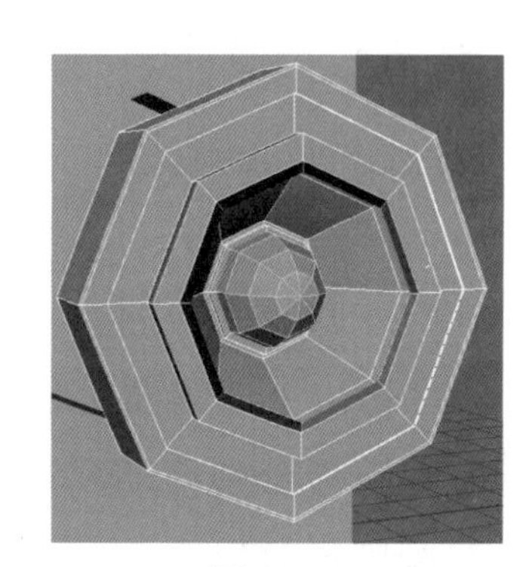

图 4–65

（8）创建小喇叭。复制音箱上小洞口的内侧面，移出音箱，选择外侧的边向外挤出 2 次，如图 4–67 所示。进入点编辑模式，框选上面 3 个点，使用“缩放”工具挤压，对齐 3 个点，如图 4–68 所示。调整完成效果如图 4–69 所示。

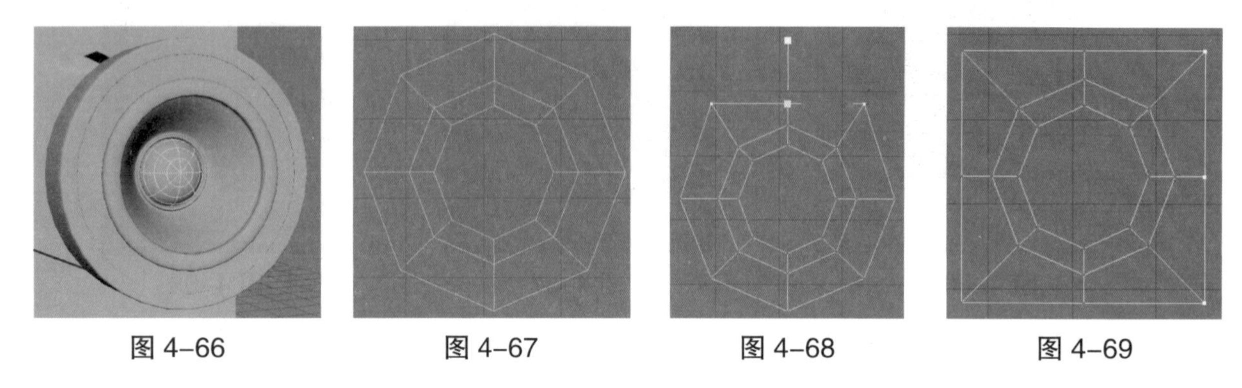

图 4–66　　图 4–67　　图 4–68　　图 4–69

（9）选择外侧边，向后挤出，如图 4–70 所示。选择 4 条边，添加倒角效果，如图 4–71 所示。多次挤出，制作小喇叭，效果如图 4–72 所示。

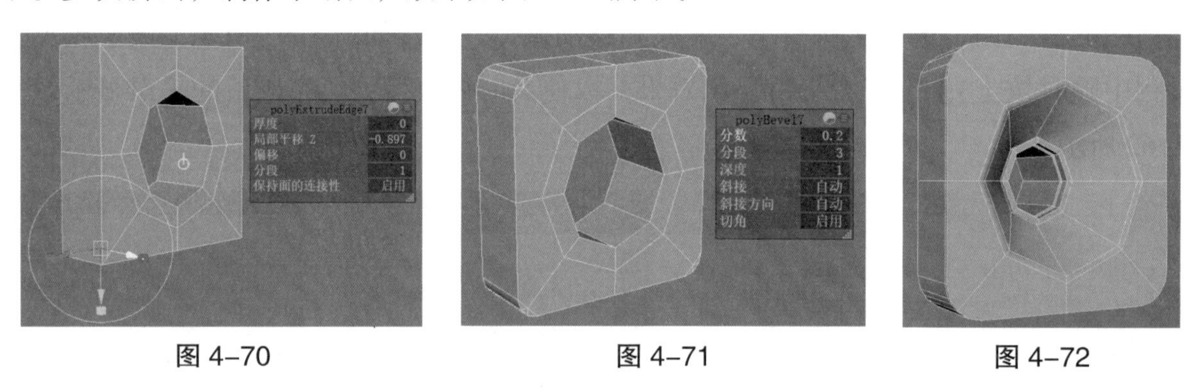

图 4–70　　图 4–71　　图 4–72

（10）在外边缘插入循环边，修改边的位置属性，制作边缘折痕效果，如图 4–73 所示。用制作大喇叭同样的方法为小喇叭制作中心半球形，如图 4–74 所示。把大喇叭组件、小喇叭组件分别组合，移动到音箱的合适位置，如图 4–75 所示。在音箱两侧分别插入循环边，如图 4–76 所示。

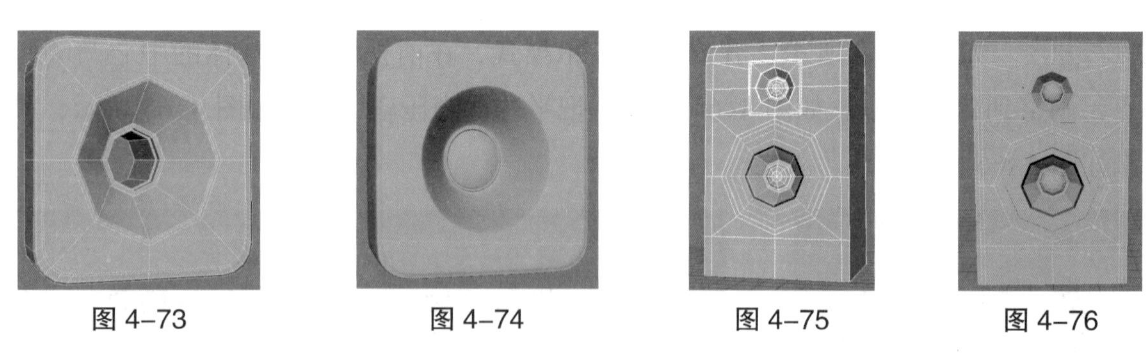

图 4–73　　图 4–74　　图 4–75　　图 4–76

（11）创建左右挡板。选择音箱两侧循环边所构成的两圈面，向内挤出，如图 4–77 所示。选择挤出下凹的面，删除，然后执行“网格分→分离”命令将音箱主体分离，把分离的音箱左右挡板分别移动离开音箱主体，如图 4–78 所示。删除右边的挡板，交替按【3】键，参考平滑显示效果，为挡板及音箱主体边缘转角部位添加边，如图 4–79 所示。在音箱主体上部添加边，选择面向内挤出，删除多余的面，制作图 4–80 所示的凹槽。

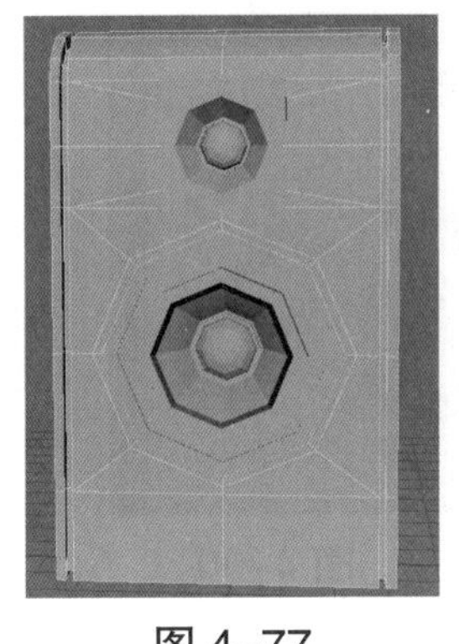
图 4–77

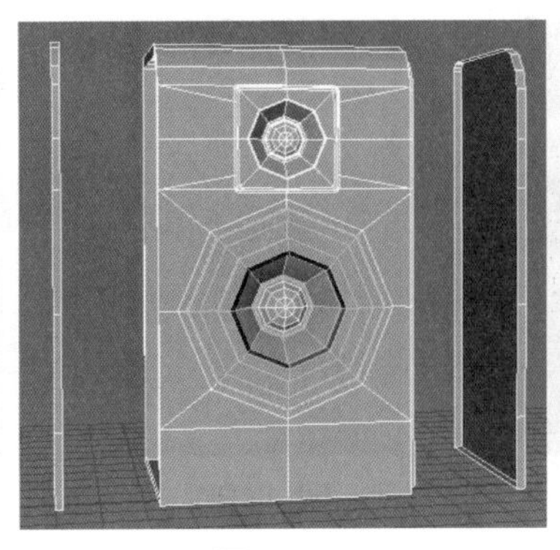
图 4–78

图 4–79

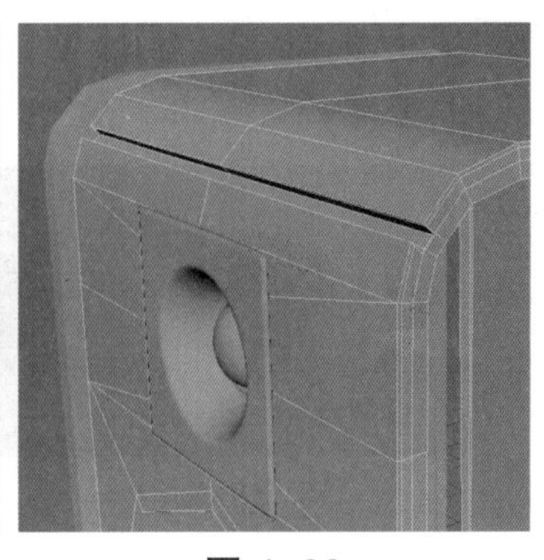
图 4–80

（12）进一步修改音箱各个组件的大小、比例，然后把左挡板镜像复制一份到右侧，组合全部组件，删除历史。

（13）创建调节旋钮。在音箱主体的底部添加边，如图 4–81 所示。创建一个多边形圆柱体，设置轴向细分数为 8，端面细分数为 0，沿 X 轴旋转 90°，调整大小，复制两份，在前视图中进行如图 4–82 所示的对齐操作。选择音箱主体，然后选择 3 个圆柱，执行“网格→布尔→差集”命令，在音箱底部创建 3 个孔洞，如图 4–83 所示。

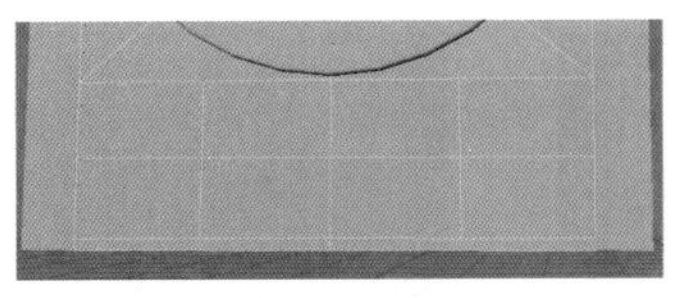

图 4–81

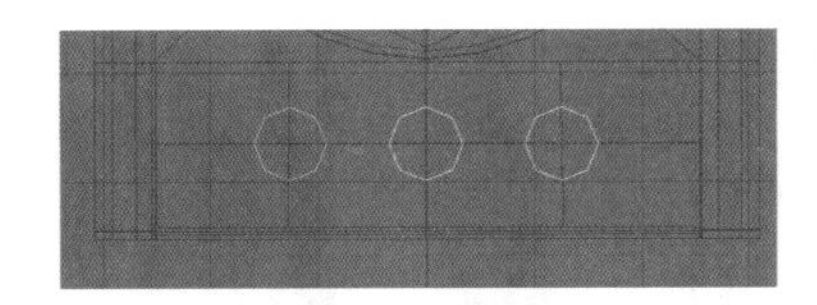
图 4–82

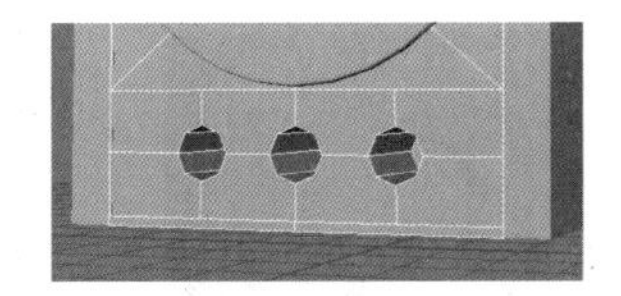
图 4–83

（14）在孔洞周围添加边，如图 4–84 所示。创建一个多边形圆柱体，设置轴向细分数为 8，端面细分数为 0，沿 X 轴旋转 90°，添加“倒角”效果，如图 4–85 所示。调整圆柱到合适大小并复制，放置在音箱合适位置，如图 4–86 所示。

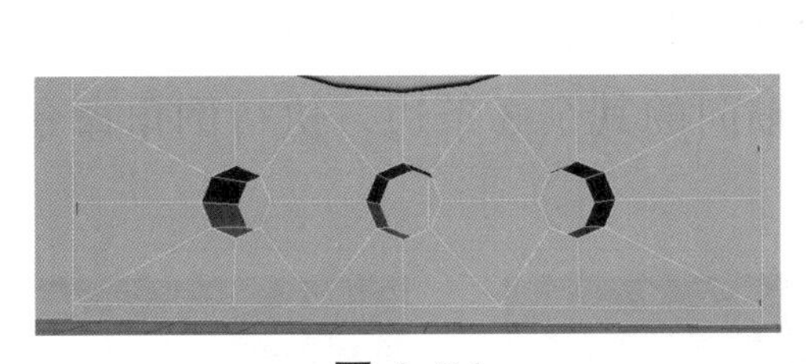
图 4–84

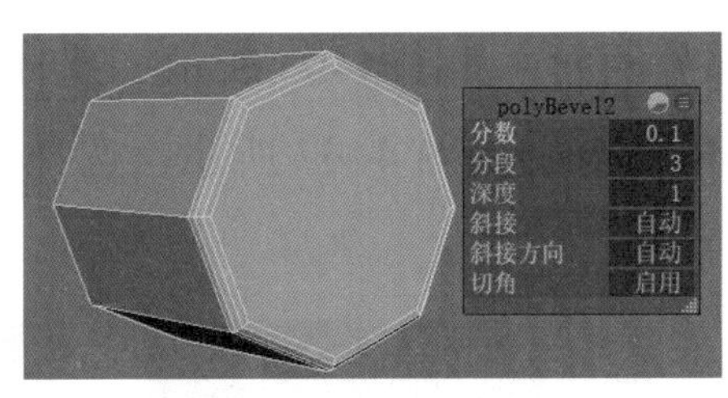

图 4–85

图 4–86

（15）创建螺钉。创建一个多边形管道，设置轴向细分数为 8，厚度为 0.3，沿 X 轴旋转 90°，添加“倒角”效果，如图 4–87 所示。调整管道到合适大小并复制，放置在音箱合适位置，如图 4–88 所示。

（16）创建一个多边形圆柱体，设置轴向细分为 8，端面细分为 0，沿 X 轴旋转 90°，复制 4 份。放置在音箱正面需要打孔的位置，调整大小，如图 4–89 所示。选择音箱主体，然后选择 5 个圆柱，执行“网格→布尔→差集”命令，效果如图 4–90 所示。

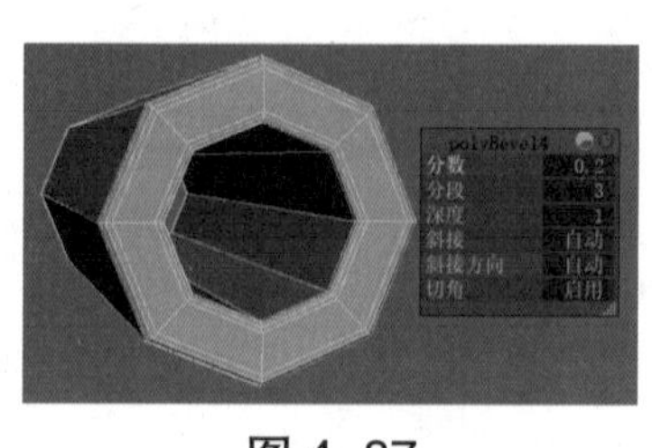

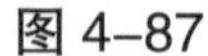
图 4-87

图 4-88

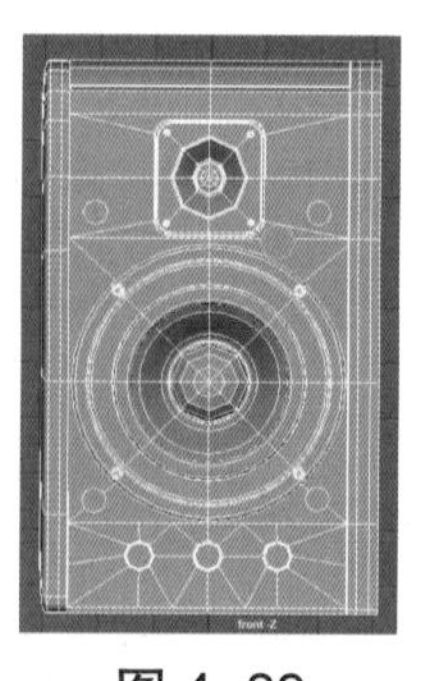
图 4-89

图 4-90

（17）隐藏两个喇叭，用多切割工具在每个孔的周围添加边，用添加循环边工具为每个孔的边缘添加定型线，如图 4-91 所示。为便于观察细节，为模型赋予一个 phong 材质，完成后的平滑显示效果如图 4-92 所示。

（18）创建两侧装饰。组合已完成的音箱组件，然后删除历史。选择组，在层编辑器中单击“创建新层并指定选定对象”按钮，切换层为“R”模式，再切换到侧视图模式，创建一个多边形平面，沿 Z 轴旋转 -90° 移动到音箱右侧，如图 4-93 所示。用多切割工具，切出如图 4-94 所示的边。

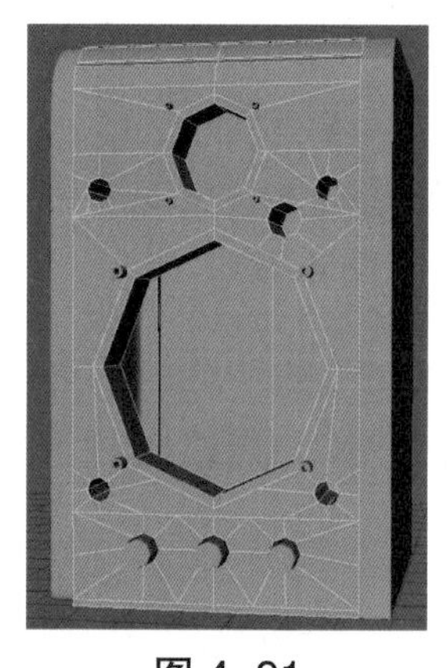
图 4-91

图 4-92

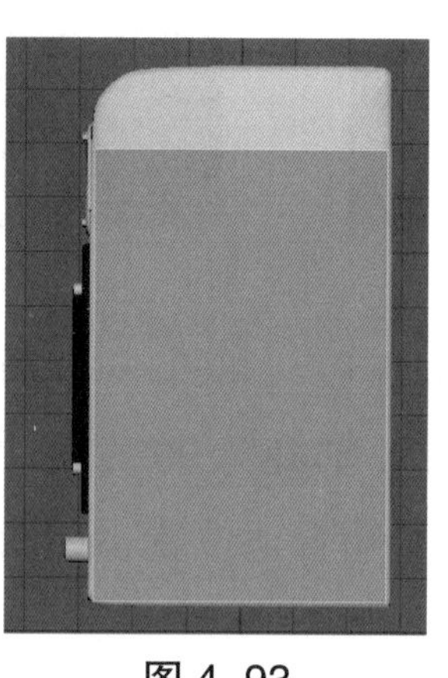
图 4-93

图 4-94

（19）删除上半部分的面，如图 4-95 所示。选择留下的面挤出，如图 4-96 所示。选择 X 轴向的边，执行倒角命令，如图 4-97 所示；选择 X 轴向的其余 3 条边，执行倒角命令，如图 4-98 所示。

图 4-95

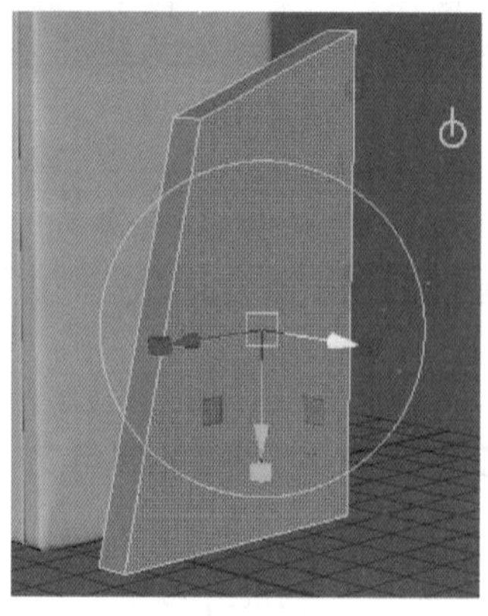
图 4-96

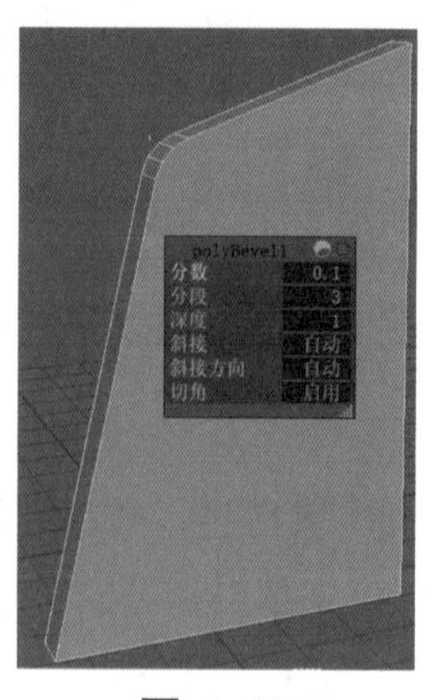

图 4-97

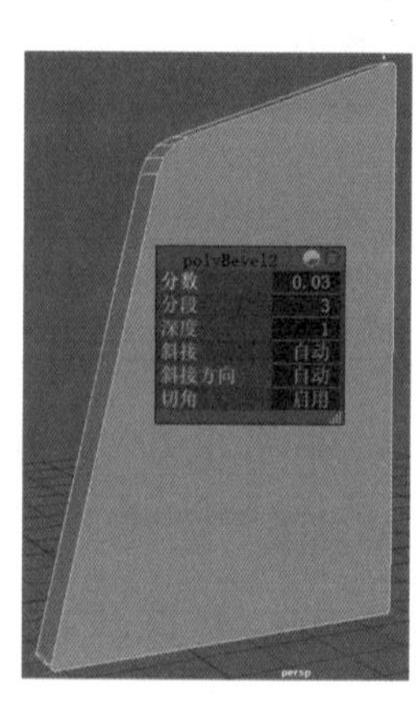

图 4-98

（20）同时选中靠近音箱主体的一个侧面上的圈边，执行“倒角”命令，如图 4–99 所示。在外侧面的底部与右侧添加加边，如图 4–100 所示。平滑显示效果如图 4–101 所示。赋予 phong 材质，放置在音箱右侧合适位置，镜像复制到左侧一份，如图 4–102 所示。

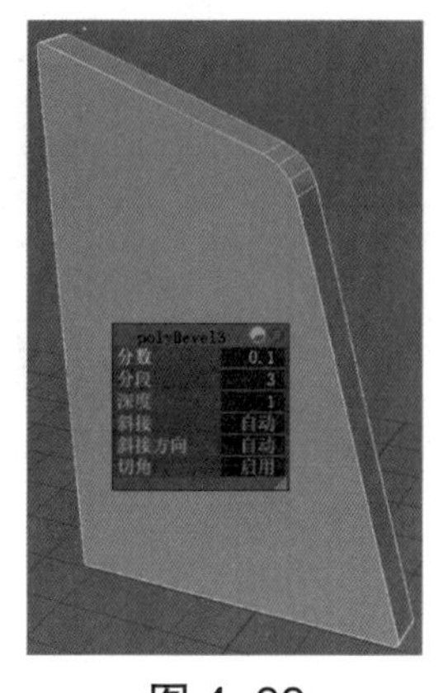

图 4–99

图 4–100

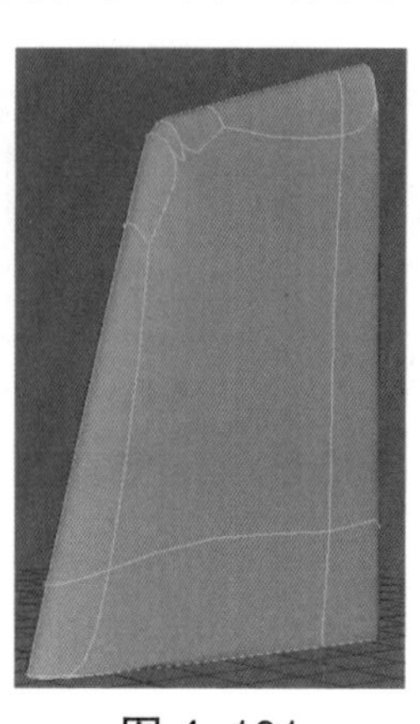

图 4–101

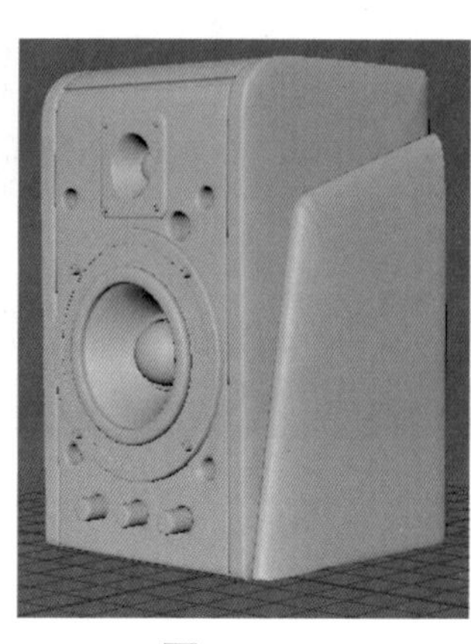

图 4–102

（21）修改音箱形状。创建多边形圆柱体，调整大小，复制 3 份，放置到合适位置，作为音箱底部的支撑，如图 4–103 所示。选择旋钮、螺钉、底部支撑组件组合，然后从音箱主体移出，如图 4–104 所示。对照参考图，进一步修改音箱主体细节。选择音箱主体部分，执行“网格→结合”命令，然后执行“变形→晶格”命令，设置晶格 S、T、U 分段均为 2，进入“晶格点”模式，调整音箱主体外形，如图 4–105 所示。把旋钮等组件移回音箱主体，进一步调整位置，如图 4–106 所示。

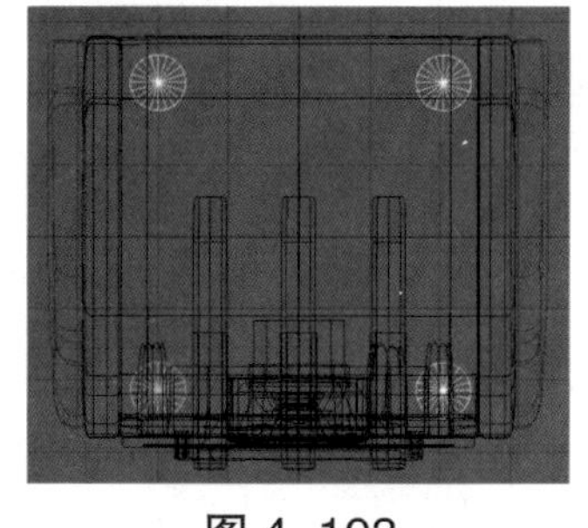

图 4–103

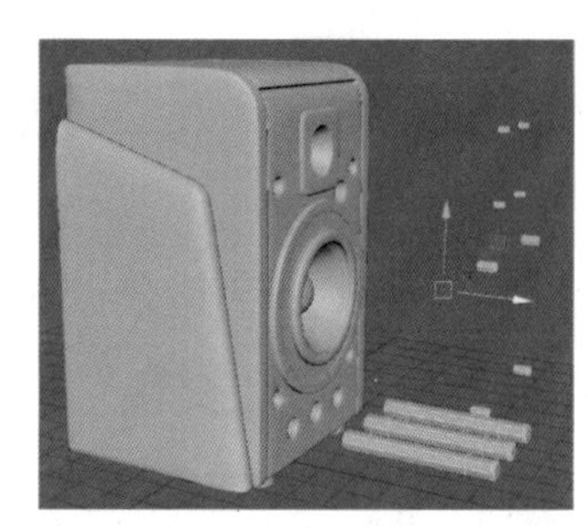

图 4–104

图 4–105

图 4–106

（22）组合全部组件，删除历史，复制一份完成的音箱模型放在合适的位置，如图 4–43 所示，保存场景文件。

知识精讲

4.4 网格命令

1. 布尔

“布尔”菜单中包括 3 个命令，分别是“并集”“差集”“交集”，其含义分别如下。

• 并集：可以合并两个多边形，相比于“合并”命令来说，“并集”命令可以做到无缝拼合。

例如，对如图 4–107 所示的球体与圆环执行“并集”命令。通过线框模式可以看到球体与圆环是两个对象，如图 4–108 所示，执行“并集”命令后成为一个对象，如图 4–109 所示。

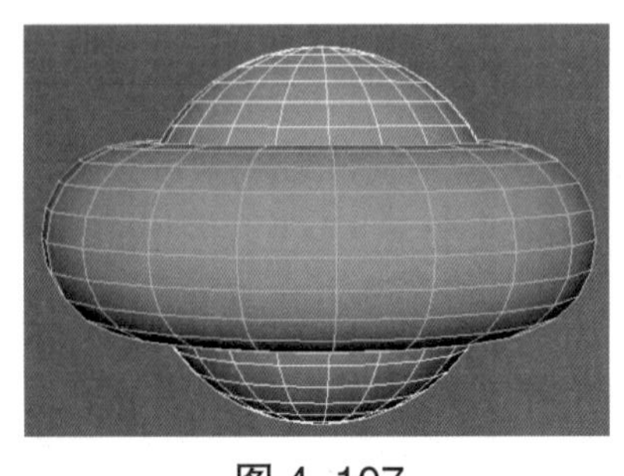

图 4–107

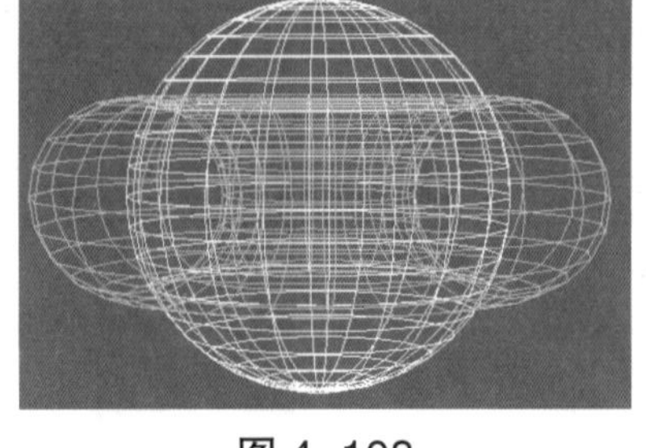

图 4–108

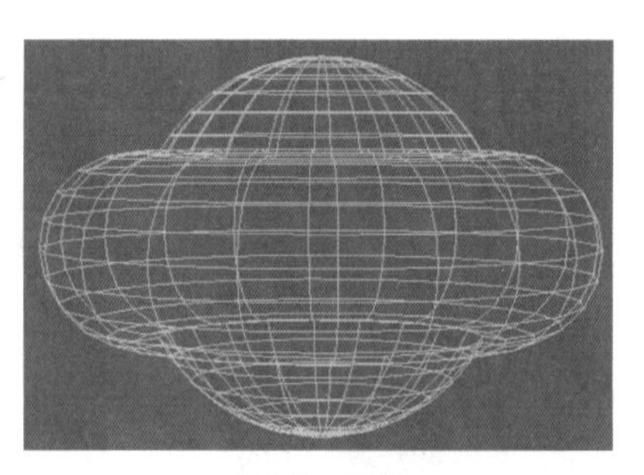

图 4–109

• 差集：可以将两个多边形对象进行相减运算，以消去对象与其他对象的相交部分，同时也会消去其他对象。

例如，对如图 4–110 所示的球体与圆环执行“差集”命令。图 4–111 所示为先选择球体再选择圆环然后执行“差集”命令的结果，图 4–112 为先选择圆环再选择球体然后执行“差集”命令的结果。

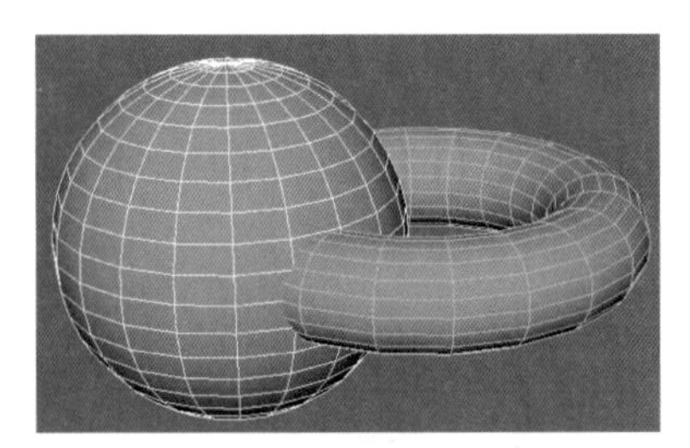

图 4–110

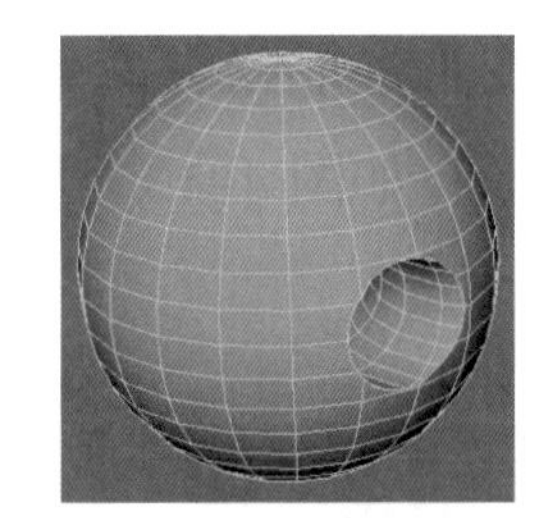

图 4–111

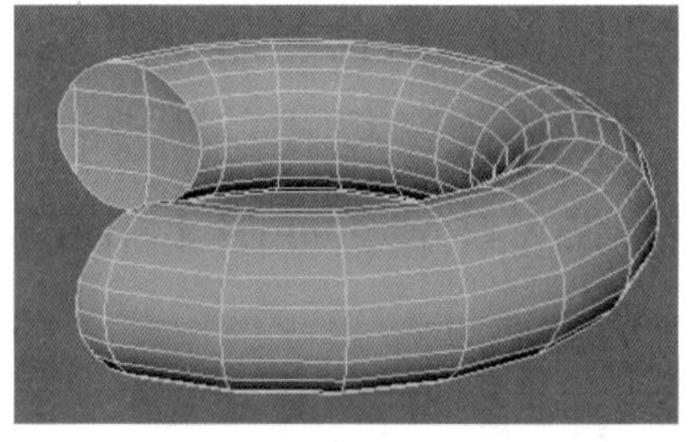

图 4–112

• 交集：可以保留两个多边形对象的相交部分，去除其余部分。例如，图 4–113 所示的两个对象，移动位置使其相交，如图 4–114 所示，执行“交集”命令的结果如图 4–115 所示。

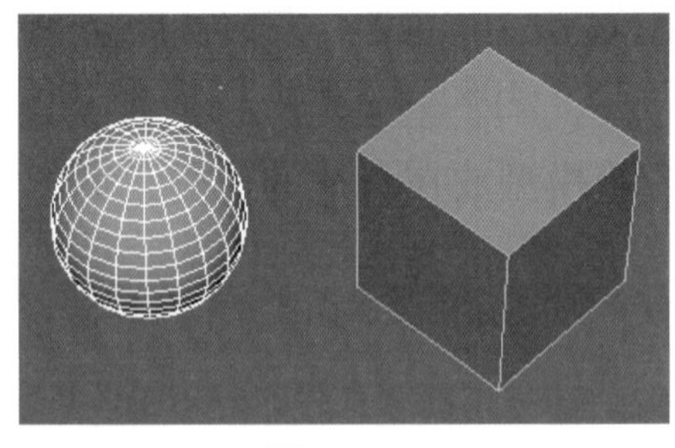

图 4–113

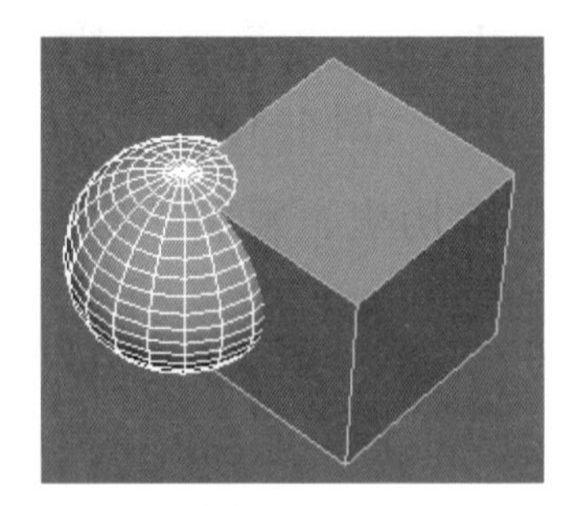

图 4–114

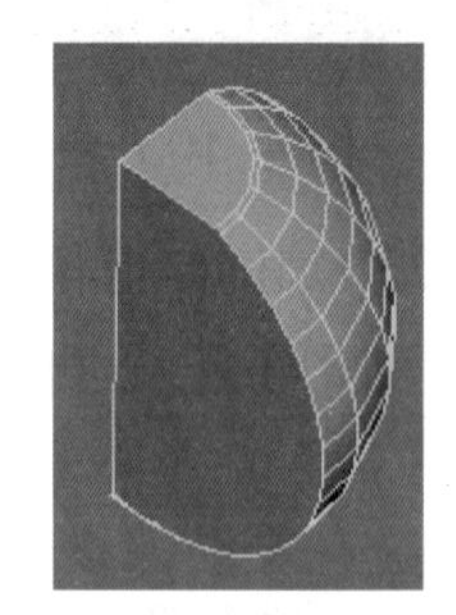

图 4–115

2. 结合

多边形是直边形状（3 个或更多边），由三维点（顶点）和连接它们的直线（边）定义。多边形的内部区域称为面。顶点、边和面是多边形的基本组件。使用这些基本组件可选择和修改多边形。

3. 分离

“分离”命令的作用与“结合”命令刚好相反，执行该命令可以将结合在一起的模型分离开。

4. 填充洞

“填充洞”命令可以填充多边形网格中不存在多边形的区域，前提是该区域以 3 个或更多的多边形边为边界。它可创建具有 3 个或多个边的多边形来填充选定的区域。

5. 减少

“减少”命令可以减少多边形网格中选定区域的多边形数，也可以在选择要减少区域时考虑 UV 和顶点颜色。当需要在多边形网格的特定区域减少多边形数时，“减少”命令非常有用。

6. 重新划分网格

“重新划分网格”命令通过将非三角形分割成三角形，重新定义网格或选定组件的拓扑。执行该命令可以创建均匀细分的三角形网格或将细节添加到曲面的特定区域。

7. 平滑

通过向网格上的多边形添加分段来平滑选定多边形网格。

8. 镜像

可用于为不可见镜像平面中反射的网格创建副本。

“镜像选项”对话框中的参数分为“镜像设置”“合并设置”“UV 设置”3 个区域，如图 4–116 所示。

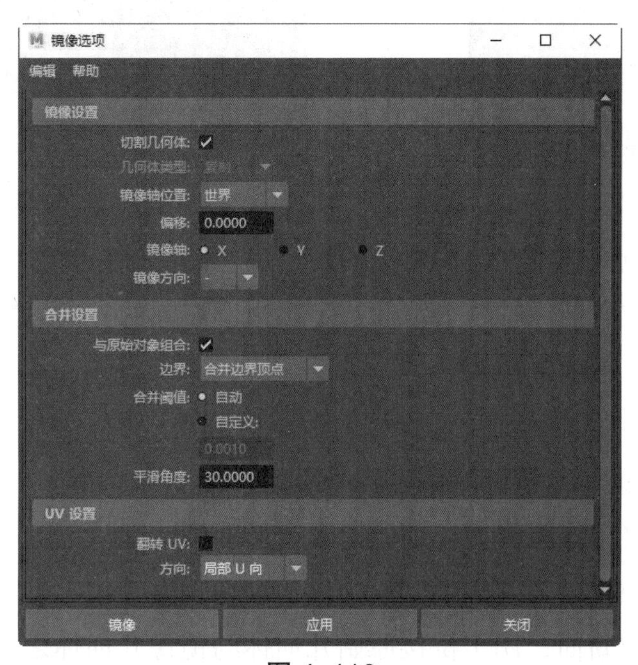

图 4–116

“镜像设置”区域各选项含义如下。

- 切割几何体：确定是否从网格中移除断开切割平面的面。

• 几何体类型：指定使用“镜像”命令时 Maya 生成的网格类型。默认值为“复制”。

◆ 复制：当“与原始对象组合”处于禁用状态时，创建未链接到原始几何体的新对象。如果选择“与原始对象组合”选项，将创建镜像组件的新壳，使其成为原始对象的一部分。

◆ 实例：创建要被镜像的几何体实例。创建实例时，并不是创建选定几何体的实际副本。相反，Maya 会重新显示实例化的几何体。

◆ 翻转：沿“镜像轴”重新定位选定几何体，这等同于用对象相应的比例属性乘以 -1。

• 镜像轴位置：指定要镜像选定多边形对象的对称平面。默认值为“世界”。

◆ 边界框：以包含选定对象的不可见立方体的一侧镜像。镜像图 4-117 所示图形后得到图 4-118 所示效果。

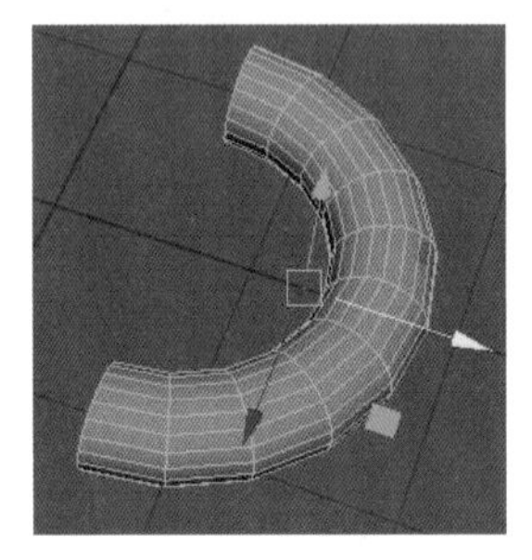

图 4-117

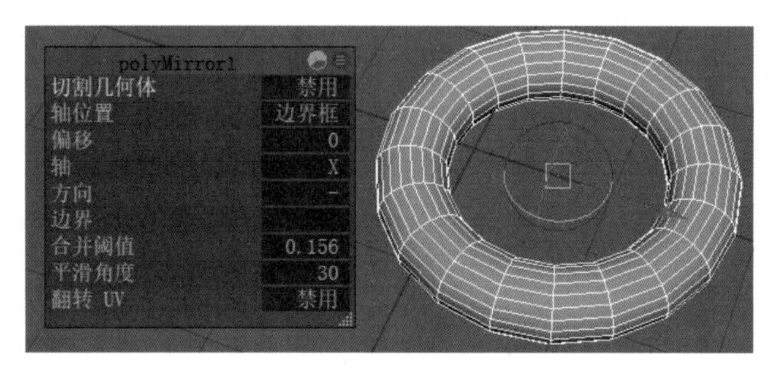

图 4-118

◆ 对象：以选定对象的中心镜像。镜像图 4-117 所示图形后得到图 4-119 所示效果。

◆ 世界：以世界空间的原点镜像。镜像图 4-117 所示图形后得到图 4-120 所示效果。

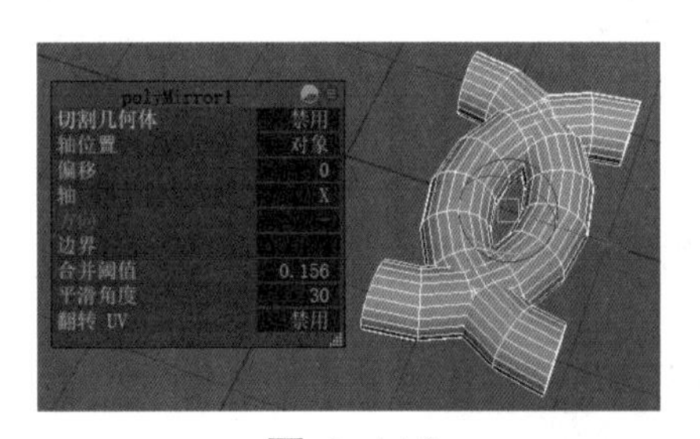

图 4-119

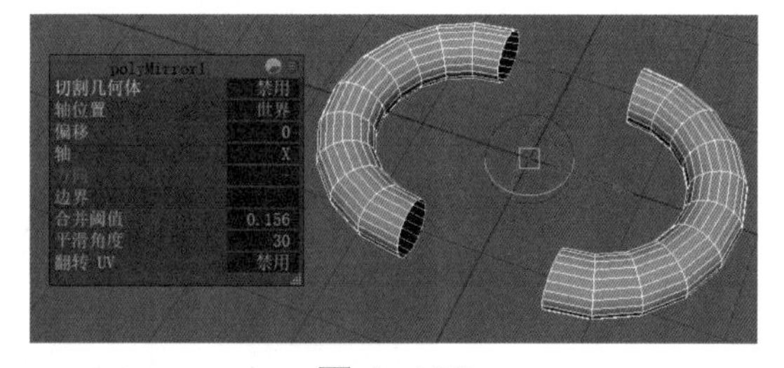

图 4-120

• 镜像轴：指定要镜像选定多边形对象的轴，以“镜像轴位置”为中心。默认值为 X。

• 镜像方向：指定在“镜像轴”上镜像选定多边形对象的方向。默认值为正方向。

“合并设置”区域各选项含义如下。

• 与原始对象组合：将原始对象和镜像对象组合到单个网格中。因此，对原始对象所做的后续更改不会应用到镜像对象。默认设置为启用。

• 边界：指定如何将镜像组件接合到原始多边形网格。默认值为“合并边界顶点”。

◆ 合并边界顶点：根据“合并阈值”沿边界边合并顶点。

◆ 桥接边界边：创建新面，用于桥接原始几何体与镜像几何体之间的边界边。

◆ 不合并边界：单独保留原始几何体组件和镜像几何体组件。

• 合并阈值：当“边界”设置为“合并边界顶点”时，指定合并顶点的方法。默认值为“自动”。

- 自动：将顶点的逻辑对（每个顶点及其镜像）合并到两个顶点之间的中心点。仅当顶点彼此位于由平均边界边长度的分数确定的特定距离阈值内（使其保持比例独立）时，才会合并顶点。
- 自定义：合并位于所设阈值（以场景单位表示）内的顶点。
- 平滑角度：将软化原始对象与副本之间的对称线上边界面形成的角度小于或等于“平滑角度”的边。否则，它们保持为硬边。默认值为30。

“UV设置”区域各选项含义如下。

- 翻转UV：在指定的“方向”上翻转UV副本或选定对象的UV壳，具体取决于当前的“几何体类型”。默认为关闭。
- 方向：当“翻转UV”处于启用状态时，指定在UV空间中翻转UV壳的方向。默认值为“局部U向”。

9. 剪贴板操作

- 复制属性：通过将属性复制到临时剪贴板来将UV、着色器和逐顶点颜色（CPV）属性从一个多边形网格复制到另一个多边形网格。
- 粘贴属性：将以前从另一个多边形网格复制的任何UV、着色器和逐顶点颜色属性粘贴到临时剪贴板。
- 清空剪贴板：清空所有保存的多边形属性的剪贴板，以便随后可以在多边形网格之间复制和粘贴新属性。

10. 传递属性

在具有不同拓扑的网格间传递UV、逐顶点颜色和顶点位置信息（网格具有不同的形状，且顶点和边都不相同）。

11. 传递着色集

可以在具有不同拓扑的两个对象之间传递着色指定数据。例如，可以将着色指定数据从立方体传递到球体，类似位置的面会被指定相同的着色数据。

12. 传递顶点顺序

可用于将顶点ID顺序从一个对象传递到另一个对象。

13. 清理

在选择上执行各种操作，以标识和移除无关且无效的多边形几何体。

4.5 编辑网格

“编辑网格”菜单中提供了很多修改网格的工具，如“组件”“顶点”“边”“面”“曲线”等。通过编辑网格工具常进行的操作包括添加分段、倒角、桥接、圆形圆角、挤出等操作。

1. 添加分段

将选定的多边形组件（边或面）分割为较小的组件。如图 4-121 所示，分割立方体，执行“添加分段”命令，参数设置如图 4-122 所示，结果如图 4-123 所示。

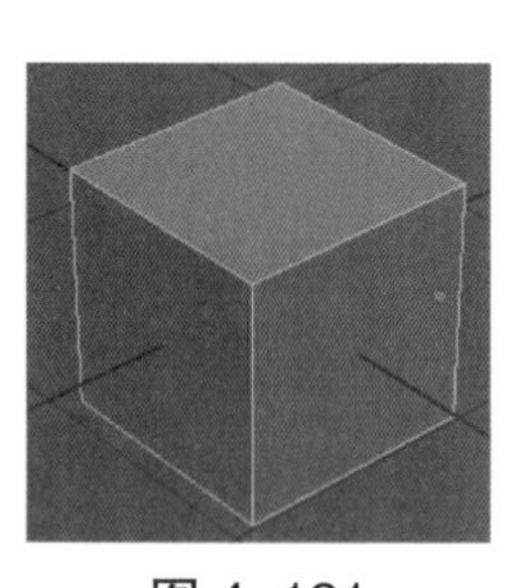

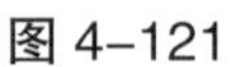

图 4-121

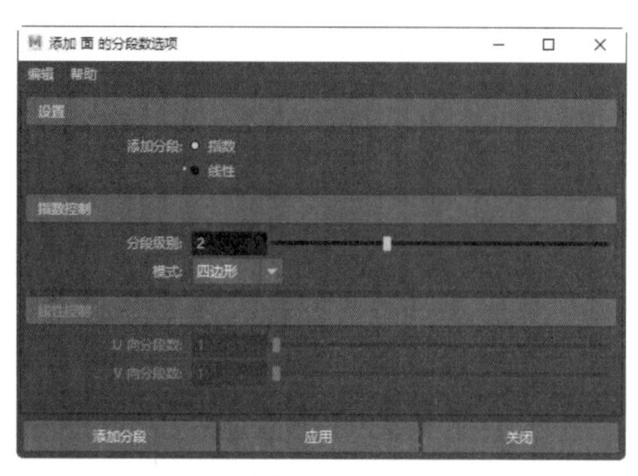

图 4-122

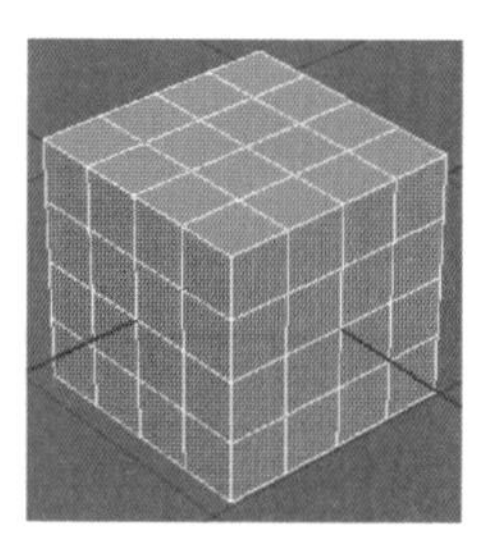

图 4-123

“添加面的分段数选项”对话框各选项含义如下。

• 添加分段：确定所选定面或边细分为更小组件的方式。根据组件类型，组件分割可以按指数方式或线性方式完成。

• 指数：以递归方式分割选定的面，即选定的组件将被分割成两半，然后每一半进一步分割成两半，以此类推。

• 线性：将选定面或边分割为绝对数量的分段。对于多边形边，线性将指定选定边上插入的新顶点数量。

• 分段级别：指定选定面上的分割数。

• 模式：启用四边形，将面细分为四边形；启用三角形，将面细分为三角形。此选项仅适用于面。

• U 向分段数、V 向分段数：将“线性”选作面的分段方法后，可以指定沿多边形 U 向和 V 向发生的分段数量。例如，“U 向分段数”和“V 向分段数”设定为 3 和 2 时，多边形面将分割为 6 个较小的面。

2. 倒角

“倒角”会将选定的每个顶点和每条边展开为一个新面，使多边形网格的边成为圆形边。可以将这些新的面放置在偏移原始边的位置，或通过“倒角选项”对话框设置沿着指向原始面中心的方向缩放这些面。“倒角选项”对话框如图 4-124 所示。

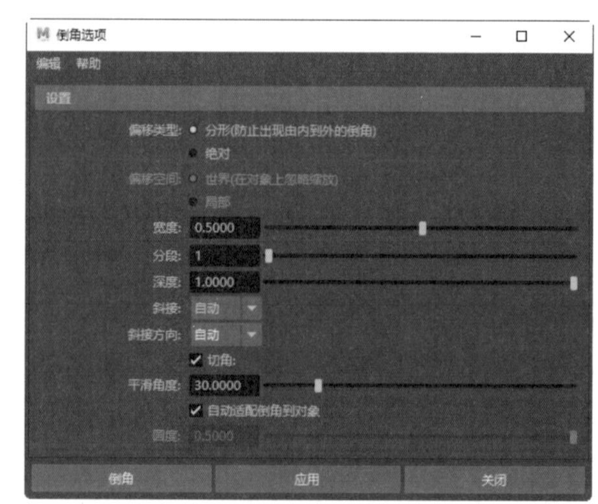

图 4-124

“倒角选项”对话框各选项含义如下。

• 偏移类型：选择计算倒角宽度的方式。

• 分形：倒角宽度将不会大于最短边。该选项会限制倒角的大小，以确保不会创建由内到外的倒角。该选项是默认设置。

• 绝对：使用“宽度”值，且在创建倒角时没有限制。如果使用的“宽度”值太大，倒角可能会变为由内到外。

• 偏移空间：确定应用到已缩放对象的倒角是否也将按照对象上的缩放进行缩放。“偏移空间”选项仅当“偏移类型”为“绝对”时可用。

• 世界：该选项是默认设置。如果将某个已缩放对象倒角，那么偏移将忽略缩放并使用世界空间值，效果如图 4-125 所示。

• 局部：如果将某个已缩放对象倒角，那么也会按照应用到对象的缩放来缩放偏移，效果如图 4-126 所示。

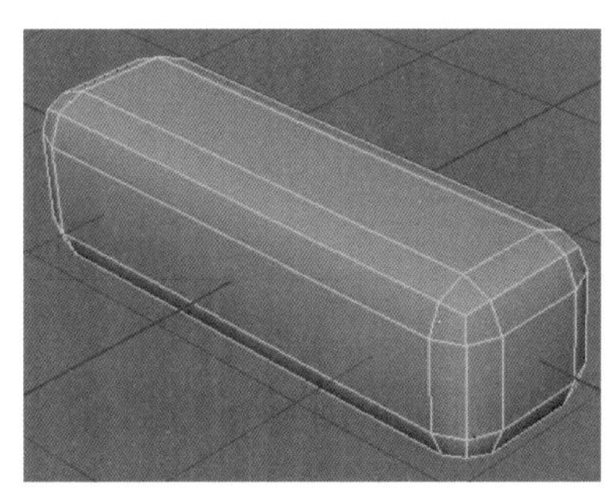
图 4-125

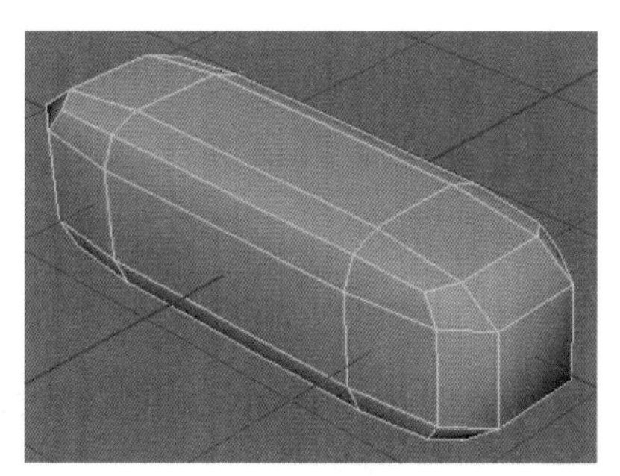
图 4-126

• 宽度：指定原始边与偏移面中心之间的距离来确定倒角的大小。“宽度”如何设定取决于“偏移类型”是“分形”还是“绝对”。

如果“偏移类型”为“分形”，则“宽度”值限制为介于 0 到 1 之间。“宽度”值为 1 时，该距离将成为可能的最大值（基于最短边），这样将不会产生由内到外的倒角；“宽度”值大于 1 将产生由内到外的倒角。图 4-127 所示的倒角的宽度值由左至右分别为 0.2、0.6、0.9。

如果“偏移类型”为“绝对”，则“宽度”值是原始边与偏移面之间的距离。这与倒角的半径类似。“宽度”值很大可能会产生由内到外的倒角。图 4-128 所示的倒角的宽度值由左至右分别为 0.2、0.5、0.8。

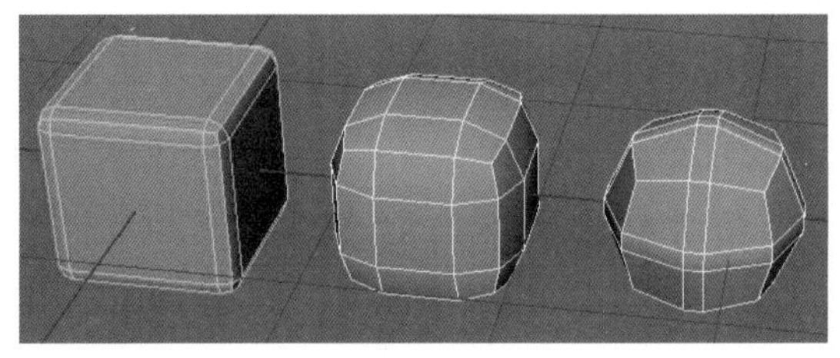
图 4-127

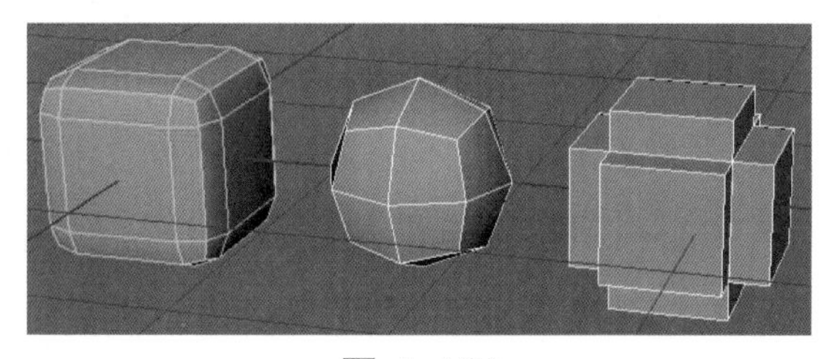
图 4-128

• 分段：确定沿倒角多边形的边创建的分段数量，使用滑块或输入值可更改分段的数量。其默认值为 1。图 4-129 所示的倒角的分段值由左至右分别为 1、3、5。

• 深度：调整向内（-）或向外（+）倒角边的距离。默认值为 1。图 4-130 所示的倒角的深度值由左至右分别为 -1、0、1。

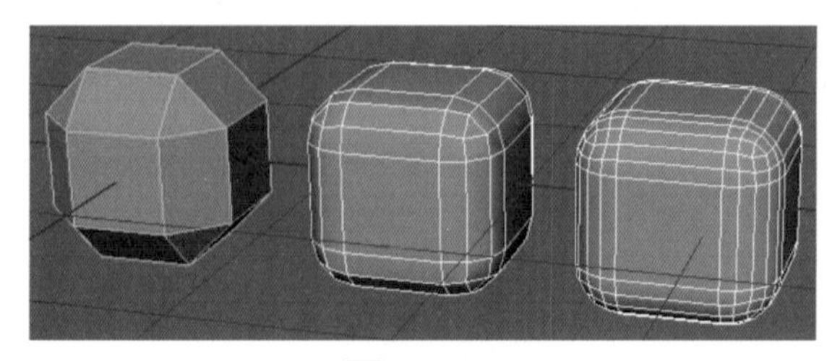
图 4-129

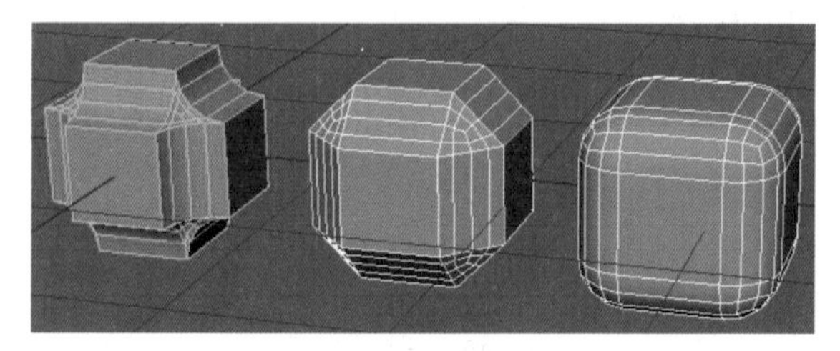
图 4-130

• 斜接：确定另外涉及一个或多个非倒角边时相交的倒角边如何接合到一起。

• 自动：Maya 会自动为倒角的几何体指定最佳斜接类型。如果两个倒角边之间的角度接近 360°，则将斜接设置为“无”；如果只有两个倒角边，则将斜接设置为“一致”；其他大多数情况下，将斜接设置为“径向”。

• 一致：创建单个顶点，而不管相交处有多少边，均不属于倒角操作的一部分。如果倒角相交处至少有两个边未进行倒角，则 Maya 会创建一个角点。对相交处仅共享一个非倒角边的两个边进行倒角时，不会创建角点多边形。图 4-131 所示为原始模型，图 4-132 所示为“一致”斜接模式。

• 面片：类似于“一致”，但会生成分辨率更高的角点，从而更平滑地进行过渡。图 4-133 所示为“面片”斜接模式。

• 径向：类似于“面片”，但会在拐角处生成弧，而不是将倒角边顶点连接到非倒角边顶点。图 4-134 所示为“径向”斜接模式。

• 无：在每个非倒角边上创建新顶点。不执行斜接，使倒角边不互相直接连接（还会在每个相邻的倒角边之间创建一个顶点）。图 4-135 所示为“无”斜接模式。

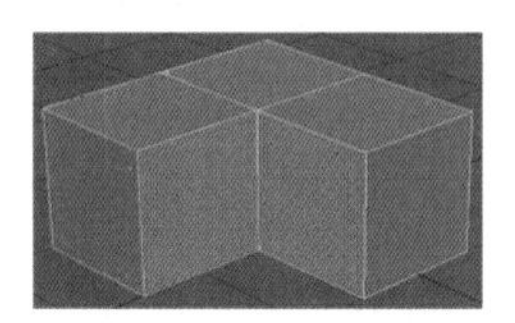
图 4-131

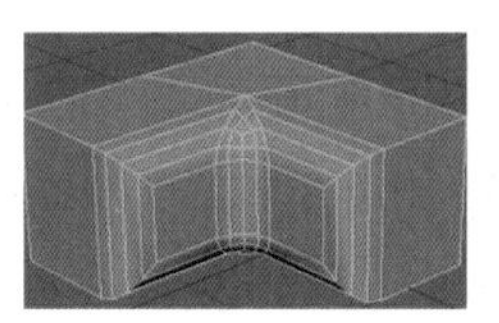
图 4-132

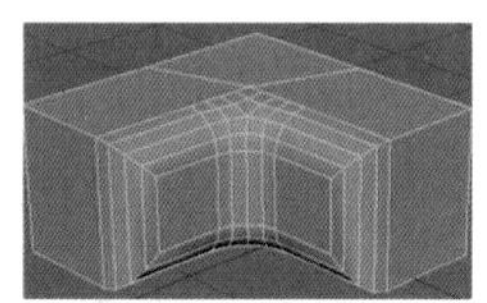
图 4-133

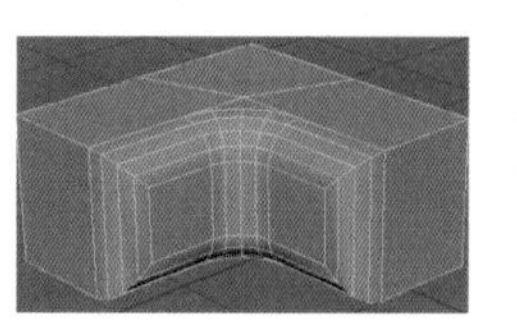
图 4-134

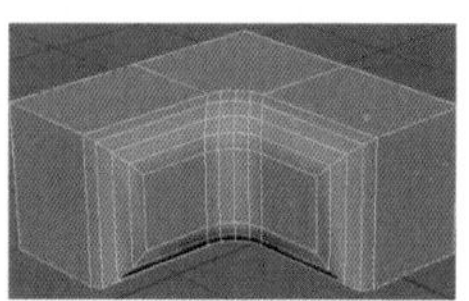
图 4-135

• 斜接方向：确定“斜接”设置为非“无”时角顶点的移动方向。

• 自动：Maya 会自动根据所倒角的几何体逐顶点指定最佳斜接方向。由于此方法逐顶点执行，因此获得的整体结果可能不同于任何其他可用选项。

• 中心：斜接顶点沿位于两个连接倒角边之间所成角度的中心路径移动。

• 边：斜接顶点沿任何连接边（无论是硬边还是软边）移动。如果有多个连接边，则将改用这些边的平均值。

• 硬边：斜接顶点仅沿硬边移动。如果连接了多个硬边，则将改用这些边的平均值。如果不存在硬边，结果等同于“中心”。

• 切角：用于指定是否要对倒角边进行切角（倾斜）处理。默认设置为启用。图 4-136

所示为“切角”后效果，如图 4–137 所示为未“切角”效果。

• 平滑角度：使用该选项可以指定进行着色时希望倒角边是硬边还是软边。如果希望倒角边是硬边，可将“平滑角度”设置为较小的值（如 0），效果如图 4–138 所示。如果希望倒角边是软边，可将“平滑角度”设置为较大的值（如 180），效果如图 4–139 所示。如果勾选“自动适配倒角到对象”复选框，那么 Maya 会自动确定倒角适配对象的方式。如果勾选该复选框，则无法更改“圆度”值。

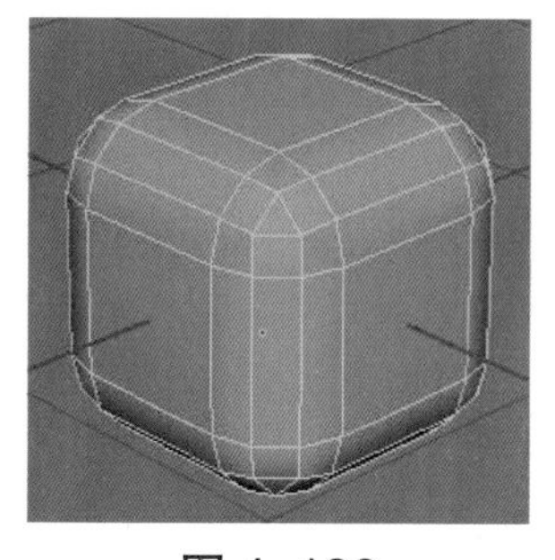

图 4–136

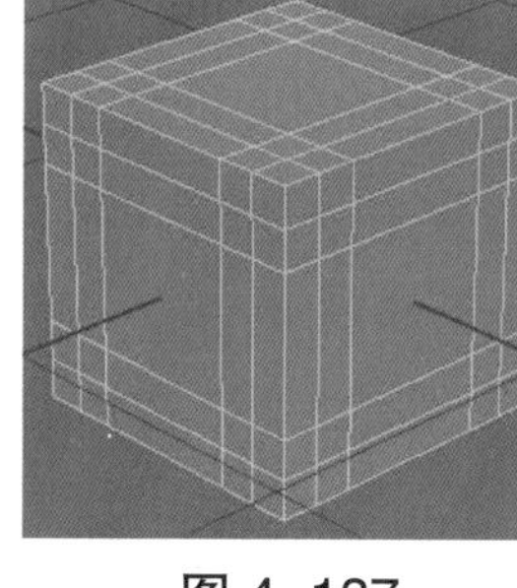

图 4–137

图 4–138

图 4–139

• 圆度：默认情况下，Maya 会自动调整数值以基于对象几何体来倒角对象。如果勾选“自动适配倒角到对象”复选框，则“圆度”选项不可用。如果未勾选该复选框，则可使用“圆度”滑块或输入值来圆化倒角边。可以通过将“圆度”设置为负数来创建向内的倒角。

3. 桥接

可以在一个多边形对象内的两个洞口之间产生桥梁式的连接效果，生成的桥接多边形网格与原始多边形网格组合在一起，且它们的边会合并。

若要在边界边之间桥接，需满足以下条件。

（1）选定的边位于同一多边形网格中。可以通过执行“网格→结合”命令将单独的网格组合成一个网格。

（2）所选定的边界边的数量是相同的。虽然可以在所选定的边中包含非边界边，但要桥接的边界边的数量必须匹配。

（3）与选定边关联的各个面上的法线方向一致。例如，选择图 4–140 所示的两个面，在“桥接选项”对话框中设置桥接参数，如图 4–141 所示，桥接结果如图 4–142 所示。

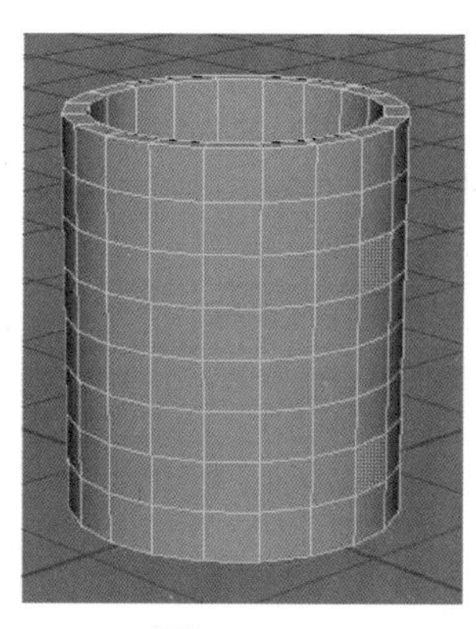

图 4–140

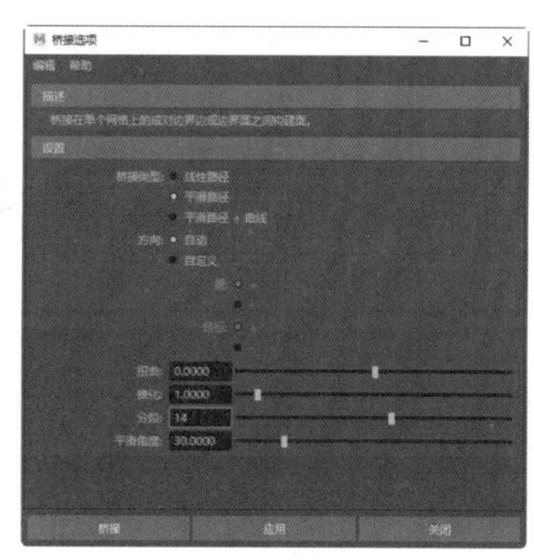

图 4–141

图 4–142

“桥接选项”对话框中各选项含义如下。

• 桥接类型：控制桥接区域的剖面形状。

• 线性路径：创建的桥接网格将变为直线，即跨选定边之间的桥接面将变为直线。选中“线性路径”单选按钮后，“扭曲”和“锥化”选项将不可用。

• 平滑路径：创建的桥接网格会根据内部或隐式曲线在选定边之间以平滑方式过渡。通过创建可延伸到选定边任意一侧的隐式曲线，可确定桥接网格的形状，其中曲线延伸到选定边任意一侧的角度垂直于选定边每侧所对应的平面曲线的法线。

• 平滑路径 + 曲线：创建的桥接网格会在选定边之间以平滑方式过渡。此外，通过创建可延伸到选定边任意一侧的显式曲线，可确定桥接网格的形状。若要修改桥接网格的形状，可通过修改“扭曲”和“锥化”选项或手动编辑显式曲线来完成。

• 方向：确定桥接源和目标边 / 面的哪一侧。设置为“自动”时，Maya 将尝试根据现有拓扑确定最适合的侧面；设置为“手动”时，可以使用“源”和“目标”选项设置确定哪一侧。

• 扭曲：在最初选定的边界之间旋转桥接网格，默认角度为 0。

• 锥化：沿其宽度方向控制桥接区域的图形，默认设置为 1（不锥化）。若要精确控制锥化效果，需要打开“属性编辑器”中的“多边形桥接属性”部分，然后打开“锥化曲线”部分并使用图形控件沿曲线长度方向设置比例。

• 分段：指定在选定边界边之间创建的等间距分段数，默认分段数为 0。

• 平滑角度：指定在完成操作之后是否自动软化或硬化桥接面上插入的边以及桥接边界。将“平滑角度”设定为 180 度（默认值）时，插入的边将显示为软化；将“平滑角度”设定为小于 180 度时，插入的边将显示为硬化。

4. 圆形圆角

使用选定对象的中心作为圆心来圆形圆角顶点、边或面，将其重新组织为完美的圆形。图 4–143 所示为原网格，图 4–144 所示为圆形圆角效果。

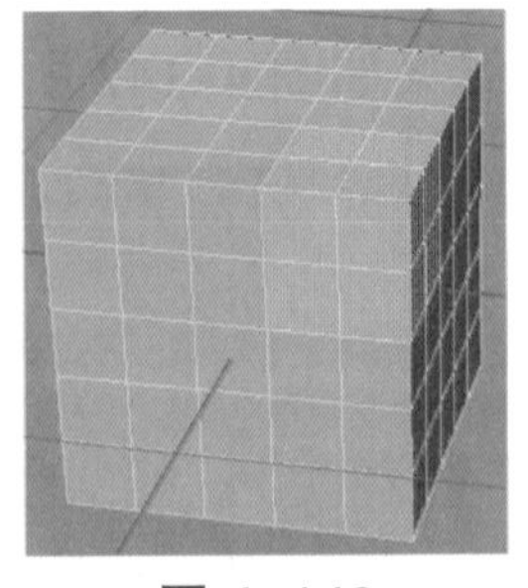

图 4–143

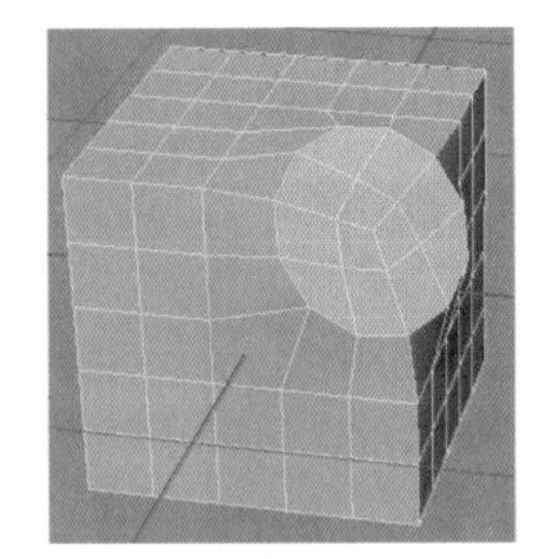

图 4–144

5. 挤出

可以沿多边形面、边或点进行挤出，从而得到新的多边形面。

（1）挤出多边形的面、边或顶点。

①选择要挤出的面（或边），如图 4-145 所示。注意，在“建模”首选项中，确保已启用“保持面的连接性”，以使挤出操作后相邻面的边保持连接状态。

②使用挤出命令，创建挤出节点。如果未使用快速挤出方法，还会显示操纵器工具和“视图中编辑器”面板，如图 4-146 所示。操纵器的用法如图 4-147 所示。

③使用操纵器控制挤出的方向和距离，或在“视图中编辑器”面板中调整属性。图 4-148 所示的效果为沿 Z 轴挤出，然后切换到世界轴缩小。

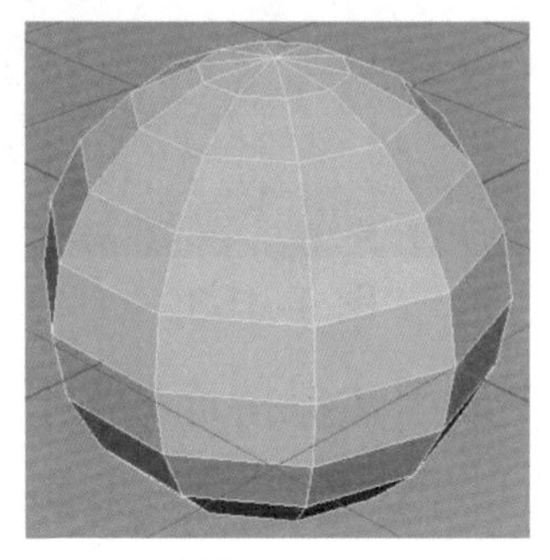

图 4-145

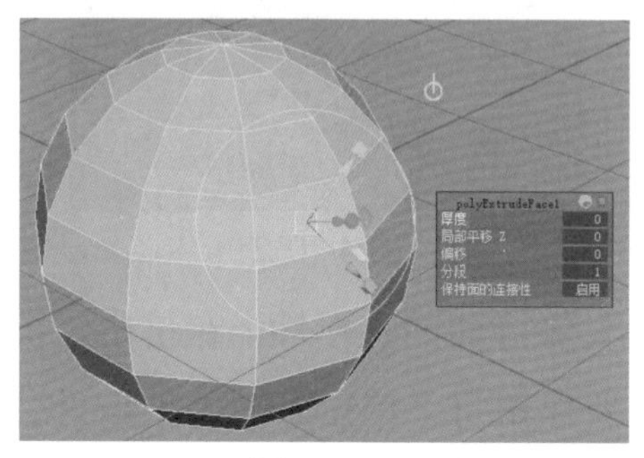

图 4-146

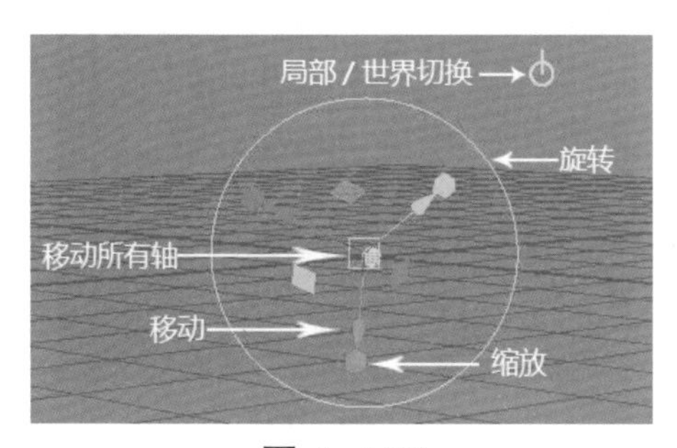

图 4-147

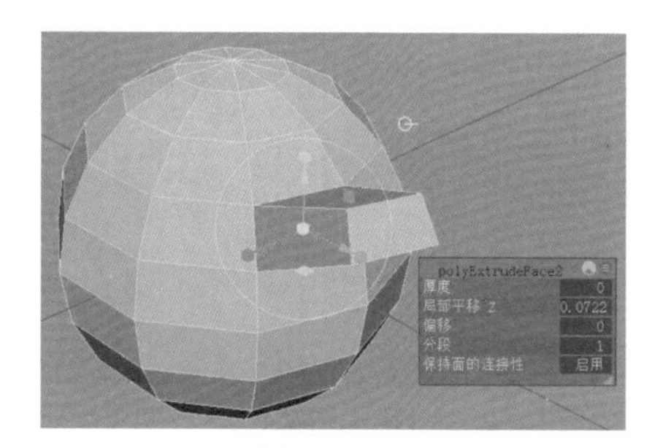

图 4-148

（2）沿路径曲线挤出边或面。

①选择要挤出的边或面以及要沿其挤出的曲线，如图 4-149 所示。

②单击“编辑网格→ 挤出”右侧的方框，打开选项对话框，启用“选定的”或“已生成”选项。

③单击“挤出”按钮，效果如图 4-150 所示。

④使用“属性编辑器”或“通道盒”中的控件编辑挤出。例如，增加“分段”数，以便挤出的多边形更好地匹配曲线的图形，如图 4-151 所示。

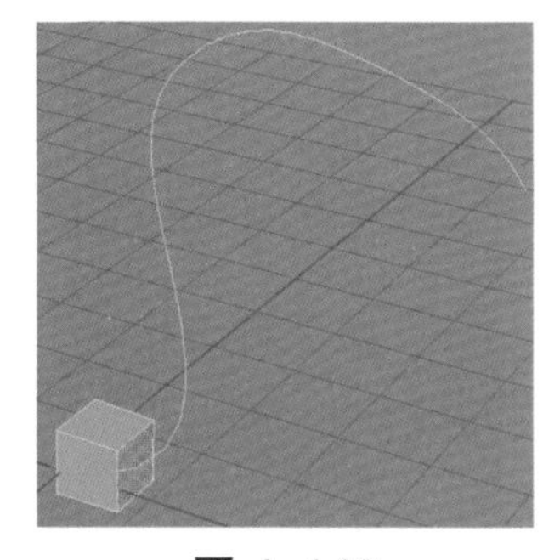

图 4-149

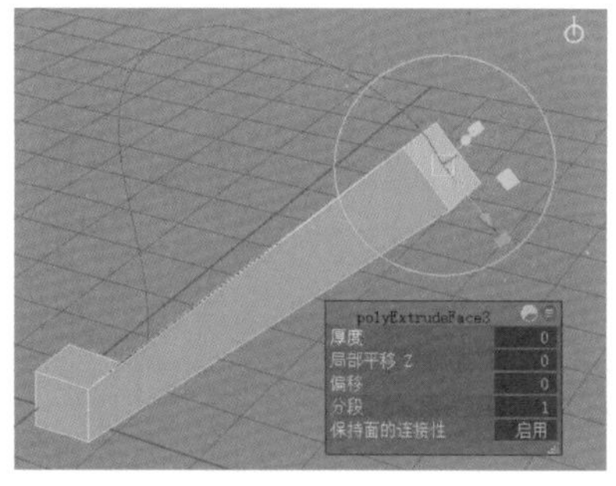

图 4-150

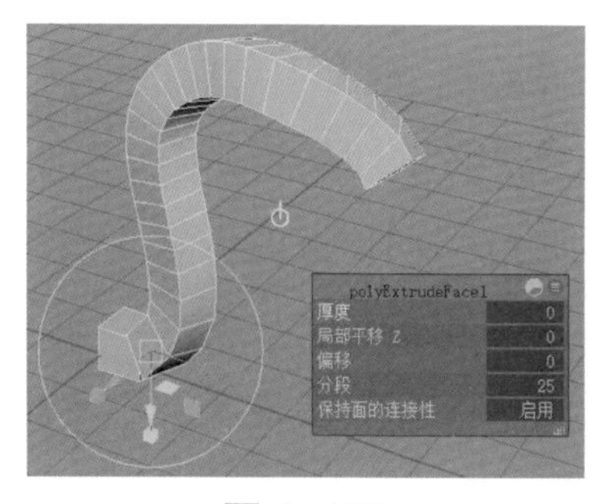

图 4-151

“减少锥化”以便挤出的多边形沿曲线逐渐变窄（也可以使用“锥化曲线”控件来创建更复杂的锥化），图 4–152 所示是锥化值为 0 的效果。调整“扭曲”以便挤出的多边形沿曲线旋转，图 4–153 所示是扭曲值为 180° 的效果。

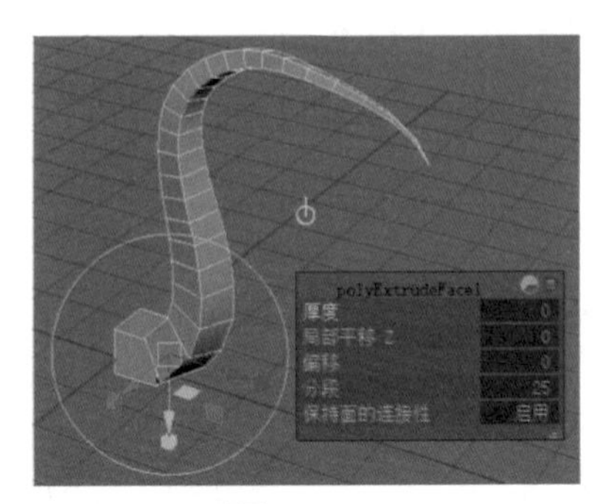

图 4–152

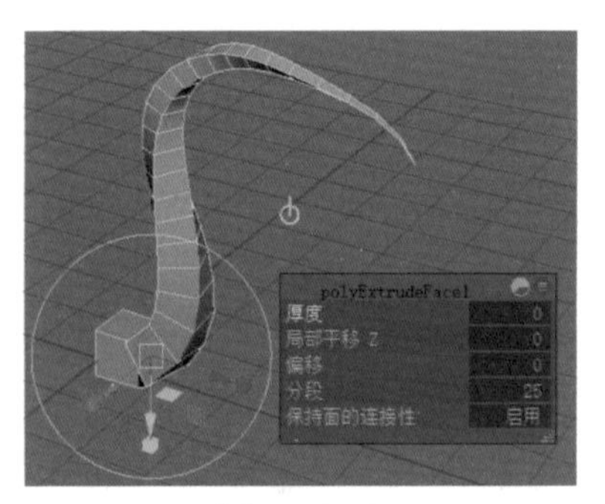

图 4–153

（3）保持面的连接性：在挤出、提取或复制面时启用或禁用“保持面的连接性”，可以指定是要保留每个单独面的边还是只沿着当前选择的边界边挤出，启用的效果如图 4–154 所示，禁用的效果如图 4–155 所示。

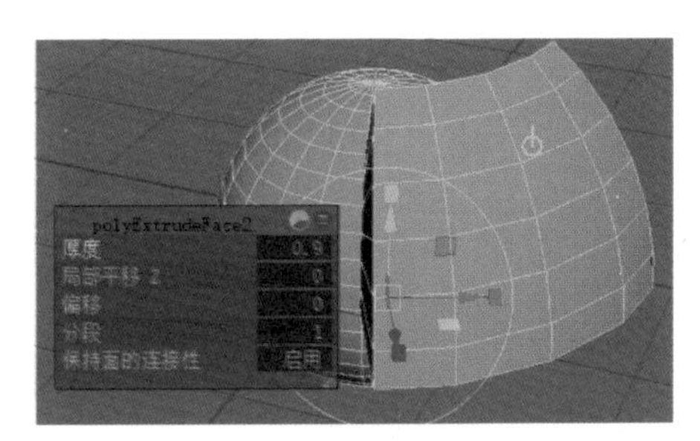

图 4–154

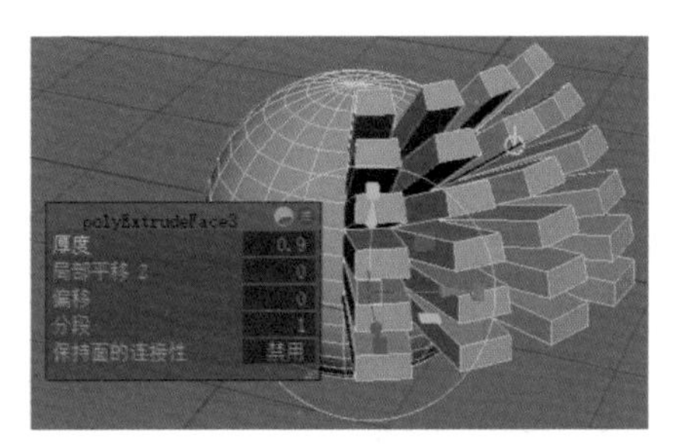

图 4–155

6. 合并

合并位于彼此指定的阈值距离内的选定边和顶点。例如，两个选定边将被合并为一个共享边。

7. 合并到中心

合并选定顶点，使它们成为共享顶点，并且还会合并任何关联的面和边。生成的共享顶点位于原始选择的中心。

8. 变换

使用“变换”命令可以在创建历史节点时相对于法线移动、旋转或缩放多边形组件（边、顶点、面和 UV）。

9. 平均化顶点

通过移动顶点的位置平滑多边形网格。

10. 切角顶点

将一个顶点替换为一个平坦多边形面。

11. 复制

使用“复制”命令可以复制多边形上的面来作为一个独立部分。

（1）分离复制的面：选择该选项后，复制出来的面将成为一个独立部分。

（2）偏移：用来设置复制出来的面的偏移距离。

12. 提取

将多边形对象上的面提取出来作为独立的部分。

13. 刺破

使用“刺破”命令可以在选定面的中心产生一个新的顶点，并将该顶点与周围的顶点连接起来。在新的顶点处有个控制手柄，可以通过调整手柄来对顶点进行移动操作。

14. 楔形

可以通过选择一个面和一条边来生成扇形效果。

（1）切换到多组件选择模式。

（2）选择要挤出的面，然后选择边。此边既可以位于同一网格上，也可以位于完全不同的网格上。如果选择多条边，则挤出将绕其平均方向旋转，如图 4-156 所示。

（3）选择“楔形”选项，效果如图 4-157 所示。

（4）在显示的视图编辑器中调整节点属性，如图 4-158 所示。

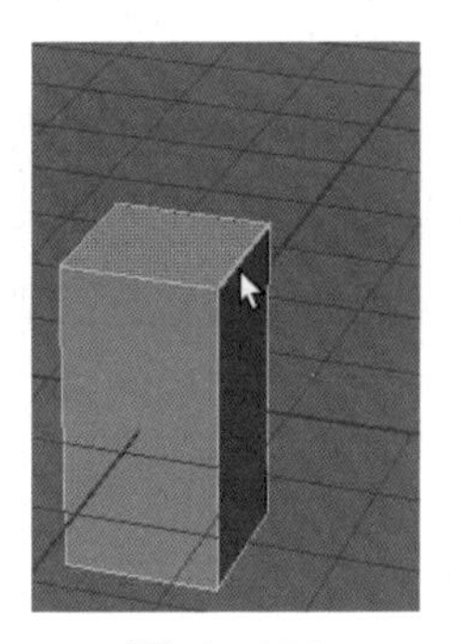

图 4-156

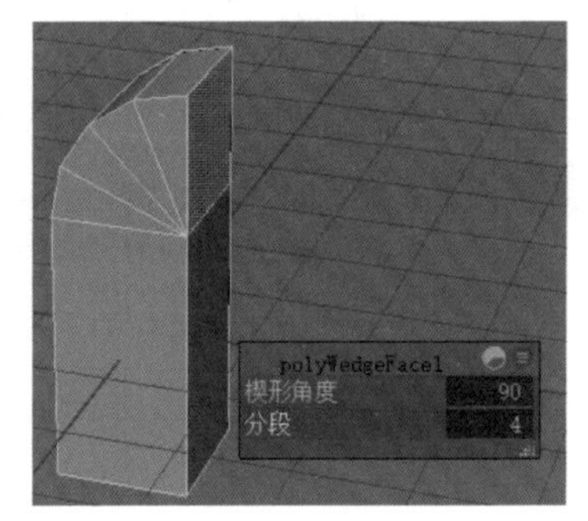

图 4-157

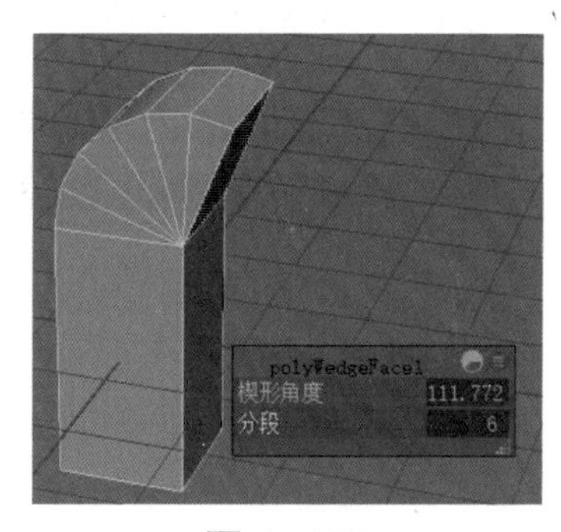

图 4-158

15. 在网格上投影曲线

将曲线投影到多边形曲面上，类似于 NURBS 曲面的“在曲面上投影曲线”命令。

16. 使用投影的曲线分割网格

在多边形曲面上进行分割，或者在分割的同时分离面。

案例10 建模技术综合运用——创建老式电话机

案例描述

通过本案例，熟悉多边形基本体的用法，熟练使用“挤出”“多切割”“插入循环边”及“合并”命令，提升空间造型能力。图4-159所示为使用相关命令创建完成的老式电话机效果。

图4-159

学习目标

1. 知识目标

- 了解“网格工具”命令；
- 了解“网格显示”命令。

2. 技能目标

- 会使用“网格工具”命令；
- 能熟练使用“网格显示”命令。

3. 素养目标

- 养成规范操作的习惯；
- 培养自主探究的学习能力。

操作步骤

（1）制作底座。新建场景，保存命名为“电话机”。创建一个多边形立方体，设置宽、高、深细分参数均为 5，用缩放工具修改大小，效果如图 4–160 所示。选择立方体底部的全部面，如图 4–161 所示。执行“挤出”命令，切换为“世界”坐标，使用缩放工具扩大 XZ 平面，如图 4–162 所示。

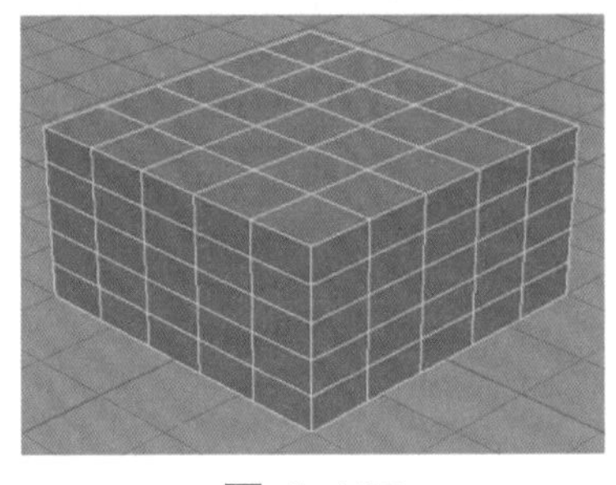

图 4–160

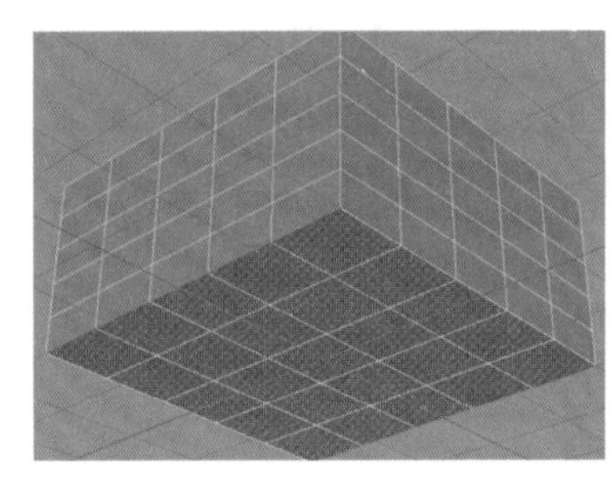

图 4–161

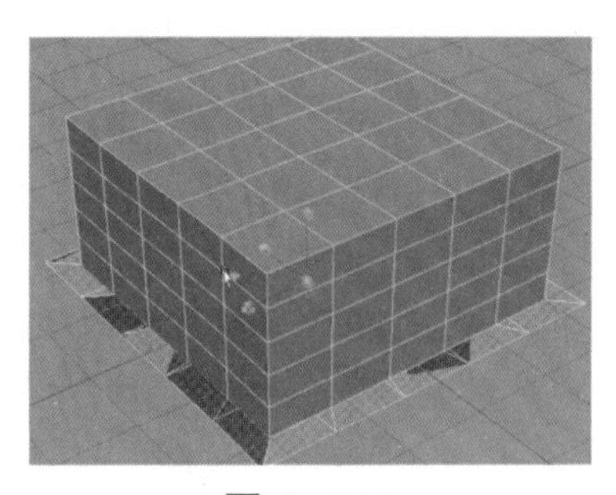

图 4–162

（2）执行“挤出”命令，完成如图 4–163 所示的底座效果。选择“插入循环边”工具，在模型转角处加入循环边，如图 4–164 所示。按【3】键平滑显示，对图形进行进一步修改，最终效果如图 4–165 所示。

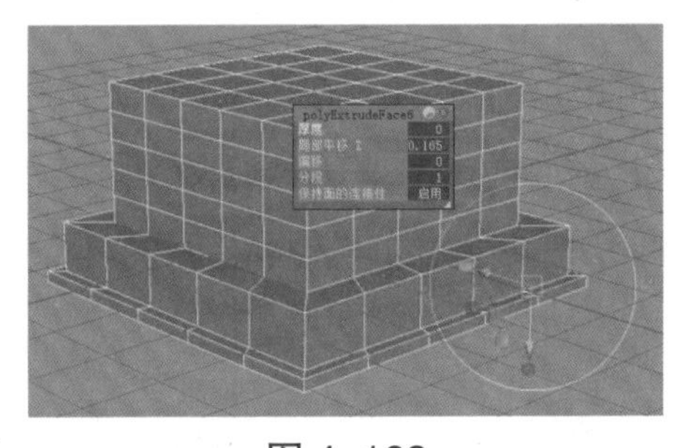

图 4–163

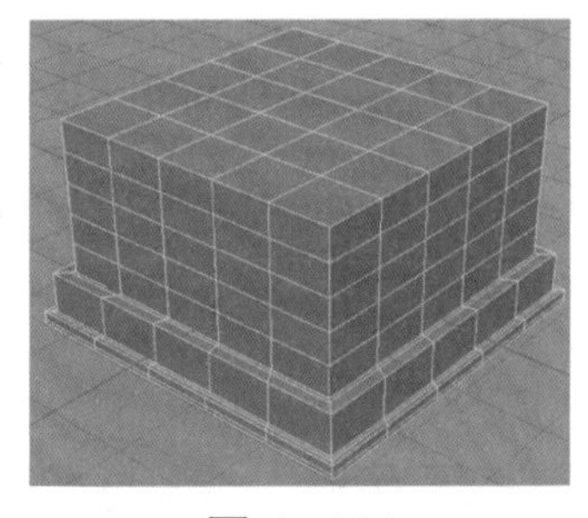

图 4–164

图 4–165

（3）制作握把。创建一个圆柱体，设置高度细分数为 2，端面细分数为 0，轴向细分数为 20，设置沿 Z 轴旋转 90°，如图 4–166 所示。选择左半部分的全部面，如图 4–167 所示，按【Delete】键删除。选择右端面，使用“挤出”工具，切换到世界坐标，使用“缩放”工具向内缩小操作，如图 4–168 所示。

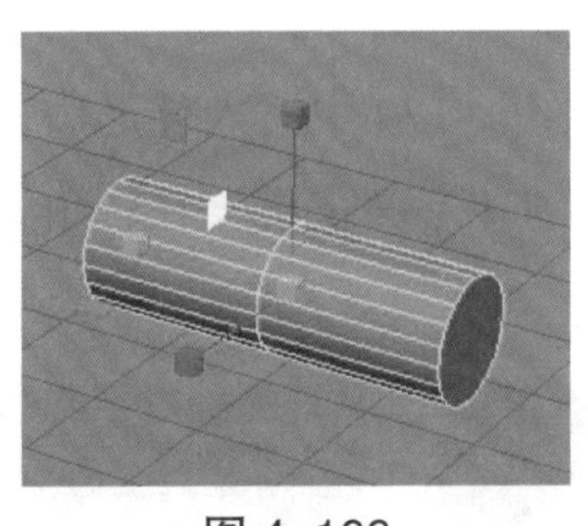

图 4–166

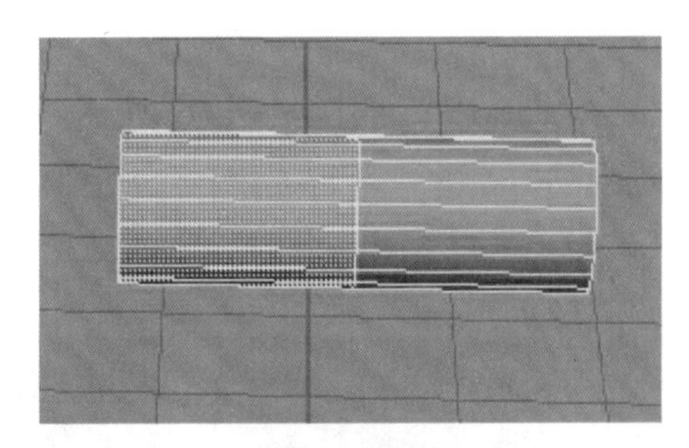

图 4–167

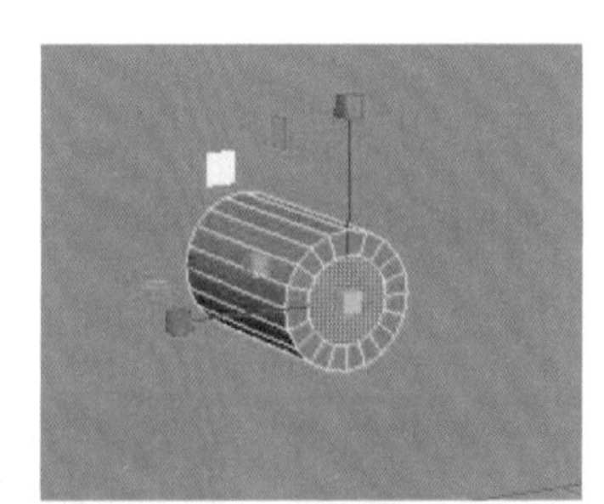

图 4–168

（4）进行挤出操作，完成效果如图 4–169 所示。在转角处添加环形边，如图 4–170 所示。按数字【3】键，平滑显示效果如图 4–171 所示。

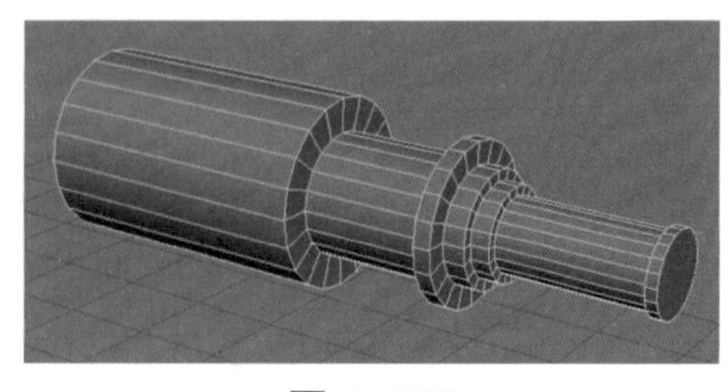
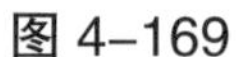
图 4–169

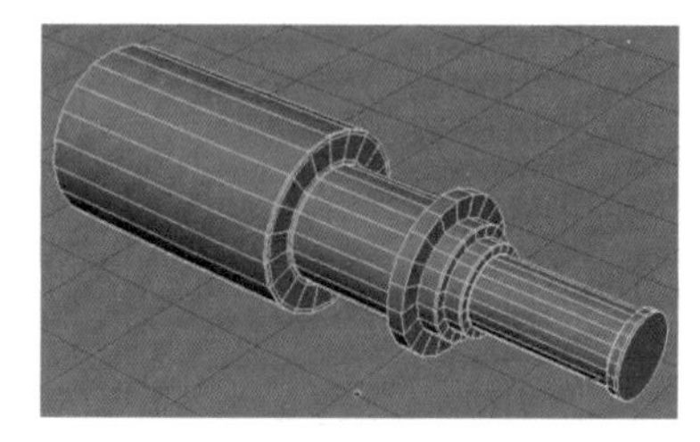
图 4–170

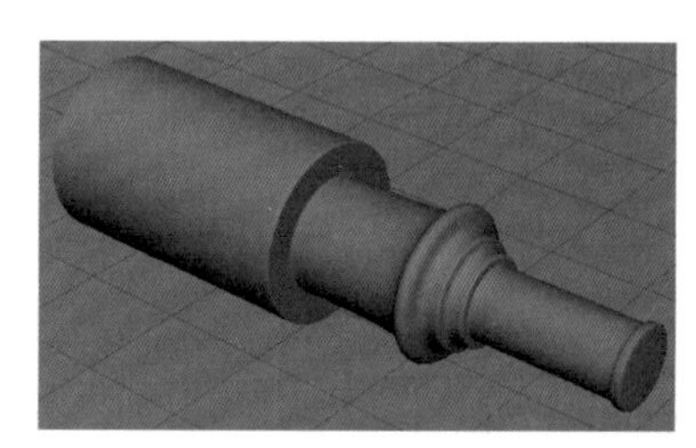
图 4–171

（5）选择模型，单击“网格→镜像”右侧的方框，打开“镜像选项”对话框，设置如图 4–172 所示。单击“镜像”按钮，创建一个实例镜像，参考效果图修改模型的右侧部分，同时修改的部分也在左边自动同步，效果如图 4–173 所示。

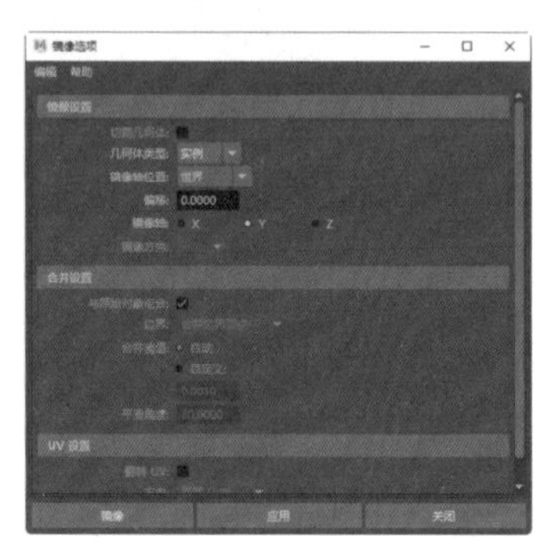
图 4–172

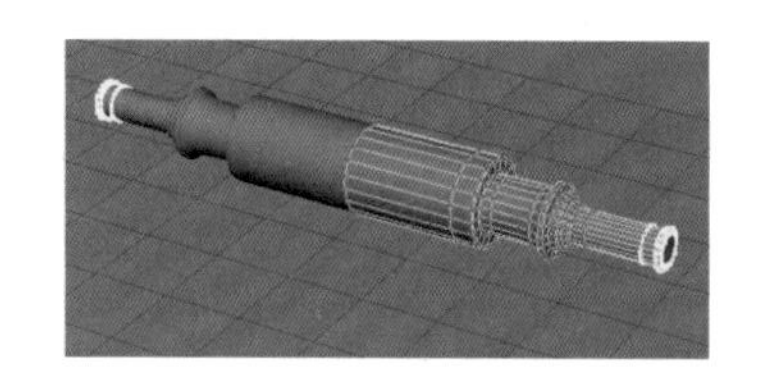
图 4–173

（6）制作听筒。创建一个多边形圆柱体，设置轴向细分数为 8，端面细分为 1，如图 4–174 所示。切换到前视图，分别选择下面的两条环形边进行缩放，如图 4–175 所示。同时选择上面的 5 条环形边，沿 Y 轴向下平移，如图 4–176 所示。接着同时选择上面的 4 条环形边，沿 Y 轴向下平移，如图 4–177 所示。

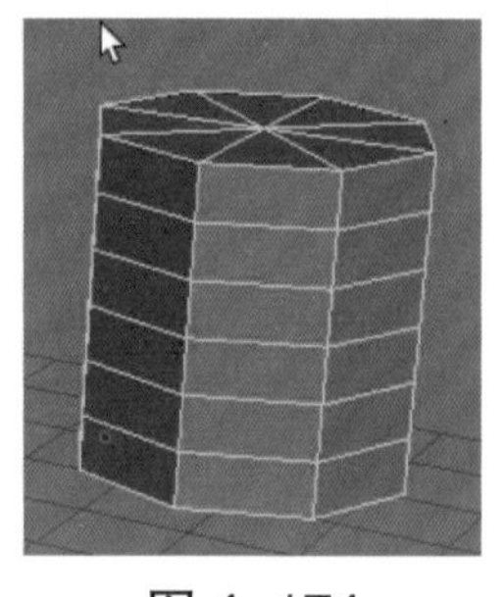
图 4–174

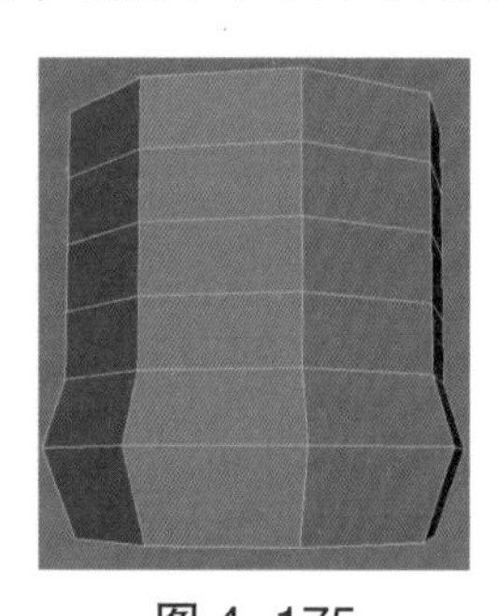
图 4–175

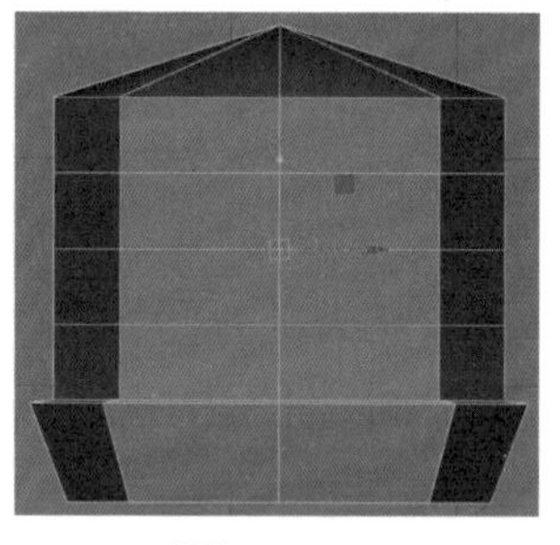
图 4–176

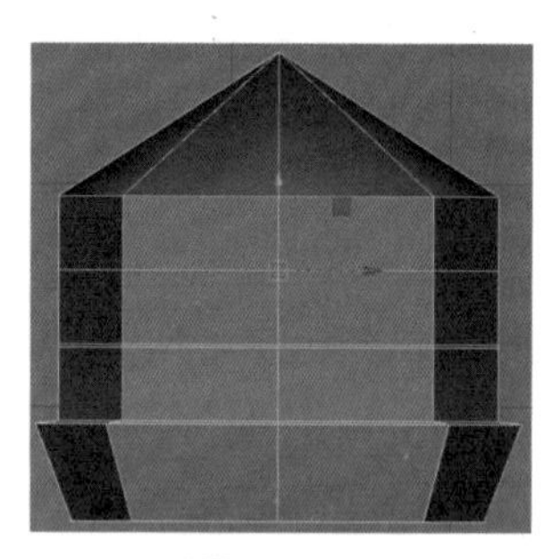
图 4–177

（7）切换到顶视图，缩小 4 条环形边，如图 4–178 所示。在图 4–179 中插入环形边，把图形中向上突出的中心点沿 Y 轴向下移动，选择如图 4–180 所示的环形面挤出，在转角处插入环形边，如图 4–181 所示，平滑显示效果如图 4–182 所示。

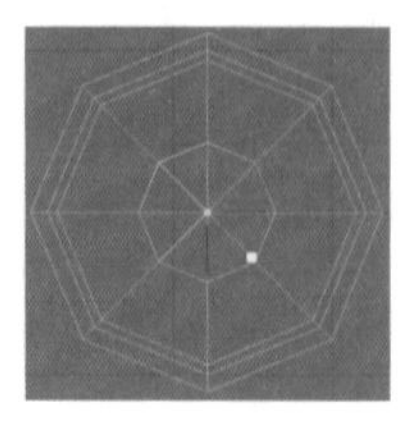
图 4–178

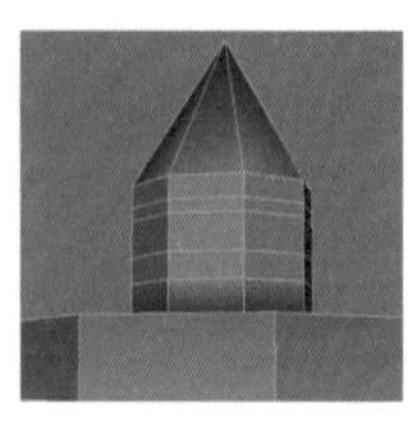
图 4–179

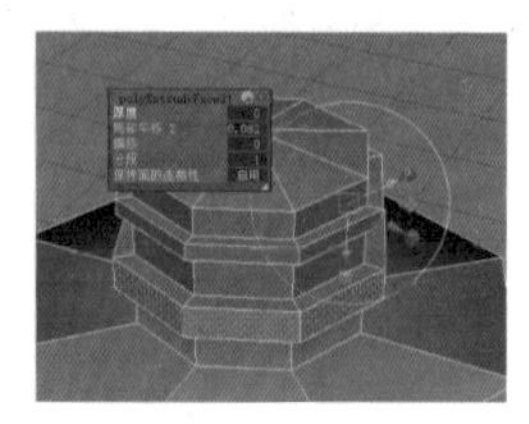
图 4–180

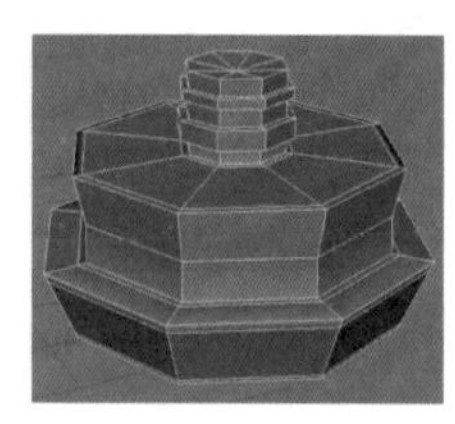
图 4–181

图 4–182

（8）创建一个多边形球体，设置轴向和高度细分数都为 8，切换到顶视图，按【V】键把球体的中心吸附到圆柱的中心点，缩小球体，如图 4–183 所示。创建一个多边形圆柱体，设置轴向细分数为 8，在前视图缩放与修改 Y 轴位置，如图 4–184 所示。选择新建圆柱的中心顶点，沿 Y 轴稍稍向上移动，如图 4–185 所示。复制球体，沿 Y 轴上移、缩小，效果如图 4–186 所示。

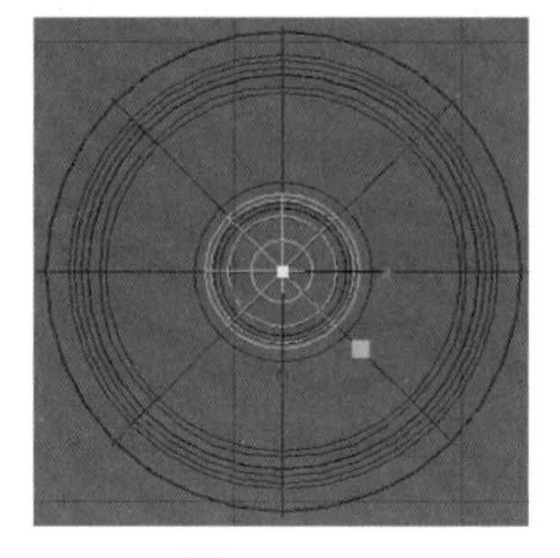

图 4–183

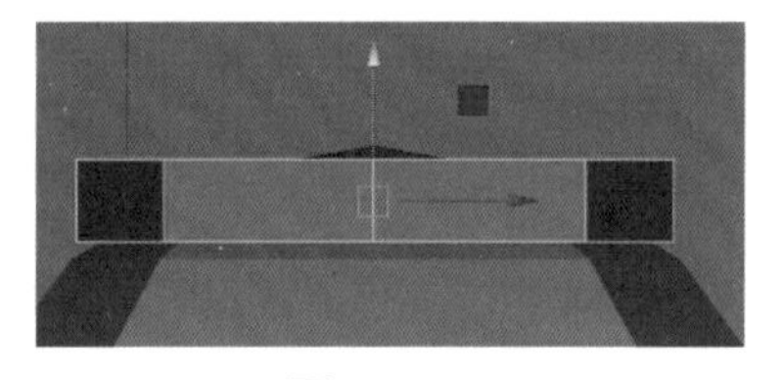

图 4–184

图 4–185

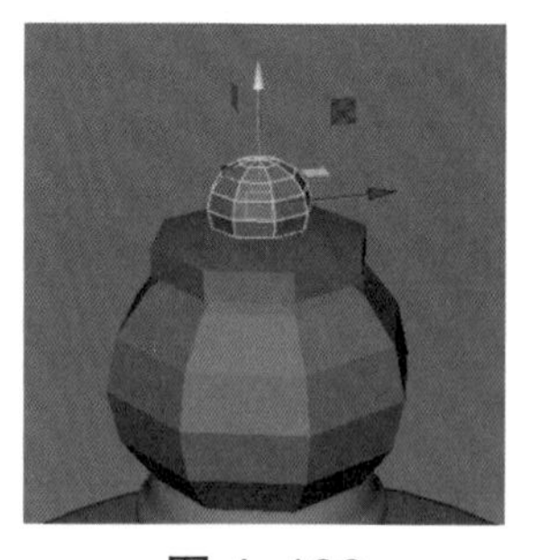

图 4–186

（9）选择听筒的全部组件，执行“网格→布尔→并集”命令，制作完成的听筒效果如图 4–187 所示。移动听筒到把手位置，缩放到合适比例，如图 4–188 所示。

图 4–187

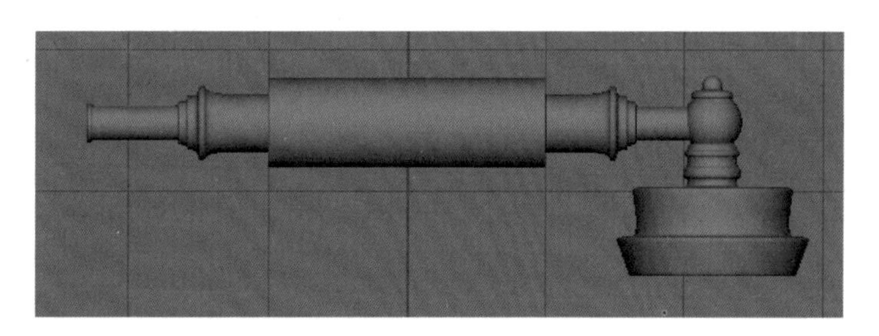

图 4–188

（10）制作话筒。复制听筒，将握把与原听筒模型放置在新建层中，开启“R”模式。选择听筒的副本，进入“面”模式，在前视图中框选如图 4–189 所示的面，删除。进入“边”模式，选择最下面的循环边，移动到如图 4–190 所示的位置。进入“点”模式，打开四视图，参照调整听筒的形状，效果如图 4–191 所示。

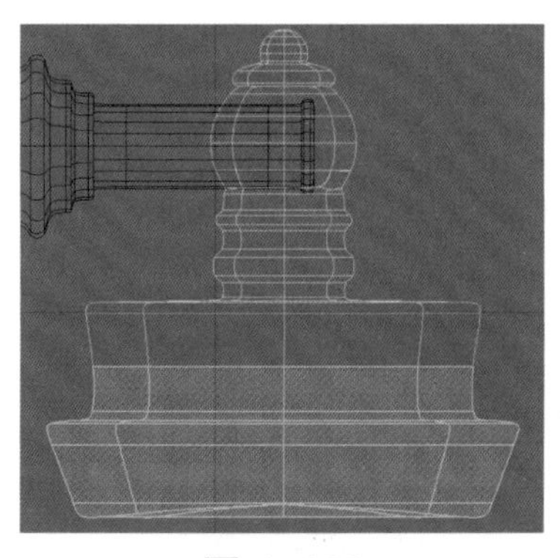

图 4–189

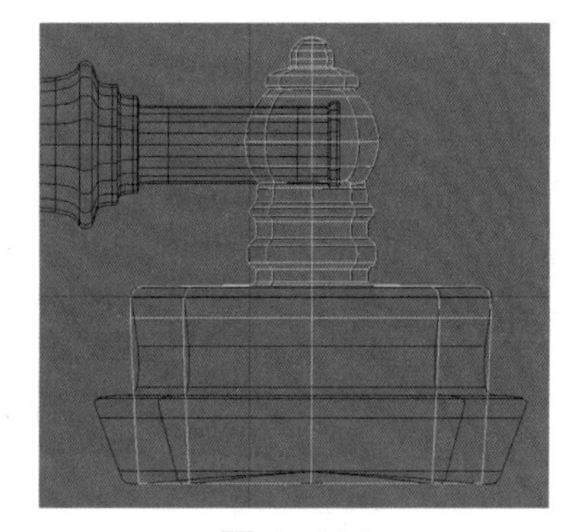

图 4–190

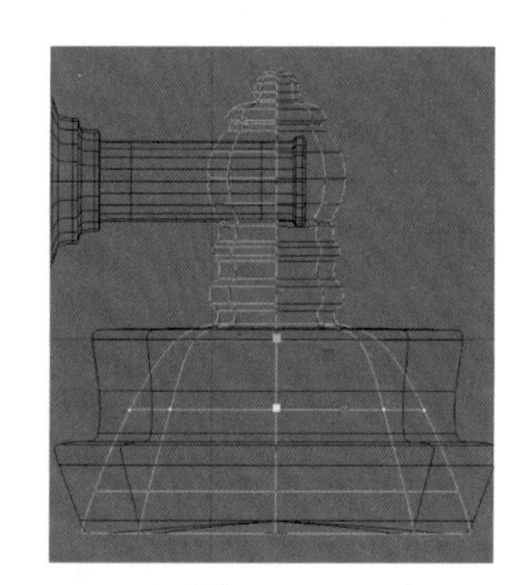

图 4–191

（11）选择听筒下面的边，如图 4–192 所示，执行“网格→填充洞”命令。在听筒最下面的边附近插入一圈循环边，完成效果如图 4–193 所示。

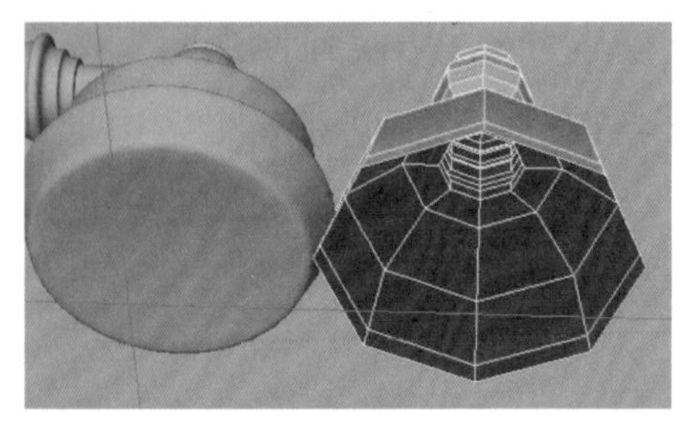

图 4–192

图 4–193

（12）如图 4–194 所示，选择“握把”左、右两部分，执行“网格→结合”命令；如图 4–195 所示，选择“握把”中间的一圈点，执行“编辑网格→合并”命令。

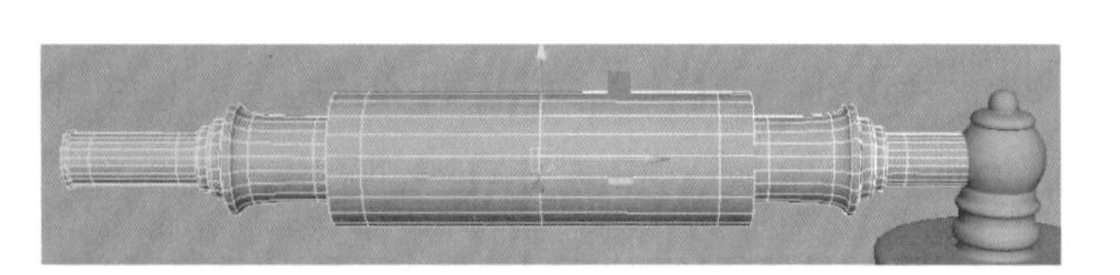

图 4–194

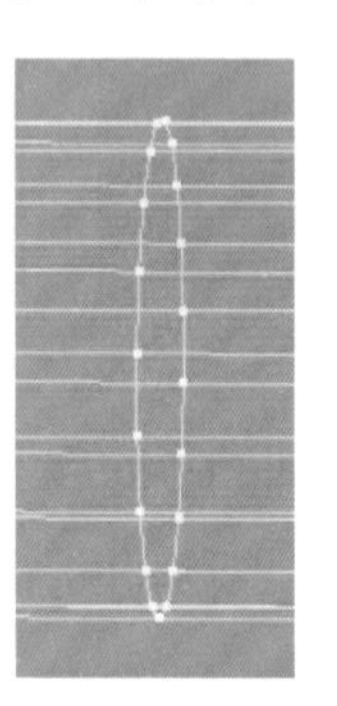

图 4–195

（13）选择“握把”左端的点，向左侧平移，如图 4–196 所示。切换到顶视图，把听筒移动到合适的位置，如图 4–197 所示。完成效果如图 4–198 所示。

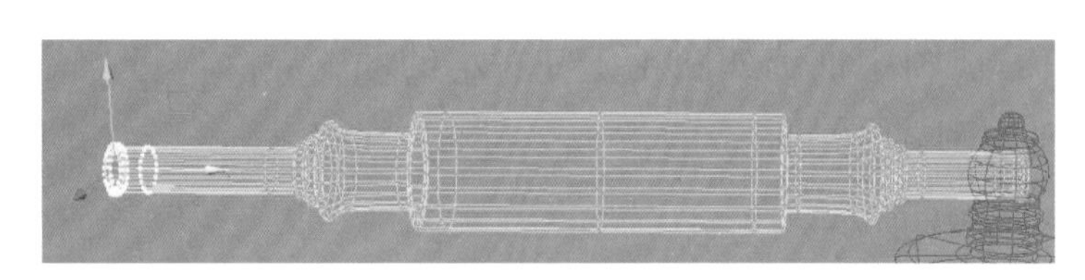

图 4–196

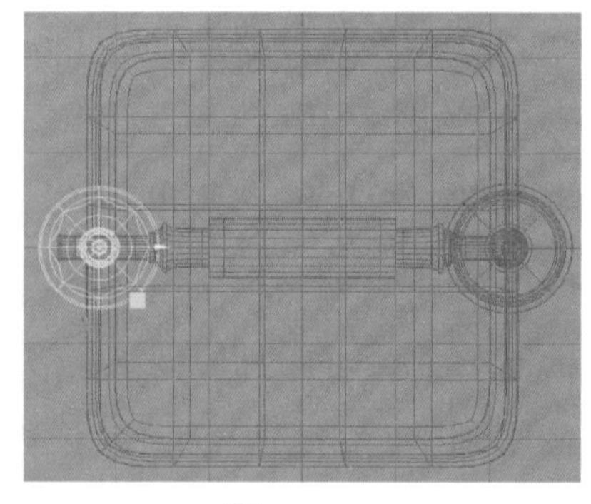

图 4–197

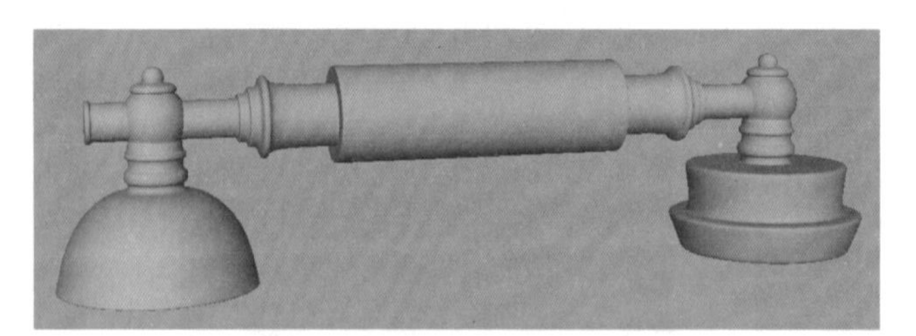

图 4–198

（14）制作话筒的喇叭口模型。创建一个多边形圆柱体，设置轴向细分为 12，高度细分为 3，如图 4–199 所示。在顶视图把圆柱的轴心与已完成的话筒的中心对齐，调整圆柱的粗细到合适大小。在前视图中进入“点”模式，调整喇叭口形状，如图 4–200 所示，添加三条循环边，如图 4–201 所示。

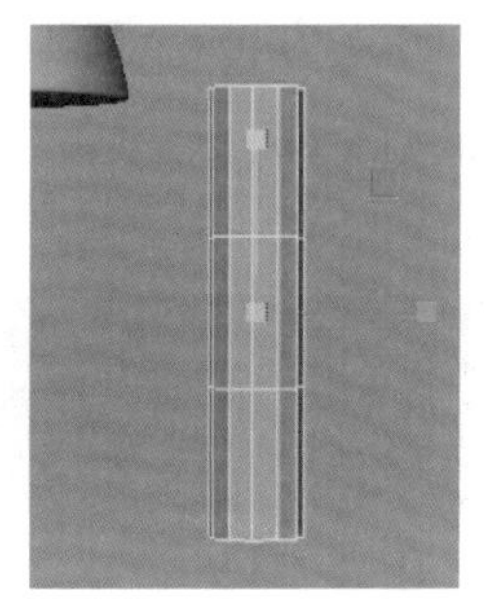
图 4-199

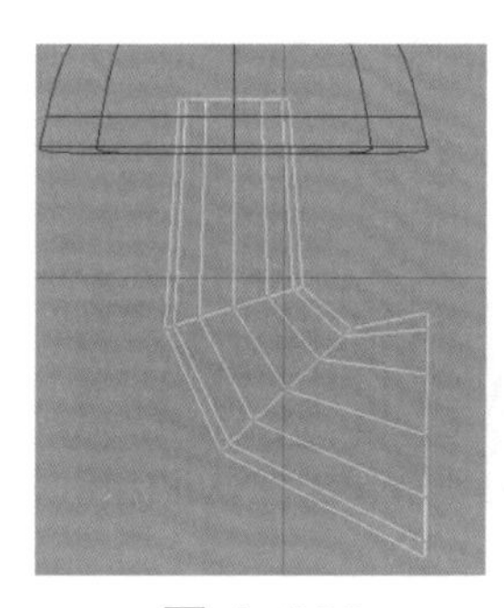
图 4-200

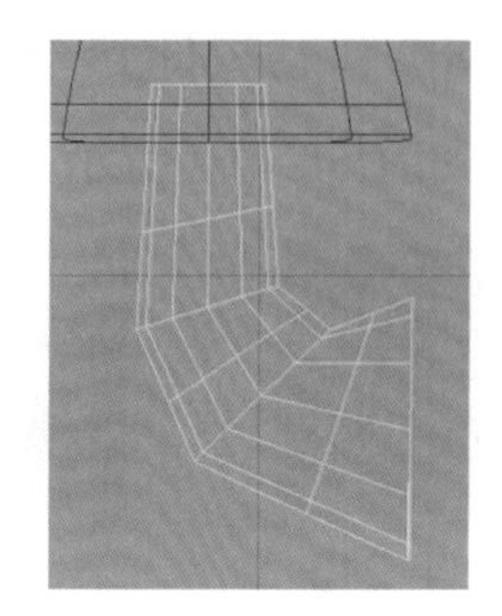
图 4-201

（15）选择话筒喇叭口两端的面，删除，如图 4-202 所示。选择面，沿 Z 轴挤出，如图 4-203 所示。在喇叭口位置插入循环边，调整位置，效果如图 4-204 所示。在喇叭口上部插入两圈循环边，选择其所构建的循环面，挤出，如图 4-205 所示。

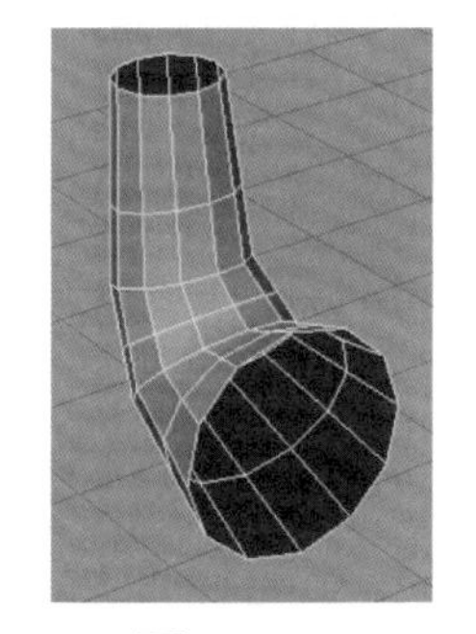
图 4-202

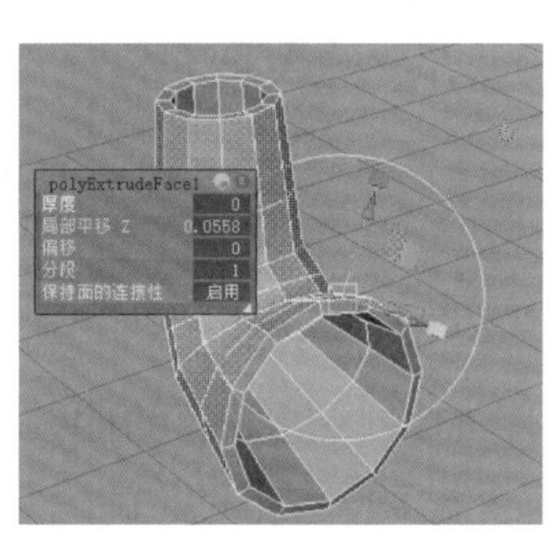

图 4-203

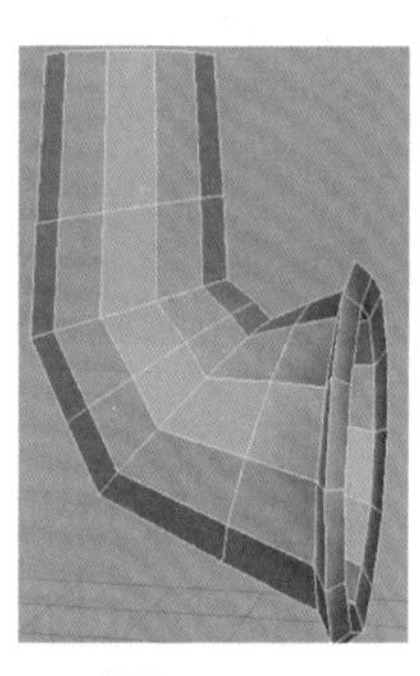
图 4-204

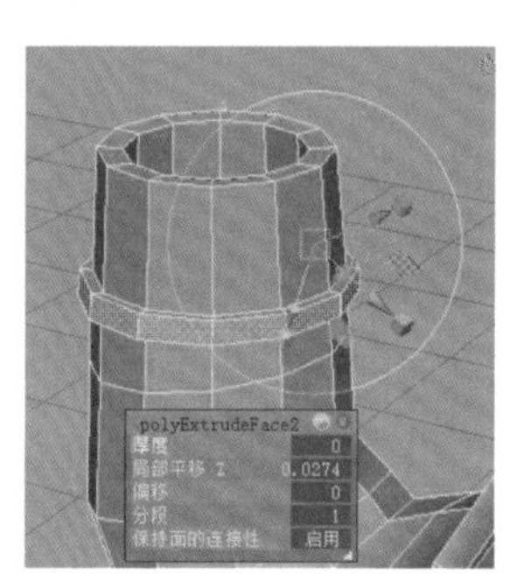

图 4-205

（16）在挤出面的附近插入循环边，如图 4-206 所示。完成的喇叭口效果如图 4-207 所示。完成的话筒效果如图 4-208 所示。

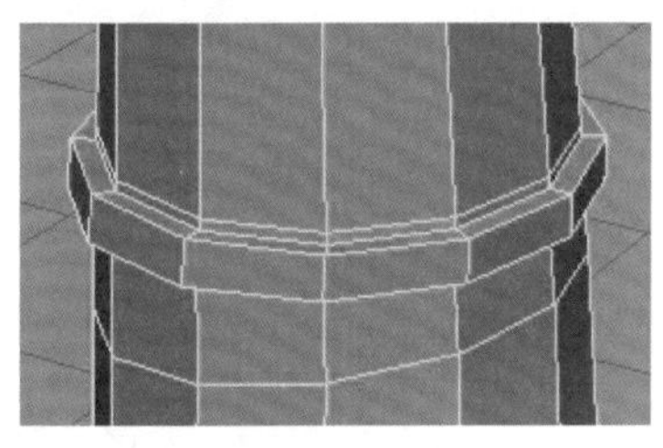
图 4-206

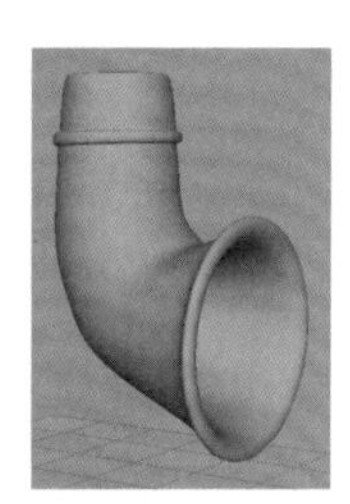
图 4-207

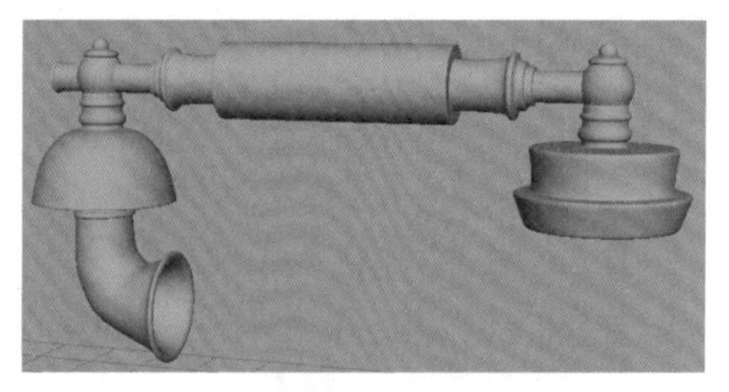
图 4-208

（17）制作支架。创建一个多边形球体，调整位置与大小，如图 4-209 所示。创建圆柱、圆环、球体，进行图 4-210 所示的位置、大小调整。创建一个棱柱，设置边数为 6，调整大小，然后选中全部边，执行“倒角”命令，如图 4-211 所示。调整位置与大小，如图 4-212 所示。

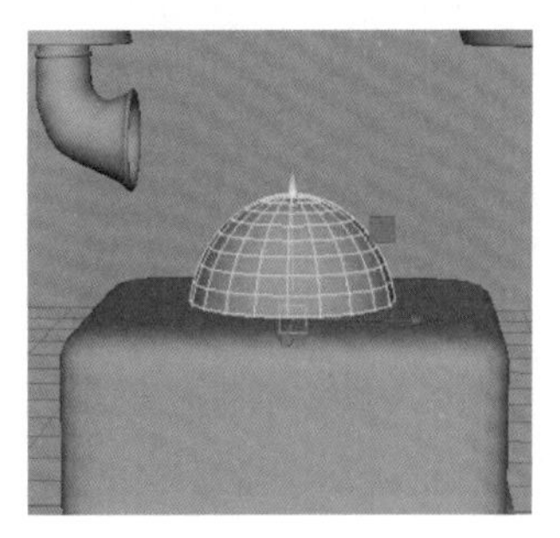
图 4-209

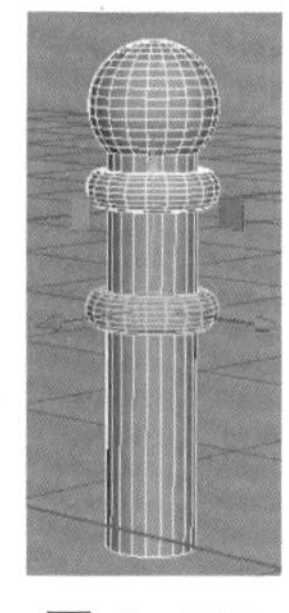
图 4-210

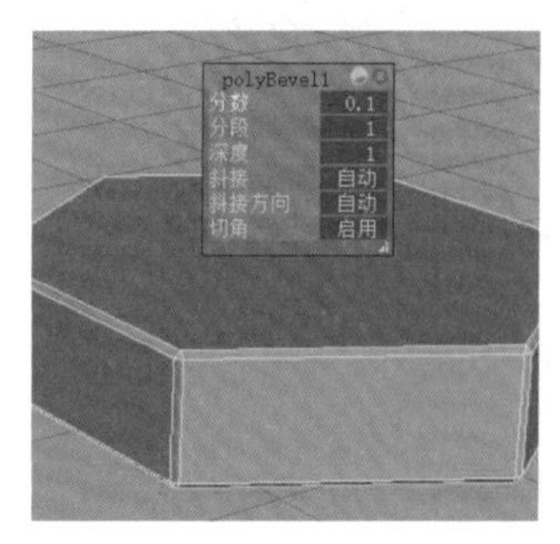

图 4-211

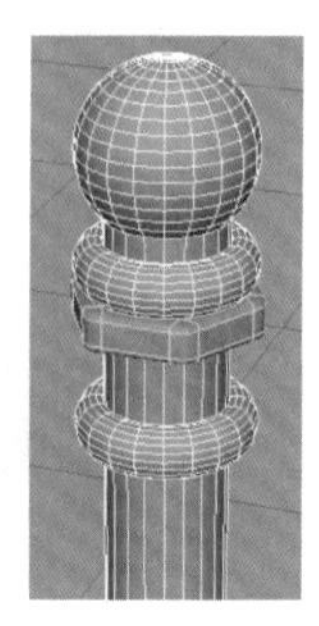
图 4-212

（18）移动组件到合适的位置，如图 4–213 所示。创建一个多边形立方体，调整位置与大小，如图 4–214 所示。进入“点”模式，修改立方体的形状如图 4–215 所示。

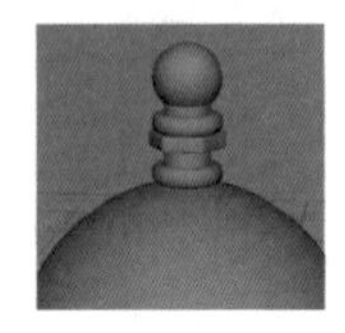
图 4–213

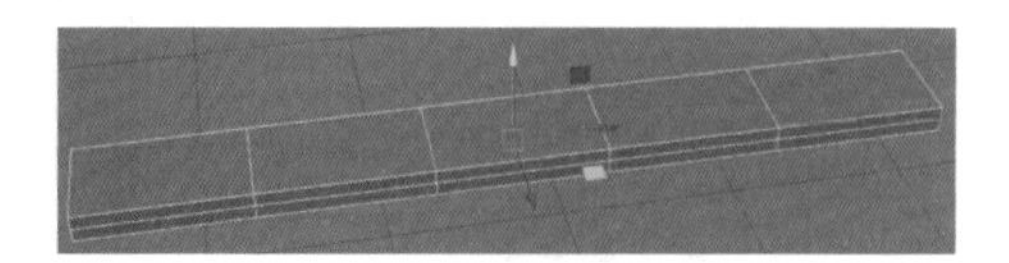
图 4–214

图 4–215

（19）移动立方体到合适的位置，适当添加循环边并修改形状，如图 4–216 所示。切换到前视图，创建一条 CV 曲线，如图 4–217 所示。

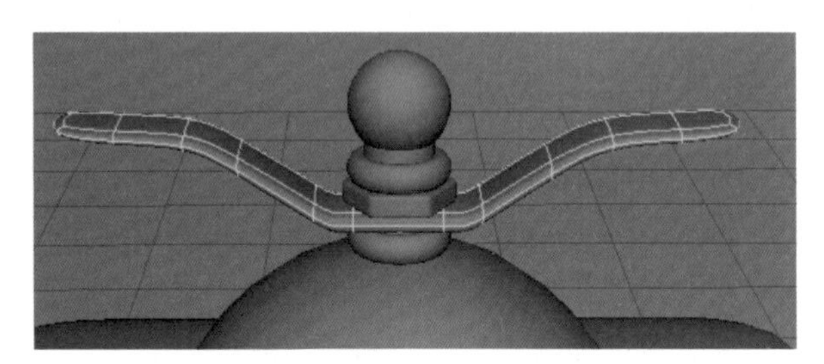
图 4–216

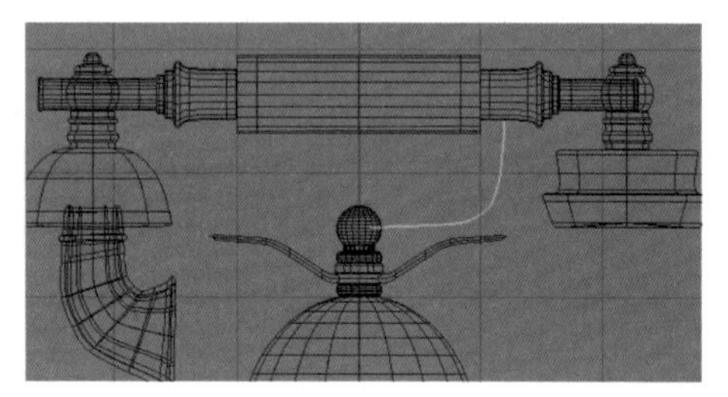
图 4–217

（20）切换到侧视图，创建一条 U 形的 CV 曲线，与下面的曲线相连，如图 4–218 所示。创建一个多边形圆柱体，调整大小与位置，选择圆柱体，然后按【Shift】键选择曲线，如图 4–219 所示，执行“编辑网格→挤出”命令，如图 4–220 所示。修改分段为 25，如图 4–221 所示。

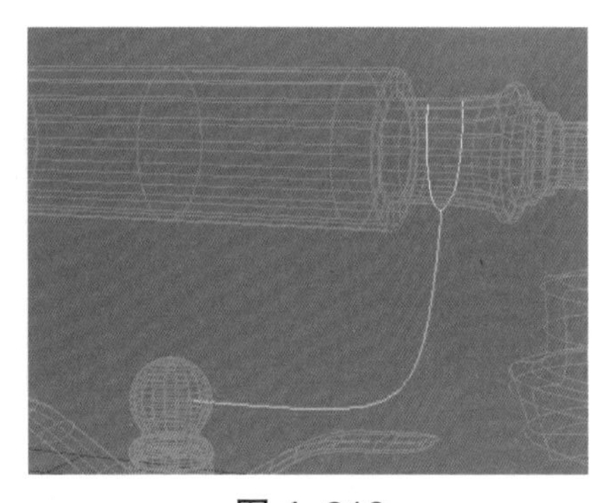
图 4–218

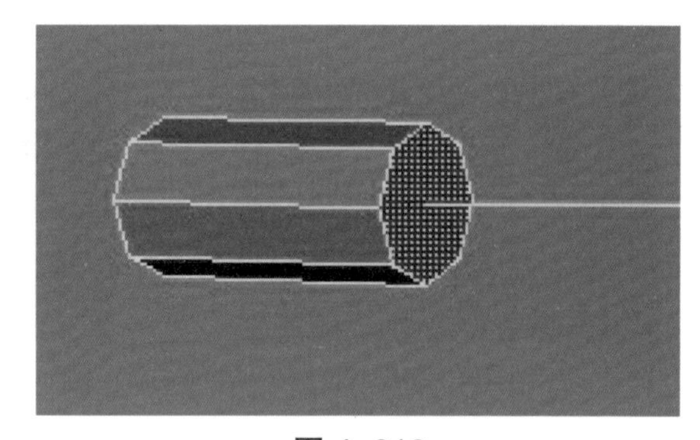
图 4–219

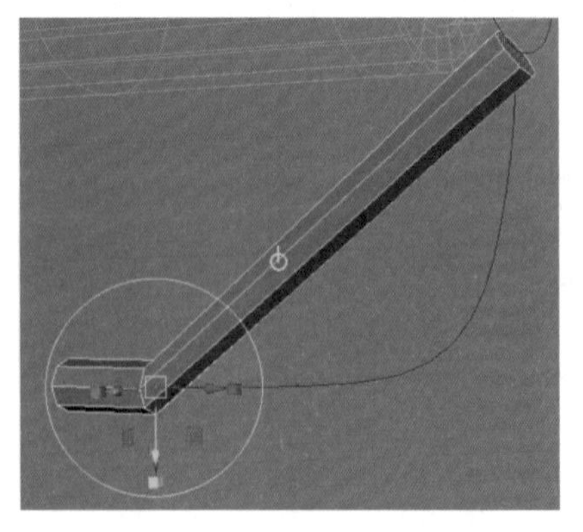
图 4–220

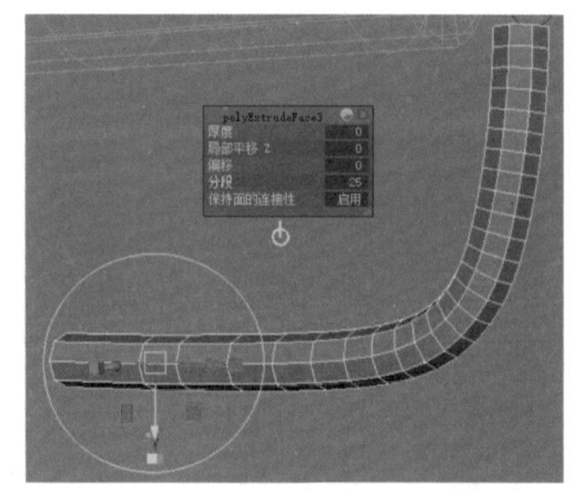

图 4–221

（21）选择 U 形两个截面的边，执行“倒角”命令，设置分数为 0.2，如图 4–222 所示。创建两个多边形球体、一个多边形圆环，调整大小与位置，效果如图 4–223 所示。选择图 4–223 所示的组件，执行“网格→布尔→并集”命令，把组件的轴心点修改为原点，按【Ctrl+D】组合键复制，然后在通道盒修改“缩放 X”的值为 -1。完成修改后的效果如图 4–224 所示。

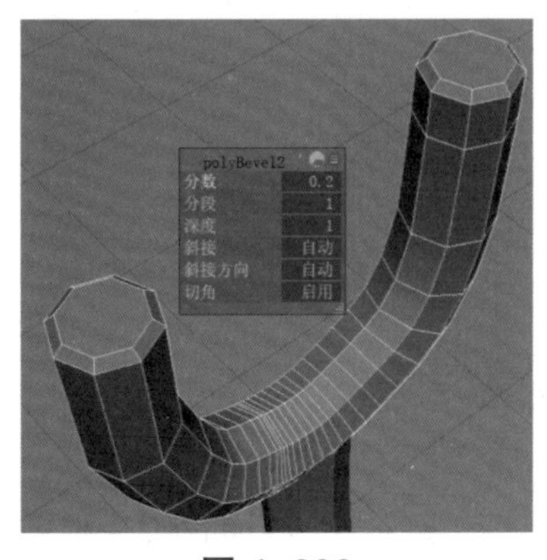

图 4–222

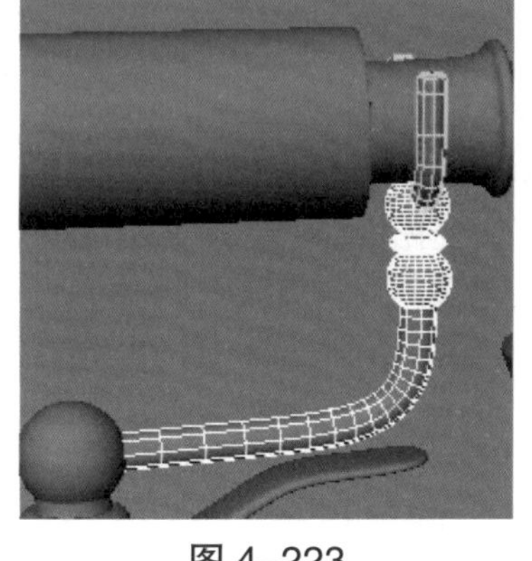

图 4–223

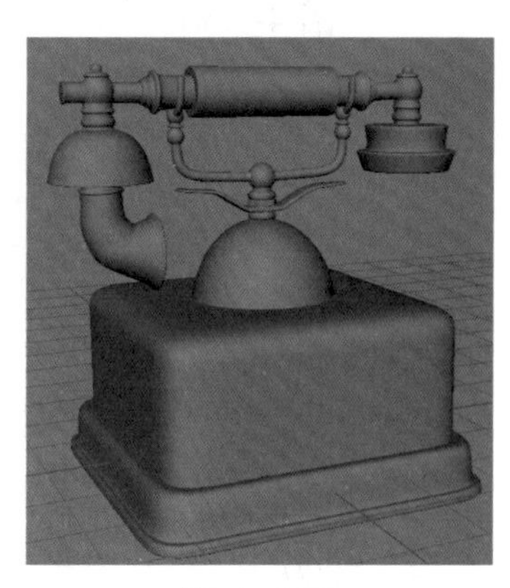

图 4–224

（22）制作拨号盘。首先制作拨号盘的外壳。创建一个多边形圆柱体，设置端面细分数为 2，调整大小，如图 4–225 所示。把端面中心的环形边调整到图 4–226 所示的位置。选择图 4–227 所示的面，向下挤出，效果如图 4–228 所示。

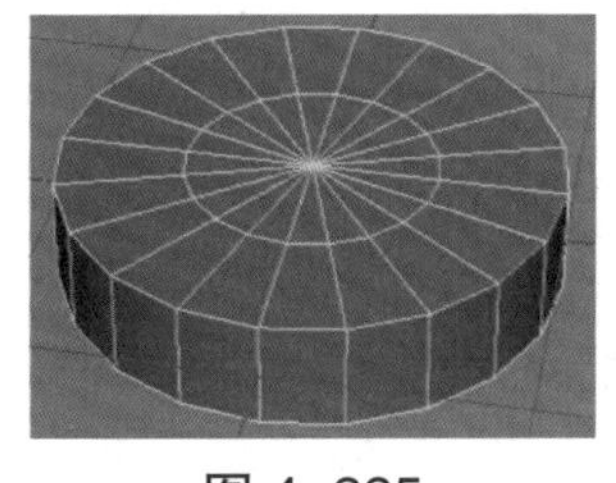

图 4–225

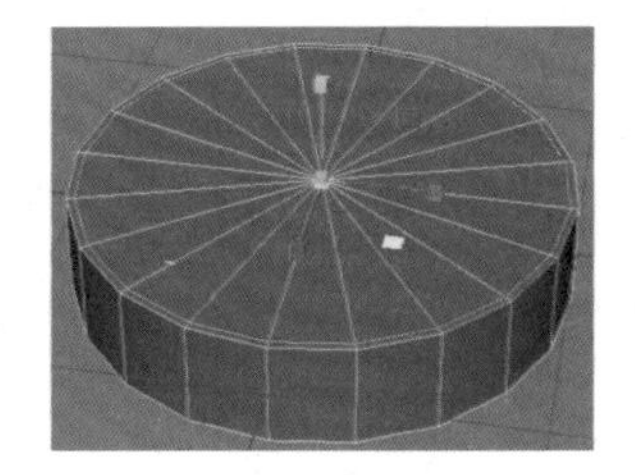

图 4–226

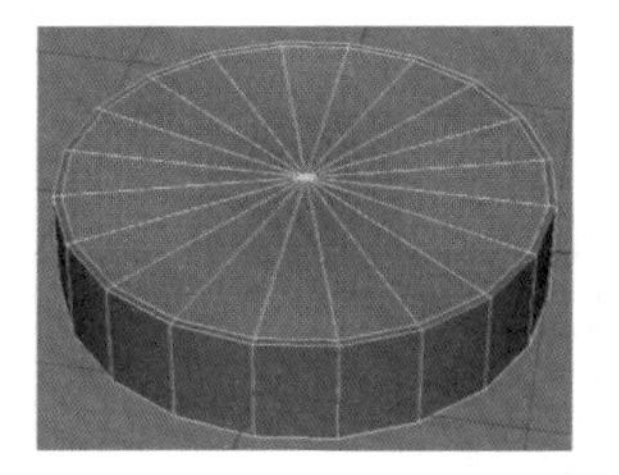

图 4–227

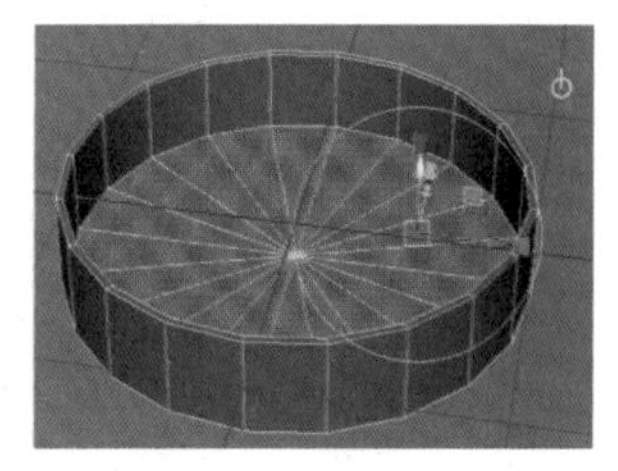

图 4–228

（23）在模型边角位置添加边，如图 4–229 所示。接下来制作拨号盘拨号器。创建一个多边形圆柱体，设置端面细分数为 3，调整大小到可以放置在外壳之内，如图 4–230 所示。隐藏外壳。选择拨号器的外侧边，如图 4–231 所示，执行“倒角”命令，如图 4–232 所示。

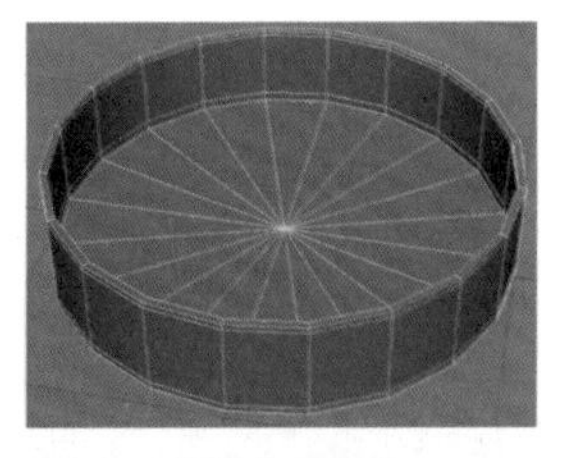

图 4–229

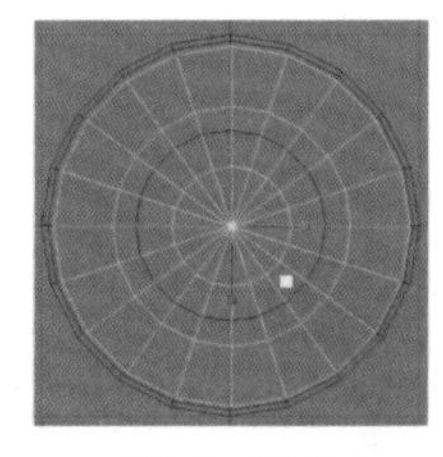

图 4–230

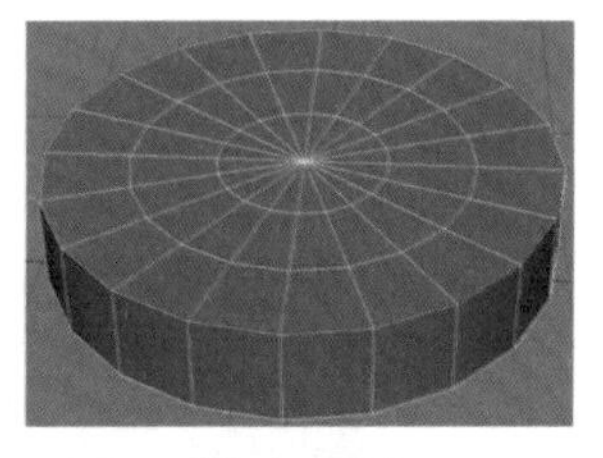

图 4–231

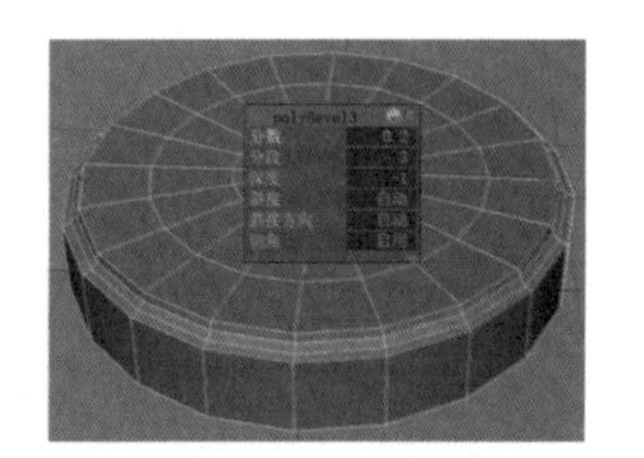

图 4–232

（24）在边缘添加循环边，如图 4–233 所示。调整端面两条环形边的位置，如图 4–234 所示。选择环形面，执行“挤出”命令，向上挤出，如图 4–235 所示。选择中心的面，向上、向内挤出，如图 4–236 所示，完成效果如图 4–237 所示。

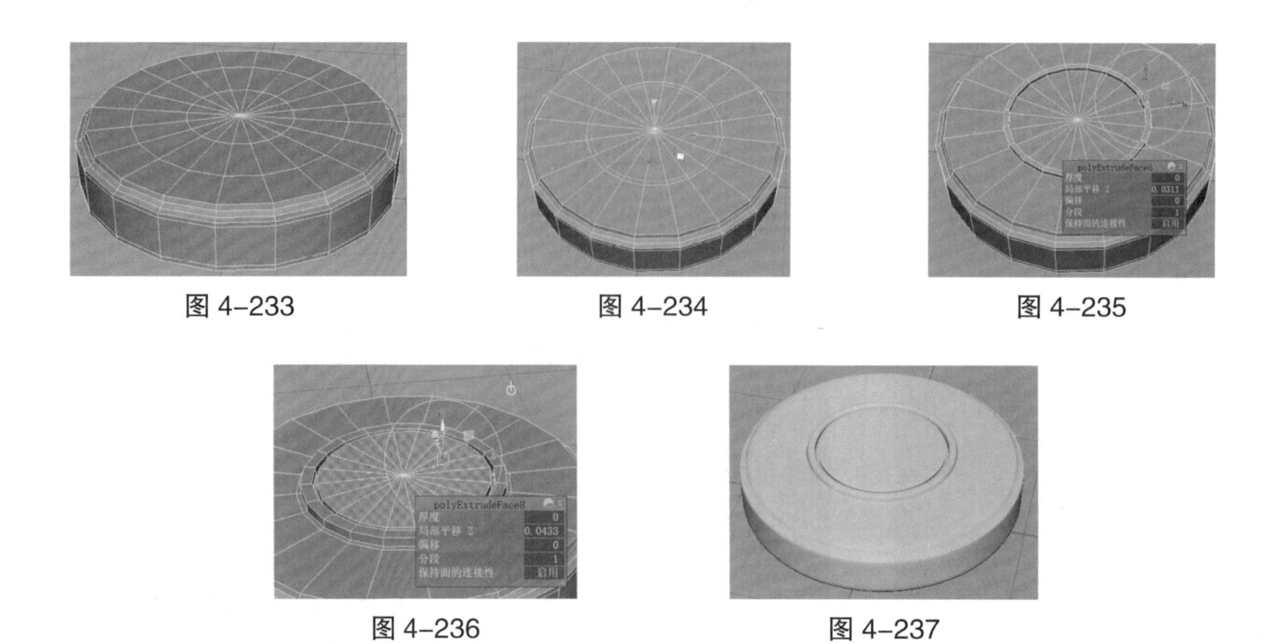

图 4-233　　图 4-234　　图 4-235

图 4-236　　图 4-237

（25）创建一个多边形圆柱体，调整位置与大小，在上下端面附近各添加循环边，如图 4-238 所示。在顶视图，把圆柱的轴心点调整到拨号器的圆心位置，如图 4-239 所示。选择圆柱体，执行“特殊复制”命令，设置“副本数”为 12，“旋转”Y 轴值为 27，效果如图 4-240 所示。

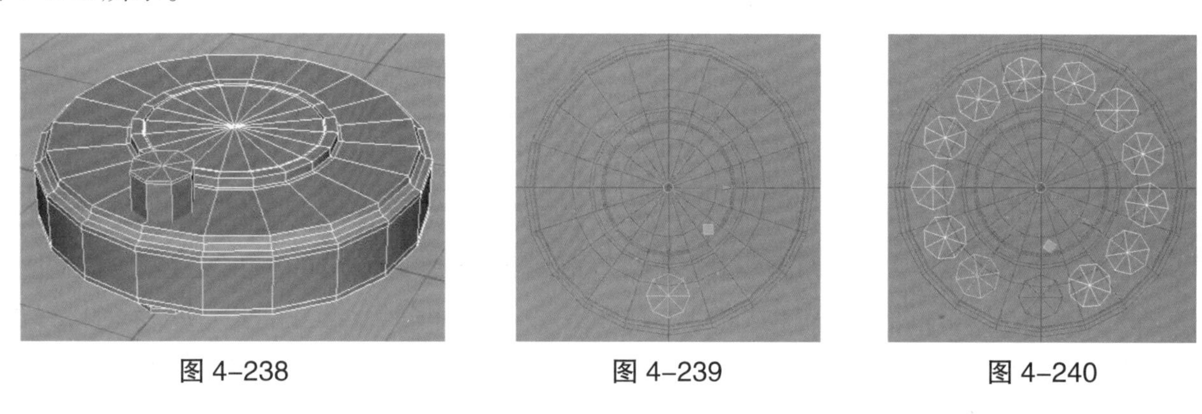

图 4-238　　图 4-239　　图 4-240

（26）删除 3 个圆柱，然后为拨号器与圆柱执行一次“平滑”命令，如图 4-241 所示。选择拨号器，按【Shift】键加选圆柱，执行“网格→布尔→差集”命令，效果如图 4-242 所示。显示拨号器的外壳，使用多切割工具添加一条边，如图 4-243 所示。选择图 4-243 所示的面，向上挤出，然后同时选择面与内侧的边，如图 4-244 所示。执行“编辑网格→楔形”命令，效果如图 4-245 所示。

图 4-241

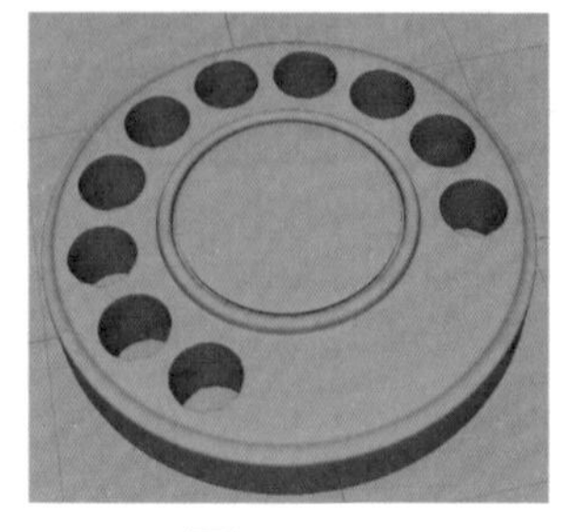

图 4-242

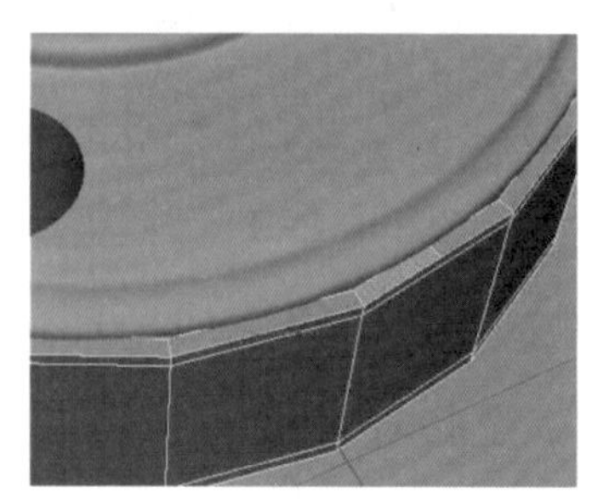

图 4-243

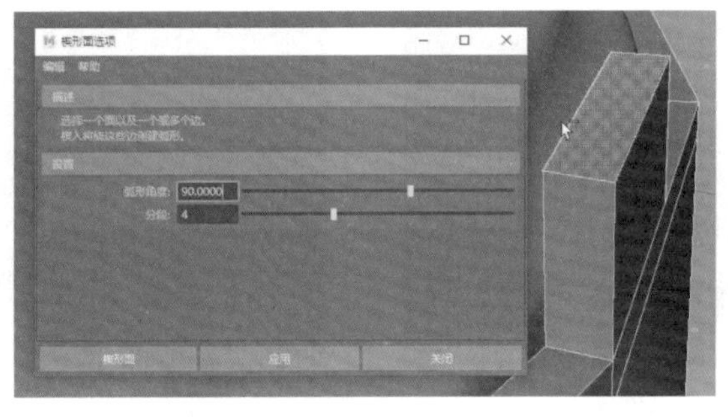

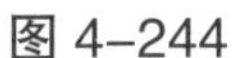

图 4-244　　图 4-245

（27）选择图 4-245 所示的面，挤出如图 4-246 所示的形状。进入“点”模式，调整挤出形状，如图 4-247 所示。在边缘添加循环边，如图 4-248 所示。

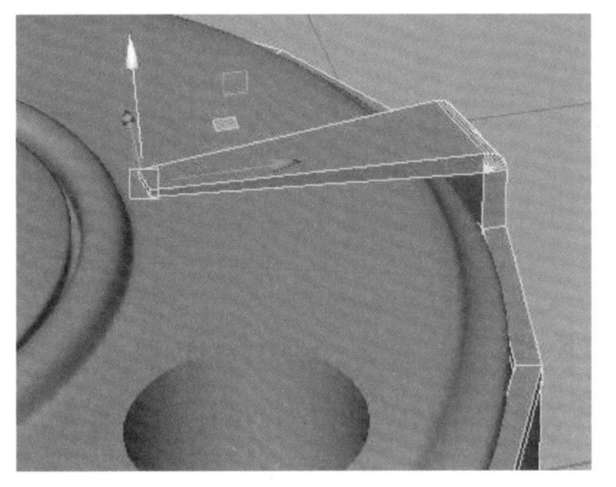

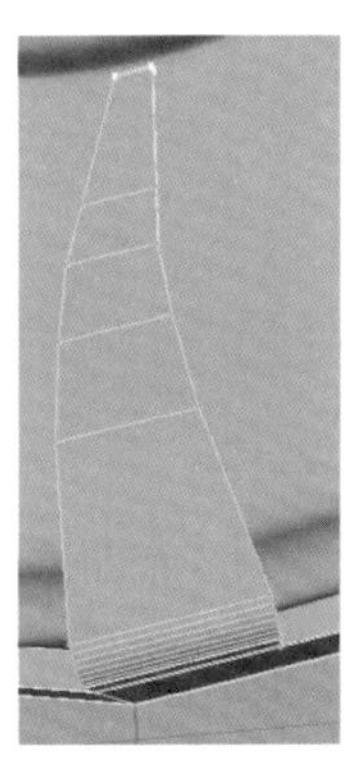

图 4-246　　图 4-247　　图 4-248

（28）制作完成的拨号器如图 4-249 所示。选择拨号器组件，分组，调整大小、位置等属性，放置在话机合适位置，如图 4-250 所示。

（29）制作电话线。创建一个 NURBS 圆柱体，设置“跨度数”为 200，“高度比”为 6，执行“变形→非线性→扭曲”命令，设置“开始角度”为 10000，效果如图 4-251 所示。选择圆柱上的一条等参线，执行“曲线→复制曲面曲线”命令，然后把复制的曲线移出圆柱体，如图 4-252 所示。

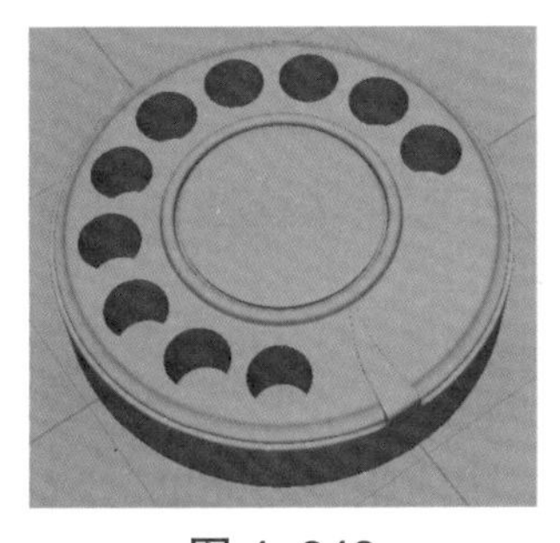

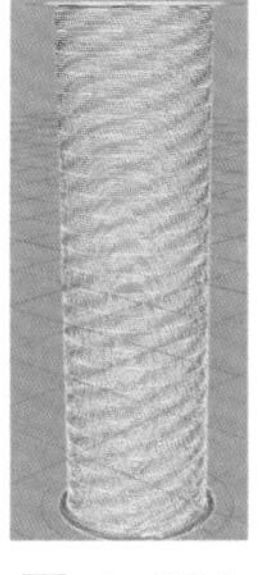

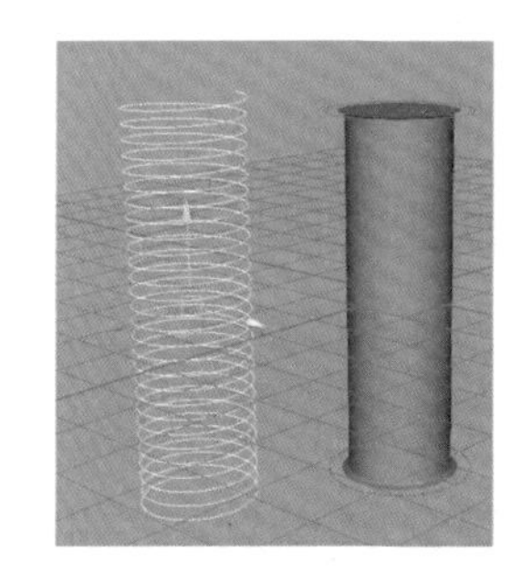

图 4-249　　图 4-250　　图 4-251　　图 4-252

（30）调整曲线的位置与形状，如图 4-253 所示。创建一个 NURBS 圆形，选择圆形与曲线，执行“曲面→挤出”命令，效果如图 4-254 所示。

（31）制作底座支撑。创建一个多边形圆柱体，为下端面的边添加“倒角”，如图 4-255 所示。调整圆柱大小位置，复制 3 个，放置在底座之下，如图 4-256 所示。

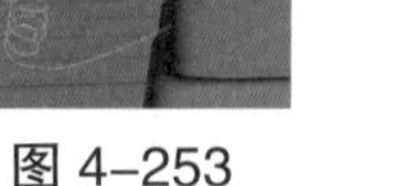

图 4-253

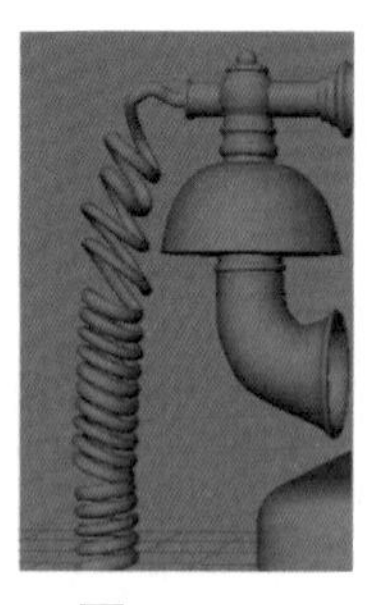

图 4-254

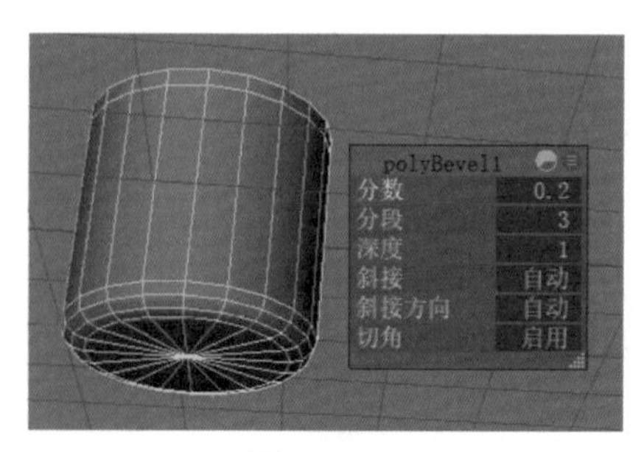

图 4-255

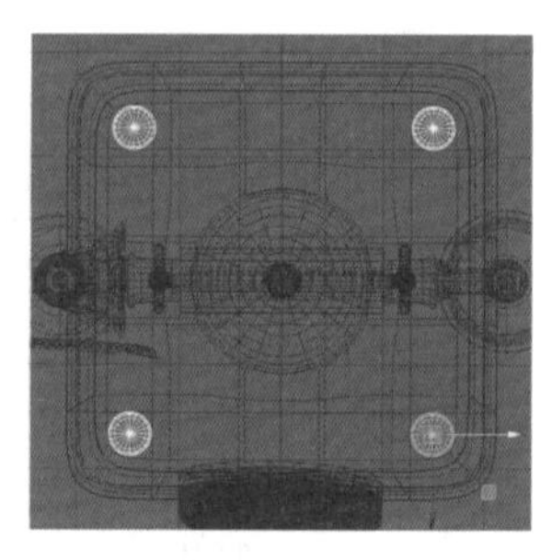

图 4-256

（32）进一步对照效果图修改模型，完成效果如图 4-159 所示，保存场景文件。

知识精讲

4.6 网格工具

1. 附加到多边形

使用“附加到多边形”工具可以将多边形添加到现有网格，将多边形边用作起始点。

例如，图 4-257 所示的模型表面有一个孔洞，选择“附加到多边形”选项，单击孔洞的边，然后按照如图 4-258 所示粉色箭头的指示顺序单击顶点，如图 4-259 所示，粉色区域完全覆盖孔洞后按【Enter】键完成修改，效果如图 4-260 所示。

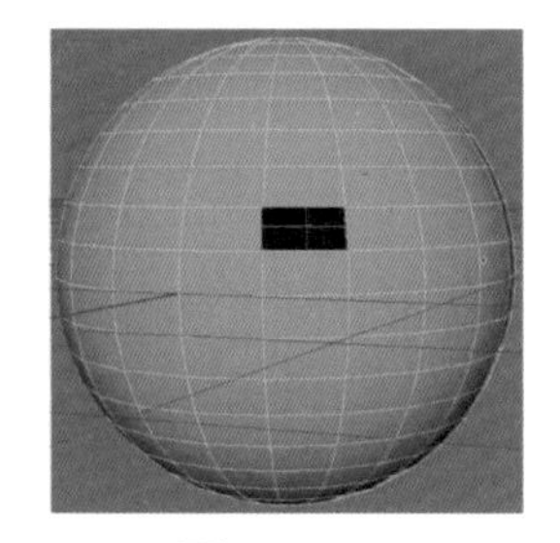

图 4-257

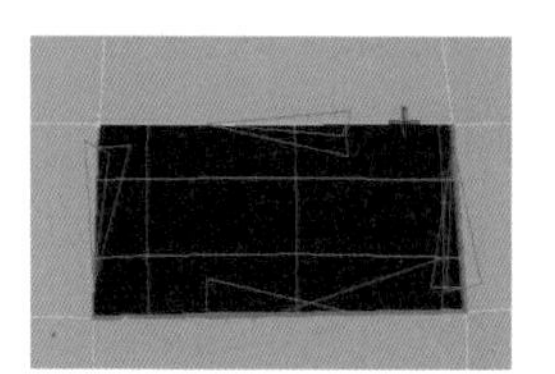

图 4-258

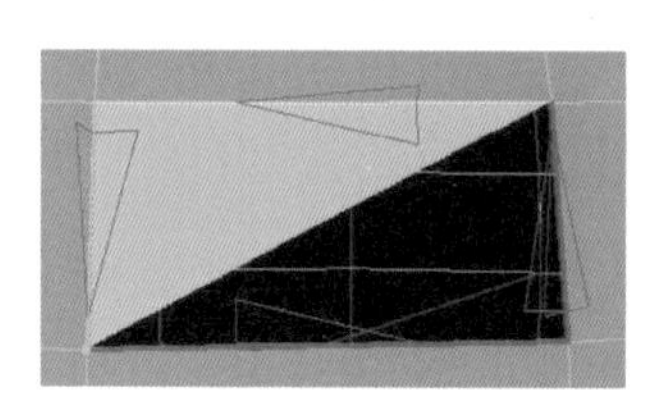

图 4-259

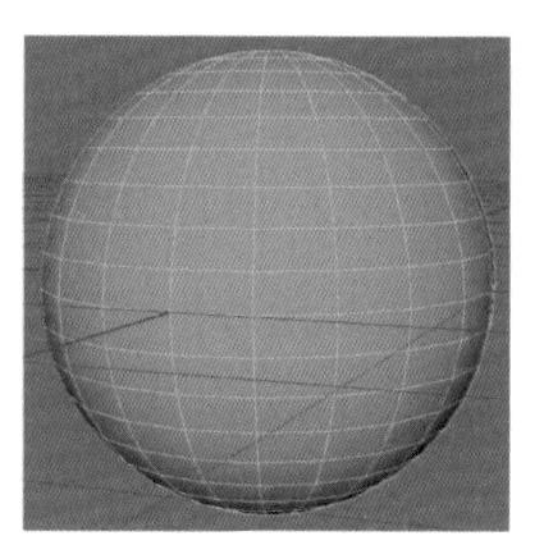

图 4-260

2. 连接

使用“连接”工具可以通过在多边形组件之间插入边，以交互方式连接这些组件。

（1）使用连接工具连接多边形组件方法如下。

①选择连接工具。

②选择场景中的单个顶点、边或面，然后按住【Shift】键选择其他组件。此时，对象上会出现一条绿色线，显示连接的预览，如图 4-261 所示。（如果选择单条边会自动连接整个环形路径。）

③按【Enter】键完成效果，如图 4-262 所示。

连接工具各选项如下。

①滑动：指定在网格上的什么位置插入边。如果将“滑动”设置为 0.50（默认值），将

在面的正中间插入边。

②分段：指定插入网格中的已连接的分段数，默认值为 1。

③收缩：指定外侧边和已连接分段之间的距离。

3. 折痕

使用“折痕”工具修改多边形网格，可以在多边形网格上使边和顶点起折痕，获取在坚硬和平滑之间过渡的形状，而不会过度增大基础网格的分辨率。

在多边形网格上对边或顶点进行折痕处理方法如下。

（1）选择“网格工具→折痕工具”选项。

（2）在网格上选择要进行折痕处理的边或顶点，如图 4–263 所示。

注意：在网格上每次可以选择要进行折痕处理的多条边或多个顶点，也可以选择多个多边形对象上的项目并同时对所有项目进行折痕处理。

（3）使用鼠标中键在场景视图中拖曳以调整折痕值。

应用折痕的边以原始网格上伴有较粗的线的形式出现，如图 4–264 所示。

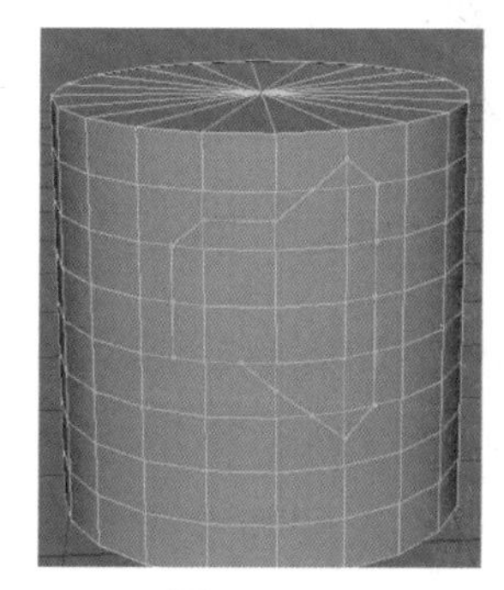

图 4–261

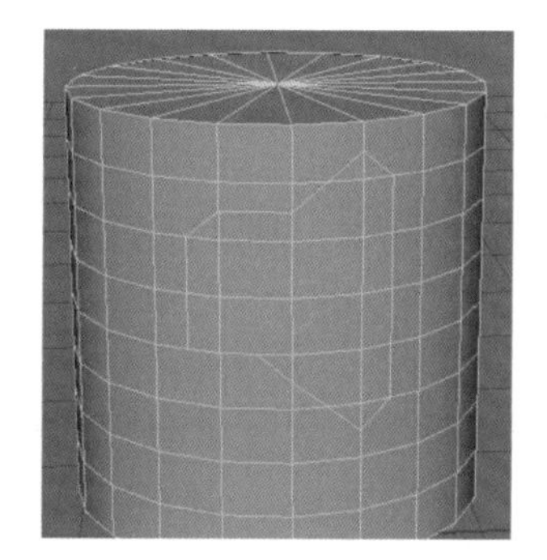

图 4–262

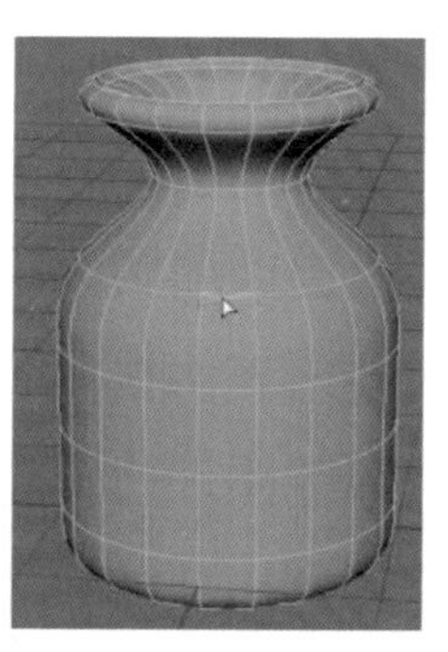

图 4–263

图 4–264

4. 创建多边形

使用“创建多边形”工具可以通过在场景视图中放置顶点来创建单独的多边形。

创建新多边形方法如下。

（1）选择“网格工具→创建多边形工具”选项。

（2）单击可放置第一个顶点，如图 4–265 所示。Maya 默认会将点放置在地平面上，除非将顶点捕捉到现有几何体。

（3）单击可放置下一个顶点。Maya 将在放置的第一个点和最后一个点之间创建一条边，如图 4–266 所示。

（4）放置另一个顶点。一条虚线边将连接 3 个顶点，如图 4–267 所示。

提示：顶点的放置方式决定面法线的方向。如果以顺时针方向放置顶点，则面法线指向下方；如果以逆时针方向放置顶点，则面法线指向上方。

（5）按【Enter】键完成多边形的创建，如图 4–268 所示。

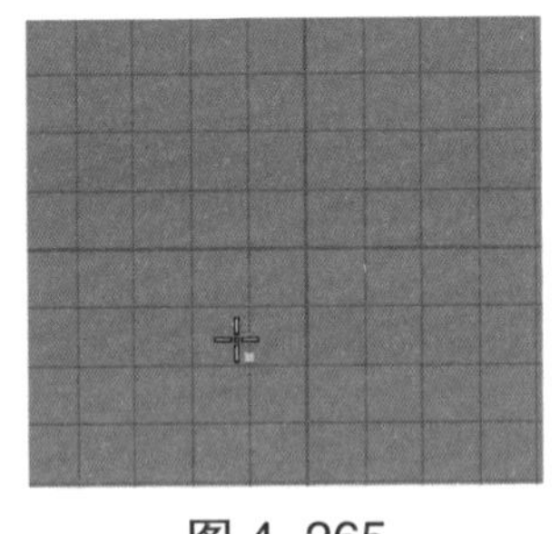

图 4-265

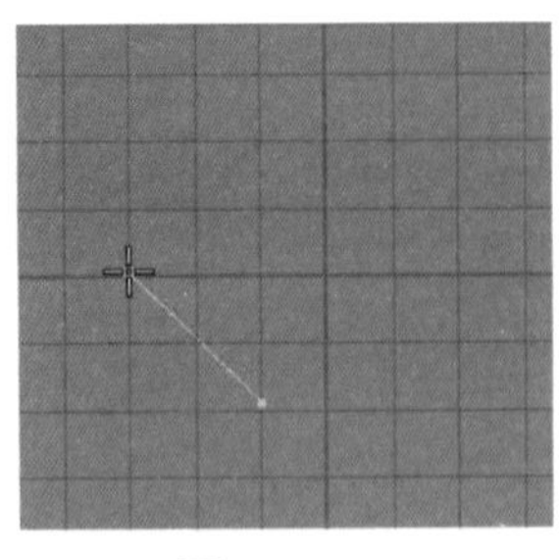

图 4-266

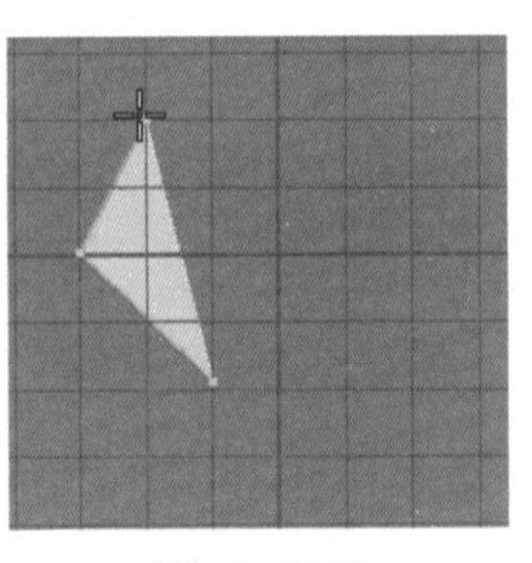

图 4-267

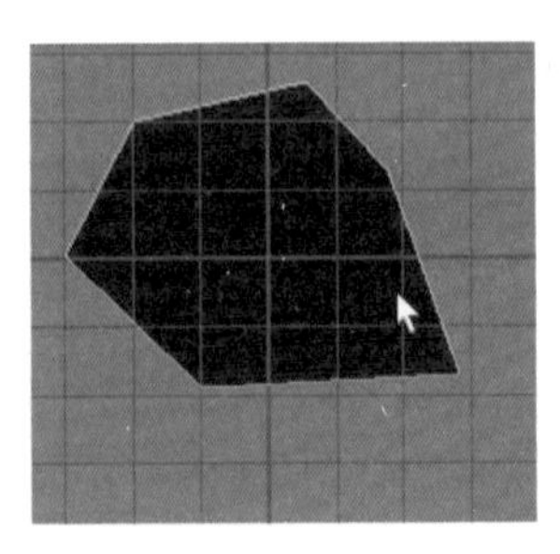

图 4-268

5. 插入循环边

使用“插入循环边”工具可以在多边形网格的整个或部分环形边上插入一个或多个循环边。循环边是由其共享顶点按顺序连接的多边形边的路径。如果遇到三边形或大于四边的多边形将结束命令，因此也会遇到使用该命令后不能产生环形边的现象。

（1）跨整个环形边插入循环边。

①在场景视图中，选择多边形网格。

②执行“网格工具→插入循环边”命令，确保默认选项设定如下。

• 保持位置：与边的相对距离。

• 自动完成：启用。

如果希望所有新循环边遵循周围网格的曲面曲率，则启用“使用边流插入”命令。

③单击多边形网格上要沿着网格插入一组新边的边，不要立即释放鼠标按键，此时在环形边内将显示由点组成的绿色循环边预览定位器线，如图 4-269 所示。

④将循环边定位器移动到需要的位置后，释放鼠标，新的循环边便插入到与选定环形边关联的多边形面中，如图 4-270 所示。

（2）跨部分环形边插入循环边。

①在场景视图中，选择多边形网格。

②选择“网格工具→插入循环边”选项，确保默认选项设定如下。

• 保持位置：与边的相对距离。

• 自动完成：禁用。

③单击多边形网格的一条边，指示要插入新循环边的起点。选中此边后，会在单击的边上显示一个绿色的顶点指示所做的选择，如图 4-271 所示。

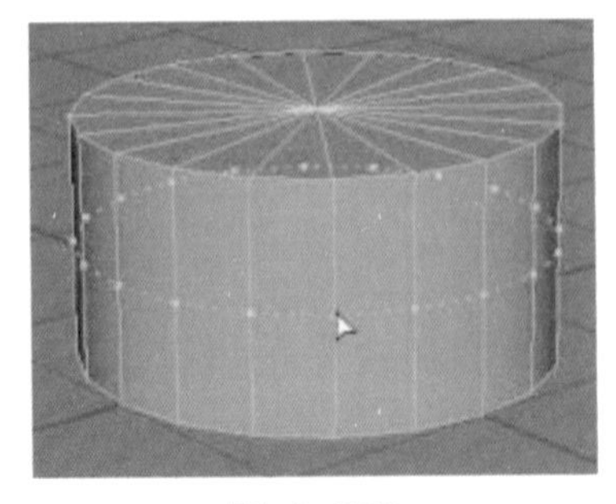

图 4-269

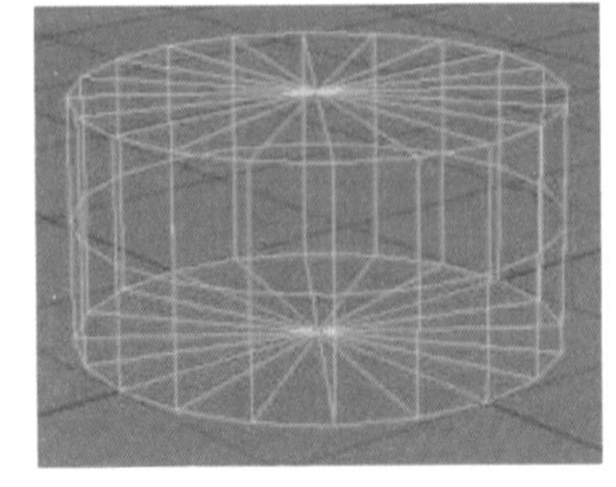

图 4-270

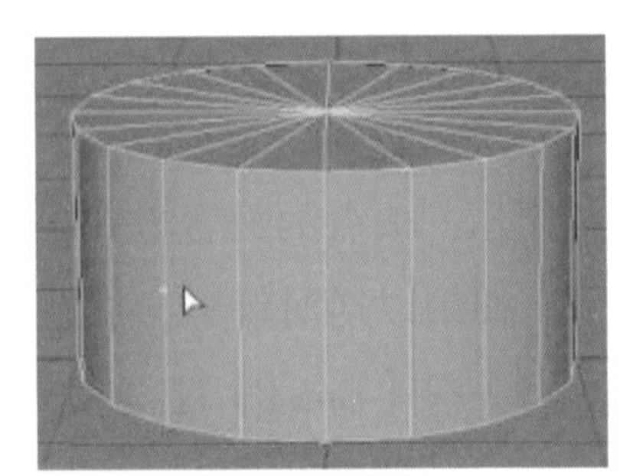

图 4-271

④单击要作为部分环形边终点的第二条边。第二条边应与所选的第一条边平行。所有介于单击的第一条边和第二条边之间的边都会被选中，并且会显示由点组成的绿色循环边预览定位器（沿着选定环形边）。预览定位器指示要在网格中插入新循环边的位置，如图 4–272 所示。

⑤完成选择后，按【Enter】键，结果如图 4–273 所示。

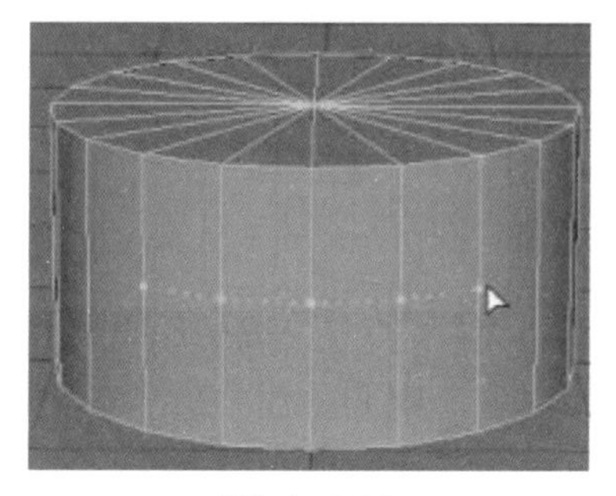
图 4–272

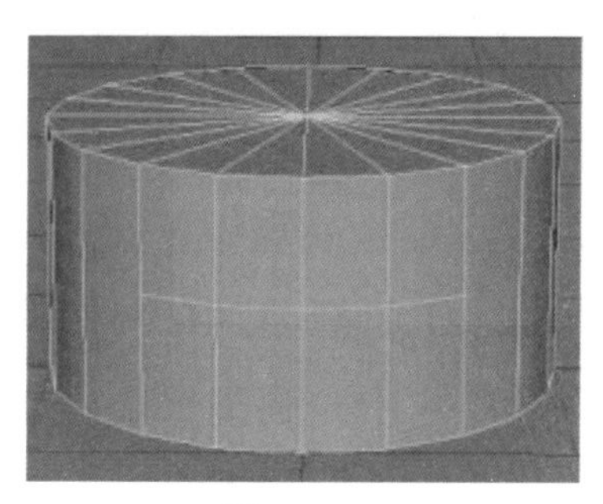
图 4–273

6. 生成洞

使用“生成洞”工具可以在选定多边形面中以其他面的形状创建洞。如果生成洞时使用的面形状与要在其中生成洞的面位于不同的网格，则必须先组合这些面（选择两个网格，然后选择“网格→结合”选项）。

（1）执行“网格工具→生成洞”命令，在“工具设置”对话框中，可设置洞与面的交互方式。

（2）在要生成洞的面的中心单击面指示器，如图 4–274 所示。在表示洞形状的面的中心单击面指示器，如图 4–275 所示。

（3）按【Enter】键，结果如图 4–276 所示。

也可以通过选择两边的面在单个对象中创建洞，如图 4–277 所示。

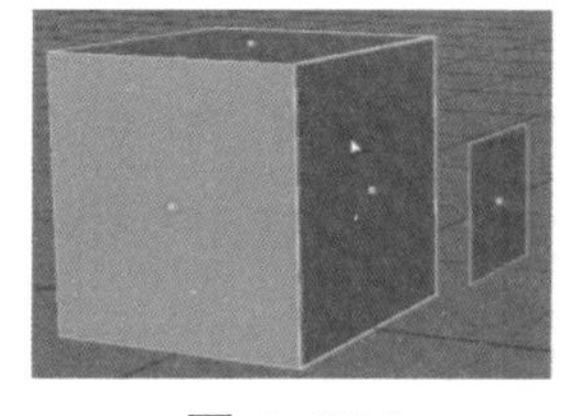
图 4–274

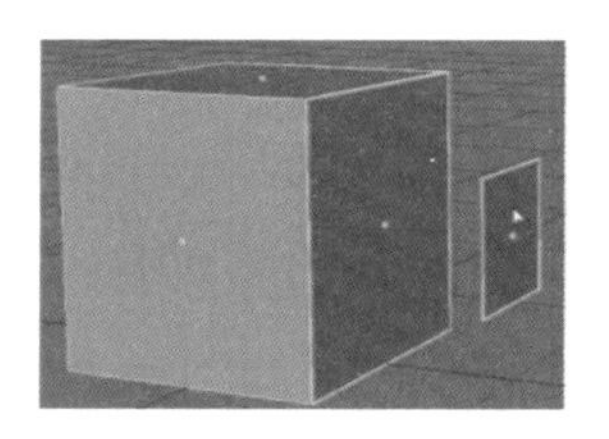
图 4–275

图 4–276

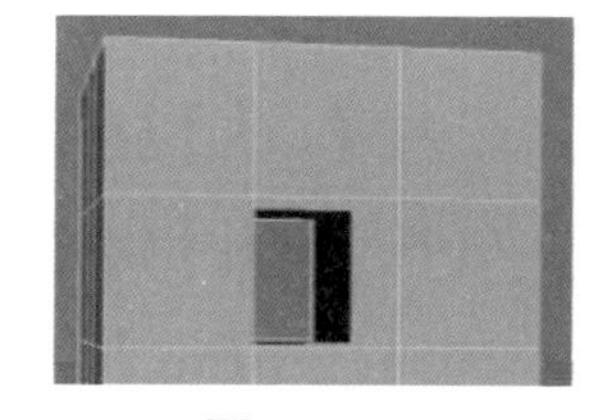
图 4–277

7. 多切割

使用“多切割”工具可以切割指定的面或整个对象，让这些面在切割处产生一个分段。

（1）使用“多切割”工具切割面。

①选择要切割的网格，打开“多切割”工具。

②单击现有边或顶点作为起点，如图 4–278 所示。必须从顶点或边开始切割，如果从面开始切割，那么会选择最近的顶点，从而创建两个切割点。

提示：按住【Shift】键并单击某条边可以从中点开始绘制。放置切割点时，可以使用栅格（按【X】键）或点（按【V】键）捕捉。

③单击其他边、顶点或面，以将这些点添加到切割线。插入分隔多个面的点时，将自动创建任何必需的中间点，也可以沿同一条边执行多个切割，如图 4–279 所示。

当多切割工具处于活动状态时，还可以通过交互方式编辑切割线。

• 按【Backspace】键移除点。

• 按住【Shift】键沿边捕捉点。使用“多切割选项”中的“捕捉 %”字段来调整捕捉间隔。

• 撤销（按【Z】键）或重做（按【Shift+Z】组合键）任何操作。

使用“多切割”工具拖动以在网格的任意位置重新定位切割点。

在“多切割选项”中，调整“切割 / 插入循环边工具”设置。

④完成后，按【Enter】键对面进行切割，如图 4–280 所示。

图 4–278

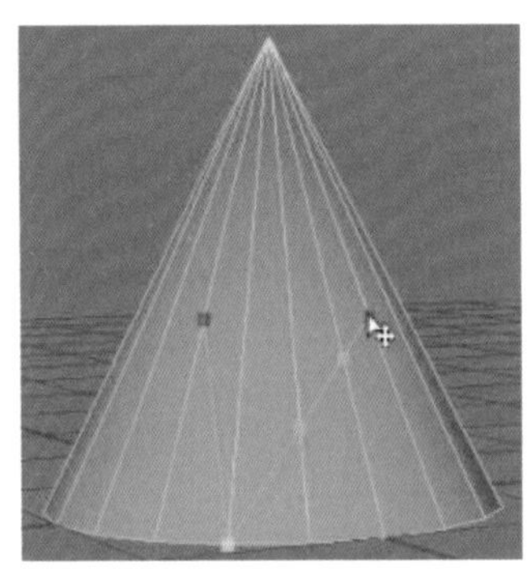
图 4–279

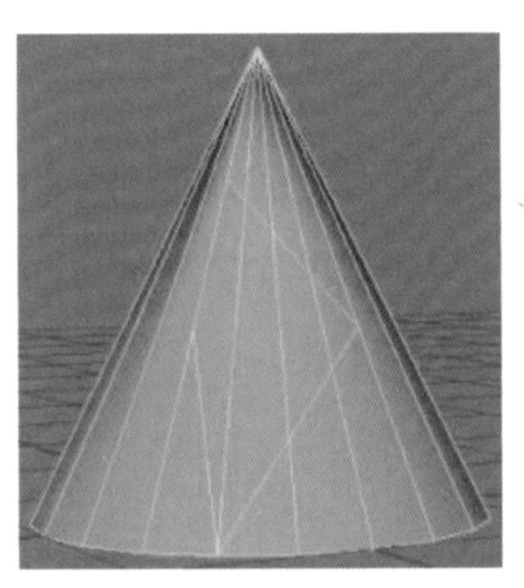
图 4–280

（2）使用“多切割”工具插入循环边。

打开“多切割”工具，进行如下操作。

①按【Ctrl】键或同时按【Ctrl】和【Shift】键并在网格上拖曳鼠标指针可以预览循环边。

②按【Ctrl】键并单击可以在网格上的任意位置插入循环边，如图 4–281 所示。

③按【Ctrl】键并用鼠标中键单击以插入居中的循环边，如图 4–282 所示。

同时按【Ctrl】和【Shift】键并单击可以插入循环边并按照“捕捉步长 %”增量进行捕捉，如图 4–283 所示。

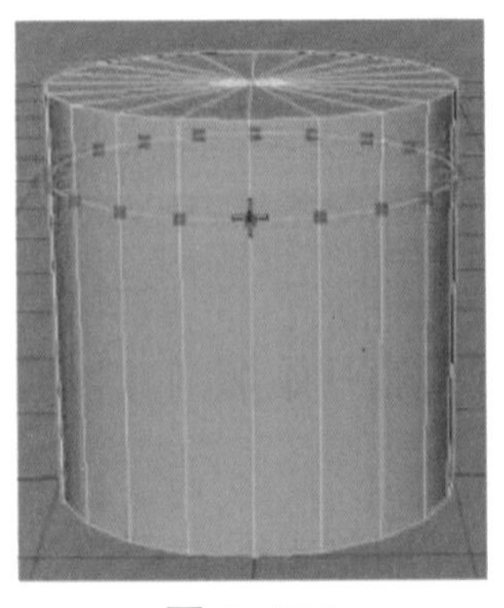
图 4–281

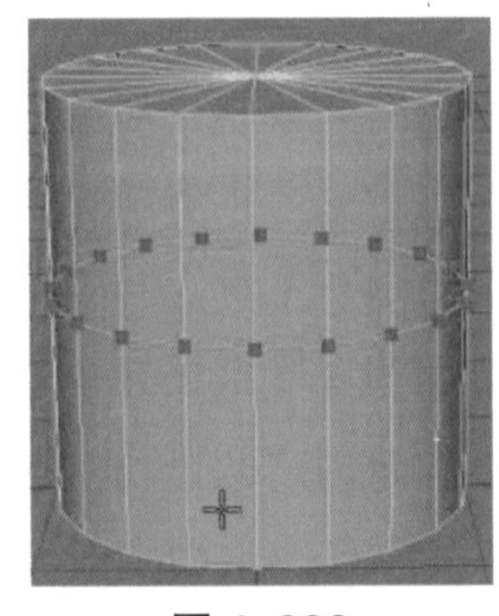
图 4–282

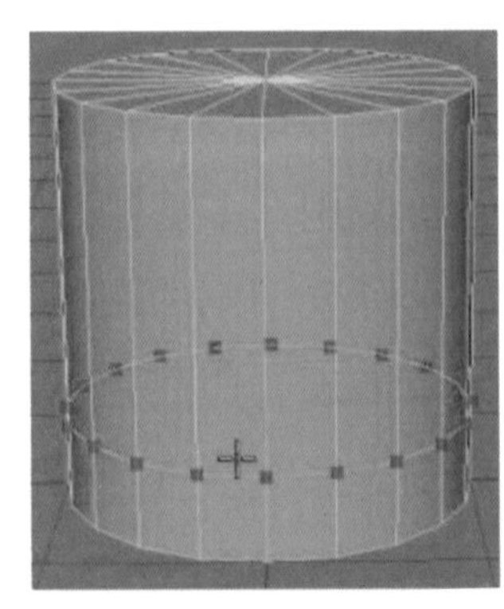
图 4–283

（3）使用“多切割”工具对面进行切片。

①选择要进行切片的网格或网格面。

②打开“多切割”工具。

③单击网格两侧以定义两个切片点。切片点之间将显示一个橙色切片预览线，如图 4–284 所示，此线表示切片平面。

④按【Enter】键或右击沿切片平面切割网格，图 4–285 所示为默认切片选项效果，图 4–286 所示为“删除面”切片效果，图 4–287 所示为“提取面”切片效果。

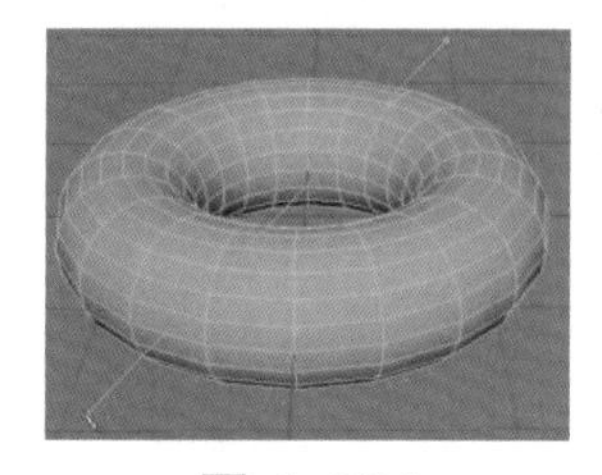

图 4–284

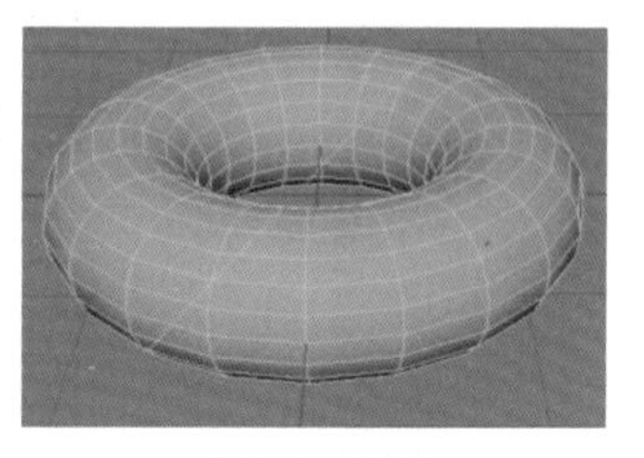

图 4–285

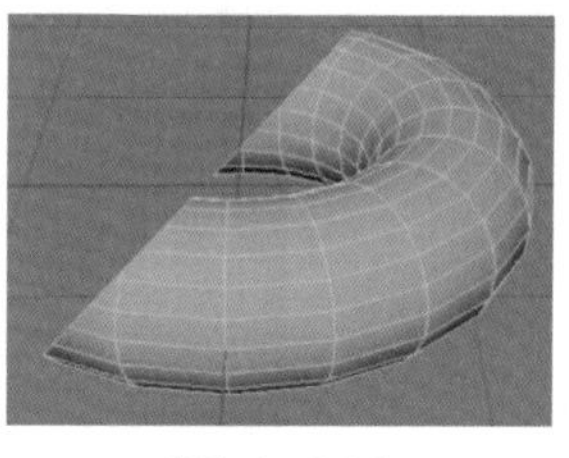

图 4–286

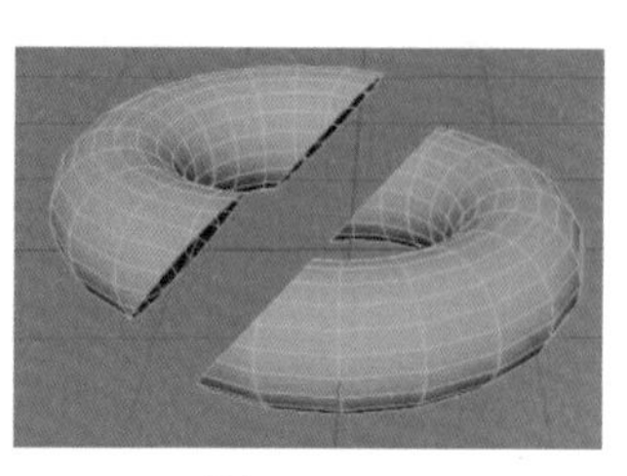

图 4–287

8. 偏移循环边

使用“偏移循环边”工具，可以在选择的任意边的两侧插入两个循环边。

9. 绘制减少权重

使用“绘制减少权重”工具，可以通过绘制权重来决定多边形的简化情况。

10. 绘制传递属性

使用“绘制传递属性”工具，可以通过绘制权重来决定多边形传递属性的多少。

11. 四边形绘制

使用“四边形绘制”工具手动绘制点，即可创建多边形。

（1）使用“四边形绘制”工具填充洞。

①选择网格，如图 4–288 所示。

②激活“四边形绘制”工具。

③在按住【Shift】键的同时将鼠标指针移动到孔上，“四边形绘制”工具将进入预览模式。如果要创建的面是三角形，它将以紫色亮显；但如果要创建的面是四边形，它将以绿色亮显，如图 4–289 所示。

④按住【Shift】键单击面预览，此时将显示新面，并填充孔，如图 4–290 所示。

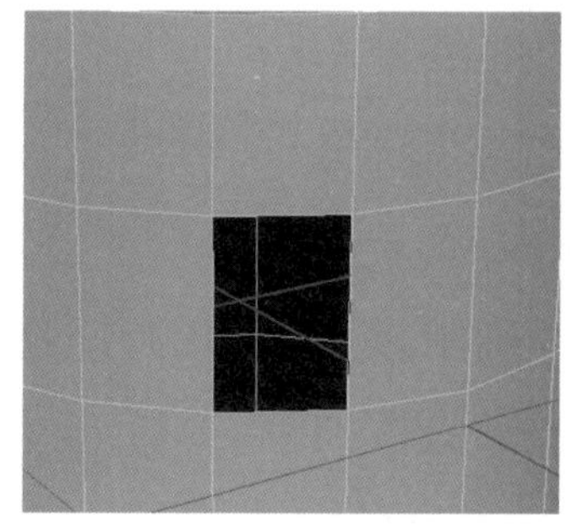

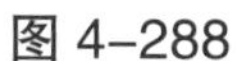

图 4–288

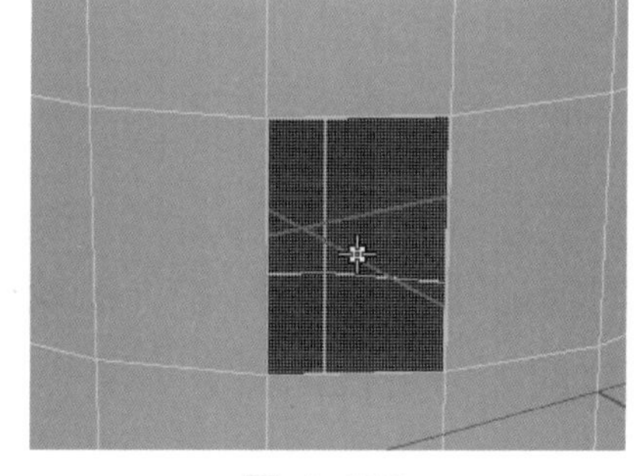

图 4–289

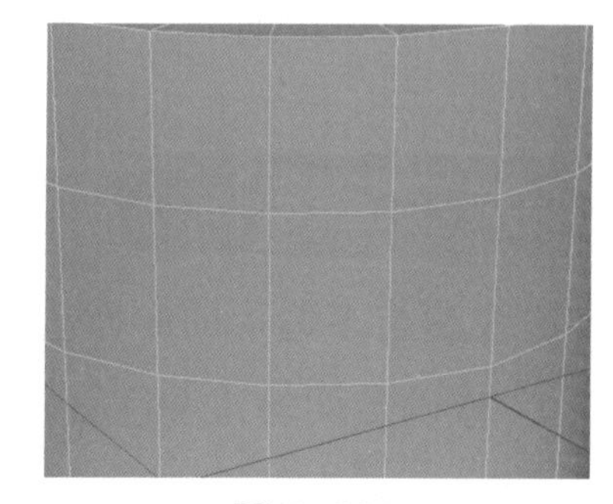

图 4–290

（2）使用“四边形绘制”工具重新拓扑网格。

①激活设置参考网格，如图 4–291 所示。

②打开“四边形绘制”工具，单击定义顶点，如图 4–292 所示。

③按【Shift】键单击创建多边形，如图 4–293 所示。

④完成后，再次单击“四边形绘制”工具退出。

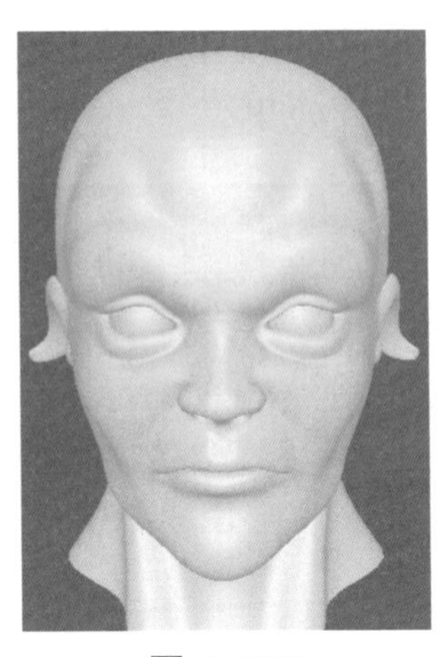

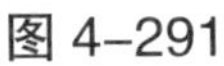

图 4–291

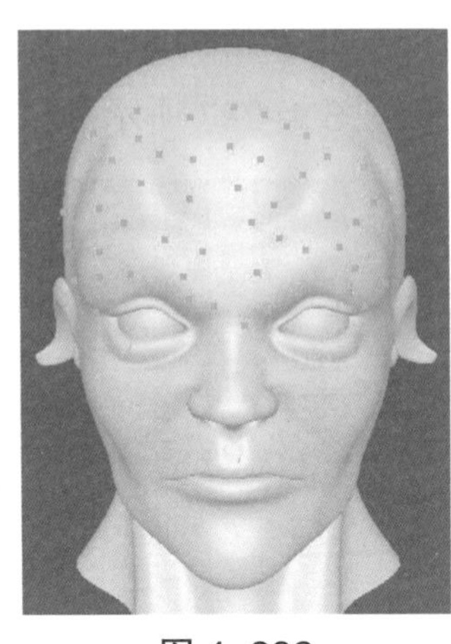

图 4–292

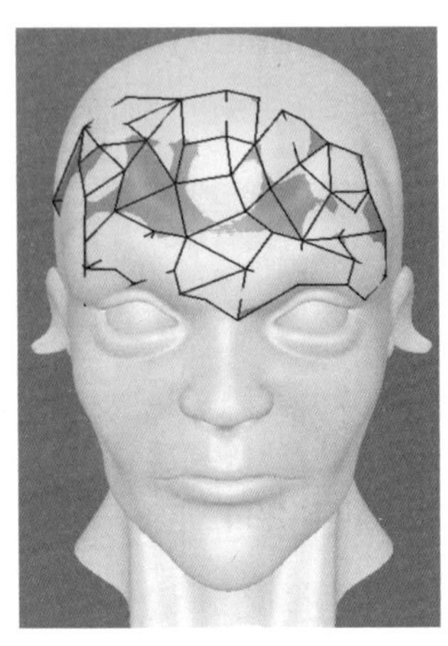

图 4–293

12.“雕刻”

使用“雕刻”工具可以雕刻虚拟 3D 曲面，像在黏土或其他建模材质上雕刻真正的 3D 对象那样。

13. 滑动边

可以在按住【Shift】键的同时逐个选择边，或者双击某个边以选择整个循环边，然后使用鼠标中键拖曳来滑动选定边。

14.“目标焊接”

“目标焊接”工具可用于将一个顶点或边与另一个顶点或边进行合并，但只能在组件属于同一网格时才能进行合并。

使用“目标焊接”工具合并组件方法如下。

（1）选择“目标焊接”工具。

（2）选择源组件（边或顶点），将光标拖曳到目标组件（边或顶点），在两个组件之间将出现一条橙色线。

（3）释放鼠标即可合并两个组件。

4.7 法线操作

法线是与多边形的曲面垂直的理论线。在 Maya 中，法线用于确定多边形面的方向（面法线），或确定面的边着色后彼此之间如何可视化显示（顶点法线）。具体如下。

1. 平均

平均化顶点法线的方向。

2. 一致

统一选定多边形网格的曲面法线方向。生成的曲面法线方向将基于网格中共享的大多数面的方向。

3. 反转

反转选定多边形上的法线。

4. 设置为面

将顶点法线设置为与面法线相同的方向。

5. 硬化边

“硬化边”将设定“法线角度”为 0°，使所有选定边硬渲染。图 4–294 所示为原始模型，图 4–295 所示为执行“硬化边”命令后的模型效果。

6. 软化边

“软化边”将“法线角度”设置为 180°，使所有选定边渲染柔和。图 4–294 所示为原始模型，图 4–296 所示为执行“软化边”命令后的模型效果。

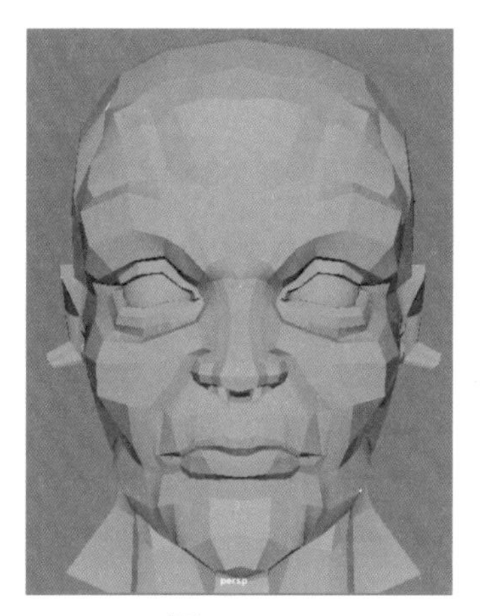

图 4–294

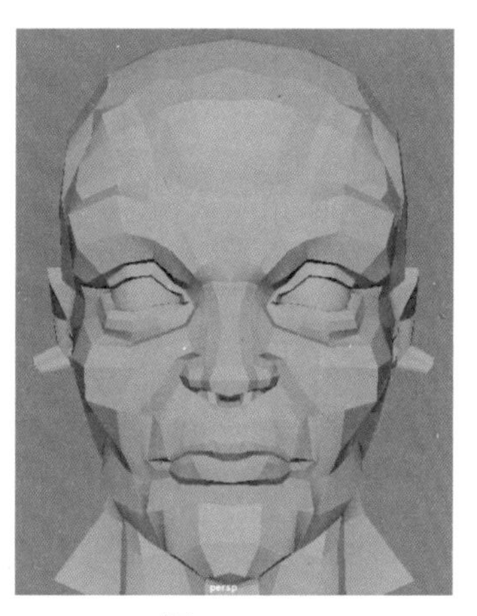

图 4–295

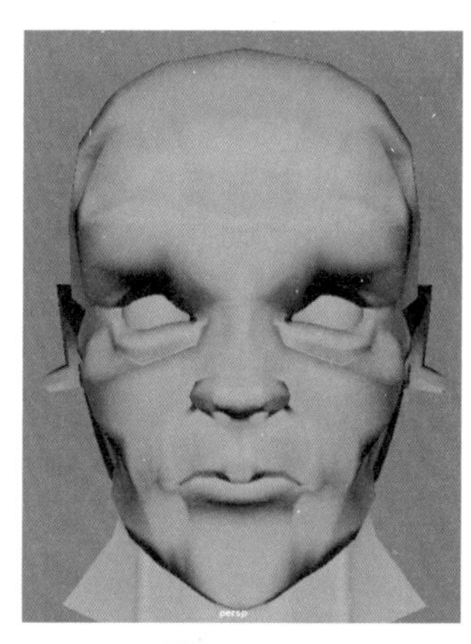

图 4–296

7. 软化 / 硬化边

通过指定法线的角度值来调整多边形的着色外观。

方法：确定如何软化 / 硬化边，选项如下。

- 角度：硬化任何大于当前值的角度，所有其他角度均渲染为软角度。
- 纹理边界：沿纹理边界硬化所有边，所有其他边均渲染为软边。

拓展练习

使用多边形建模工具创建以下模型。

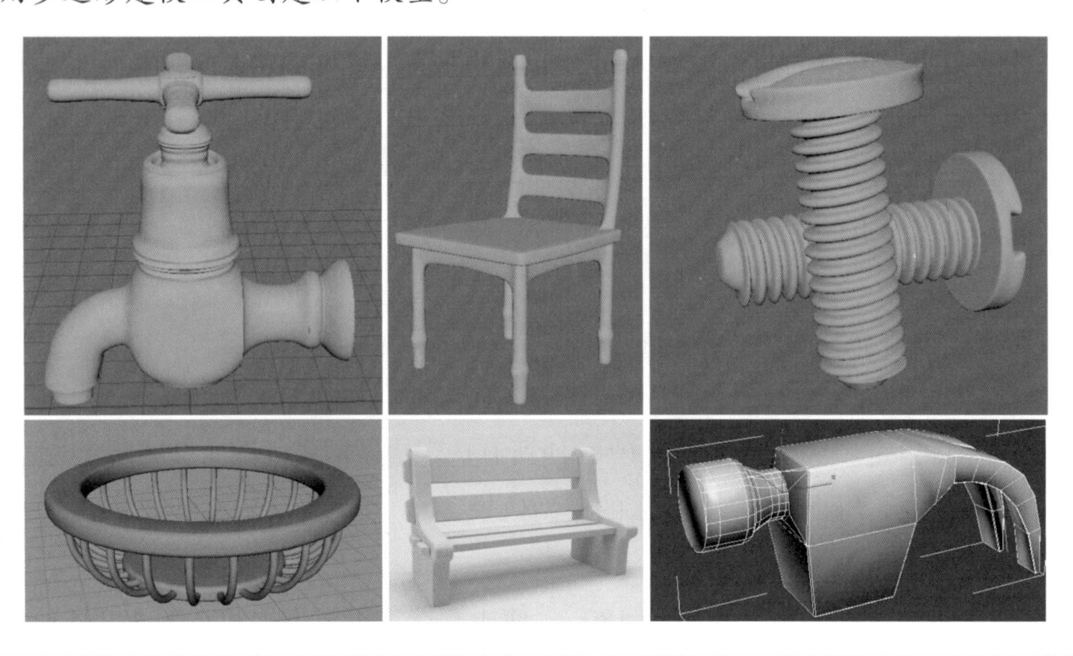

第5章 灯光与渲染

案例11 三点布光

案例描述

通过本案例的学习，学会如何在Maya场景中进行典型的三点布光。布光之后，通过设置不同的灯光参数、选择不同的渲染器，来获得不同的效果。图5-1左图所示为使用Maya软件渲染器的效果，图5-1右图所示为设置Arnold参数后，使用Arnold渲染器的效果。

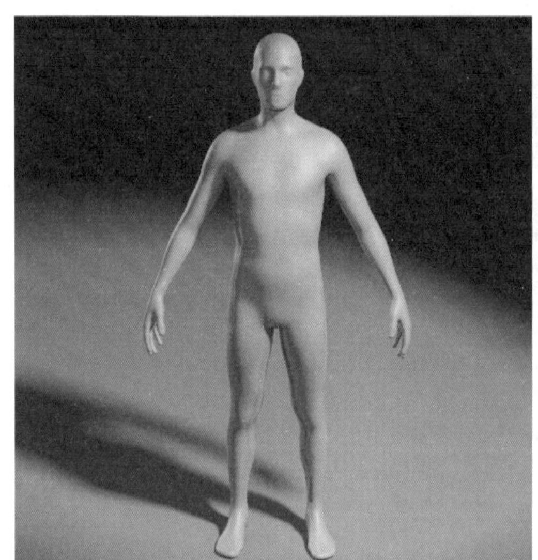
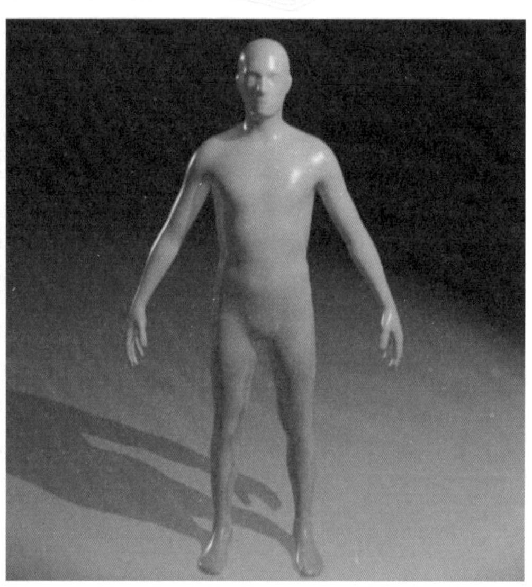

图5-1

学习目标

1. 知识目标

- 了解间接照明与直接照明的区别；
- 了解灯光类型。

2. 技能目标

- 会创建灯光；
- 能熟练设置灯光的基本参数；
- 会进行三点布光。

3. 素养目标

- 养成规范操作的习惯；
- 培养审美能力。

操作步骤

（1）启动软件。确保视图面板的“带纹理”“阴影”“屏幕空间环境光遮挡”“多采样抗锯齿”都已启用。打开名为“三点灯光”的场景文件，如图 5–2 所示。

（2）单击状态行中的“显示渲染设置”按钮，在“渲染设置”对话框的“使用以下渲染器渲染”下拉菜单中选择“Maya 软件”渲染器。在状态行中单击“渲染当前帧”按钮，渲染将完全显示为黑色，这是因为场景中没有照明，效果如图 5–3 所示。

（3）在“视图”面板工具栏中单击“使用所有灯光”按钮，场景中的所有对象都将变为黑色，如图 5–4 所示。这是因为场景中没有灯光，并且视口灯光已关闭。通过切换此设置，可以查看任何灯光在场景中产生的效果。

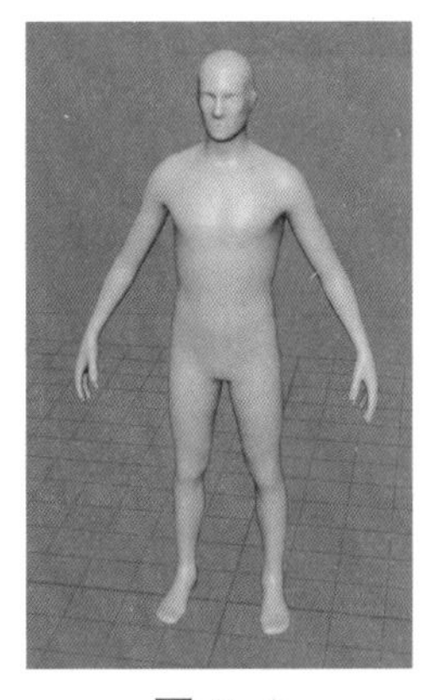

图 5–2

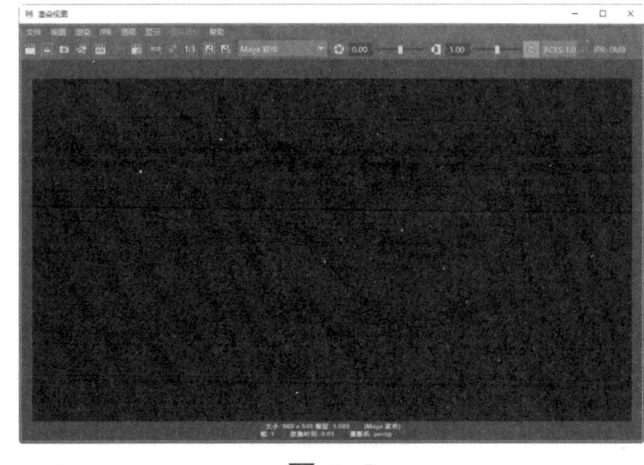

图 5–3

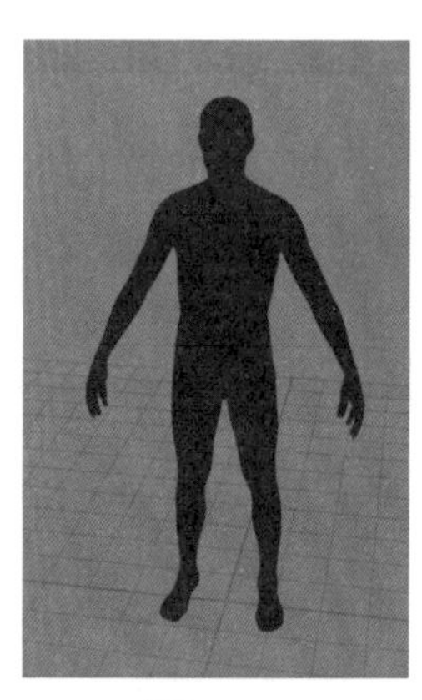

图 5–4

（4）添加“主光源”。切换到“渲染”工具架，单击“聚光灯”按钮，移动并缩放新创建的平行光，调整位置如图 5–5 所示。在“聚光灯属性”对话框中设置灯光的基本属性，如图 5–6 所示。勾选“阴影”属性的“使用光线跟踪阴影”复选框，照明效果如图 5–7 所示，细节如图 5–8 所示。

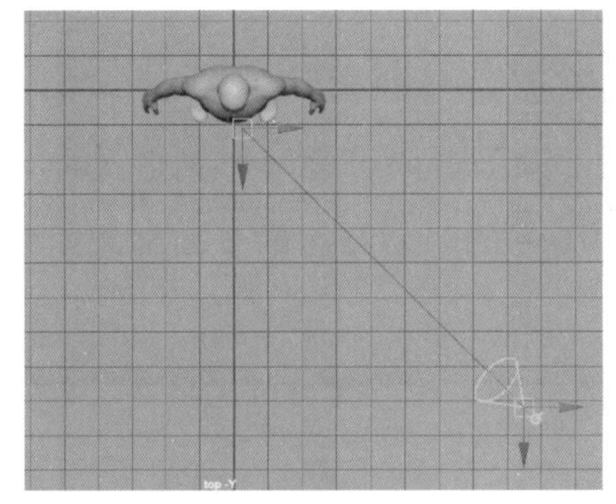

图 5–5

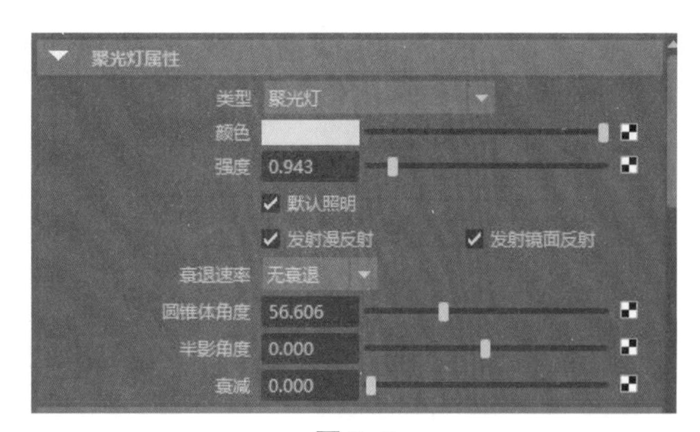

图 5–6

图 5-7

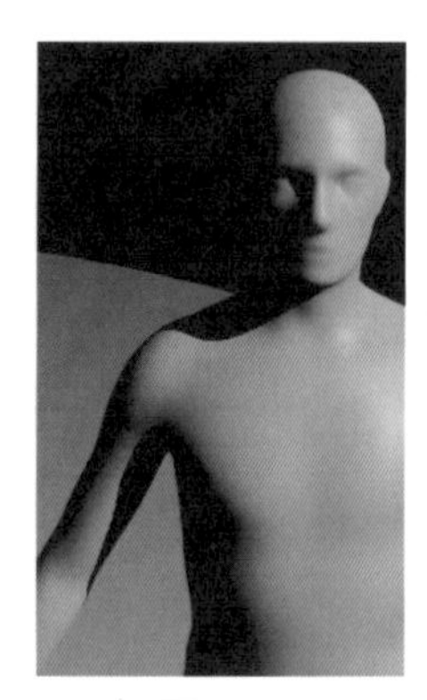

图 5-8

（5）添加“辅光源”。单击“渲染”工具架左侧的“区域光”按钮，在“属性编辑器”中禁用“归一化”。移动并缩放新创建的“区域光”，移动和旋转灯光，调整位置如图 5-9 所示。根据需要调整两个灯光的强度、阴影属性参数，照明效果如图 5-10 所示，局部细节如图 5-11 所示。

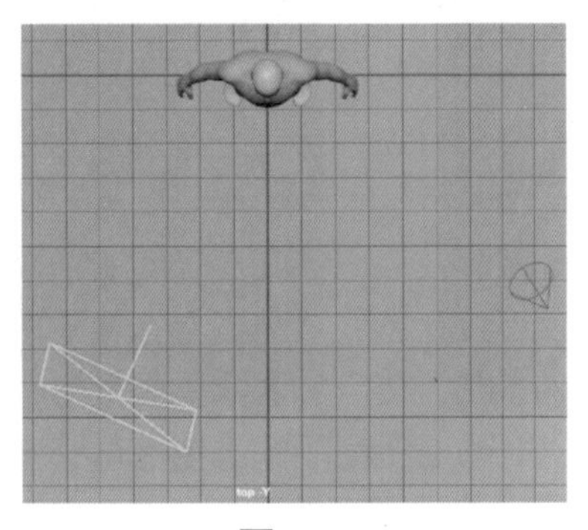

图 5-9

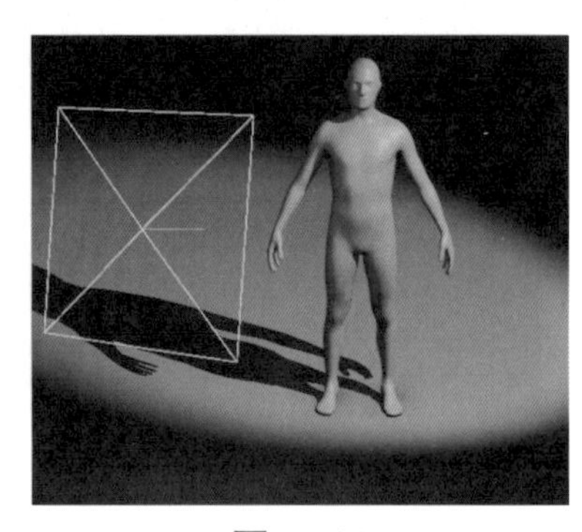

图 5-10

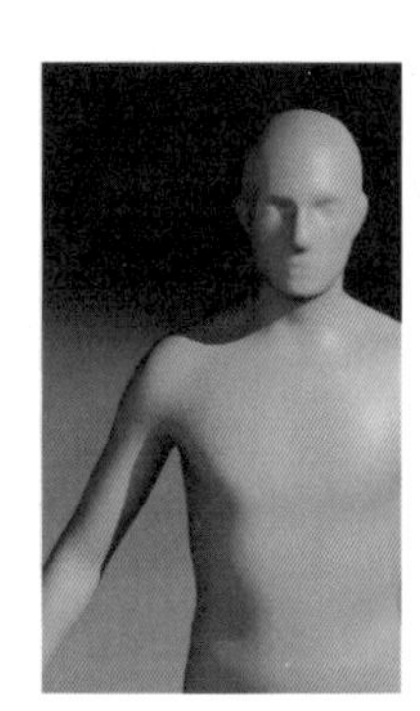

图 5-11

（6）添加“轮廓光源”。单击“渲染”工具架左侧的“平行光”按钮，移动并缩放新创建的“平行光”，调整位置如图 5-12 所示。根据需要调整两个灯光的强度、阴影属性参数，照明效果如图 5-13 所示，局部细节如图 5-14 所示。

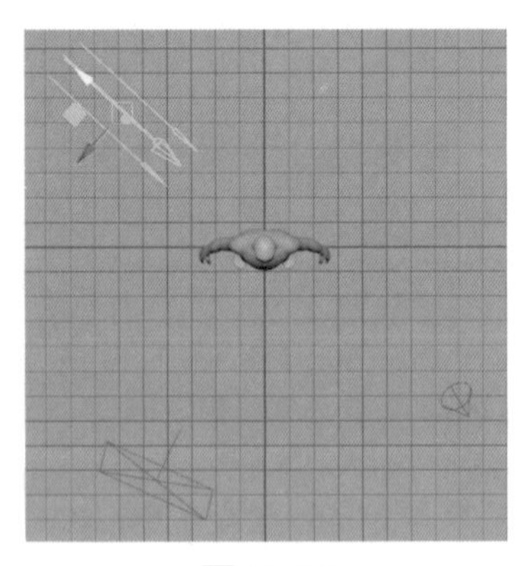

图 5-12

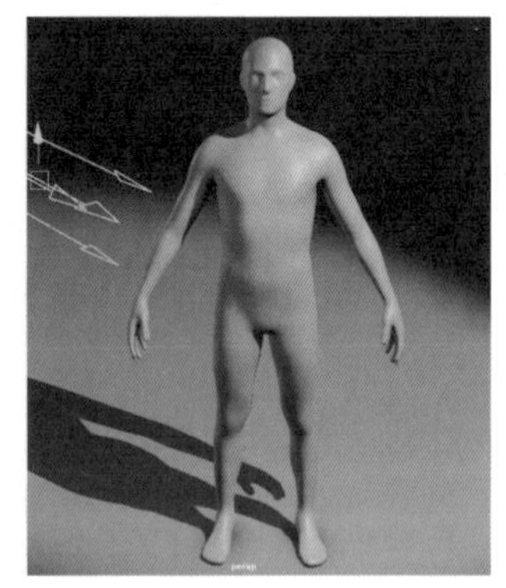

图 5-13

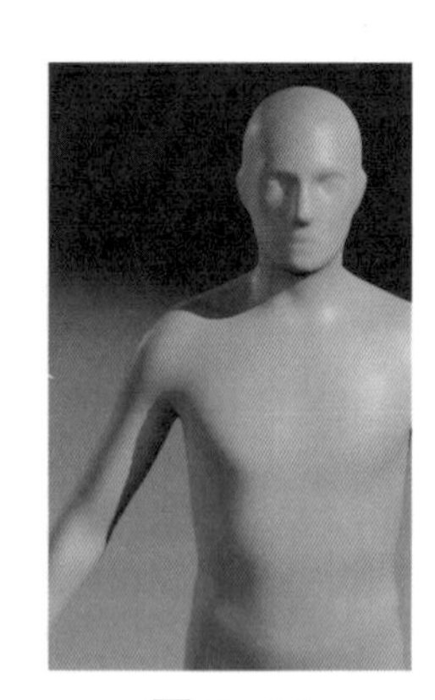

图 5-14

（7）单击“渲染当前帧”按钮，效果如图 5-1 左图所示。设置 3 个灯光的 Arnold 参数——聚光灯、区域光、平行光的参数设置分别如图 5-15、图 5-16、图 5-17 所示。

（8）单击“状态行”中的“显示渲染设置”按钮，在“渲染设置”对话框中，在“使用以下渲染器渲染”下拉菜单中选择“Arnold Renderer”渲染器。单击“渲染当前帧”按钮，效果如图 5-1 右图所示。保存场景文件。

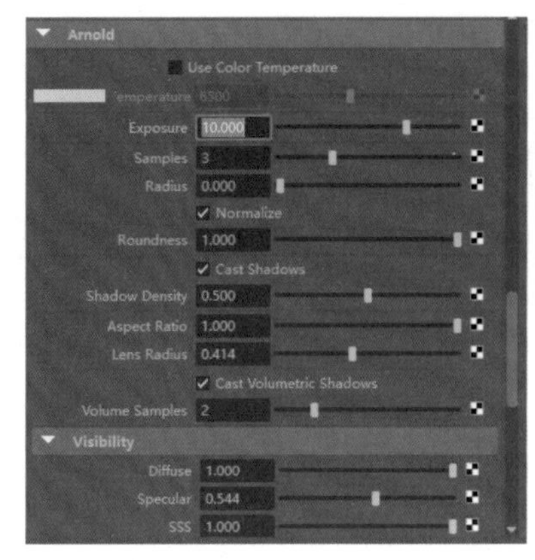

图 5-15

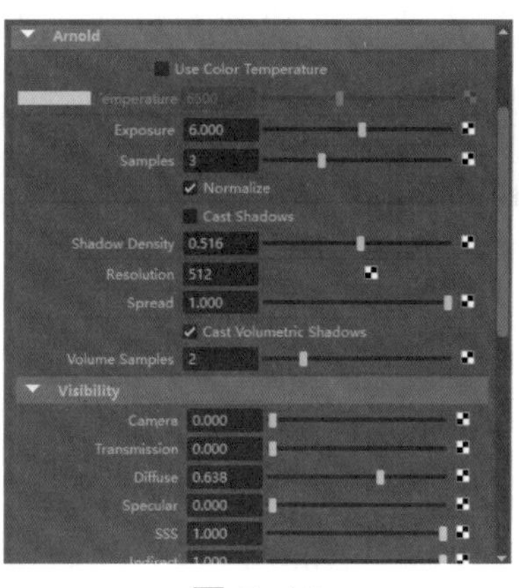

图 5-16

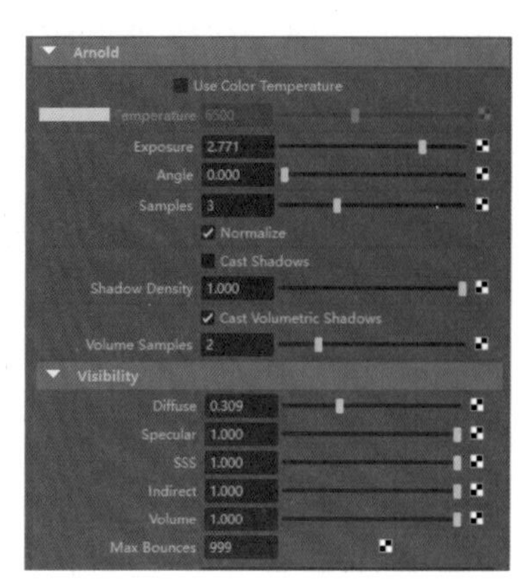

图 5-17

知识精讲

5.1　间接照明与直接照明

1. 间接照明

间接照明即全局照明，是指场景中所有互相反射的灯光。全局照明发生在如下情况中：灯光反射出或通过不透明（仅反射）、透明或半透明的表面透射（折射），被另一个表面反射或吸收。例如，门底部的裂缝可使灯光照射到房间内，白色墙将灯光反射到房间内的其他曲面，水体可将灯光从其表面透射到地板上。

2. 直接照明

直接照明即局部照明，是指直接来自光源的灯光（如聚光灯）。直接灯光从光源发射，然后笔直穿过空间到达被照亮的点（位于一个曲面上或一个体积中）。例如，聚光灯照亮舞台上的一个演员，阳光直接照射晒太阳的人等。

3. 默认照明

默认情况下，新场景不包含光源，但 Maya 的默认照明可以帮助用户在场景视图的着色显示中可视化对象（按【5】键）。如果禁用默认光源且场景中没有灯光，则场景会显示为黑色。

4. 渲染时的默认光源

如果预览渲染没有灯光的场景，则 Maya 将在渲染过程中创建平行光以便对象可见。如果没有该默认灯光，对象将不会得到照明，也就是说，渲染将为黑色。

5.2　灯光类型

Maya 具有多种光源，通过控制灯光的强度、颜色和方向、阴影、镜面反射高光、漫反射和光晕等可以影响场景获得不同的照明效果。

单击“渲染”工具架的灯光图标即可创建灯光。图 5-18 所示自左至右分别对应 6 种 Maya 传统光源：环境光、平行光、点光源、聚光灯、区域光和体积光。

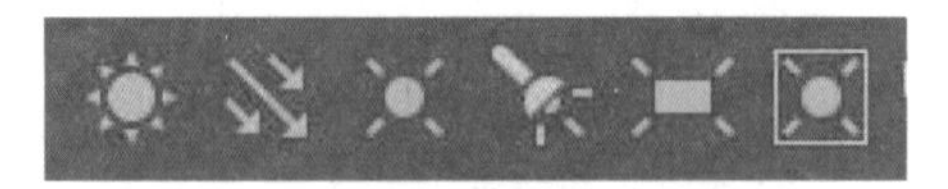

图 5-18

1. 环境光

环境光以两种方式发光：一种是从灯光位置向所有方向均匀发光（类似于点光源），另一种是从所有方向朝所有方向均匀发光（就像从一个无限大球体的内部曲面中发射）。

使用环境光可模拟直接灯光（如灯）和间接灯光（灯光反射到房间内的墙）的组合。环境光光源在中间位置向四周发射，如图 5-19 所示。

2. 平行光

使用平行光模拟非常远的点光源（如从地球表面看太阳）。平行光仅向一个方向平均地照射。其光线相互平行，就像从无限大的平面垂直发射。平行光从右前方照射，物体的影子方向一致，如图 5-20 所示。

图 5-19

图 5-20

3. 点光源

点光源从空间中一个无穷小的点向所有方向均匀照射。使用点光源来模拟白炽灯灯泡或星星，效果如图 5-21 所示。

4. 聚光灯

聚光灯在圆锥体定义的狭窄方向均匀地发出一束光（效果如手电筒或车头灯）。聚光灯的旋转确定光束的指向，圆锥体的宽度确定光束的宽窄。对于聚光灯，不仅可以调整其灯光的柔和度，来创建或消除投影灯光的刺目光圈，还可以从聚光灯投影图像贴图。

聚光灯是一种非常重要的灯光，其有明显的光照范围，类似于手电筒的照明效果，在三维空间中形成一个圆锥形的照射范围。聚光灯能够突出重点，在很多场景中都被使用到，在室内和室外均可以用来模拟太阳光的照射效果，同时也可以突出单个产品，强调某个对象的存在。

聚光灯不但可以实现衰减效果，使光线的过渡变得更加柔和，同时还可以通过参数来控制其半影效果，从而产生柔和的过渡边缘，如图 5-22 所示。

图 5–21

图 5–22

5. 区域光

在 Maya 中，区域光是二维矩形光源。使用区域光模拟曲面上窗口的矩形反射。区域光最初为两个单位长及一个单位宽，可以使用变换工具调整场景中区域光的大小并放置区域光，如图 5–23 所示。

与其他光源相比，区域光用于渲染的时间更长，但产生的灯光和阴影质量更高。区域光特别适用于高质量的静止图像，不适合渲染速度要求高的较长动画。

区域光形成的角度和着色点决定照明。当点距区域光的距离增大时，角度减小，照明变暗。

6. 体积光

使用体积光的主要优点是拥有灯光的范围（包围灯光的空间），而且还可以用作负灯光（以移除或减少照明）或用于淡化阴影。

体积中灯光的衰减可以由 Maya 中的颜色渐变（渐变）属性来表示，这样不仅无须再使用各种衰退参数，并且还能提供其他控制。

使用“体积光方向”可以获得不同的效果。“向内”的行为像点光源，而“向下轴”的行为像平行光。“向内”会反转进行明暗处理的灯光的方向，从而提供向内照明的外观。图 5–24 所示是参数为 120° 的弧形向外照明的效果。

图 5–23

图 5–24

5.3　灯光的基本操作

1. 调整灯光位置

（1）选择灯光，可以使用“移动工具”“缩放工具”“旋转工具”对灯光的位置、大小和方向进行调整。

（2）选择灯光，按【T】键打开灯光的目标点和发光点的控制手柄，这样可以很方便地调整灯光的照明方式，能够准确地确定目标点的位置，如图 5–25 所示。同时还有一个扩展手柄，可以对灯光的一些特殊属性进行调整，如光照范围和灯光雾等。

（3）选择灯光，然后单击面板中的“沿选定对象观看”按钮，可以像沿摄影机观看一样确定灯光的照明区域，如图 5–26 所示。这种方法准确且直观，在实际操作中经常使用到。

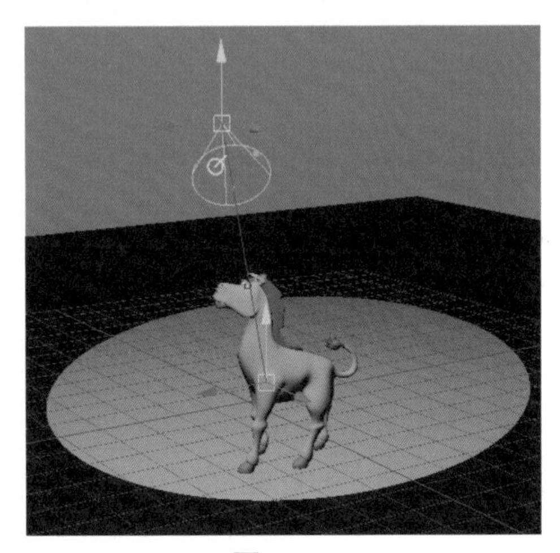

图 5–25

图 5–26

2. 灯光链接

创建光源后，默认情况下新的光源将照亮场景中的所有曲面。同样，创建曲面后，场景中的所有灯光也会照亮新曲面。可以根据需要通过链接灯光与曲面，使特定灯光（或灯光组）照亮特定曲面（或曲面组）；或反之，只有特定对象（或对象组）接收特定灯光（或灯光组）的照明。

（1）将光源链接到曲面。选择要链接的灯光和曲面，在“渲染”菜单中选择“照明 / 着色→生成灯光链接”选项，如图 5–27 所示，灯光与 3 个对象为链接关系。

（2）断开灯光与曲面之间的链接。选择要断开链接的灯光和曲面，在“渲染”菜单中选择“照明 / 着色→ 断开灯光链接”选项，如图 5–28 所示，中间的圆柱体断开了与灯光的链接。

图 5–27

图 5–28

5.4 调整光源属性

选择场景中的灯光，然后在属性编辑器中调整其值，即可修改如类型、颜色和强度等基本属性；也可以同时选择多个灯光，为所有选定灯光的某个属性设置相同的值。

1. 聚光灯属性

“聚光灯属性”对话框如图 5–29 所示，其中各选项含义如下。

• 类型：选择灯光的类型，可以将聚光灯设置为点光源、平行光或体积光等。当改变灯光类型时，相同部分的属性将被保留下来，而不同的部分将使用默认参数来代替。

• 颜色：设置灯光的颜色。Maya 中的颜色模式有 RGB 和 HSV 两种，双击色块可以打开调色板，如图 5–30 所示。

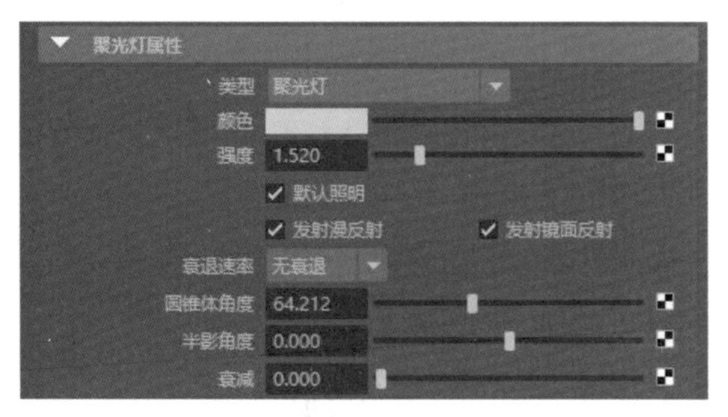

图 5–29

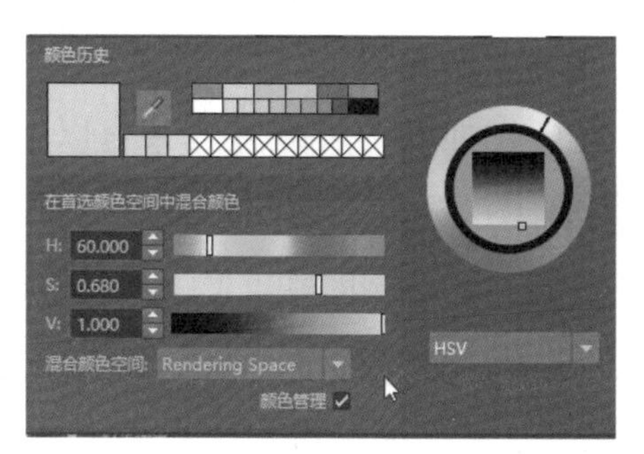

图 5–30

系统默认的是 HSV 颜色模式，其是通过色相、饱和度和明度来控制颜色。这种颜色调节方法的好处是明度值可以无限提高，而且可以是负值。另外，调色板还支持用吸管吸取加载的图像的颜色作为灯光颜色。

灯光颜色的 V 值为负值，表示灯光吸收光线，可以用这种方法来降低某处的亮度。

• 强度：表示灯光的亮度。“强度”值为 0 的灯光不发光。该滑块范围是 0~10，但可以输入更大值以获得更亮的灯光（如 20）。“强度”默认值是 1，也可以为负值，表示吸收光线，用来降低某处的亮度。

• 默认照明：如果启用该选项，灯光将照亮所有对象。如果禁用该选项，灯光仅照亮其链接到的对象。默认情况下“默认照明”处于启用状态。

• 发射漫反射：启用该选项后，灯光会在物体上产生漫反射效果，反之则不会产生漫反射效果。

• 发射镜面反射：启用该选项后，灯光将在物体上产生高光效果，反之将不会产生高光效果。

图 5–31

默认情况下“发射漫反射”和“发射镜面反射”处于启用状态。禁用这两个选项将对灯光禁用漫反射和镜面反射着色结果。修改这两个选项的参数后，结果不会显示在场景视图中。若要查看结果，可在“渲染视图”中测试渲染。图 5–31 所示为“发射漫反射”

和“发射镜面反射”处于启用状态效果，图 5–32 所示为仅“发射镜面反射”处于启用状态效果，图 5–33 所示为仅“发射漫反射”处于启用状态效果。

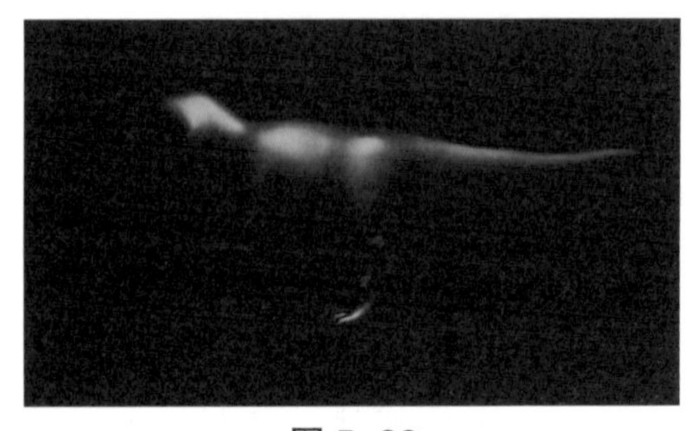
图 5–32

图 5–33

• 衰退速率：控制灯光的强度随着距离而下降的速度。它对小于 1 个单位的距离没有影响，默认设置为“无衰退”。

设置灯光强度的衰减方式共有以下 4 种。

• 无衰退：灯光将会照到所有对象。

• 线性：灯光强度将随着距离而直接（以线性方式）下降（比真实世界灯光要慢）。

• 二次方：灯光强度将与距离的平方成比例地下降（与真实世界灯光等速）。

• 立方：灯光强度将与距离的立方成比例地下降（比真实世界灯光要快）。

• 圆锥体角度：聚光灯光束边到边的角度（度），有效范围是 0.006~179.994，默认值为 40。该参数是聚光灯的特有属性。

• 半影角度：用来控制聚光灯在照射范围内产生向内或向外的扩散效果，有效范围是 –179.994~179.994，滑块范围是 –10~10，默认值为 0。如图 5–34 是参数设置为 –5 的向内扩散效果，图 5–35 是参数为 0 无扩散效果，图 5–36 是参数为 5 向外扩散效果。

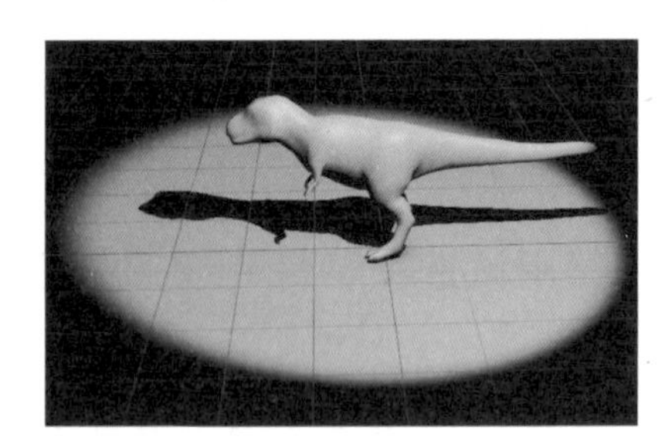
图 5–34

图 5–35

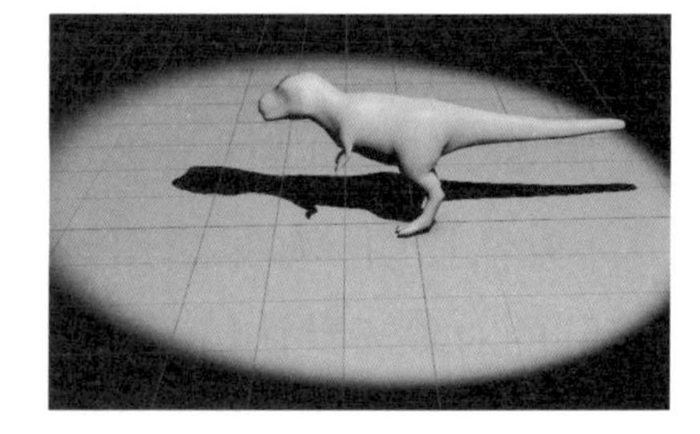
图 5–36

• 衰减：控制灯光强度从聚光灯光束中心到边缘的衰减速率，有效范围是 0 到无限，滑块范围是 0~255，典型值在 0~50 之间，小于或等于 1 的值会产生几乎相同的结果（沿光束半径无法看到强度下降），默认值为 0（无衰减）。图 5–37 所示为衰减值为 17 的效果。

图 5–37

2. 阴影

如果启用，则灯光生成深度贴图阴影（对于平行光、点光源或聚光灯）或光线跟踪阴影（对于环境光）。默认情况下，“投射阴影”处于禁用状态。阴影可增加场景的真实感，帮助定义对象的位置，例如，对象是位于地面还是悬停在空中。此外，阴影也可以用于为场景中的对象添加平衡和对比度。

若要创建阴影，场景中必须包含投射阴影的灯光、投射阴影的曲面和捕获阴影的曲面。灯光必须同时照亮投射阴影的曲面和捕获阴影的曲面。

深度贴图阴影通常用于不注重质量时的快速渲染测试。光线跟踪阴影生成的结果更准确，并可以处理透明度，但是速度更慢。

（1）阴影颜色。

阴影颜色是由灯光产生的。使用有色阴影可以模拟由透明有色曲面（如有色玻璃）产生的阴影。默认设置为黑色。此外，还可以将纹理映射到阴影以创建所需的效果，如图 5-38 所示为映射到聚光灯“阴影颜色”的棋盘格纹理效果。

图 5-38

（2）深度贴图阴影属性。

“深度贴图阴影属性”控制由灯光产生的深度贴图阴影的外观。

• 分辨率：灯光阴影的分辨率。如果“分辨率”太低，阴影边缘会出现锯齿。增加“分辨率”也会增加渲染时间，因此需将其设定为产生可接受质量的阴影时所需的最低值。分辨率默认值为 512。

• 使用中间距离：如果启用，则对于深度贴图中的每一像素，Maya 都会计算灯光与最近阴影投射曲面之间的距离，以及灯光与下一个最近阴影投射曲面之间的距离，然后求二者的平均值。默认情况下，“使用中间距离”处于启用状态。

• 使用自动聚焦：如果启用，Maya 会自动缩放深度贴图，使其仅填充灯光所照明的区域中包含阴影投射对象的区域。默认情况下，“使用自动聚焦”处于启用状态。

• 过滤器大小：控制阴影边的柔和度。通常，“过滤器大小”为 3 或更少就足够了，其默认值为 1。

• 偏移：深度贴图移向或远离灯光的偏移。仅当遇到以下问题且无法通过调整其他属性来解决时，才需要调整“偏移”。

如果所照明的曲面上出现暗斑或条纹，请逐渐增加“偏移”值，直到斑点或条纹消失。如果阴影似乎要从阴影投射曲面分离，请逐渐减小“偏移”值，直到阴影显示正确。

滑块范围介于 0 到 1 之间，也可以输入更大的值，其默认值是 0.001。

• 雾阴影强度：控制出现在灯光雾中的阴影的黑暗度，有效范围为 1 到 10，默认值为 1。

• 雾阴影采样：控制出现在灯光雾中的阴影的粒度。增加“雾阴影采样”时也会增加渲染时间，因此需将其设定为产生可接受质量的阴影时所需的最低值。从非常窄的对象投射到灯光雾的阴影可能会在动画期间发生偏移。在该情况下，应增加“体积阴影采样”的值。其默认值为 20。

（3）光线跟踪阴影属性。

控制由灯光生成的光线跟踪阴影的外观。

• 阴影半径、灯光半径、灯光角度:通过对灯光的大小（阴影半径或灯光半径）或角度（灯光角度）进行设置来控制阴影边的柔和度。例如，较大灯光所产生的阴影比较小灯光所产生的阴影柔和。灯光半径也用于灯光辉光，以确定是否遮挡 / 可见（针对点光源和聚光灯）。

“阴影半径”属性仅适用于环境光;“灯光半径”属性仅适用于点光源、体积光和聚光灯，滑块范围介于 0（硬阴影）到 1（软阴影）之间，默认值为 0；“灯光角度”属性仅适用于平行光和体积光，滑块范围介于 0（硬阴影）到 180（软阴影）之间，默认值为 0。

• 阴影光线数：控制软阴影边的粒度。增加“阴影光线数”的数量也会增加渲染时间，因此需将其设定为产生可接受结果的阴影时所需的最低值。滑块范围介于 1 到 40 之间，默认设置为 1。

• 光线深度限制：指定可以反射和 / 或折射光线但仍然导致对象投射阴影的最长时间。在这些点之间（光线会改变方向）的透明对象将不会对光线的终止造成影响。

3. 灯光效果

“灯光效果”属性用来控制照明（灯光）雾和光学灯光效果的外观，其参数设置如图 5–39 所示。

（1）灯光雾：灯光雾属性仅可用于点光源、体积光和聚光灯。

单击“灯光雾”旁边的贴图按钮时，Maya 会创建灯光雾节点，并将它连接到灯光。图 5–40 所示为雾扩散和雾密度设置参数为 2 时应用于聚光灯的“灯光雾”效果。

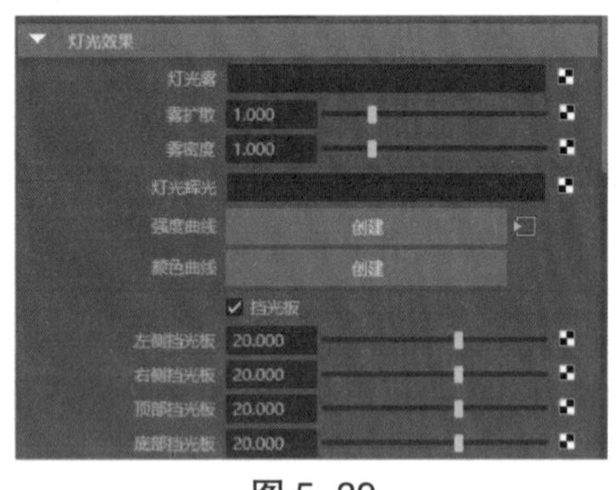

图 5–39

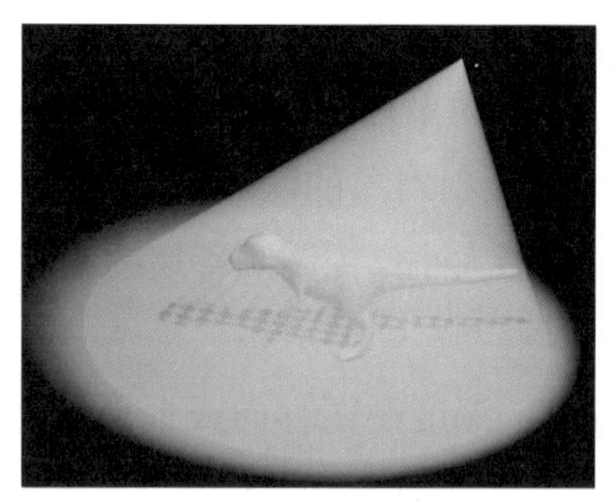

图 5–40

（2）雾扩散：确定雾亮度在聚光灯或点光源光束中如何变化。较高的“雾扩散”值产生从聚光灯的圆锥形光束投射的亮度均匀的雾，较低的“雾扩散”值产生在聚光灯光束中心较亮、边缘较模糊的雾。

（3）雾密度：雾的亮度（灯光的“强度”也影响照明雾的亮度）。滑块范围为 0~5，默认值为 1。

（4）灯光辉光：单击“灯光辉光”旁边的棋盘格按钮，Maya 会创建光学效果节点，并将它连接到灯光（辉光、光晕或镜头光斑），可控制辉光、光晕或镜头光斑的外观。“光学效果属性”“光晕属性”对话框分别如图 5-41、图 5-42 所示。“灯光辉光”属性可用于点光源、体积光和聚光灯。

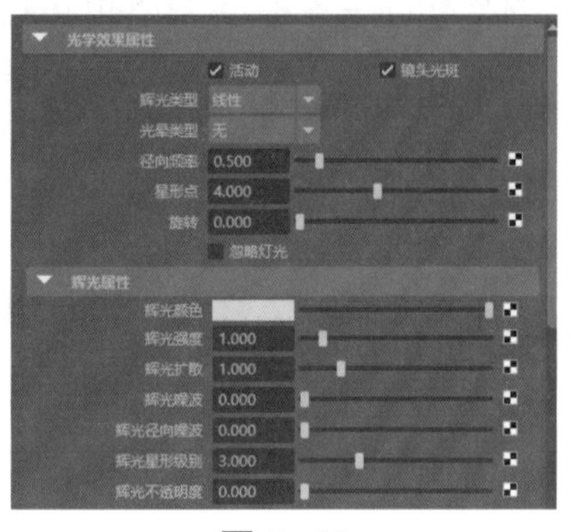

图 5-41

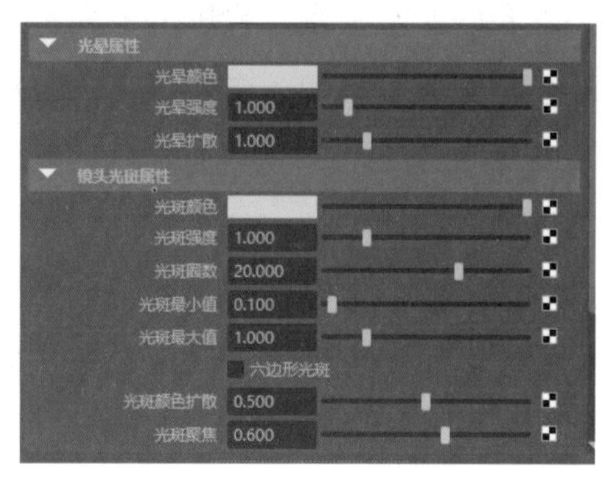

图 5-42

图 5-43 所示为光源添加光晕、辉光的效果，图 5-44 所示为添加光斑的效果。

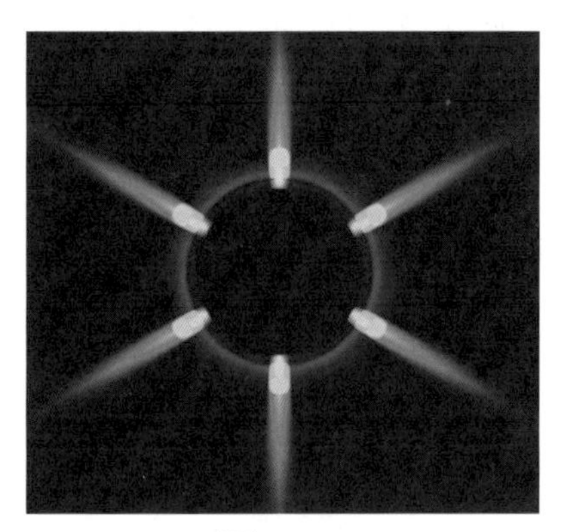

图 5-43

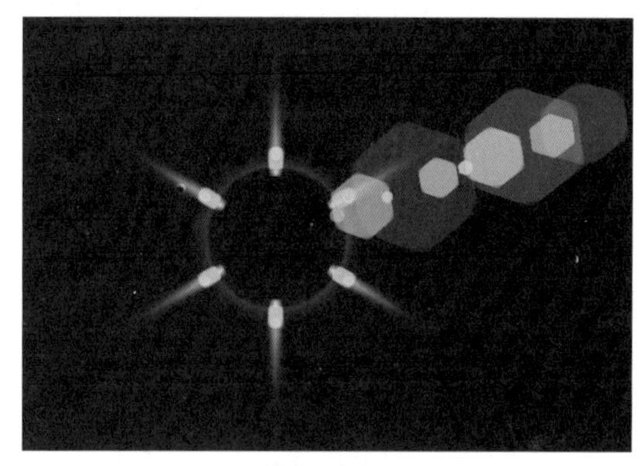

图 5-44

4. 挡光板

挡光板它可以限定聚光灯的照明区域，能模拟一些特殊的光照效果，如图 5-45、图 5-46 所示。

图 5-45

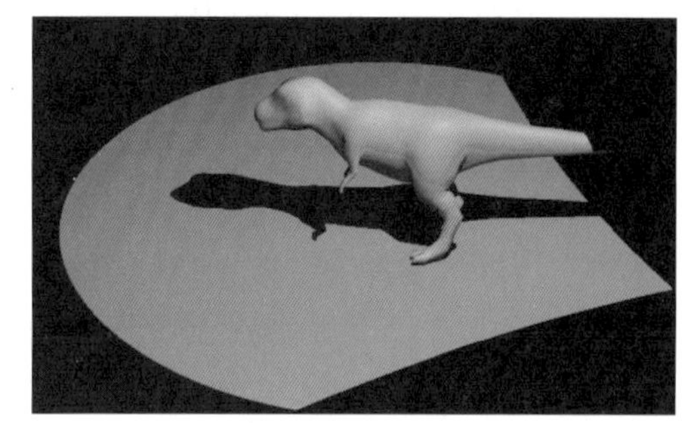

图 5-46

5.5　三点布光

1. 概述

三点布光，又称为区域照明，是创作过程中最常用的一种布光方式，其主要由主光源、辅光源、轮廓光组成，有时为了美化画面需要在后面再加上一盏背景灯光，三点布光就是由这 3 盏或者 4 盏灯光构成的。

（1）主体光：通常用来照亮场景中的主要对象与周围区域，并且担任给主体对象投影的功能。主要的明暗关系、投影的方向都由主体光决定。主体光的任务根据需要也可以用几盏灯光来共同完成。例如，主光灯在 15° ~30° 的位置上，称顺光；主灯光在 45° ~90° 的位置上，称侧光；主灯光在 90° ~120° 的位置上，称侧逆光。主体光常用聚光灯来完成，从主体的斜上方照射主体。

（2）辅助光：又称补光。用一个聚光灯照射扇形反射面，以形成一种均匀的、非直射性的柔和光源，用来填充阴影区以及被主体光遗漏的场景区域，调和明暗区域之间的反差，同时能形成景深与层次。由于要达到柔和照明的效果，因此辅助光的亮度通常只有主体光的 50%~80%。

（3）轮廓光：又称背光，通常放置在主光的正对面，并且只对物体的边缘起作用，可以产生很小的高光反射区域。轮廓光的作用是将主体与背景分离，勾勒主体边缘，凸显其形状，提升画面的纵深感。比如，黑头发的人在黑色背景前时，没有轮廓光，人与背景就会融为一体，而轮廓光能够让人物与黑色背景分离，也让画面更有层次感。

2. 三点布光的原则

三点布光的原则是让受光主体在二维屏幕上具备纵深感、质感、立体感、透视感以及空间感。

3. 3 个光源之间的位置关系

3 个光源在光亮程度上是相互制约的，当主光强时，辅光就弱；当主光高时，辅光就低；当主光在左时，辅光就在右。而主光和辅光的位置，又决定了轮廓光的正侧与高低。

4. 布光顺序

首先决定主光灯的位置及强度，然后根据主光调整辅光，再根据主光与辅光来调整轮廓光，最后分配背景光与装饰光。这样产生的布光效果应该能达到主次分明、互相补充的效果。

案例 12　使用 Arnold 灯光与渲染输出

案例描述

通过本案例，学习 Arnold 灯光及 Arnold 渲染器的用法。本案例使用两盏 Arnold 区域光与 Arnold 天光为对象进行照明，模型如图 5–47 左图所示，照明效果如图 5–47 右图所示。

图 5–47

学习目标

1. 知识目标

- 了解 Arnold 灯光；
- 了解传统 Maya 灯光中的 Arnold 属性；
- 了解渲染的基本流程。

2. 技能目标

- 会创建 Arnold 灯光；
- 会修改传统 Maya 灯光中的 Arnold 属性；
- 会“渲染”作品。

3. 素养目标

- 养成规范操作的习惯；
- 培养创造美的能力。

操作步骤

（1）启动软件。确保视图面板的“带纹理”“阴影”“屏幕空间环境光遮挡”“多采样抗锯齿”都已启用。打开名为“鹰”的场景文件，单击 Arnold 工具架上的“Create Area Light”按钮，添加一盏 Area Light（区域光），调整位置与方向，如图 5-48 所示。

（2）在属性栏，设置 Arnold 区域光的参数，如图 5-49、图 5-50 所示。

图 5-48

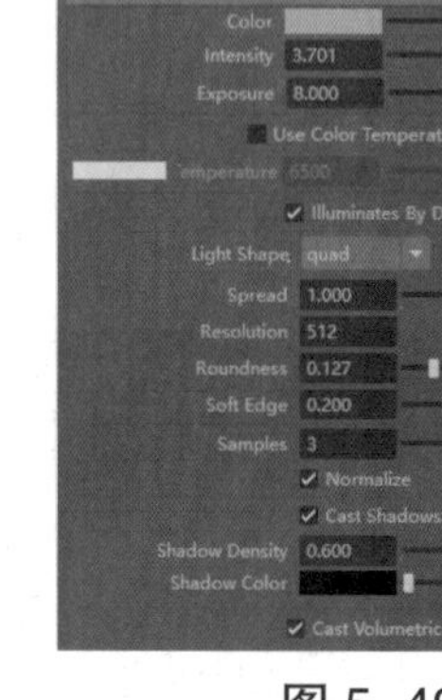

图 5-49

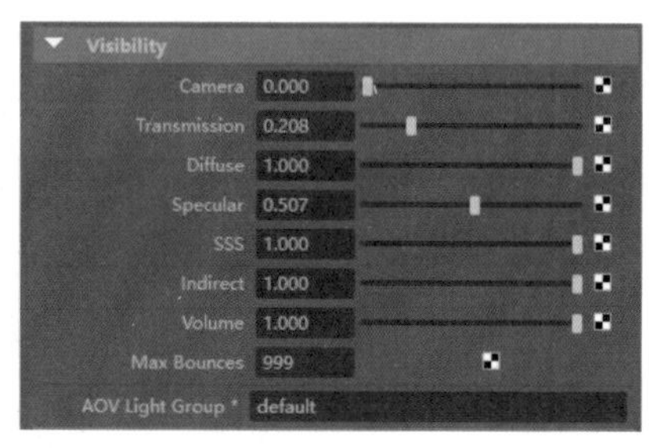

图 5-50

（3）单击状态行中的“显示渲染设置”按钮，在“渲染设置窗口”设置“使用以下渲染器渲染”为 Arnold Renderer。设置“公用”选项卡的参数，如图 5-51 所示，设置 Arnold Renderer 选项卡的参数，如图 5-52、图 5-53 所示。在“状态行”中，单击“渲染当前帧”按钮，渲染效果如图 5-54 所示。

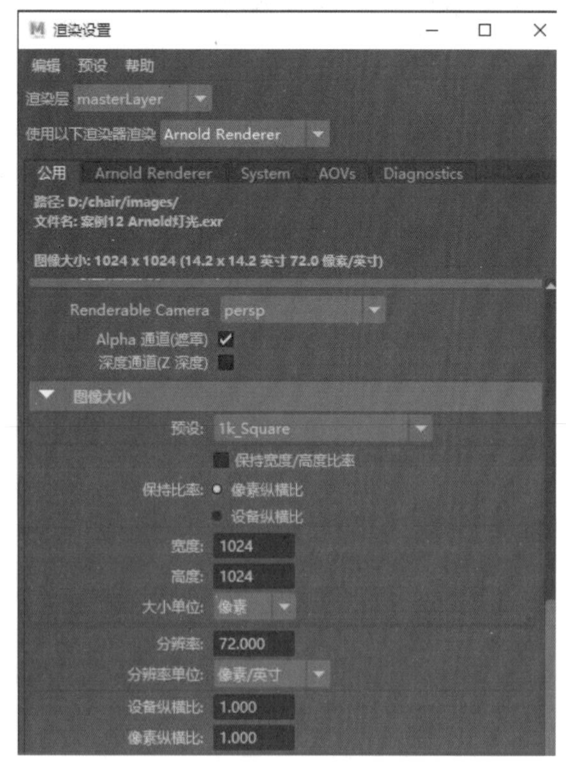

图 5-51

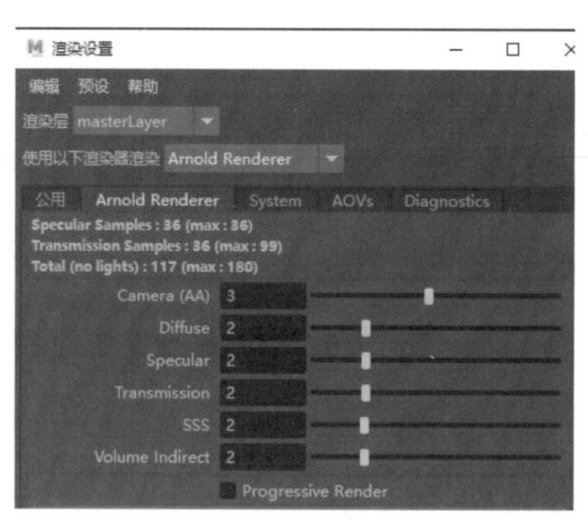

图 5-52

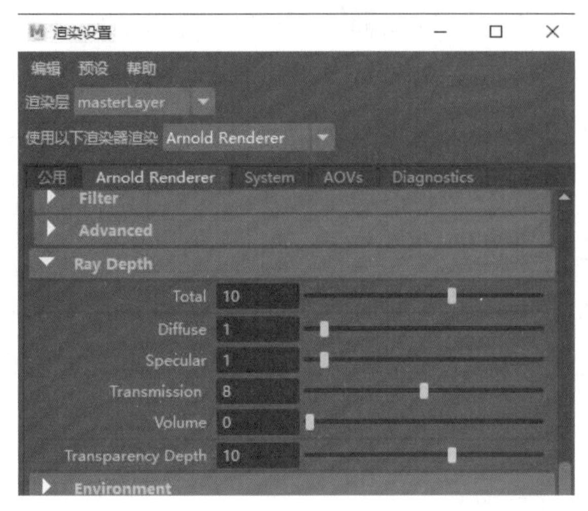

图 5–53

图 5–54

（4）再添加一盏 Area Light（区域光），调整位置与方向，如图 5–55 所示。在属性栏设置新添加的 Arnold 区域光的参数，如图 5–56、图 5–57 所示，渲染效果如图 5–58 所示。

图 5–55

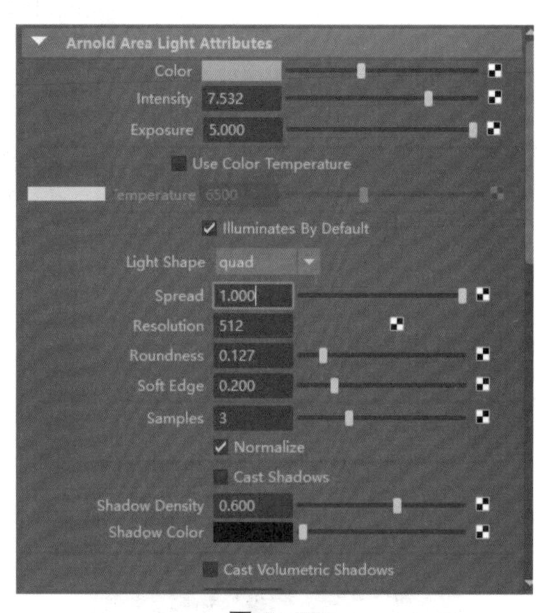

图 5–56

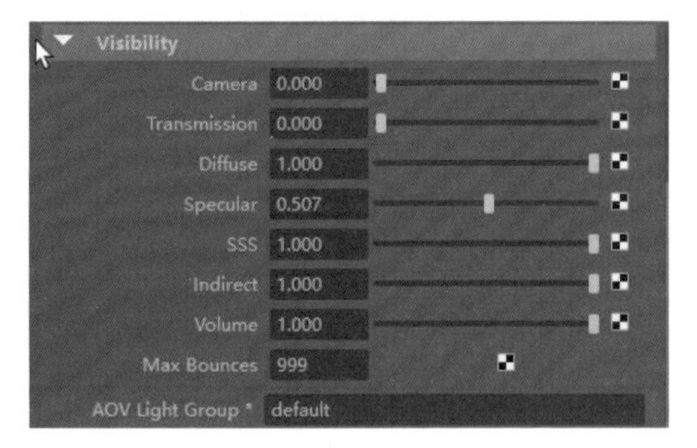

图 5–57

图 5–58

（5）单击 Arnold 工具架上的“Create SkyDome Light”按钮，添加一盏 SkyDome Light（天光），工作区出现绿色网格。打开属性栏，单击 Color（颜色）右侧的按钮，如图 5-59 所示。在打开的“创建渲染节点”对话框中选择“文件”选项，如图 5-60 所示；然后在打开的“文件属性”对话框中单击“图像名称”右侧的文件夹按钮，如图 5-61 所示。在打开的对话框中选择图像“全景图 .hdr”。添加成功之后的效果如图 5-62 所示。

（6）设置 SkyDome Light 的参数，如图 5-63 所示，单击“渲染当前帧”按钮，查看效果。进一步修改 Ai Area Light 1 与 Ai Area Light 2 的 Exposure（曝光）与 Intensity（强度）的值，最终结果如图 5-47 右图所示。保存场景文件。

图 5-59

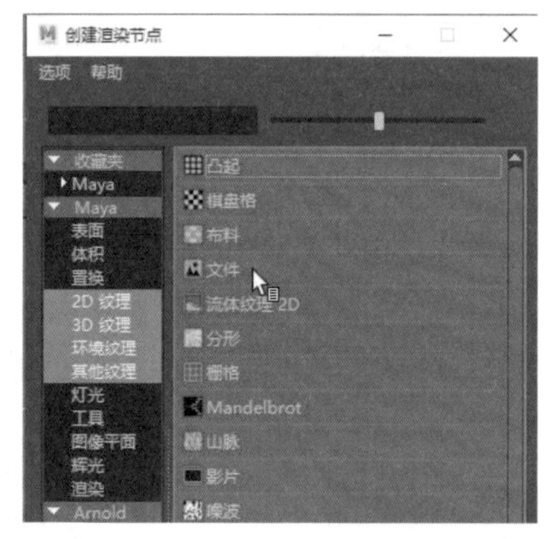

图 5-60

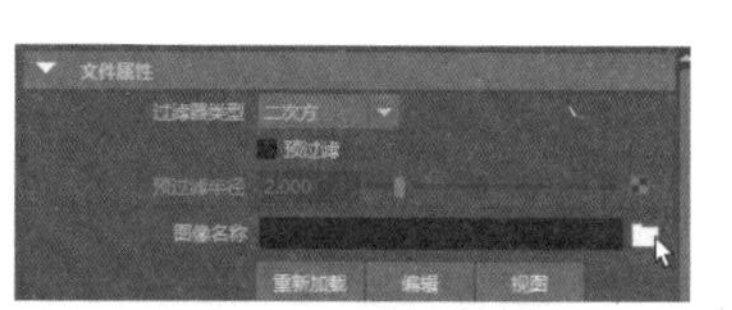

图 5-61

图 5-62

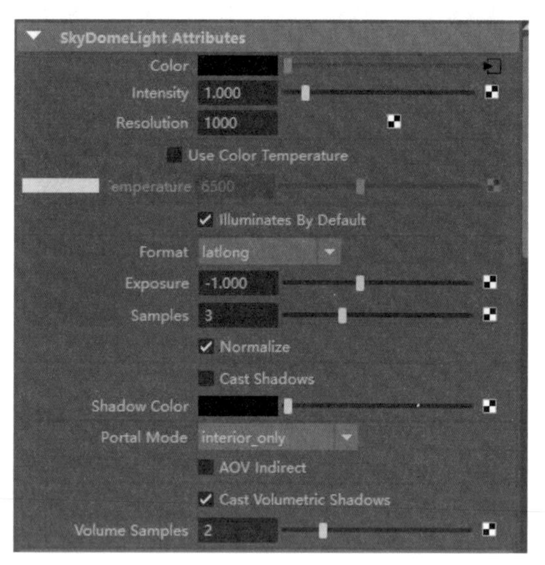

图 5-63

5.6 Arnold灯光

从 Maya 2017 开始，Arnold 取代了 Mental Ray 成为 Maya 内置的高级渲染器。

Maya 内置了 Arnold 插件，可以直接在 Maya 中使用 Arnold 灯光和渲染器。Arnold 工具架上的灯光如图 5–64 所示。自左至右依次为：Area Light（区域光）、Mesh Light（物体灯）、Photometric Light（光度学灯光）、Skydome Light（天穹光）、Light Portal（灯光门户）、Physical Sky（物理天空）。

图 5–64

1. Area Light（区域光）

Area Light 有 3 种形态：方形、圆柱形、圆盘形，本质上是一样的，只是在形状上有所区别，如图 5–65 所示。

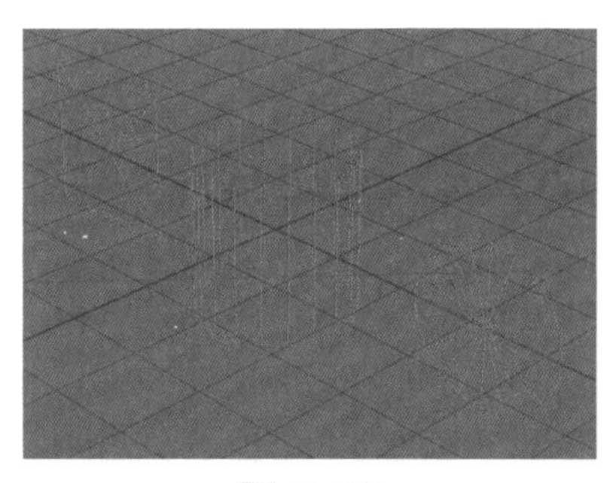

图 5–65

（1）通用属性。

• Color（颜色）：灯光的颜色。勾选“Use Color Temperature”选项可以用“色温”属性来控制灯光颜色。

• Intensity（强度）：灯光的亮度。

• Exposure（曝光度）：灯光的曝光度。“强度”以线性增减，而“曝光度”以几何数增减，0 曝光度等于直接使用亮度值作为亮度，1 曝光度等于将亮度值翻倍，3 曝光度等于将亮度值乘以 8（$2^3=8$）。

• Light shape（灯光形状）：包括方形、圆柱形、圆盘形。

• spread（扩散）：调整照射扩散夹角。

• resolution（精度）：反射的精度越高越清晰，一般使用默认值即可。

• roundness（圆度）：灯光照射高光区域的圆度。

• Transmission（传输）：控制半透明折射效果。

• soft edge（软边）：设置高光边缘的羽化。

• sample（阴影采样）：影响灯光的阴影噪点，增加灯光采样可以有效减少模糊阴影所产生的噪点。

• Sample Normalize（灯光采样度标准化）：勾选该选项，灯光的大小不会影响其最终亮度。

• cast shadows（投射阴影）：关掉后没有阴影。

- shadow density（阴影密度）：密度值越高，阴影越黑越密，渲染时间越长。
- shadow color（阴影颜色）：设置阴影颜色。
- cast volumetric shadows（投射体积阴影）：启用该选项后体积阴影里面会黑一些。
- Volume Samples（体积雾阴影采样度）：设置体积雾的采样次数。

（2）Visibility（可见度）。

Visibility 参数决定了该灯光是否会影响各种材质表现。

- Camera（摄像机）：灯光是否在摄像机中可见。
- diffuse（漫反射）：用于产生反射光和漫反射光。
- specular（高光）：用于产生反射光和高光。
- sss（次表面散射效果）：用于产生次表面散射效果。
- indirect（间接照明）：用于产生间接光照。
- volume（体积）：用于照亮体积雾和体积光。
- max bounces（最大反弹次数）：最大的光线数量。
- AOV light group（多通道灯光组）：对灯光进行多通道输出。

2. Mesh Light（物体灯）

Mesh Light 是把一个选定的模型转换成灯光，其效果类似于直接给该模型添加自发光材质，但渲染质量会更好一些。

例如，选择如图 5-66 所示的圆环作为 Mesh Light，设置灯光参数后，渲染照亮中间花瓶的修改如图 5-67 所示。

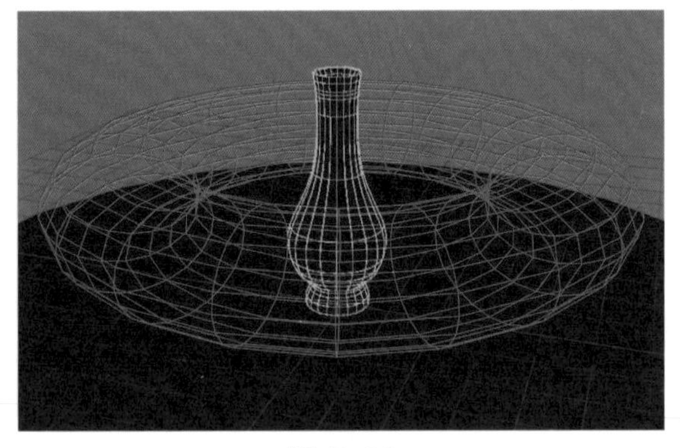

图 5-66

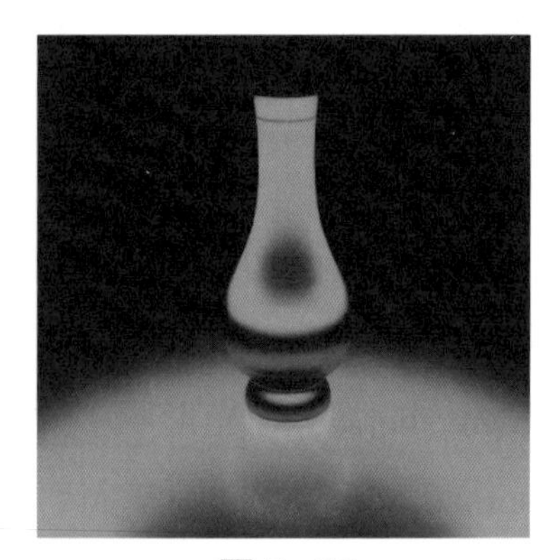

图 5-67

Mesh Light 专有属性如下。

- light visible：显示该灯光物体是否可见。
- visible intensity：调整目标发光物灯光可见程度。
- visible exposure：调整灯光发光体的曝光度。

3. Photometric Light（光度学灯光）

Photometric Light 是一种特殊的灯光类型，可以通过读取 .ies 文件得到特定型号照明设备的光照形状，用来模拟该型号照明设备的真实光照表现。例如，创建三盏 Photometric Light

灯，如图 5-68 所示，修改位置如图 5-69 所示，调节灯光参数，渲染效果如图 5-70 所示。

图 5-68

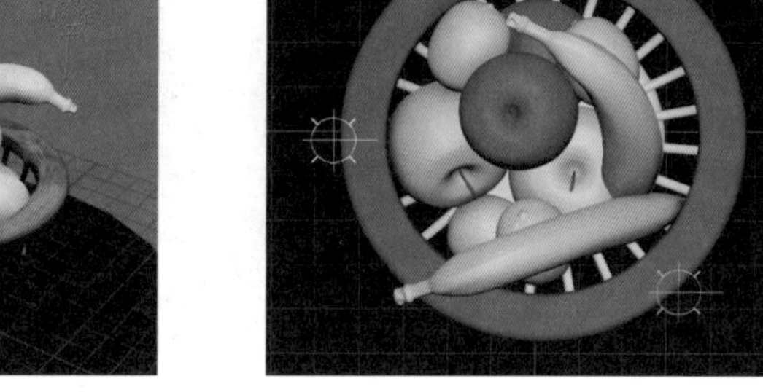

图 5-69

图 5-70

4. Skydome Light（天穹光）

用一个无限大的圆球来模拟天空，如图 5-71 所示，可以用单一颜色或者一张全景图片［最好是高动态范围（High Dynamic Range，HDR）图像］作为其光照来源。导入全景图的照明输出修改如图 5-72、图 5-73 所示。

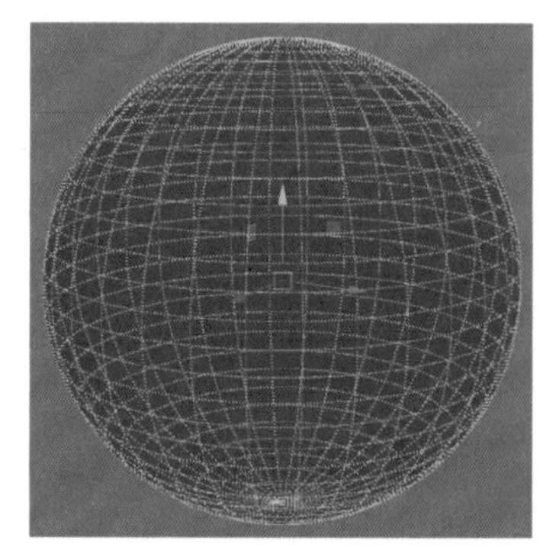

图 5-71

图 5-72

图 5-73

专有属性如下。

• Resolution（天光分辨率）：该值只在用贴图控制灯光颜色属性时才有效，其决定贴图以怎样的分辨率来影响面积光的亮度和颜色分布。该值通常超过贴图本身的分辨率大小。

• Format（天光贴图类型）：匹配天光贴图的全景类型，默认是 latlong，代表最常见的“展开地球”式全景贴图类型。

• Portal Mode（门户模式）：决定该天穹光如何被灯光门户（Light Portals）所影响。默认的 interior_only 代表仅将天穹光传递到室内，而室内光照不会被传递出来影响室外物体；interior_exterior 代表室内光照也会被灯光门户传递出来；off 则代表完全不使用灯光门户。

通常天穹光都会给颜色属性贴上一张 HDR 贴图来模拟真实世界的天光照明效果。

5. Light Portal（灯光门户）

Light Portal 是专门用来将天穹光传递到室内的“门户”，单独使用没有效果，但可以非常有效地改善天穹光的间接照明质量，减少噪点。其只作用于天光上面，对其他灯光没有效果。例如，在场景中创建一个 Skydome Light，然后创建 Light Portal，调整其大小、位置与方向，如图 5-74 所示。渲染照明效果如图 5-75 所示。

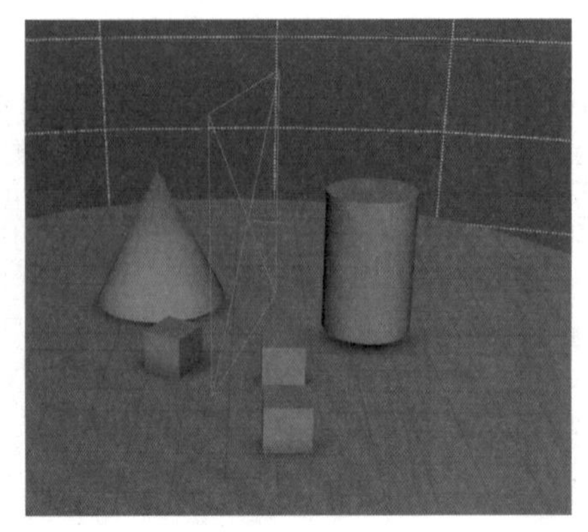

图 5-74

图 5-75

在实际应用中，可以放在窗户等透亮透光的位置，指向需照亮的地方，给天光指路引导，只照某块区域。

6. Physical Sky（物理天空）

Physical Sky 本质上是一个天穹光，只不过在天穹光的颜色通道上链接了一个 aiPhysical Sky 节点用以替代 HDR 全景天空贴图，其可以用程序化的方式来模拟一个简单的天空和太阳，其具体参数如下。

• Turbidity：模拟大气的浑浊程度。其值越高，天空颜色就越“灰暗”，阳光在大气中的弥散度就越大；值越低，天空颜色就越“湛蓝”，阳光就仅呈现出一个很亮的“圆形”。

• Ground Albedo：模拟地表向天空的漫反射。其值越高，地平线处的颜色就越白、越亮。

• Elevation：模拟阳光的高度角，同时控制天光的色温及亮度。0 代表阳光处于地平线（黄昏效果），1 代表阳光处于天空正上方（正午效果）。

• Azimuth：用于水平旋转整个天空球，以匹配场景。

• Intensity：表示整体天光的亮度。

• Sky Tint：用于修改天空颜色或给天空添加一个文件贴图。

• Sun Tint：用于修改太阳的颜色（亮度），当然也可以添加一张贴图来代替太阳。

• Sun Size：用于调整太阳在天空中的大小。

• Enable Sun：是否使用太阳。如果不勾选，不仅天空中看不到“太阳”，该 Physical Sky 也不会有直接光照效果。

例如，如图 5-76 所示的模型，添加 Physical Sky，设置参数如图 5-77 所示，渲染效果如图 5-78 所示。

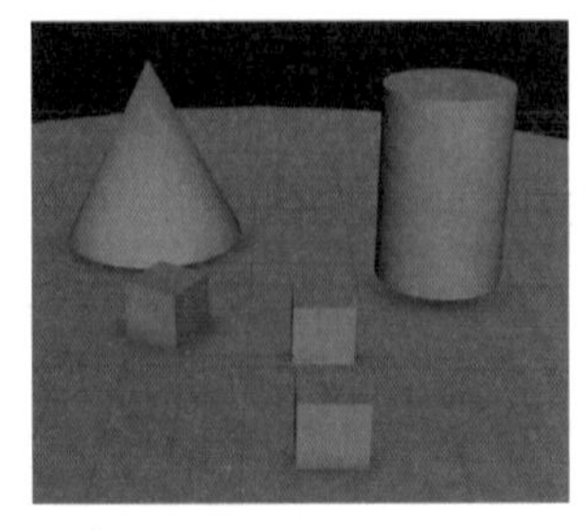

图 5-76

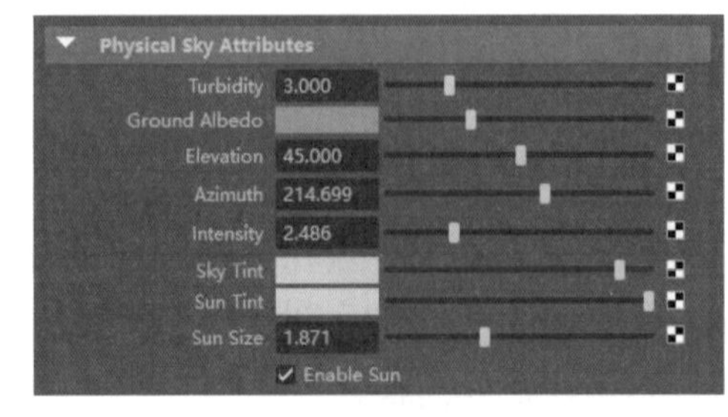

图 5-77

图 5-78

5.7　传统Maya灯光中的Arnold属性

Arnold 可以使用部分 Maya 灯光，但需要在 Arnold 栏下对灯光属性进行调节。其中大部分的参数都是和 Arnold 灯光一致的，只有少部分属性有所区别。Arnold 不支持 Maya 自带的体积光和环境光。

5.8　渲染

1. 渲染基本流程

渲染是 3D 计算机图形生成过程中的最后阶段。渲染是个反复的过程，在该过程中可以调整灯光、纹理和摄影机，调整各种场景和对象设置，更改可视化。当对结果感到满意时，渲染输出最终的图像。

当完成对象的着色和纹理以及向场景中添加灯光和可渲染的摄影机后，即可渲染该场景。渲染场景的基本流程如下。

（1）确定要使用的渲染器。

（2）在状态行中单击按钮打开“渲染设置”窗口，并调整选定渲染器的场景设置，如设置渲染图像的文件名、格式和分辨率，还可以调整渲染输出的质量等。

（3）对场景进行测试渲染，对材质、纹理、灯光、摄影机和对象做进一步修改。

（4）如果对结果感到满意，则可渲染最终图像。

2. 渲染器

Maya 提供了硬件渲染、软件渲染、向量渲染和 Arnold for Maya 渲染 4 个渲染器，可以根据实际需求选用。

（1）软件渲染。计算在 CPU 中进行，这与硬件渲染相反。在硬件渲染中，计算依赖于计算机的显卡。软件渲染不受计算机显卡的限制，但是，其通常需要更长的时间。

（2）硬件渲染。硬件渲染将使用计算机的显卡，在具有足够内存和显卡的系统上，Viewport 2.0 提供大型场景性能优化以及高质量照明和着色器。它允许高度交互：用户可以翻滚具有许多对象以及含有大量几何体的大型对象的复杂场景。

（3）向量渲染。向量渲染支持以各种位图图像格式和 2D 向量格式创建程式化的渲染，例如，卡通、色调艺术、线艺术、隐藏线和线框。

（4）Arnold for Maya 渲染。Arnold 从 Maya 2017 开始取代 Mental Ray 成为 Maya 内置的新一代高级渲染器。Arnold 渲染器是完全基于光线追踪的。

默认安装 Maya 时，Arnold for Maya 插件将自动加载，且 Arnold 将设置为 Maya 中的首选渲染器。

如果默认情况下未加载 Arnold，可通过“插件管理器”（“窗口→设置 / 首选项→插件管理器”）启用 mtoa.mll，手动进行加载。

3. “渲染设置”对话框

在“渲染设置”对话框中，可以调整或设置选项，例如选择渲染器，将一个或多个摄影机设置为可渲染，设置渲染图像的名称、格式和分辨率，以及调整渲染的质量设置，等等。

（1）“公用”选项卡。

“渲染设置”对话框的“公用”选项卡包含大多数渲染器公用的属性，这样可以减少在渲染器之间进行切换时需要修改的参数数量。“公用”选项卡的参数选项如图 5–79、图 5–80 所示。

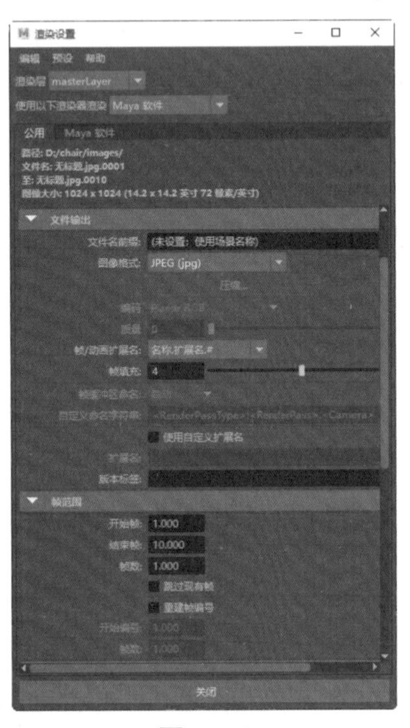

图 5–79

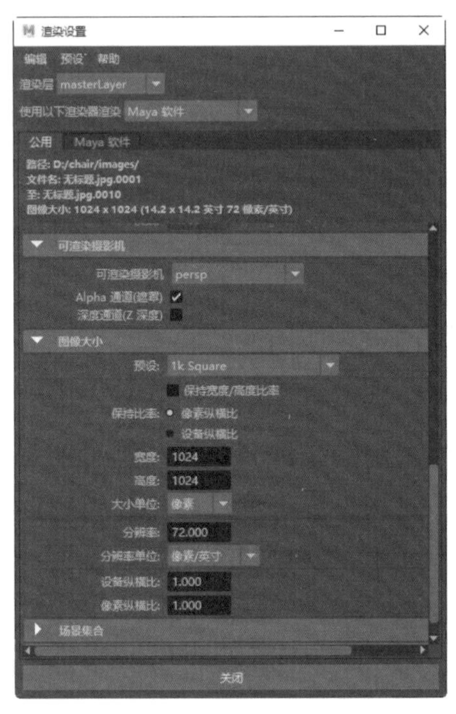

图 5–80

①文件输出。渲染图像文件的名称可以包括 3 个单独的部分：文件名、帧编号扩展名和文件格式扩展名。这 3 部分的组合称为文件名语法。

• 文件名前缀：在“文件名前缀”属性上右击，可以将这些字段中的一个或多个字段添加到场景的文件名中，例如，场景名、层名称、摄影机名称、版本号、当前日期或当前时间。

• 图像格式：用于保存渲染图像文件的格式。

• 压缩：单击该按钮可以为 AVI 或 QuickTime 格式的文件选择压缩方法。

• 帧 / 动画扩展名：渲染图像文件名的格式。

• 帧填充：帧编号扩展名的位数。

②帧范围。

• 开始帧、结束帧：指定要渲染的第一个帧（开始帧）和最后一个帧（结束帧）。

• 帧数：要渲染的帧之间的增量。

• 跳过现有帧：启用此选项后，渲染器将检测并跳过已渲染的帧。此功能可节省渲染时间。

③可渲染摄影机：从一个或多个摄影机渲染场景。默认值为从一个摄影机渲染。

④图像大小：控制渲染图像的分辨率和像素纵横比。

预设：选择胶片或视频行业标准分辨率。从“预设”下拉列表中选择某个选项后，Maya 会自动设定“宽度”“高度”“设备纵横比”“像素纵横比”。

（2）“Maya 软件”选项卡。

“Maya 软件”选项卡中提供了选定渲染器特定的渲染设置，如图 5-81、图 5-82 所示。

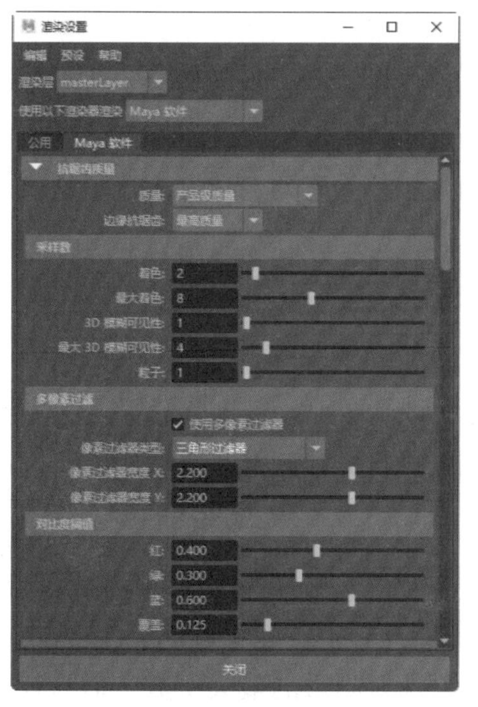

图 5-81

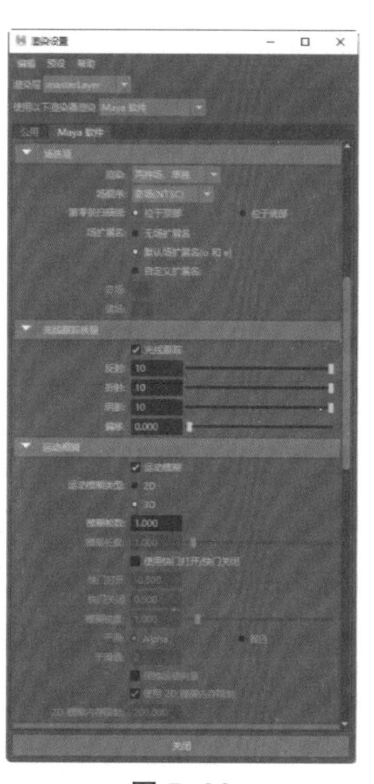

图 5-82

①抗锯齿质量。控制渲染过程中 Maya 如何实现对象的抗锯齿。

• 质量：从下拉列表中选择一个预设的抗锯齿质量。选择预设时，Maya 会自动设置所有“抗锯齿质量”属性。默认设置为“自定义”。

• 边缘抗锯齿：控制对象的边缘在渲染过程中如何进行抗锯齿处理。从下拉列表中选择一种质量设置，质量越低，对象的边缘锯齿状越突出，但渲染速度较快；质量越高，对象的边缘越显得平滑，但渲染速度较慢。

②采样数。

• 着色：所有曲面的着色采样数。

• 最大着色：所有曲面的最大着色采样数。

• 3D 模糊可见性：当一个移动对象通过另一个对象时，Maya 精确计算移动对象可见性所需的采样数。

• 粒子：粒子的着色采样数。

③多像素过滤。多像素过滤模糊或柔化整个渲染图像，以帮助消除在渲染图像中的锯齿

或锯齿边缘，或者消除渲染动画中的挂绳或闪烁。

• 使用多像素过滤器：如果启用，Maya 通过对渲染图像中的每一像素使用其相邻像素进行插值来处理、过滤或柔化整个渲染图像，插值是基于“像素过滤器类型”“像素过滤器宽度 X”“像素过滤器宽度 Y”设置的。

• 像素过滤器类型：控制当“使用多像素过滤器”处于启用状态时渲染图像模糊或柔化的程度。有 5 种预设像素过滤器供选择，分别是“长方体过滤器”（非常软）、“三角形过滤器”（软）、“高斯过滤器”（略微软）、“二次 B 样条线过滤器”（Maya 1.0 中使用的过滤器）和“插件过滤器”，其默认为“三角形过滤器”。

④对比度阈值。确定自适应采样。当“边缘抗锯齿”设置为“最高质量”时，控制在第二次计算过程中使用的着色采样数。

红、绿、蓝：在每个颜色通道中进行解算，且如果相邻像素的对比度超过了阈值，则进行更多采样，有效范围是 0 到 1。

⑤场选项。使用这些选项可控制 Maya 如何将图像渲染为场。

⑥光线跟踪质量。控制是否在渲染过程中对场景进行光线跟踪，并控制光线跟踪图像的质量。更改这些全局设置时，关联的材质属性值也会更改。

• 光线跟踪：如果启用，Maya 在渲染期间将对场景进行光线跟踪。光线跟踪可以产生精确反射、折射和阴影（会显著增加渲染时间）。

• 反射：灯光光线可以反射的最大次数，有效范围是 0 到 10，默认值为 1。

• 折射：灯光光线可以折射的最大次数，有效范围是 0 到 10，默认值为 6。

• 阴影：灯光光线可以反射或折射且仍然导致对象投射阴影的最大次数，值为 0 表示禁用阴影。

• 偏移：如果场景包含 3D 运动模糊对象和光线跟踪阴影，那么可能会在运动模糊对象上发现暗区域或错误的阴影。若要解决此问题，可将“偏移”值设置在 0.05 到 0.1 之间，默认值为 0。

⑦运动模糊。渲染动画时，运动模糊通过对场景中的对象进行模糊处理来产生移动的效果。

• 运动模糊：如果启用该选项，则“3D”“运动模糊类型”以及“按帧模糊”也会启用，移动的对象会显得模糊。如果禁用该选项，移动的对象会显得明晰。默认情况下“运动模糊”处于禁用状态。

• 运动模糊类型：Maya 对对象进行运动模糊处理的方法。3D 运动模糊类似于现实世界中的运动模糊，但所需的渲染时间要长于 2D 运动模糊，默认设置为 3D。

• 模糊帧数：对移动对象进行模糊处理的量。其值越大，应用于对象的运动模糊越显著。

内存与性能选项：有助于优化渲染以使场景的渲染速度更快。

5.9 Arnold选项卡

切换成 Arnold Renderer 之后，默认的文件输出格式就变成了 .exr 格式，如图 5-83 所示。Arnold 的工作流程都是基于线性色彩空间的，它能够读取高动态范围图像（如 HDRI 天空），也默认输出高动态色彩范围图片，如图 5-84 所示。

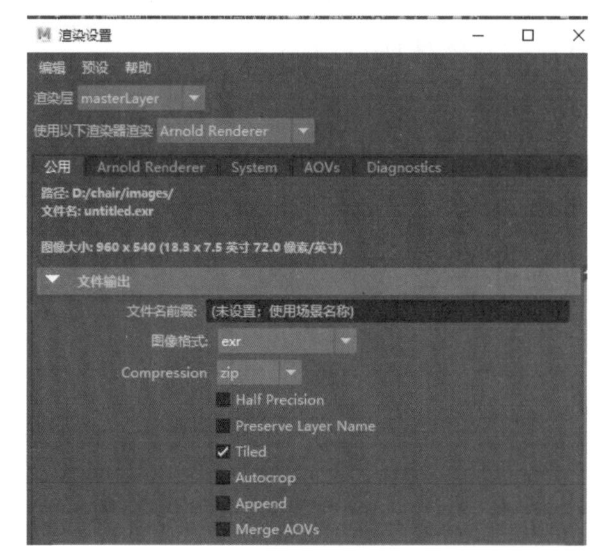

图 5-83

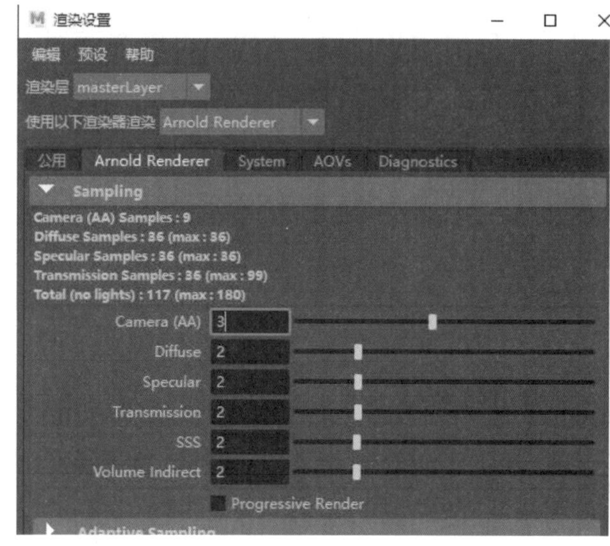

图 5-84

1. Sampling（采样）

用来设置渲染的“采样值”。采样的精度决定图像照明效果的精度。采样不够就会有“噪点”，要想消除噪点，就要提高采样值，但采样值越高，渲染时间也会越长。因此，应合理提高参数值，以达到最优化的渲染结果。

“Camera（AA）”选项决定每一个像素点的采样值。“Diffuse”“Specular”“Transmission”“SSS”“Volume Indirect”等选项分别决定漫反射、高光、透明、次表面散射及体积（雾）5 种不同的材质表现所对应的采样值。

2. Ray Depth（采样深度）

Ray Depth 值控制灯光在场景物体间反射的次数，其参数选项如图 5-85 所示。

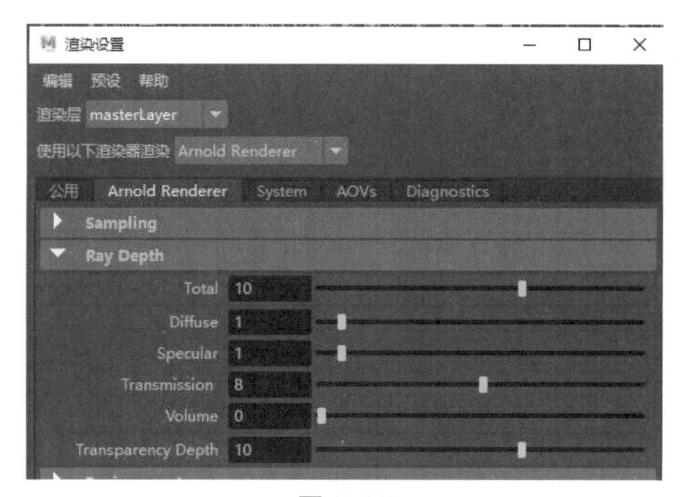

图 5-85

• Total：该值控制光线进行反弹的总次数。例如，要透过玻璃杯看到背面墙壁，该值至少为 5（1+4）。

• Diffuse（漫反射）：值越大，间接照明（全局光照）的细节越丰富，场景也会稍亮一些，一般设置为 3 即可。

• Specular（高光）：值越大，反射就越正确。1 代表在反射中仅能看到漫反射，2 代表可以看到反射中的反射，3 代表可以在 A 的反射中看到 B 物体所反射的 A。

• Transmission（折射）：值越大，背面的光线能够透过的透明物体“层数”就越多。比如要准确表现一个玻璃杯的折射效果，Transmission Ray Depth 至少需要 4（2 层玻璃共 4 个表面），2 个玻璃杯就是 8，以此类推。

• Transparency Depth（透明度深度）：半透明，无折射效果可见层数。

拓展练习

1. 为创建的模型对象进行不同的布光实践。

2. 为不同的模型素材设置合适的参数，提高渲染输出质量。

第6章

材质与贴图

案例13 使用Maya传统材质与纹理

案例描述

通过本案例，学会Lambert、Blinn、Phong材质的使用与编辑流程，了解“凹凸贴图”“透明贴图”等纹理贴图的用法。案例模型如图6–1左图所示，渲染效果如图6–1右图所示。

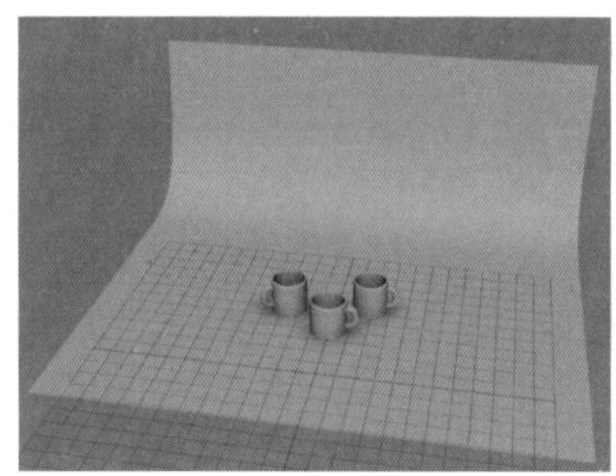

图6–1

学习目标

1. 知识目标

- 了解材质编辑器；
- 了解材质类型；
- 熟悉材质节点的操作方法。

2. 技能目标

- 会使用材质编辑器；
- 会创建常见的材质。

3. 素养目标

- 养成规范操作的习惯；
- 培养创造美的能力。

操作步骤

（1）打开图6–1左图所示的场景文件。启用视图面板的“带纹理”“阴影”“屏幕空间环境光遮挡”“多采样抗锯齿”命令。创建一盏平行光、一盏聚光灯。设置平行光的强度为1.948，关闭阴影；设置聚光灯的强度为2.4，开启“使用光线跟踪阴影”功能，如图6–2所示。打开“渲染设置”对话框，选择“Maya 软件”渲染器，设置“边缘抗锯齿”为“高质量”，“采样数”的“着色”设置为 6，勾选“光线跟踪”复选框，设置“反射”“折射”“阴影”“偏移”分别为 6、6、4、0，渲染效果如图 6–3 所示。

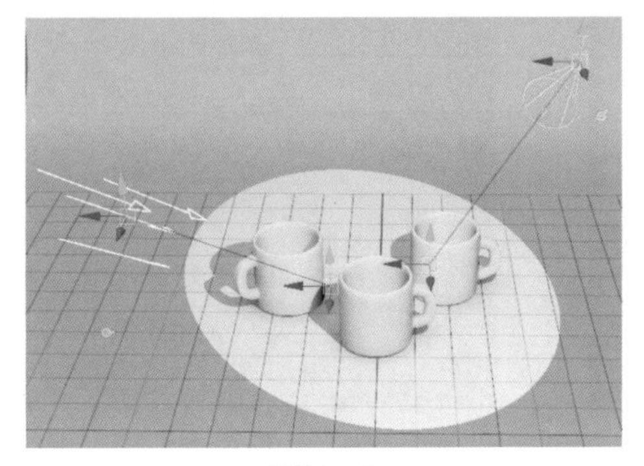

图 6–2

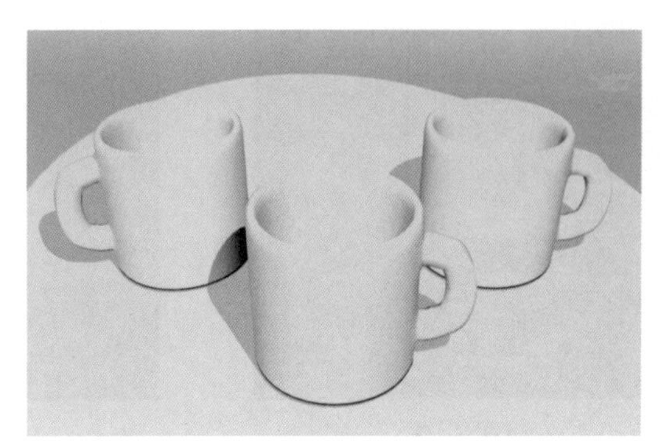

图 6–3

（2）选择图 6–4 所示的面，单击“渲染”工具架上的“Lambert”材质球，将新材质赋予所选择的面。在属性编辑栏修改新创建的材质名称为 dimian。单击属性栏 Color 右侧的“棋盘格”按钮，在图 6–5 所示的“创建渲染节点”对话框中选择“花岗岩”选项，渲染效果如图 6–6 所示。

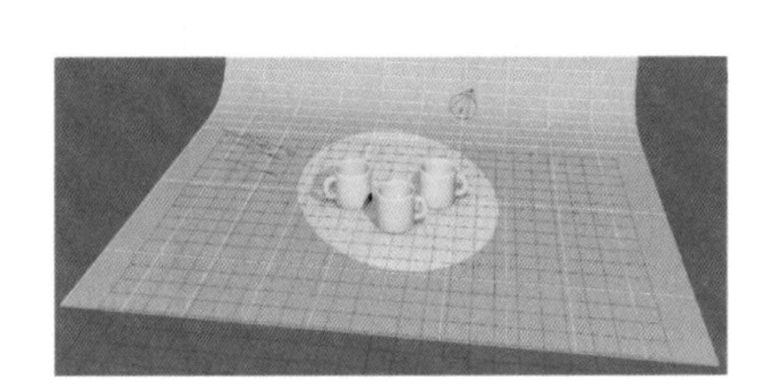

图 6–4

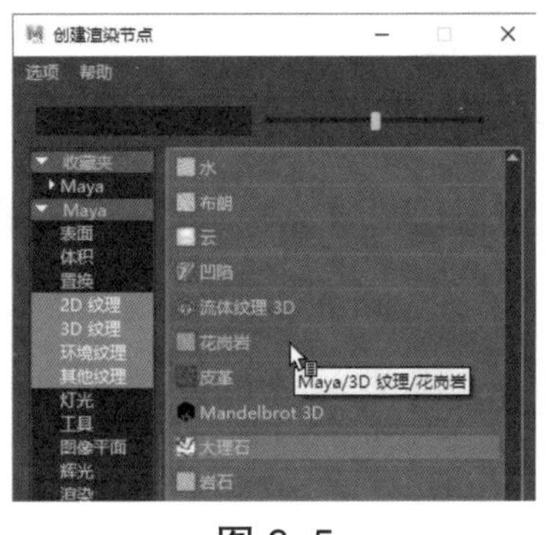

图 6–5

图 6–6

（3）选择图 6–7 所示的面，然后单击“渲染”工具架上的“Lambert”材质球，将新材质赋予选择的面。在属性编辑栏，修改新创建的材质名称为 beijing。单击属性栏 Color 右侧的“棋盘格”按钮，在图 6–5 所示的“创建渲染节点”对话框中选择“文件”选项，单击“文件属性”中“图像名称”右侧的按钮，导入 bj.jpg 文件作为背景，渲染效果如图 6–8 所示。

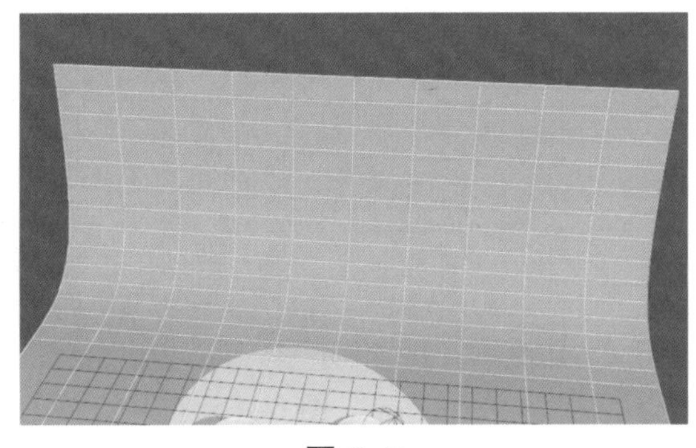

图 6–7

图 6–8

（4）选择图 6-6 左侧的杯子模型，然后单击“渲染”工具架上的“Blinn”材质球。通过属性编辑栏修改新创建的材质名称为 beizi01。设置属性如图 6-9、图 6-10 所示，渲染效果如图 6-11 所示。

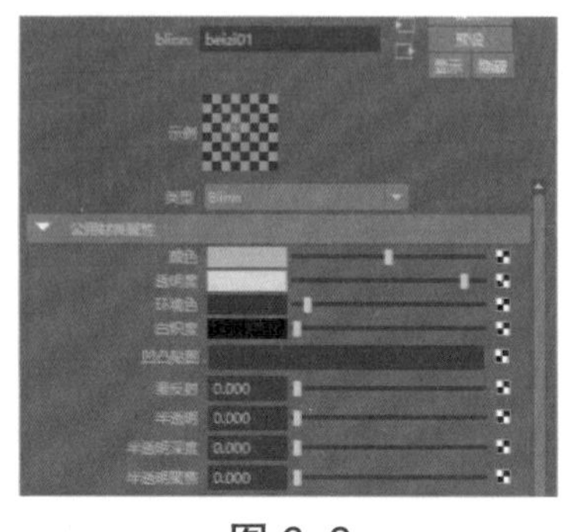

图 6-9

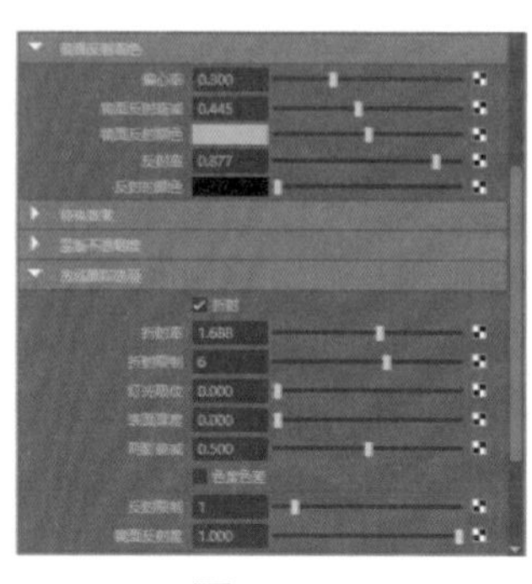

图 6-10

图 6-11

（5）选择图 6-6 右侧的杯子模型，然后单击“渲染”工具架上的“各向异性”材质球，通过属性编辑栏修改新创建的材质名称为 beizi03。设置公用材质属性如图 6-12 所示，环境色如图 6-13 所示，镜面反射与光线跟踪如图 6-14 所示，渲染效果如图 6-15 所示。

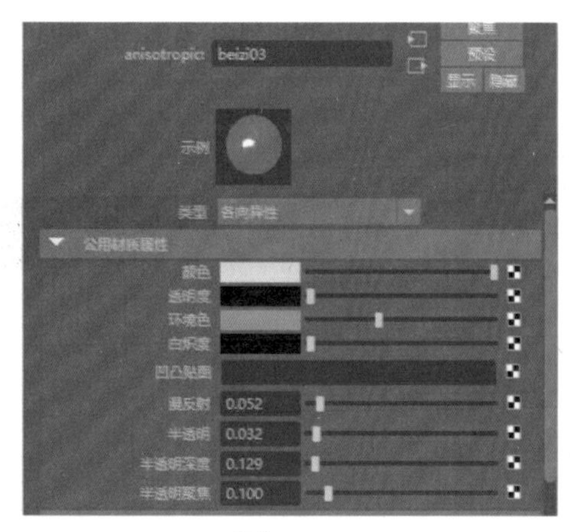

图 6-12

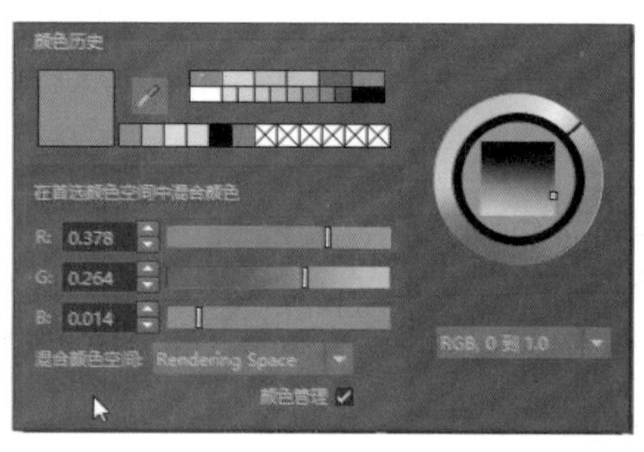

图 6-13

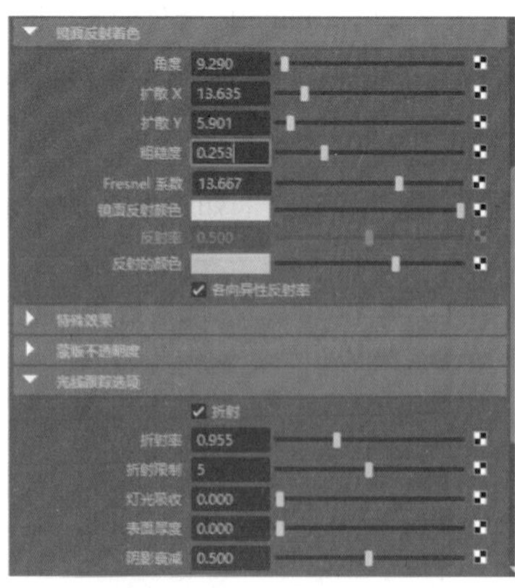

图 6-14

图 6-15

（6）选择图 6-6 中间的杯子模型，然后单击“渲染”工具架上的“Phong”材质球，通过属性编辑栏修改新创建的材质名称为 beizi02。单击公用材质属性颜色右侧的“棋盘格”按钮，在弹出的对话框中选择“皮革”纹理，如图 6-16 所示，镜面反射与光线跟踪设置如图 6-17 所示，渲染效果如图 6-18 所示。

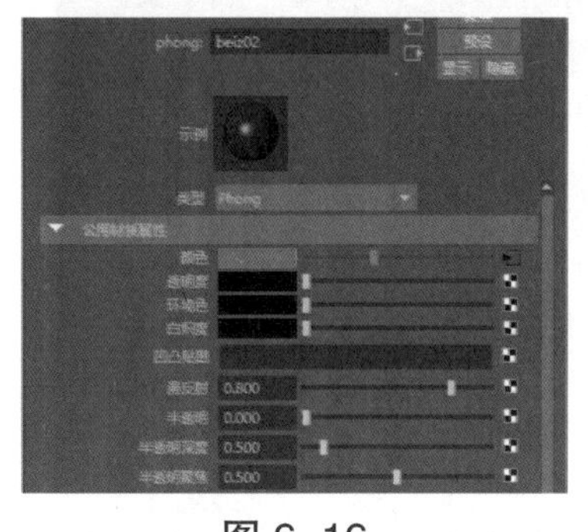

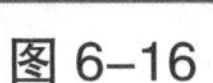

图 6-16

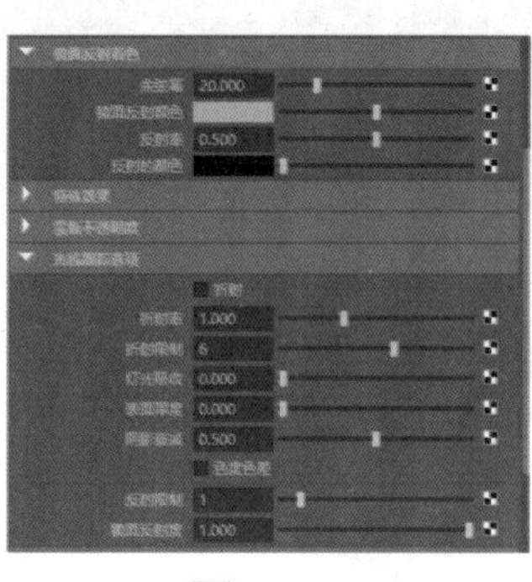

图 6-17

图 6-18

（7）选择“beijing”材质球，单击“凹凸贴图”右侧的“棋盘格”按钮，在弹出的对话框中选择“皮革”纹理，设置“凹凸深度”为 5.000，如图 6-19 所示，渲染效果如图 6-20 所示。

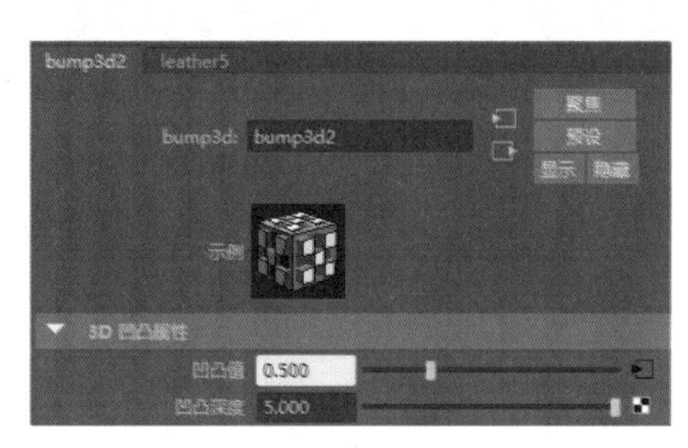

图 6-19

图 6-20

（8）保存场景文件。

知识精讲

6.1 材质编辑器

材质主要用于表现物体的颜色、质地、纹理、透明度和光泽等特性，使用各种类型的材质可以模拟出现实世界中的任何物体。默认情况下，Maya 会指定 Lambert 作为对象的初始材质。

“Hypershade”对话框以节点网络的方式来编辑材质。在“Hypershade”对话框中可以很清楚地观察到一个材质的网络结构，并且可以随时在任意两个材质节点之间创建或打断链接。

执行“窗口→渲染编辑器→Hypershade”命令，或单击状态栏的按钮，即可打开“Hypershade”对话框，如图 6-21 所示。

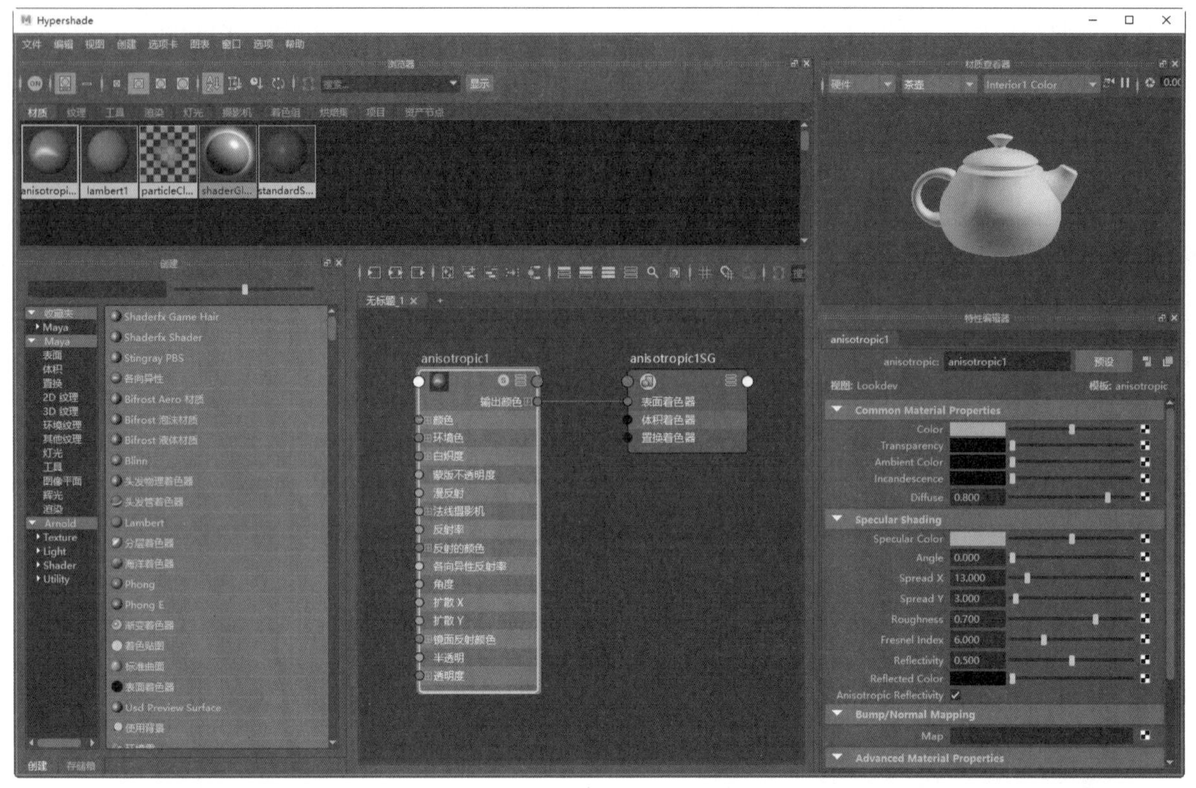

图 6–21

1. 浏览器

Hypershade 浏览器中的选项卡包含构成当前场景的渲染组件，如材质、纹理、灯光和摄影机。在 Hypershade 选项卡中，每个渲染节点都显示为视觉化的节点图标，如图 6–22~ 图 6–25 所示。

图 6–22

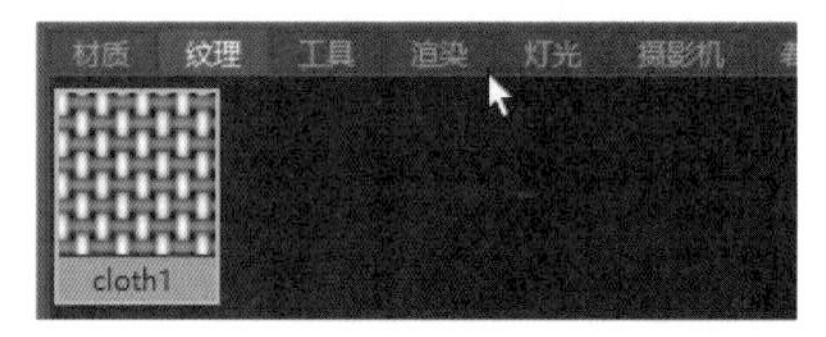

图 6–23

图 6–24

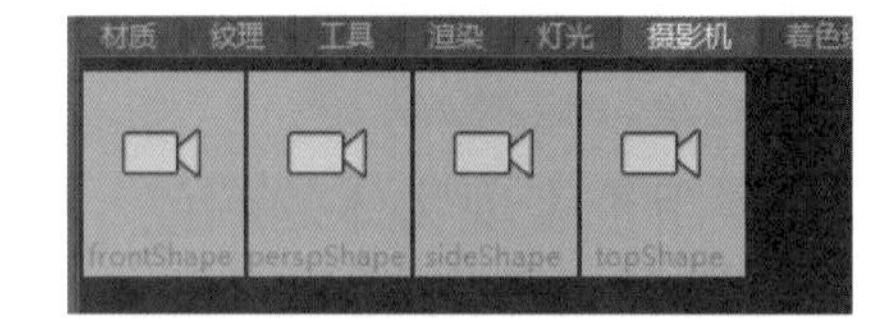

图 6–25

2. 材质查看器

“材质查看器”面板可以实时显示材质效果，且显示的效果接近最终的渲染效果，非常方便测试材质效果，如图 6–26 所示。可以从多个样例形状中选择材质样例，如球体、布料等，如图 6–27 所示。此外，也可以选择预设或自定义环境来添加基于图像的照明效果，各选项如图 6–28 所示。

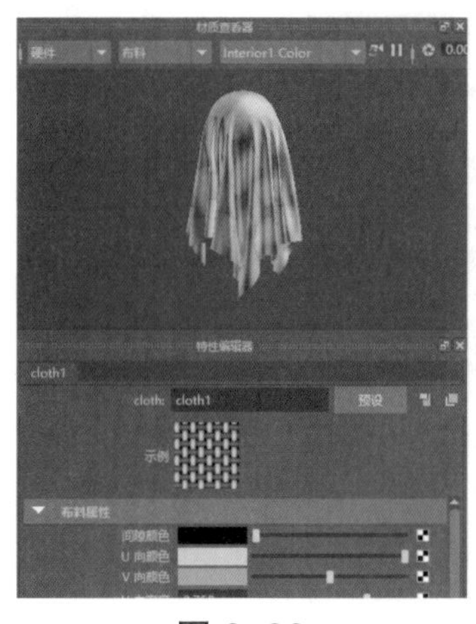
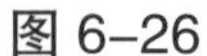
图 6-26

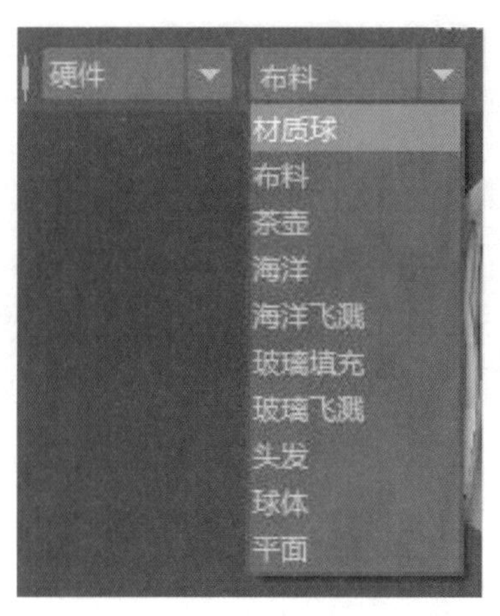

图 6-27

图 6-28

3. 创建

“创建”面板的左侧是渲染器中的类别，右侧则是对应的节点。单击“创建”面板中的材质球即可在工作区创建材质节点。

4. 工作区

“工作区”面板主要用来编辑材质节点，在这里可以编辑出复杂的材质节点网络。着色网络是数据流网络，数据从该网络的左侧向右侧传输，从而产生最终的着色结果，如图6-29所示。

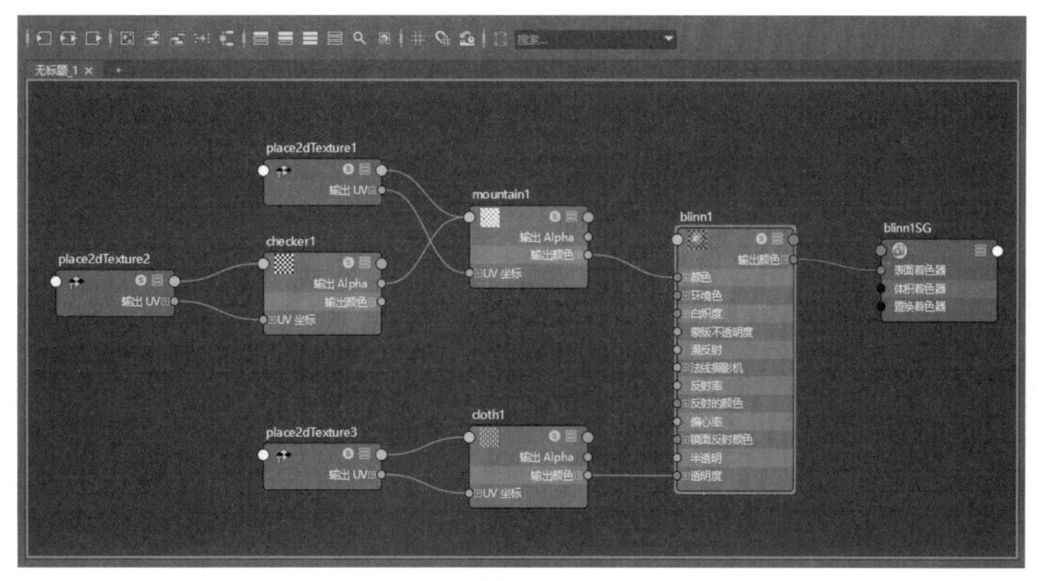

图 6-29

连接节点：单击源端口，然后单击目标端口即可将二者连接。此外，也可以使用鼠标左键或鼠标中键进行拖曳，在输出属性和输入属性之间创建连接线。

断开连接：选择单个连接线，然后按【Backspace】键或【Delete】键，可以移除单个连接。

5. 特性编辑器

“特性编辑器”面板可以查看、编辑着色节点的属性，该面板中的内容与“属性编辑器”面板中的内容一致，如图 6-30 所示。

图 6–30

6.2 材质类型

在“创建”面板中列出了 Maya 的材质类型，包括“表面”“体积”“置换”“2D 纹理”等 12 大类，以及 Arnold 材质。

1. 标准曲面

标准曲面是 Maya 的默认节点，每个新场景均自动创建了 standardSurface1 节点。标准曲面易于使用，其只有少量最有用的参数，并且有车漆、磨砂玻璃和塑料等预设可以直接应用。单击标准曲面中“特性编辑器”或“属性编辑器”上的“预设”按钮，即可选择和应用预设，如图 6–31 所示。如图 6–32~ 图 6–35 所示为应用“预设”创建的车漆、陶瓷、陶土、磨砂玻璃材质效果。

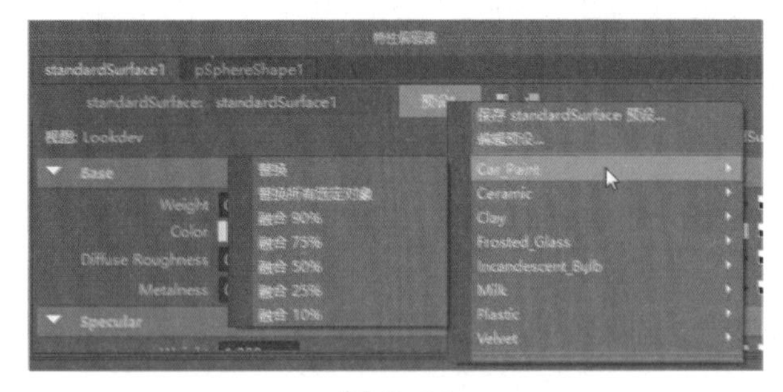

图 6–31

图 6–32

图 6–33

图 6–34

图 6–35

2. Blinn

“Blinn”材质尤其适用于模拟具有柔和镜面反射（高光）的金属曲面（如铜或铝），效果如图 6–36 所示。

3. Lambert

“Lambert”材质适用于没有镜面反射高光的曲面（如粉笔、涂料、粗糙曲面）。效果如图 6–37 所示。新建的模型默认使用“Lambert”材质。请勿对其进行修改；作为替代，请创建并应用新的“Lambert”材质。

4. Phong

“Phong”材质适用于具有清晰的镜面反射高光的像玻璃一样的或有光泽的曲面（如汽车模具、电话机、浴室配件），效果如图 6–38 所示。

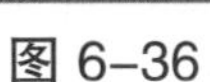

图 6–36

图 6–37

图 6–38

5. 渐变着色器

渐变着色器在色彩变化方面具有更多的可控特性，可以用来模拟具有色彩渐变的材质效果，如图 6–39 所示。

6. 各向异性

“各向异性”材质尤其适用于有凹槽的曲面的材质，例如 CD、羽毛或者天鹅绒或缎子之类的织物。“各向异性”材质上的镜面反射高光的外观取决于这些凹槽的特性及其方向，如图 6–40 所示。

图 6–39

图 6–40

7. 分层着色器

使用分层着色器可以混合两种或多种材质，也可以混合两种或多种纹理，从而得到一个新的材质或纹理。

创建分层着色器示例如下。

（1）在 Hypershade 中创建分层着色器。

（2）选择“分层着色器”节点并打开“属性编辑器”。

（3）创建 Blinn 着色器并拖曳到“属性编辑器”中带绿色样例的区域。

（4）创建 Lambert 并拖曳到带绿色样例区域的右边。

（5）选择“分层着色”属性栏的 Blinn，单击颜色右侧的“棋盘格”按钮，选择“木材”纹理，用同样的方法为 Lambert 添加“棋盘格”纹理。最左边的着色器是最上面的材质，需修改其透明度级别来查看下面的着色器，适当调节上层 Blinn 的透明度。分层着色器属性如图 6–41 所示，渲染效果如图 6–42 所示。

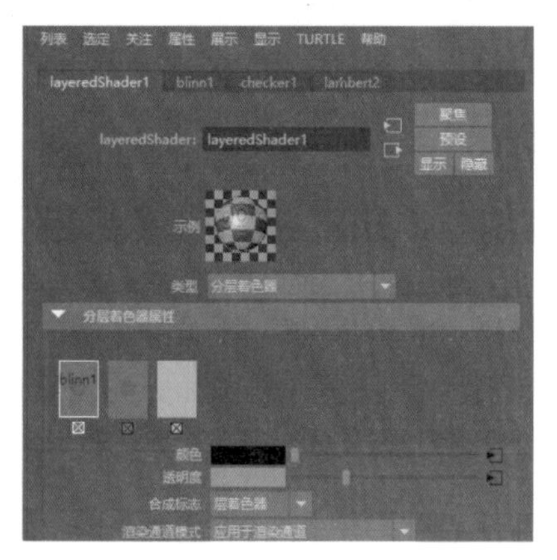

图 6–41

图 6–42

本例的着色网络如图 6–43 所示。

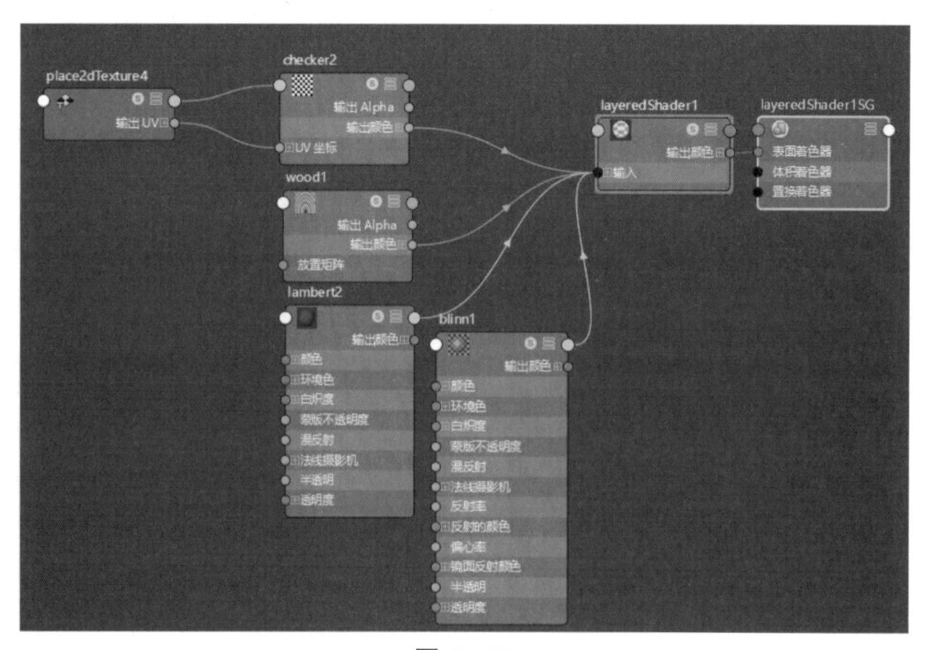

图 6–43

6.3 材质节点操作

在制作材质时，往往需要将多个节点连接在一起，而且制作完的材质要连接到模型上才能看到最终的效果。

1. 连接与断开

除了可以在 Hypershade 工作区通过拖放来连接材质节点及断开接连外，也可以在“属性编辑器”中对节点进行操作。如果属性名称后面提供了“棋盘格”按钮，那么该属性就可以连接其他节点。单击“棋盘格”按钮将会打开“创建渲染节点”对话框，在该对话框中可以选择需要连接的节点。

如果要断开节点的连接，可以在属性名称上右击，在弹出的快捷菜单中选择“断开连接”选项即可，如图 6–44 所示。

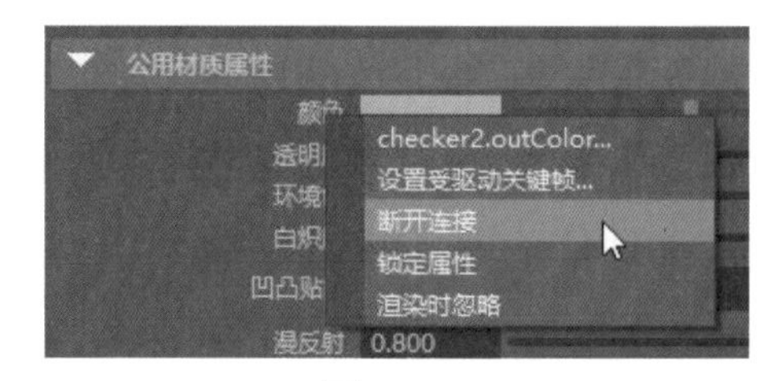

图 6–44

2. 将材质指定给对象

可以通过以下方法为对象指定材质。

• 在对象上右击，然后在弹出的快捷菜单中选择“指定现有材质”选项，选择场景中现有的一种材质，如图 6–45 所示。

如果选择“指定新材质”或“指定收藏材质”选项，将显示指定新材质窗口，在其中可以从可用材质或“收藏夹”列表保存的材质中选择一种新材质。

• 通过 Hypershade 为一个或多个曲面指定现有材质：选择要为其指定材质的对象，在材质样例上右击，然后从标记菜单中选择“为当前选择指定材质”选项，如图 6–46 所示。

• 使用鼠标中键将 Hypershade 中的材质样例拖放到视口中的曲面上。

图 6–45

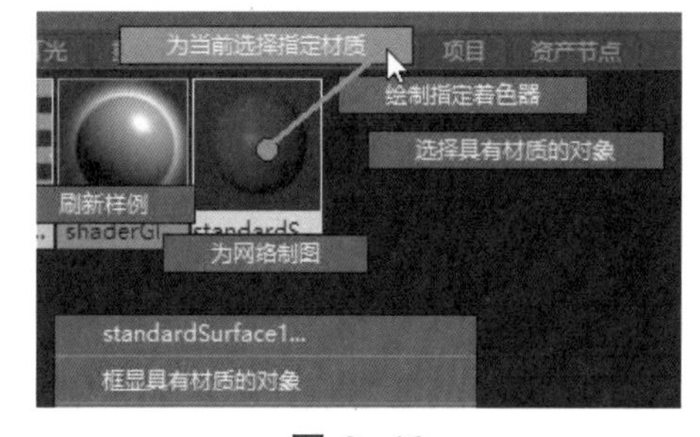

图 6–46

6.4 材质属性

每种材质都有其各自的属性，但各种材质之间又具有一些共同的属性。

1. 颜色

颜色属性可指定材质颜色。通过调整应用于对象的材质颜色属性，更改对象的基本颜色，如图 6–47 所示。此外，也可以将纹理作为颜色贴图应用于材质的颜色属性上，如图 6–48 所示。

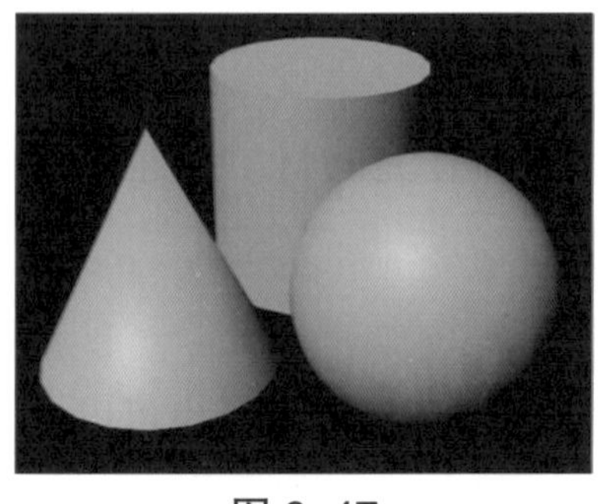

图 6–47

图 6–48

2. 透明度

透明度属性可指定材质的颜色和透明度级别。例如，如果“透明度”值为 0（黑色），则曲面是完全不透明的，如图 6–49 所示；如果“透明度”值为 1（白色），则曲面是完全透明的。若要使对象半透明，可将“透明度”颜色设置为灰色调，效果如图 6–50 所示。如果将纹理作为透明度贴图应用于材质的透明度属性，那么可以由纹理指定对象哪些区域为不透明、透明或半透明。如图 6–51 所示，是把棋盘格贴图应用于材质的透明度属性的效果。

图 6–49

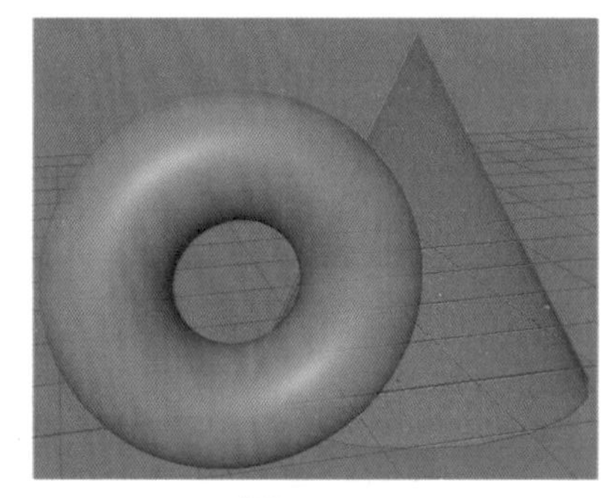

图 6–50

图 6–51

3. 环境色

环境色指由周围环境作用于物体所呈现出来的颜色，即物体背光部分的颜色，默认设置为黑色，但它不会影响材质的颜色属性。

4. 白炽度

白炽度可以指定材质本身发光的颜色和亮度。不过，尽管白炽度使对象看起来像在发光，但它不能在场景中充当光源照亮其他对象。

5. 凹凸贴图

我们可以通过设置一张纹理贴图使物体的表面看起来粗糙或凹凸。凹凸贴图并不会实际改变曲面，曲面的轮廓看起来还是平滑的。如图 6–52 所示，是使用“山脉”贴图产生的凹凸效果。

6. 漫反射

漫反射表示物体对光线的反射程度，较小的值表明该物体对光线的反射能力较弱（如透明的物体），较大的值表明物体对光线的反射能力较强（如较粗糙的表面）。其默认颜色值为 0.8。

7. 半透明

半透明可以使物体呈现出不同程度的透明效果，可模拟云、毛发、头发、大理石、翡翠、蜡、纸张、叶、花瓣或磨砂灯泡等。如图 6-53 所示为大理石的半透明效果。“半透明”数值为 0，表示关闭材质的透明属性。随着数值的增大，材质的透光程度将逐渐增强。

图 6-52

图 6-53

8. 半透明深度

半透明深度可以控制阴影投射的距离。该值越大，阴影穿透物体的能力越强，从而映射在物体的另一面。例如，灯光照射在对象的一侧时，另一侧会被局部照明。此效果需要为照射在对象上的灯光启用光线跟踪阴影。

9. 半透明聚焦

半透明聚焦可以控制半透明灯光的散射程度（具体取决于灯光的方向）。该数值越小，光线的扩散范围越大；反之就越小。

10. 特殊效果

特殊效果属性控制灯光在曲面上反射时或由曲面白炽度生成的辉光的外观。特殊效果属性可用于“各向异性”Blinn、Lambert、Phong 和 Phong E 材质类型。如图 6-54 所示，右侧的灯泡添加了“特殊效果”。

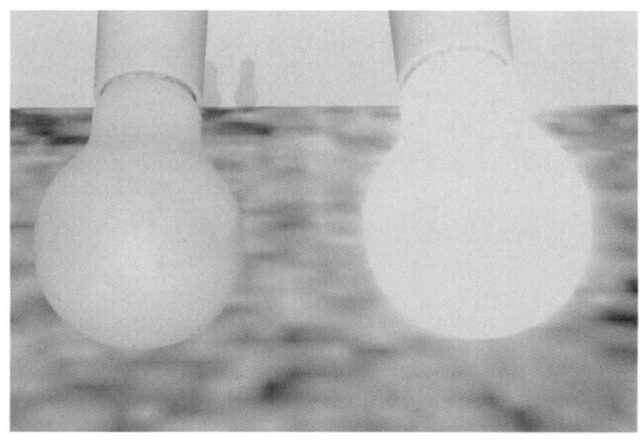

图 6-54

（1）隐藏源：渲染时使曲面不可见，仅显示辉光效果。

（2）辉光强度：指曲面辉光效果的亮度。滑块范围为 0 到 1，也可以输入更大的值，以创建“过曝”或“焚烧”效果。

11. 光线跟踪选项

光线跟踪选项控制光线的反射、折射对曲面外观的效果的影响。

• 折射：启用时，穿过透明或半透明对象的光线将产生折射效果。

• 折射率：指光线穿过透明对象时的弯曲量。如果“折射率”值为 1，则光线根本就不会弯曲。其默认设置为 1.6。

• 折射限制：指曲面允许光线折射的最大次数。

• 反射限制：指曲面允许光线反射的最大次数。

• 镜面反射度：控制镜面反射高光在反射中的大小，有效范围为 0 到 1。

• 灯光吸收：指定材质吸收灯光的程度。“吸收值”为 0 的材质可完全透射，值越大，透过的灯光越少。

• 表面厚度：指定单个曲面中创建的透明对象的厚度。

• 阴影衰减：透明对象的阴影的衰减程度。

• 色度色差：指在光线跟踪期间，灯光透过透明曲面时以不同角度折射的不同波长。“色度色差”仅在光线穿过透明对象的第二个曲面时才会影响光线。

案例14　使用 Arnold 材质

案例描述

通过本案例，学会 Arnold 材质的使用与编辑流程。案例模型如图 6–55 左图所示，渲染效果如图 6–55 右图所示。

图 6–55

学习目标

1. 知识目标

• 了解 aiStandardSurface 材质。

2. 技能目标

• 会使用 aiStandardSurface 材质。

3. 素养目标

• 养成规范操作的习惯；

• 培养自主探究的学习能力。

操作步骤

（1）打开图 6–55 左图所示的场景文件。启用视图面板的“带纹理”“阴影”“屏幕空间环境光遮挡”“多采样抗锯齿”功能。创建一盏平行光、一盏 Arnold Area Light。设置平行光的强度为 2.41，关闭阴影。设置 Arnold Area Light 的强度为 10，开启“使用光线跟踪阴影”功能，如图 6–56 所示。打开“渲染设置”对话框，选择 Arnold Renderer 渲染器，使用默认设置，渲染效果如图 6–57 所示。

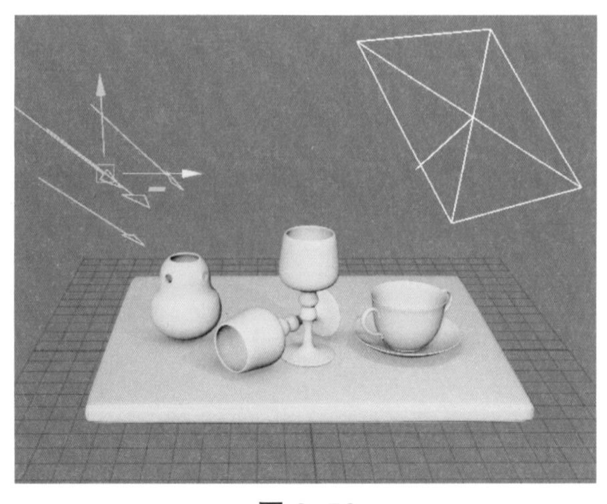

图 6-56

图 6-57

（2）创建 Arnold Skydome light，单击属性栏“Color”选项右侧的“棋盘格”按钮，导入“背景 2”全景图素材作为照明图像，如图 6-58 所示。选择 Skydome light，使用“旋转”工具，调整效果如图 6-59 所示。

图 6-58

图 6-59

（3）渲染效果如图 6-60 所示，Skydome light 效果参数如图 6-61 所示，其他参数保持默认值，渲染效果如图 6-62 所示。

图 6-60

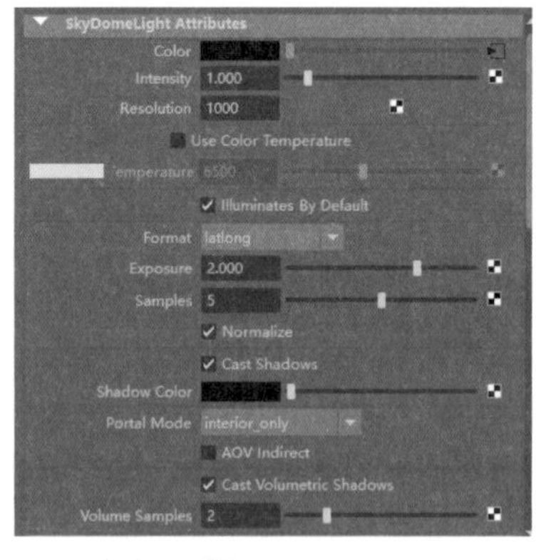

图 6-61

图 6-62

（4）打开 Hypershade 编辑器窗口，单击 aiStandardSurface 创建一个 Arnold 标准材质球，将材质赋予模型的底板。单击材质属性的“预设”按钮，在弹出的菜单中选择“Brushed_Metal→替换”选项，如图 6-63 所示，然后设置“Base”栏的“Color”值如图 6-64 所示，其他参数保持默认值，渲染效果如图 6-65 所示。

（5）创建一个 Arnold aiStandardSurface 标准材质球，将材质赋予模型的两个高脚杯。单击材质属性的“预设”按钮，在弹出的菜单中选择“Glass→替换”选项，参数保持默认值，渲染效果如图 6-66 所示。

图 6-63

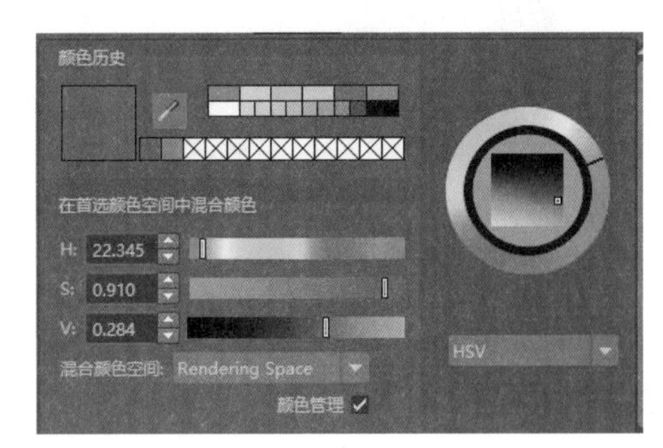

图 6-64

图 6-65

图 6-66

（7）创建一个 Arnold aiStandard Surface 标准材质球，将材质赋予两个高脚杯左边的罐子。单击材质属性的“预设”按钮，在弹出的菜单中选择“Clay→替换”选项。设置“Subsurface”栏的“Color”参数如图 6-67 所示，其他参数保持默认值，渲染效果如图 6-68 所示。

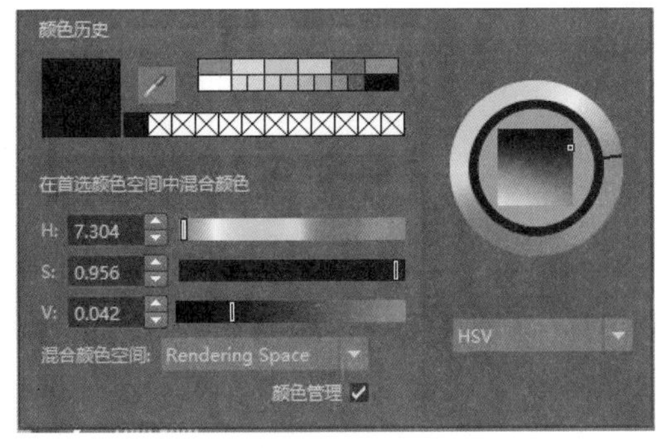

图 6-67

图 6-68

（8）修改材质属性，设置“Thin Film”栏的“Thickness”为 500，“IOR”为 1.5，渲染效果如图 6-69 所示。

（9）创建一个 Arnold Ai Standard Surface 标准材质球，将材质赋予茶杯与盘子。单击材质属性的“预设”按钮，在弹出的菜单中选择“Ceramic→替换”选项，参数保持默认值，最终渲染效果如图 6-70 所示。

图 6–69

图 6–70

（10）保存场景文件。

知识精讲

6.5 aiStandardSurface材质

aiStandardSurface 是 Arnold 中使用频率较高的一种材质，大部分常用表面材质效果都可以通过修改此材质球属性获得。

本材质各个属性的作用如下。

• Base：控制漫反射效果。

• Specular：控制反射效果。

• Transmission：控制半透明折射效果。

• Subsurface：控制次表面散射效果（SSS）。

• Coat：控制材质“表面涂层”效果，可以为任何材质添加一层半透明的表面“涂层”。

• Sheen：控制材质光泽效果。

• Emission：控制材质自发光效果。

• Thin Film：同样可以赋予材质一种“表面镀层”的效果，比如甲壳虫外壳在阳光下产生的七彩光效，或者水面上的汽油层所展现的颜色效果。

• Geomery：控制表面凹凸效果，用来添加 Bump Map 或 Normal Map。

• Matte：控制遮罩效果，也就是说将物体渲染成遮罩。

一些常见的材质效果需要综合设置多种属性参数才可以实现，比如瓷器表面就兼具强烈的漫反射效果和高光反射效果，车漆需要 Specular 和 Coat 或 Thin Film 共同起效，皮肤则需要同时设置 Base、Specular 和 Subsurface 等。

1. Base

• Weight：漫反射效果强度。

• Color：漫反射颜色。

• Diffuse Roughness：漫反射表面粗糙度。粗糙的漫反射表面亮度更低，光照更平均。

• Metalness：金属质感表现程度。增加该值会让漫反射的颜色更“浓烈”地展现金属本色，通常金属材质效果都需要提高该属性值。图 6–71、图 6–72、图 6–73 的球体，此项参数分别设置为 0、0.5、1。

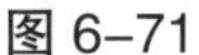

图 6–71

图 6–72

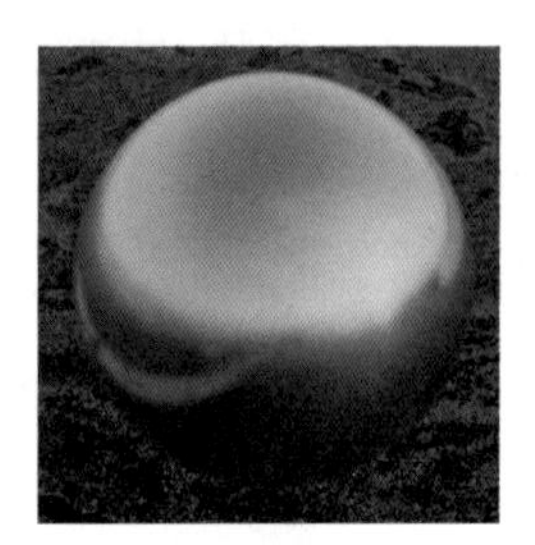

图 6–73

2. Specular

• Roughness：反射粗糙度。越粗糙的表面反射的图像越模糊。反射粗糙度属性同样会影响折射的效果，比如常见的“毛玻璃”效果就是玻璃表面的粗糙造成的。

• IOR：折射率。真实世界的材质的折射率是固定的，比如水是 1.3 左右，玻璃是 1.5 左右，钻石是 2.2 左右。折射率是影响光线 Transmission（折射）效果的最根本属性。

• Anisotropy：高光的各向异性程度。该值越高，高光和反射就越会被拉成一个长条形，类似抛光金属面的高光反应。

• Rotation：调节各向异性所产生的高光拉长效果的旋转方向。

3. Transmission

• Color：折射颜色，比如，有色玻璃的颜色可以在这里设置。

• Depth：该值控制光线色彩被材质本身所“吸收”的程度。该值越大，材质本色就需要更“厚”的区域才能体现出来。

• Scatter：可以让半透明材质呈现一些次级表面散射的效果，还可以模拟蜂蜜、巧克力、冰等既有半透明效果又有次级表面散射效果的材质。模型越薄的区域越呈现出半透明效果，而模型越厚的区域则越呈现出次表现散射效果。

• Scatter Anisotropy：让次级表面散射呈现各向异性的特征。该值越大，材质越“吸光”；该值越小，材质越“透光”。

• Dispersion Abbe：让不同波长的光线被折射的程度不一样，就是可以让白光折射出七彩色来，比如钻石的折射效果。

• Extra Roughness：调节物体内部的粗糙度。

4. SubSurface

• Radius：次级表面散射的强度（半径），可以理解成光线可以从多“深”的地方散射出来被摄影机看到。

• Scale：可以整体放大材质的次级表面散射强度。该值越大，物体越“通透”。

• Type：次级表面散射的不同计算方法。

• Anisotropy：让次级表面散射呈现各向异性的特征。

5. Coat

该属性模拟“透明涂层”的效果，相当于为材质表面多添加一层反光效果，比如各种材质表面被水打湿的效果等，如图 6–74 所示。

Normal：可以用法线或凸凹贴图给“透明涂层”模拟出表面高低不平的效果。

6. Sheen

该属性模拟“光泽”效果，如图 6–75 所示。

图 6–74

图 6–75

7. Thin Film

该属性模拟一层“薄膜”的效果，可以被应用在其他表面材质类型之上。Thin Film 与 Coat 不同，其光学效果更复杂，不同厚度的薄膜可以呈现出完全不同的色彩效果。

Thickness：“薄膜”的厚度（单位为“纳米”）。Thickness 分别为 50、150、300、500 时的 Thin Film 材质效果，如图 6–76~ 图 6–79 所示。

图 6–76

图 6–77

图 6–78

图 6–79

8. Geometry

• Thin Walled：勾选该选项会造成一个“很薄的半透光表面”效果，可以用来模拟树叶或者纸张类物体。

• Opacity：物体整体的不透明度。该选项不会像 Transmission 一样折射光线，只是单纯改变物体的不透明程度。

• Bump Mapping：用来贴凸凹或法线贴图。

• Anisotropy Tangent：各向异性法线方向，通常保持为“0，0，0”。

9. Matte

• Enable Matte：是否将物体渲染成遮罩。

• Matte Color：遮罩颜色。

• Matte Opacity：遮罩透明度。

案例 15　UV 编辑与贴图

案例描述

通过学习本案例，掌握如何通过编辑 UV 给模型正确贴图，了解 UV 的基本原理。在本案例中，将现有图像（纹理）应用（映射）到简单的多边形模型，然后创建和修改 UV 纹理坐标，以使纹理贴图正确显示在曲面上，制作图 6-80 所示的包装盒效果。

图 6-80

学习目标

1. 知识目标

- 了解纹理的概念；
- 了解 UV 的概念。

2. 技能目标

- 会映射 UV；
- 能熟练使用 UV 编辑器。

3. 素养目标

- 养成规范操作的习惯；
- 培养自主探究的学习能力。

操作步骤

（1）创建一个多边形立方体，修改形状，如图 6–81 所示。创建一个“Blinn”材质球，指定“Blinn”材质属性给立方体。单击“Blinn”属性栏“颜色”右侧的“棋盘格”按钮，在“创建渲染节点”对话框中选择文件，然后单击属性栏的“文件属性”右侧的“浏览”按钮，导入图 6–82 所示的图片，贴图效果如图 6–83 所示。

图 6–81

图 6–82

图 6–83

（2）由图 6–83 可以看出，立方体上的贴图并不完美，部分区域出现了错位，部分区域没有被贴图覆盖，这是因为立方体的默认 UV 未与纹理贴图进行正确关联。若要纠正该问题，必须修改模型的默认 UV 纹理坐标，使其与纹理图像的布局相符。

（3）选择立方体，然后单击状态栏上的“UV 编辑器”按钮，打开图 6–84 所示的“UV 编辑器”对话框。调节图 6–85 所示的滑块，使图像显示变暗，以便看清楚 UV 壳的边框线。

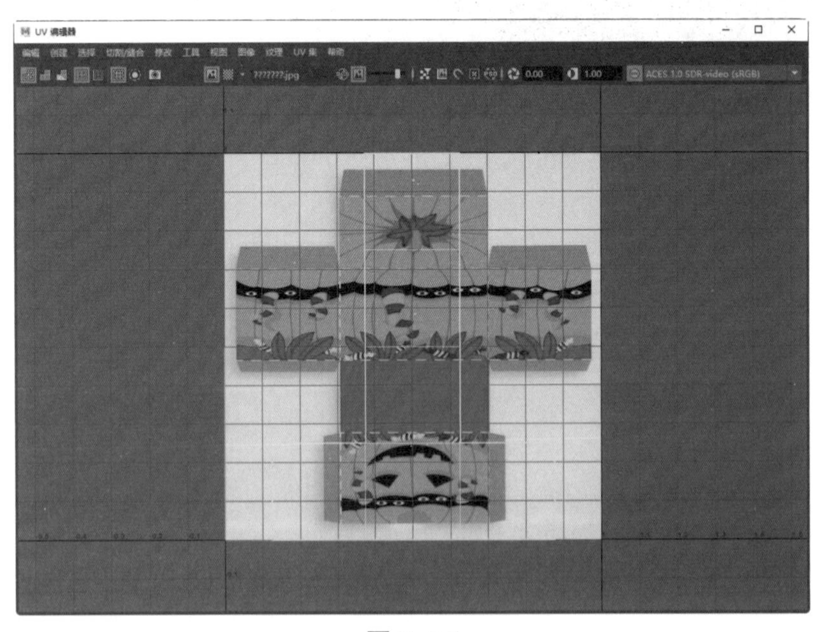

图 6–84

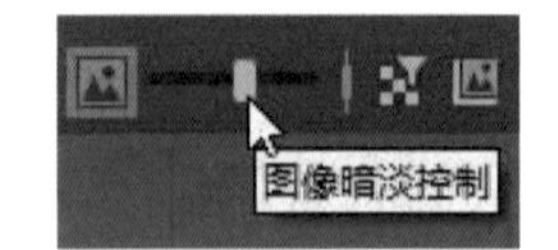

图 6–85

（4）选择 UV，执行“切割 / 缝合→分割”命令拆分 UV，如图 6–86 所示。然后进入“面”模式移动拆开的 UV 的位置，调整大小，最终布局如图 6–87 所示。

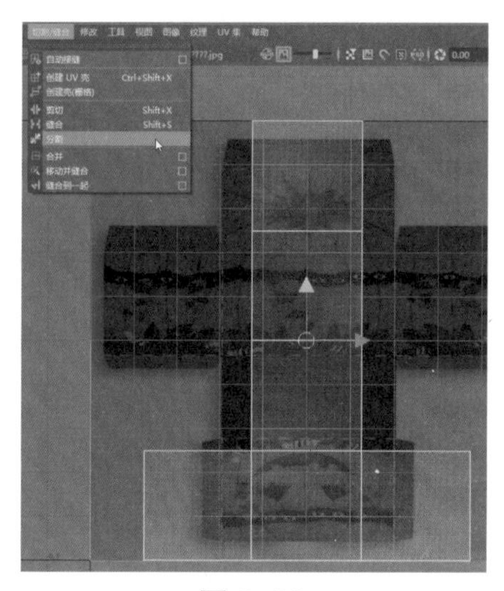

图 6-86

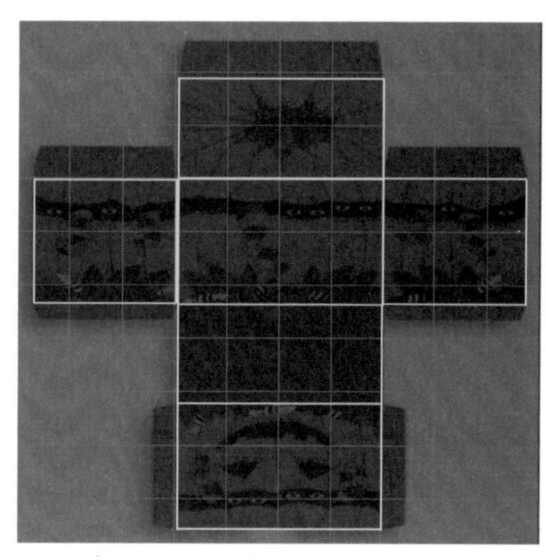

图 6-87

（5）返回主界面，可以看到贴图已经能够全部覆盖立方体，但有的图案出现了方向错误，如图 6-88 所示。选择需要修改贴图方向的面，单击“V”按钮，然后单击“翻转”按钮，修改效果如图 6-89 所示。

图 6-88

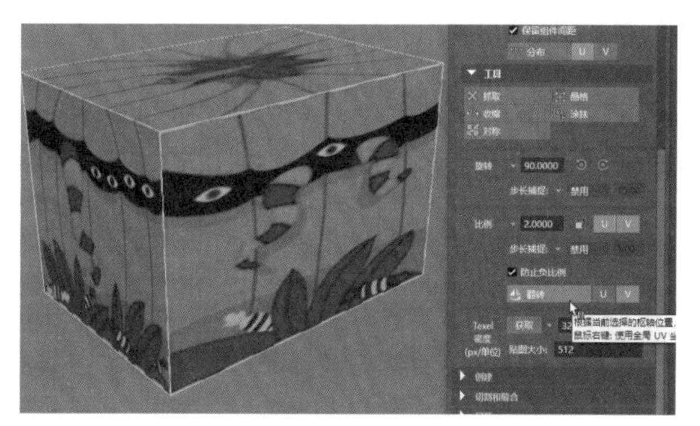

图 6-89

（6）现在贴图的方向正确了，但仔细观察会发现侧面接缝处的图案仍然没有完美对接好，如图 6-90 所示，这是因为贴图面的位置发生了错误。打开“UV 编辑器”对话框，把如图 6-91 所示的两个 UV 壳互换位置，完成效果如图 6-92 所示。

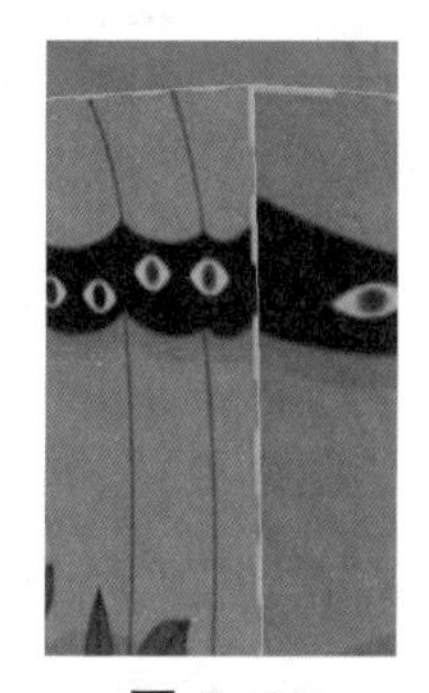

图 6-90

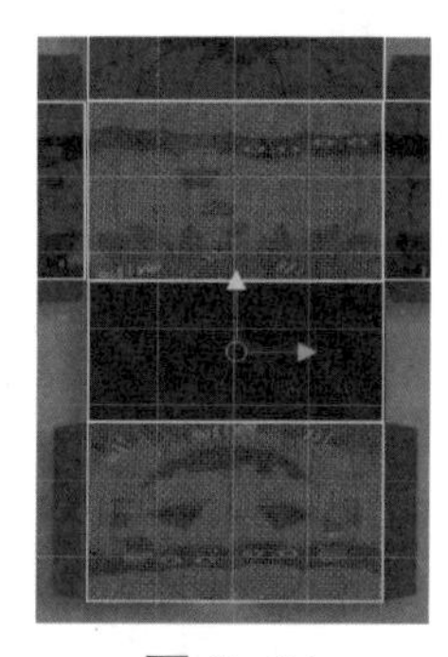

图 6-91

图 6-92

（7）保存场景文件。

知识精讲

6.6 纹理

1. 纹理概述

在 Maya 中，材质可以定义对象的基本物质属性，而纹理可以为对象添加细节。在 Hypershade 窗口的“创建”面板中集合了全部可用的纹理。纹理可以分为二维纹理、三维纹理、环境纹理和分层纹理 4 大类型。

（1）二维纹理作用于物体表面，可以制作礼品包装、墙纸等效果，其效果取决于投射和 UV 坐标。

（2）三维纹理不受其外观的限制可以投影到对象的内部，如大理石或木材中的纹理。二维纹理和三维纹理主要作用于模型对象本身。

（3）环境纹理通常用作场景中对象的背景或反射贴图。

（4）分层纹理可以对同一对象融合使用多个纹理。

2. 纹理映射

若要将纹理应用到对象，可以将纹理映射到对象材质的属性上。创建材质时，通常将纹理映射到材质的各种属性上，如映射到颜色、透明度、镜面反射和凹凸属性上等。

在材质的“属性编辑器”或“特性编辑器”中单击“棋盘格”按钮，将显示“创建渲染节点”窗口，从“创建渲染节点”对话框中选择文件，在文件节点的“属性编辑器”中，通过单击“图像名称”属性旁的“浏览”按钮，选择纹理图像即可映射纹理到模型对象。

6.7 UV

UV 被用来定义二维纹理坐标系，UV 纹理坐标使用字母 U 和 V 来指示二维空间中的轴，如图 6–93 所示，UV 控制纹理贴图在 3D 模型上的放置，以便正确定位（映射）纹理。

图 6–93

1. 映射 UV

为多边形设定 UV 映射坐标的基本方式有以下 4 种。

（1）平面映射。

用“平面映射”命令可以从假设的平面沿一个方向投影 UV 纹理坐标，以将其映射到选定的曲面网格。该映射最适用于相对平坦的对象或者至少可以从一个摄影机角度完全可见的对象。平面映射通常会生成重叠的 UV 壳，可能会完全重叠，且外形类似于单个 UV 壳。产生重叠 UV 之后，应使用“排布”命令进行进一步编辑。

选择要创建映射的对象，单击“UV →平面”右侧的方框，根据需要设置参数，如图 6–94 所示，然后单击“投影”按钮即可创建映射。创建的 UV 如图 6–95 所示。

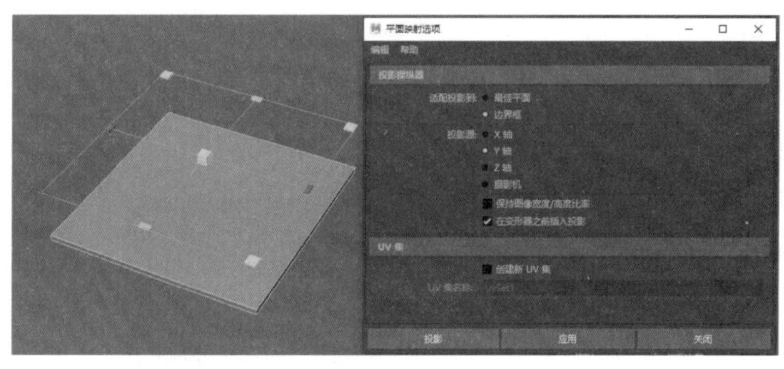

图 6–94

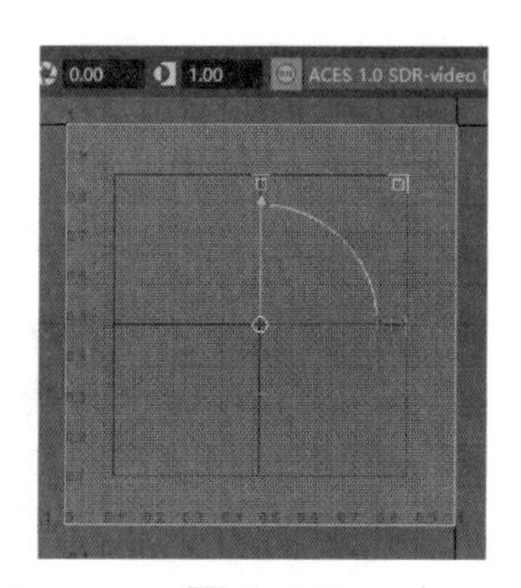

图 6–95

平面映射各参数作用如下。

- 最佳平面：根据选择的面定位操纵器。
- 边界框：根据网格的边界框定位操纵器。
- X/Y/Z 轴：从物体的 X、Y、Z 轴匹配投影。
- 摄影机：从场景摄影机匹配投影。

（2）圆柱形映射。

圆柱形映射基于圆柱形投影形状为对象创建 UV，该投影形状绕网格折回，最适合完全封闭且在圆柱体中可见的图形。操作器如图 6–96 所示，创建的 UV 如图 6–97 所示。

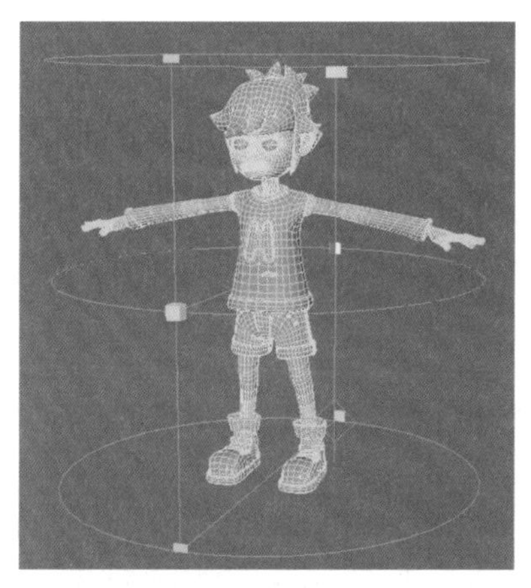

图 6–96

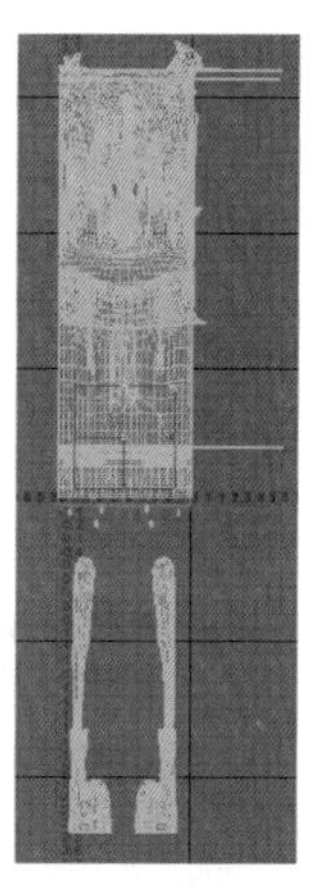

图 6–97

（3）球形映射。

球形映射使用基于球形图形的投影为对象创建 UV，该球形图形绕网格折回。球形映射最适合完全封闭且在球体中可见的图形。操作器如图 6–98 所示，创建的 UV 如图 6–99 所示。

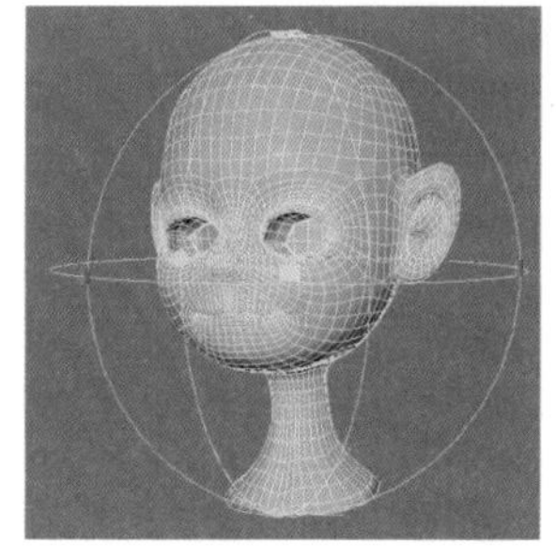

图 6–98

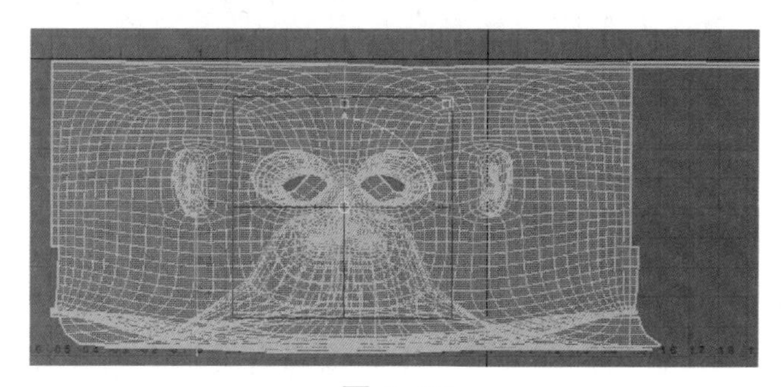

图 6–99

（4）自动映射。

自动映射通过同时从多个平面投影查找最佳 UV 效果来创建 UV。该 UV 映射方法对于更加复杂的图形非常有用。操作器如图 6–100 所示，创建的 UV 如图 6–101 所示。

图 6–100

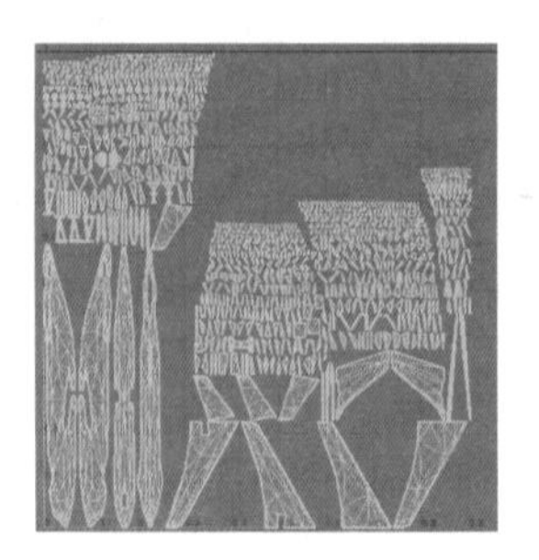

图 6–101

2. UV 编辑器

“UV 编辑器”对话框可用于查看 2D 视图内的多边形、NURBS 和细分曲面的 UV 纹理坐标，并以交互方式对其进行编辑。与在 Maya 中使用的其他建模工具类似，在“UV 编辑器”对话框中可以选择、移动、缩放曲面和修改 UV 拓扑，还可以将与纹理贴图相关联的图像作为“UV 编辑器”对话框内的背景，同时也可以修改 UV 布局来根据需要进行匹配。

编辑 UV 时，切换成“UV 编辑工作区”，可以轻松地将透视图中的 3D 对象与其在“UV 编辑器”对话框中的 2D 纹理坐标对应。

默认情况下，“UV 工具包”显示在“UV 编辑器”对话框的右侧，包含修改 UV 排列所需的全部工具。对于具有附加选项的工具和命令，可以按住【Shift】键并单击该按钮打开相应的选项对话框，也可以在某些选项上右击来访问替代功能。“UV 编辑工作区”及“UV 工具包”如图 6–102 所示。

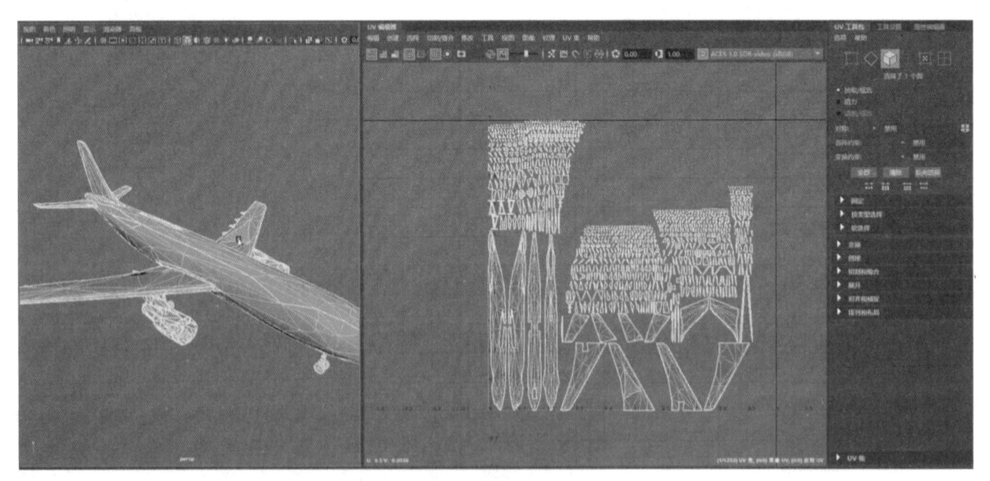

图 6–102

UV 纹理编辑器菜单命令介绍如下。

（1）“切割 / 缝合”菜单命令。

该菜单包含与创建和缝合 UV 接缝有关的各种操作，此处列出的许多命令也可以在“UV 工具包”中找到。

• 自动接缝：自动选择或切割选定对象 /UV 壳上的边，以形成适当的接缝。

• 创建 UV 壳：将当前选定的组件（顶点、UV、边或面）转化为围绕选定周长的一系列边，然后沿着周长切割，创建一个新的 UV 壳。

• 创建壳（栅格）：通过沿当前选择的边周长切割，然后将 UV 均匀地分布到 0 到 1 的 UV 栅格空间，创建归一化的方形 UV 壳。

• 切割：分离选定边。

• 缝合：焊接选定边。

• 分割：沿连接到选定 UV 点的边将 UV 彼此分离，从而创建边界。

• 合并：将单独的 UV 壳合并到一起。

• 移动并缝合：沿选定边界附加 UV，并在编辑器视图中一起移动它们。

• 缝合到一起：通过在指定方向上朝一个壳移动另一个壳，将两条选定边缝合在一起。

（2）“修改”菜单命令。

该菜单包含可对当前选定 UV 执行的各种操作。

• 对齐：对齐选定 UV 的位置。

• 循环：旋转选定多边形的 U 值和 V 值。

• 分布 UV：跨所选轴均匀间隔 UV。

• 翻转：翻转选定 UV 的位置。

• 线性对齐：沿穿过所有选定 UV 的线性趋势线对齐所选定的 UV。

• 匹配栅格：将每个选定 UV 移动到 UV 空间中最近的栅格交点处。

• 匹配 UV：将特定容差距离内的选定 UV 移动到所有各个位置的平均位置。

• 归一化：将选定面的 UV 缩放到 0 到 1 纹理空间内。

• 旋转：围绕枢轴旋转选定 UV。

• 对称：选择该选项后，选择要绕其对称的边。

• 单位化：将选定面的 UV 放置到 0 到 1 纹理空间的边界上。

• 分布壳：在所选方向上分布选定 UV 壳，同时确保 UV 壳之间相隔一定数量的单位。

• 壳填充：指定要在壳之间保留的空间大小。

• 聚集壳：将选定 UV 壳移回到 0 到 1 的 UV 范围。

• 排布：根据“排布 UV 选项”对话框中的设置，尝试将 UV 壳重新排列到一个更干净的布局中。

• 定向壳：旋转选定 UV 壳，使其与最近的相邻 U 或 V 轴平行。

• 捕捉和堆叠：通过使选定 UV 相互重叠，将多个 UV 壳移动到另一个 UV 壳之上。壳始终朝最后一个选定 UV 移动。

• 捕捉到一起：通过使选定 UV 相互重叠，将一个 UV 壳移动到另一个 UV 壳上。

• 堆叠壳：将所有选定 UV 壳移动到 UV 空间的中心，使其重叠。

- 堆叠类似的壳：仅将拓扑类似的壳彼此堆叠。
- 取消堆叠壳：移动所有选定 UV 壳，使其不再重叠，同时保持相互靠近。
- 映射边界：将 UV 边界移动到 0 到 1 纹理空间的边上。
- 优化：展开所有 UV，使它们更易于使用。
- 拉直壳：尝试沿 UV 壳的边界 / 在 UV 壳的边界内解开所有 UV。
- 拉直 UV：将彼此共同位于特定角度内的 UV 与相邻 UV 对齐。
- 展开：可用于为多边形对象展开 UV 网格，并且会避免创建重叠 UV。
- 扭曲图像：通过比较单个多边形网格上的两个 UV 集来修改纹理图像，并产生新的位图图像。

（3）“工具”菜单命令。

- 晶格：通过围绕 UV 创建晶格（出于变形目的），将 UV 的布局作为组进行操纵。
- 移动 UV 壳：可用于通过在壳上选择单个 UV 在 UV 编辑器的 2D 视图中选择并重新定位 UV 壳，可以自动防止已重新定位的 UV 壳与其他 UV 壳重叠。
- 平滑：可以按交互方式展开或松弛 UV。
- 涂抹：将选定 UV 及其相邻 UV 的位置移动到用户定义的一个缩小的范围。
- 调整：可用于在“UV 编辑器”对话框中重新定位 UV，无须使用操纵器。
- 优化：均匀隔开 UV。
- 展开：围绕接缝展开 UV，特别适用于对称的有机对象。
- 切割：沿边分离 UV。
- 抓取：选择 UV 并在基于笔刷的区域中沿拖动方向移动 UV。
- 固定：锁定 UV，使其他基于笔刷的操作无法移动它们。
- 收缩：向工具光标的中心拉近顶点。
- 缝合：沿边焊接 UV。

拓展练习

1. 为第 3 章和第 4 章创建的模型制作各种效果的材质。
2. 为第 3 章和第 4 章创建的模型添加不同的贴图效果。

第7章

基础动画

[7]

案例16 关键帧动画制作

案例描述

通过学习本案例，了解关键帧动画制作的原理，学会制作简单的关键帧动画。动画效果如图7–1所示。

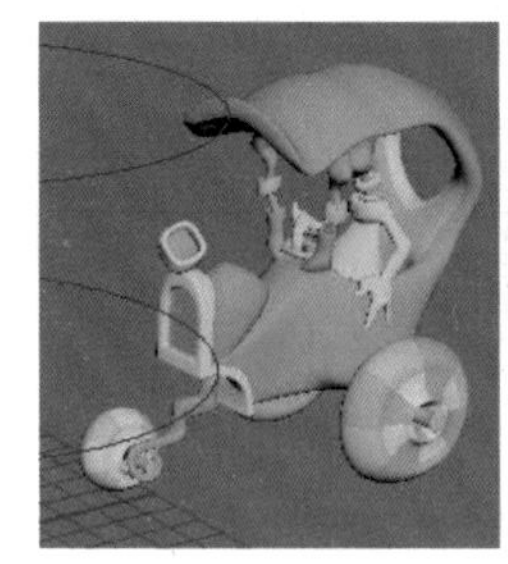
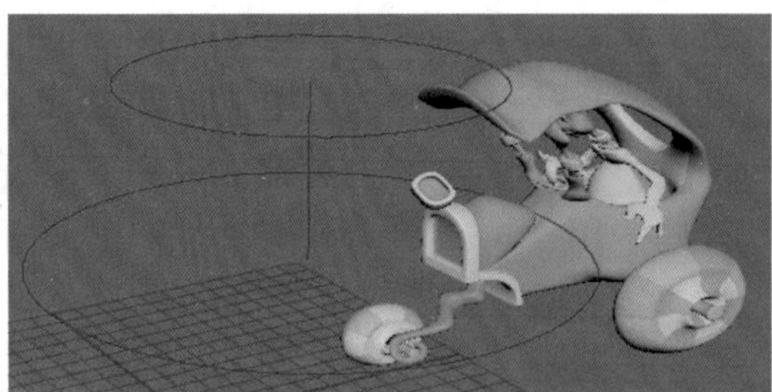
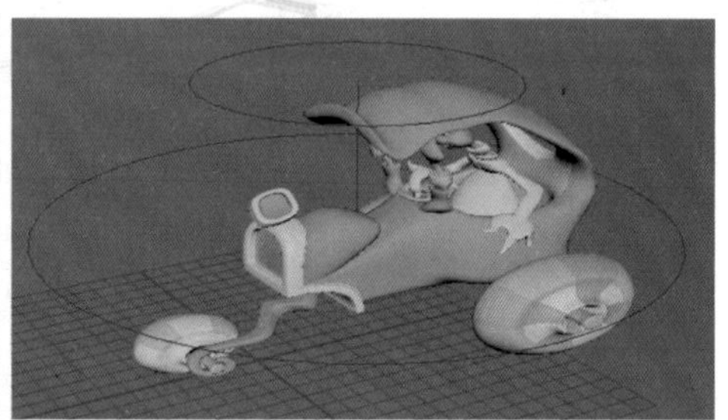
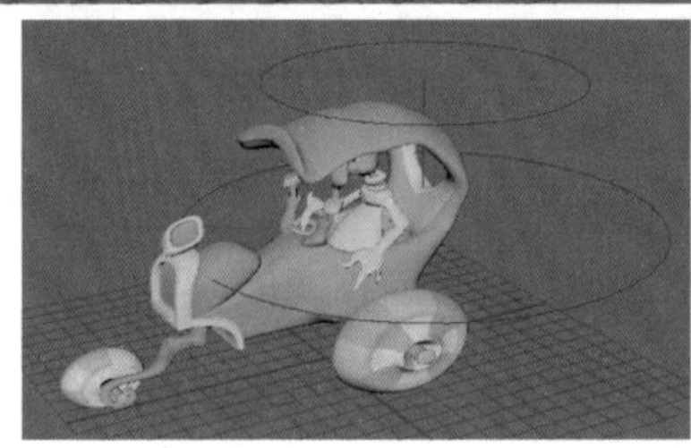
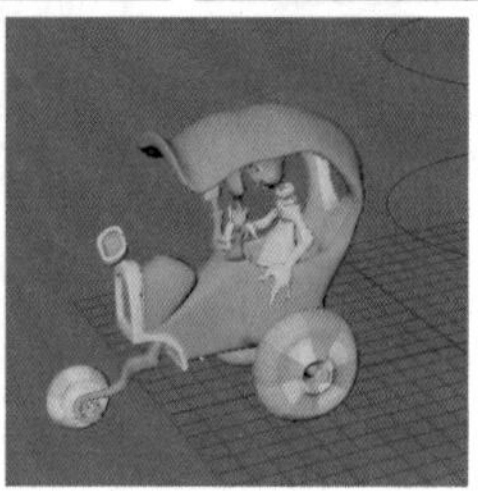

图7–1

学习目标

1. 知识目标

- 了解动画基本知识；
- 了解转台动画；
- 了解关键帧动画。

2. 技能目标

- 会创建转台动画；
- 会创建关键帧动画。

3. 素养目标

- 养成规范操作的习惯；
- 培养自主探究的学习能力。

操作步骤

（1）新建场景，保存文件，命名为“关键帧动画”。设置“动画结束时间”为 200，“播放范围结束时间”为 200。导入“三轮车”模型，放置在工作区右侧，如图 7–2 所示。把当前时间设置为 1，选择后轮，切换到侧视图，把“轴心点”移动到车轮的中心，如图 7–3 所示。执行“关键帧→设置关键帧”命令，或按【S】键，在 1 帧位置添加一个关键帧。时间轴上，添加关键帧的位置会以红色标记，如图 7–4 所示。

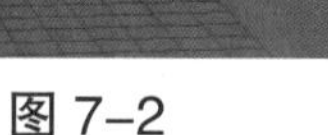
图 7–2

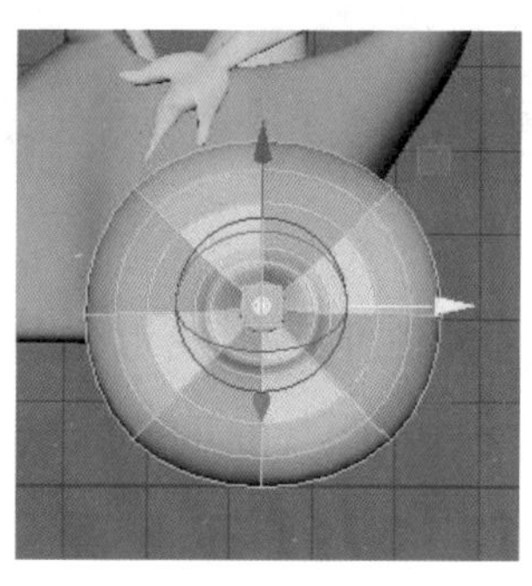
图 7–3

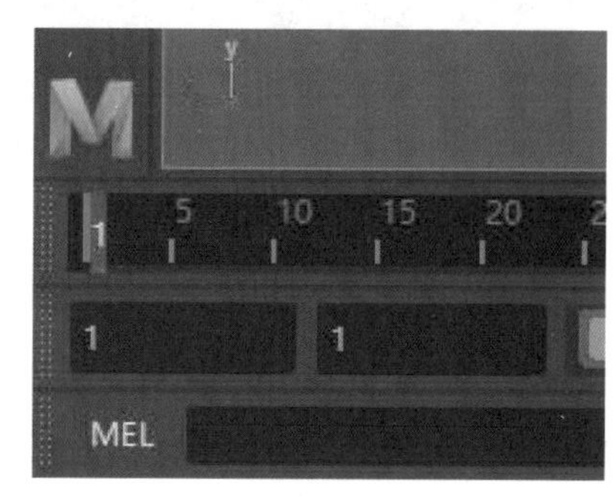

图 7–4

（2）把当前时间设置为 20，在通道盒修改“旋转 X”属性为 360，按【S】键添加关键帧。单击“播放”按钮可以预览动画效果，此时车轮旋转动画默认被设置了“缓入 / 缓出”的加速、减速效果。执行“窗口→动画编辑器→曲线图编辑器”命令，打开如图 7–5 所示的对话框。单击对话框上部的“线性切线”按钮，把运动曲线修改为如图 7–6 所示。再次单击“预览”按钮，发现动画已经修改为匀速播放。

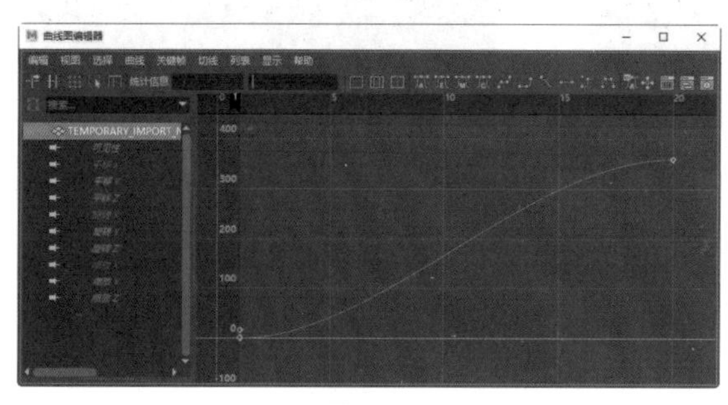
图 7–5

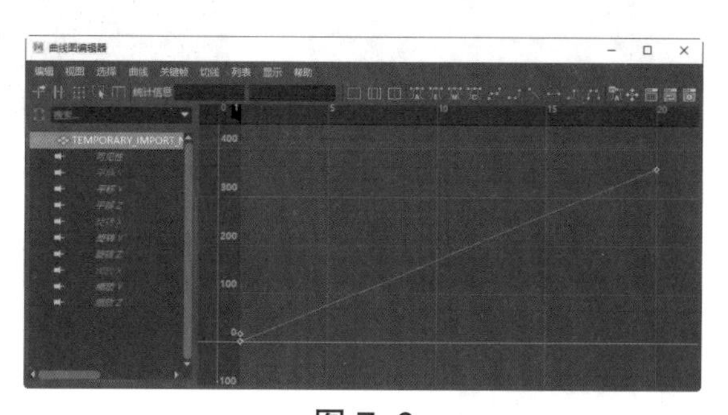
图 7–6

（3）在“曲线图编辑器”对话框中，执行“曲线→后方无限→循环”命令，设置车轮在第 20 帧以后循环前面的旋转动画，设置如图 7–7 所示。

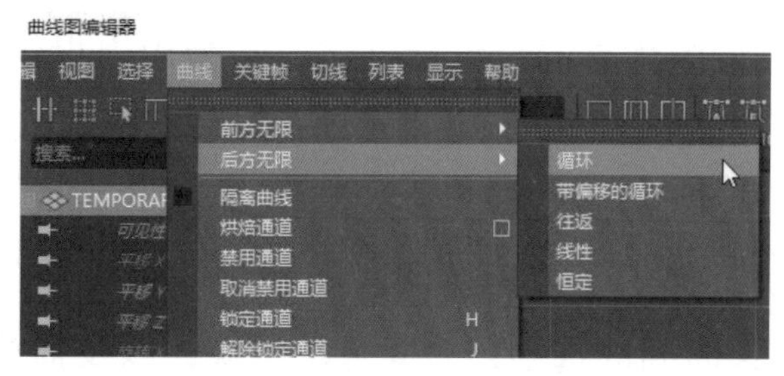

图 7–7

（4）重复以上步骤，为前轮制作旋转动画。

（5）框选全部组件，按【Ctrl+G】组合键，重命名组为 All，单击“中心枢轴”按钮，把当前时间设置为 1，选择“组”对象，按【S】键添加关键帧，效果如图 7-8 所示。把当前时间设置为 200，移动“组”到工作区左侧，按【S】键添加关键帧，效果如图 7-9 所示。

图 7-8

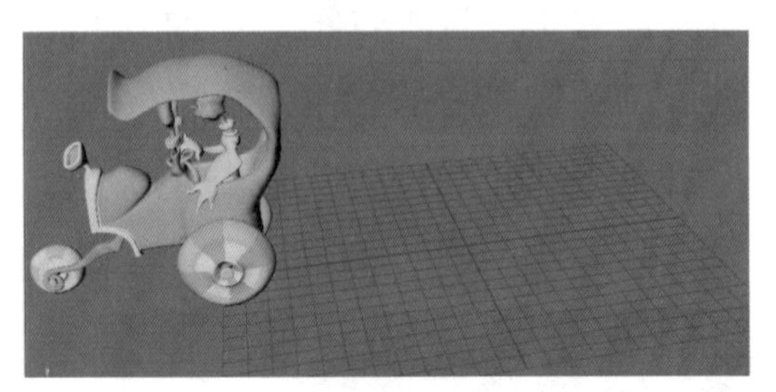
图 7-9

（6）为三轮车在第 80~140 区间制作扩张变形效果。选择 All 组，执行“变形→非线性→扩张”命令，效果如图 7-10 所示。把当前时间设置为 1，在通道盒中修改“Flare1handle Shape”属性，如图 7-11 所示，按【S】键添加关键帧。把当前时间设置为 80，在通道盒修改“Flare1handle Shape”属性，如图 7-12 所示，按【S】键添加关键帧。把当前时间设置为 140，在通道盒修改“Flare1handle Shape”属性，按【S】键添加关键帧。

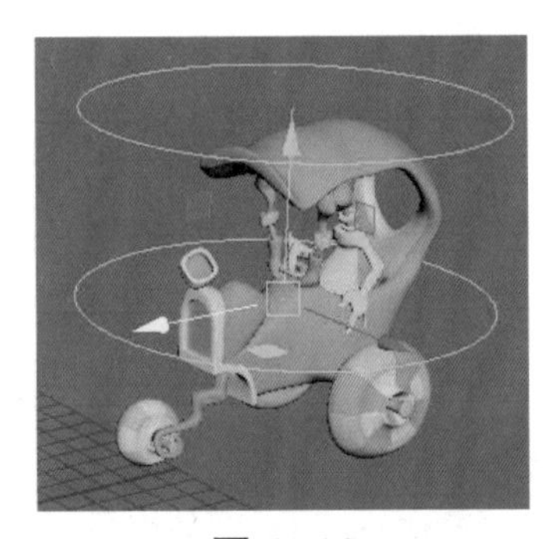
图 7-10

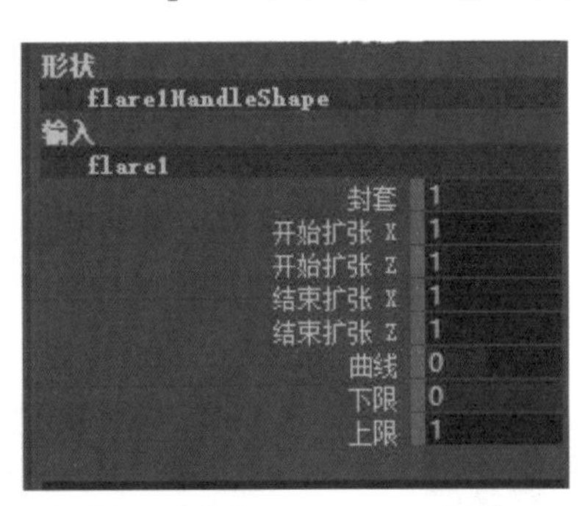

图 7-11

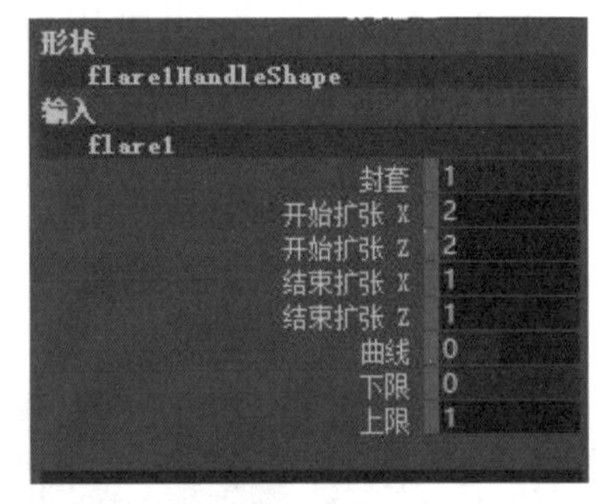

图 7-12

（7）播放预览动画，效果如图 7-1 所示。保存场景文件。

知识精讲

7.1 动画概述

Maya 作为目前世界上最为优秀的三维软件之一，为用户提供了非常强大的动画系统，如关键帧动画、路径动画、非线性动画、表达式动画和变形动画等。

1. 时间滑块

Maya 中的“时间滑块”提供了快速访问时间和关键帧设置的工具，包括设置动画开始时间和设置播放范围结束时间的选项，时间范围滑块，以及播放控制按钮等，如图 7-13 所示。

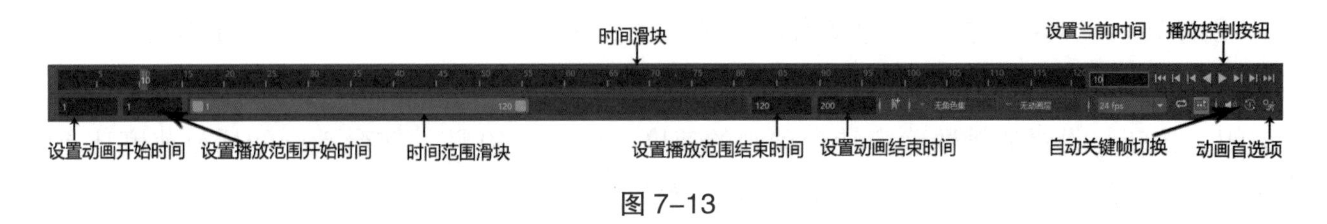

图 7–13

2. 动画首选项

在“时间轴”右侧单击“动画首选项”按钮，或执行“窗口→设置 / 首选项→首选项”命令，打开“首选项”对话框，在该对话框中可以设置动画和时间滑块的首选项，如图 7–14 所示。

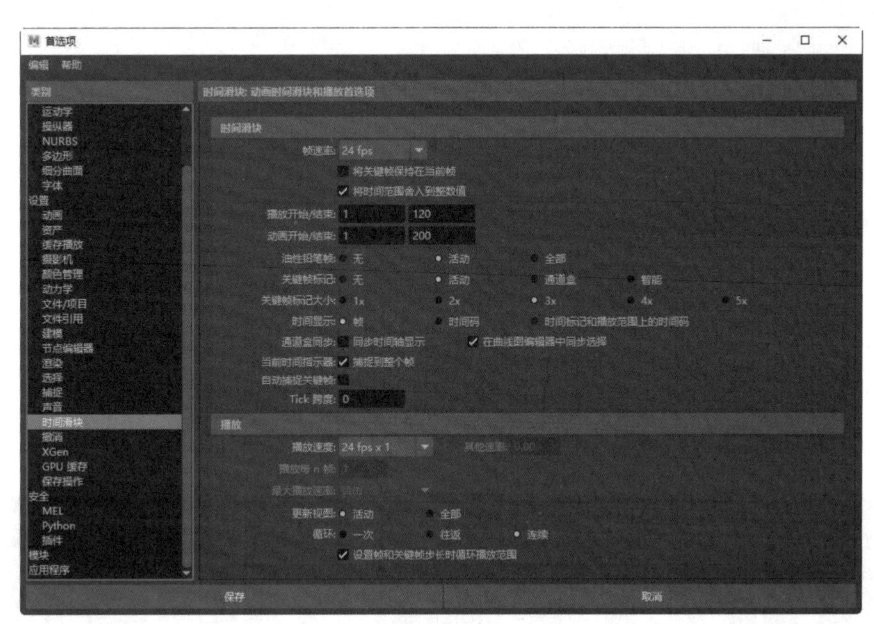

图 7–14

3. 播放预览动画

执行“播放→播放预览”命令，播放预览动画。

播放预览是一种快速预览，可用于绘制动画草图，从而提供最终渲染结果的逼真效果，而无须花费时间进行正式渲染。

默认情况下，“播放预览”使用活动视图和“时间滑块”中的当前时间范围生成影片或图像来确定动画范围，其默认比例为 0.5，其将使“播放预览”图像分辨率达到活动视图大小的四分之一。

7.2　转台动画

创建 3D 对象模型时，通常需要在创建过程中检查或评估模型。在 Maya 中，可以通过创建转台动画以 360 度的方式查看单个或多个对象。

转台动画由转台摄影机自动生成。在播放时，转台摄影机以 360 度围绕选定对象进行动态观察。从转台摄影机视图看去，似乎要查看的对象在 360 度旋转。

创建转台动画：选择要创建转台动画的对象，执行“动画→可视化→创建转台”命令，在出现的“动画转台选项”对话框中输入要查看转台的旋转的帧数，然后单击“应用”和“关闭”按钮。设置的帧数确定转台动画的速度。例如，60 帧的转台动画的播放速度比 120 帧的转台动画的播放速度快一倍。转台动画播放效果如图 7–15 所示。

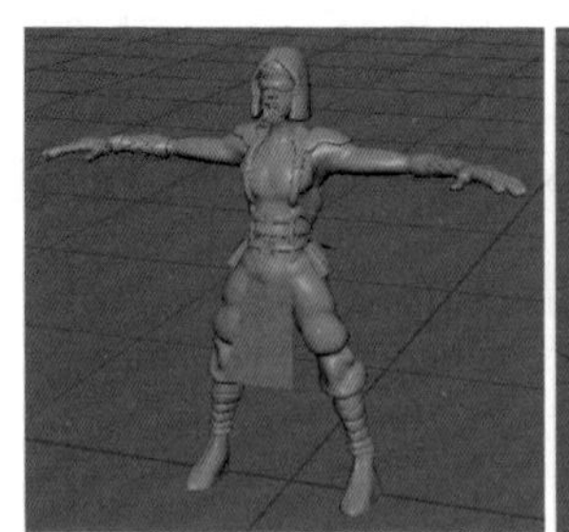
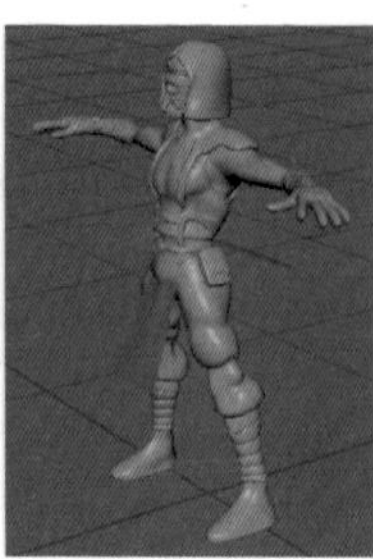
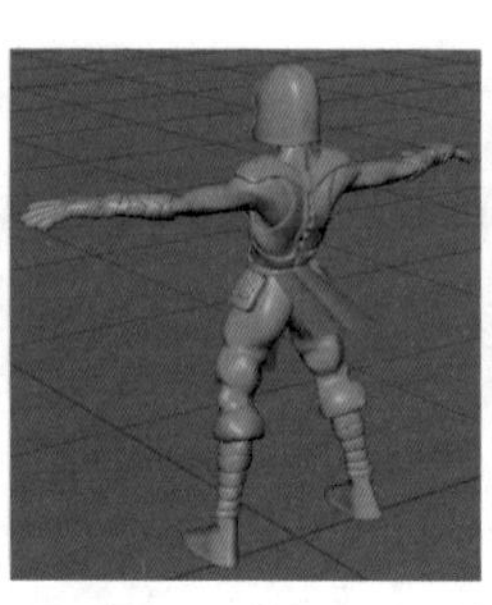
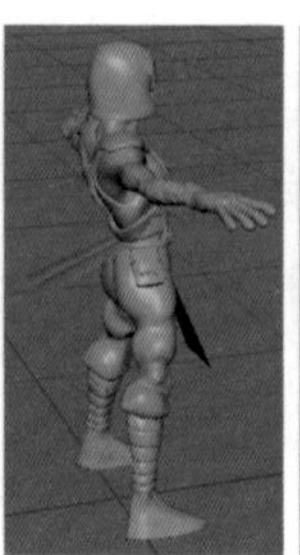
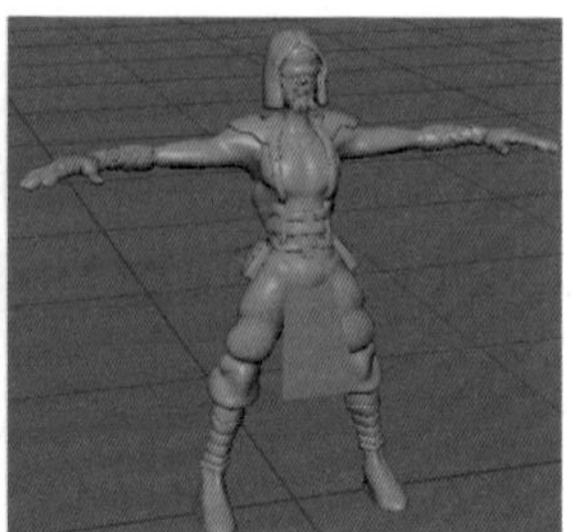

图 7–15

7.3 关键帧动画

在 Maya 动画系统中，使用最多的就是关键帧动画。所谓关键帧动画，就是在不同的时间（或帧）将能体现动画物体动作特征的一系列属性采用关键帧的方式记录下来，并根据不同关键帧之间的动作（属性值）差异自动进行中间帧的插入计算，最终生成一段完整的关键帧动画，如图 7–16 所示。

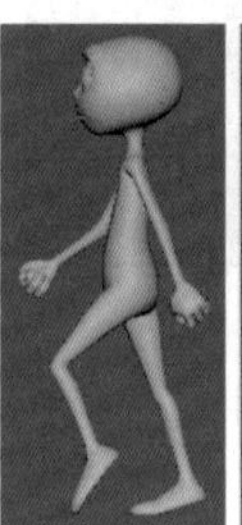
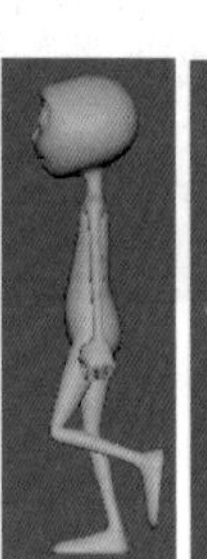

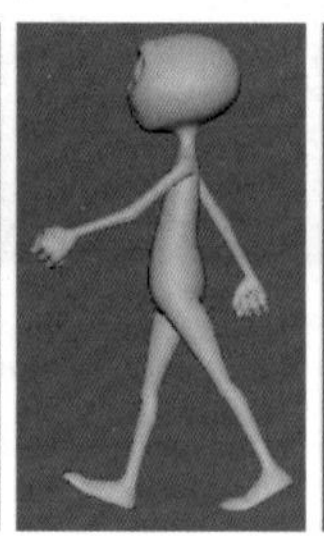
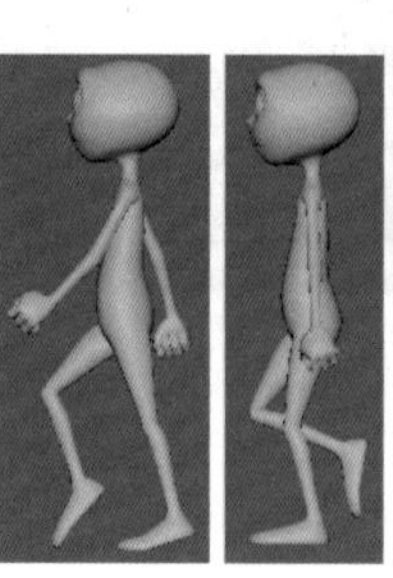
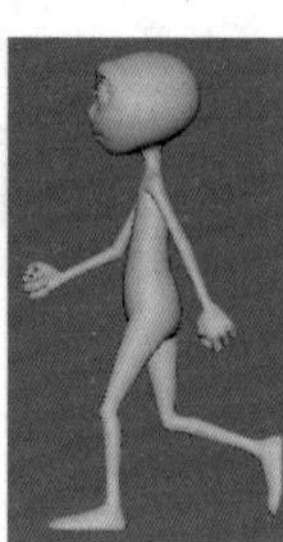

图 7–16

1. 通过菜单设置关键帧

切换到“动画”模块，执行相关命令可以完成一个关键帧的记录。具体步骤为：定义当前时间，选择要设置关键帧的物体，修改相应的物体属性，执行“关键帧→设置关键帧”命令或按【S】键，为当前属性记录一个关键帧。“设置关键帧选项”对话框如图 7–17 所示。

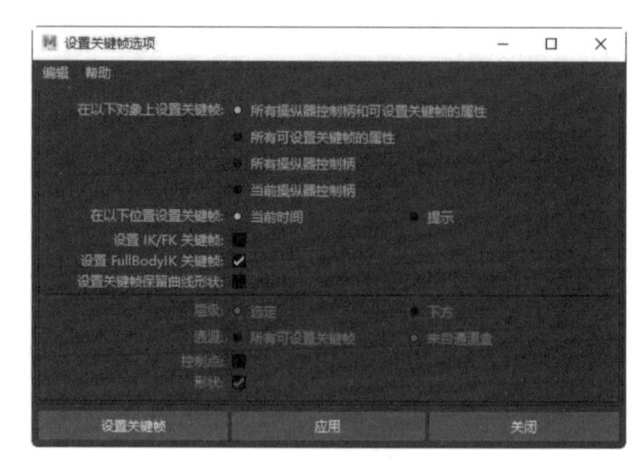

图 7–17

“设置关键帧选项”对话框各参数作用如下。

（1）在以下对象上设置关键帧。

指定将在哪些属性上设置关键帧。其提供了以下 4 个选项。

• 所有操纵器控制柄和可设置关键帧的属性：当选择该选项时，将为当前操纵器和选择物体的所有可设置关键帧属性记录一个关键帧，这是默认选项。

• 所有可设置关键帧的属性：当选择该选项时，将为选择物体的所有可设置关键帧属性记录一个关键帧。

• 所有操纵器控制柄：当选择该选项时，将为选择操纵器所影响的属性记录一个关键帧。例如，当使用“旋转工具”时，将只会为“旋转 X”“旋转 Y”“旋转 Z”属性记录一个关键帧。

• 当前操纵器控制柄：当选择该选项时，将为选择操纵器控制柄所影响的属性记录一个关键帧。例如，当使用“旋转工具”操纵器的 Y 轴手柄时，将只会为“旋转 Y”属性记录一个关键帧。

（2）在以下位置设置关键帧。

指定在设置关键帧时将采用何种方式确定时间。其提供了以下两个选项。

• 当前时间：当选择该选项时，只在当前时间位置记录关键帧。

• 提示：当选择该选项时，在执行“设置关键帧”按钮时会打开“设置关键帧”对话框，询问在何处设置关键帧。

（3）设置 IK/FK 关键帧。

当选择该选项时，在为一个带有 IK 手柄的关节链设置关键帧时，能为 IK 手柄的所有属性和关节链的所有关节记录关键帧，能够创建平滑的 IK/FK 动画。只有当“所有可设置关键帧的属性”选项处于选择状态时，这个选项才会有效。

（4）设置 FullBodyIK 关键帧。

当选择该选项时，可以为全身的 IK 记录关键帧，一般保持默认设置。

（5）层次。

指定在有组层级或父子关系层级的物体中，将采用何种方式设置关键帧。其提供了以下两个选项。

• 选定：当选择该选项时，将只在选择物体的属性上设置关键帧。

• 下方：当选择该选项时，将在选择物体和其子物体属性上设置关键帧。

（6）通道。

指定将采用何种方式为选择物体的通道设置关键帧。其提供了以下两个选项。

• 所有可设置关键帧：当选择该选项时，将在选择物体所有的可设置关键帧通道上记录关键帧。

• 来自通道盒：当选择该选项时，将只为当前物体从“通道盒 / 层编辑器”中选择的属性通道设置关键帧。

（7）设置关键帧保留曲线形状。

当选择该选项时，通过设置关键帧的值来控制曲线形状。

（8）控制点。

当选择该选项时，将在选择物体的控制点上设置关键帧。这里所说的控制点可以是

NURBS 曲面的 CV 控制点、多边形表面顶点或晶格点。如果在要设置关键帧的物体上存在许多控制点，那么 Maya 将会记录大量的关键帧，这样会降低 Maya 的操作性能，所以只有当非常有必要时才打开这个选项。

（9）形状。

当选择该选项时，将在选择物体的形状节点和变换节点设置关键帧；如果关闭该选项，将只在选择物体的变换节点设置关键帧。

2. 通过通道盒设置关键帧

在“通道盒 / 层编辑器”中设置关键帧也是最常用的方法之一，其操作步骤为：定义当前时间，选择要设置关键帧的物体，修改相应的物体属性，在“通道盒 / 层编辑器”中选择要设置关键帧的属性名称，在属性名称上右击，然后在弹出的快捷菜单中选择“为选定项设置关键帧”选项，如图 7–18 所示。

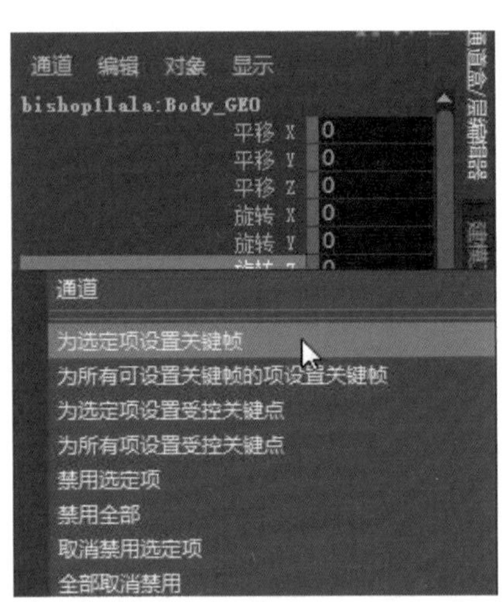

图 7–18

另外，还可以通过“属性编辑器”“曲线图编辑器”或“摄影表”来设置关键帧。

3. 自动关键帧

利用“时间轴”右侧的“自动关键帧切换”按钮可以为物体属性自动记录关键帧。这样只需要改变当前时间和调整物体属性数值，省去了每次执行“设置关键帧”命令的麻烦。

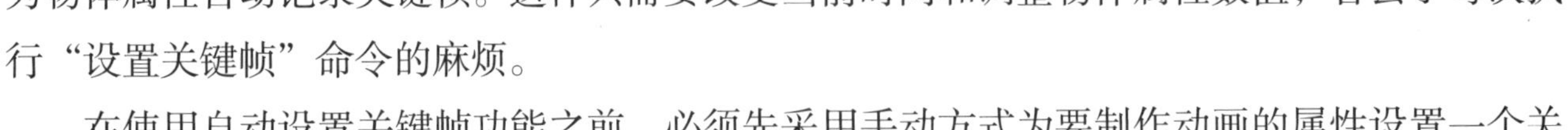

在使用自动设置关键帧功能之前，必须先采用手动方式为要制作动画的属性设置一个关键帧，这样自动设置关键帧功能才会发挥作用。

设置自动关键帧的步骤如下。

（1）先采用手动方式为要制作动画的物体属性设置一个关键帧。

（2）单击“自动关键帧切换”按钮，使该按钮处于开启状态。

（3）用鼠标左键在“时间轴”上拖曳时间滑块，确定要记录关键帧的位置。

（4）改变先前已经设置了关键帧的物体属性数值，这时在当前时间位置处会自动记录一个关键帧。

4. 曲线图编辑器

“曲线图编辑器”可以显示动画曲线，可以使用关键帧和动画曲线的可视表示形式编辑动画。两个关键帧之间的任何插值在“曲线图编辑器”对话框中会表示为动画曲线，如图 7–19 所示。

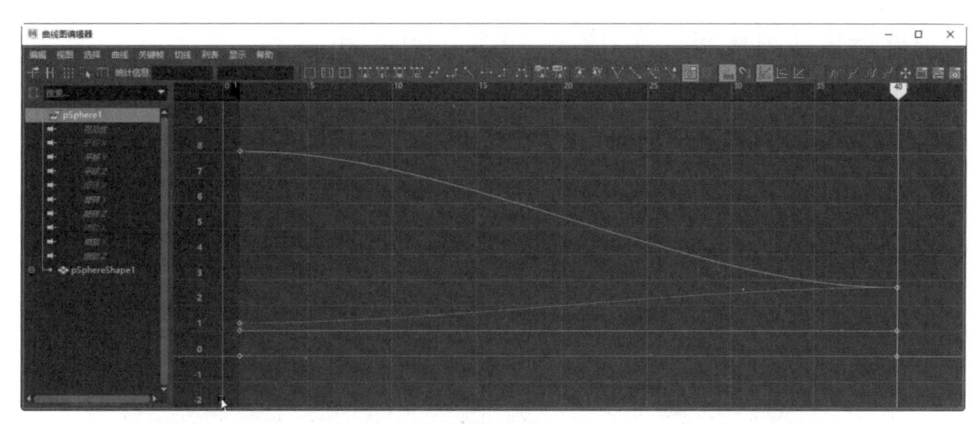

图 7–19

（1）将关键帧添加到曲线。

①在“曲线图编辑器”中选择该曲线。

②执行下列任一操作。

• 从工具栏中选择“插入关键帧”工具。

• 从菜单栏中选择“关键帧→添加关键帧”工具或“关键帧→插入关键帧”工具。

③拖曳选择曲线，单击鼠标中键在曲线上添加新的关键帧。

添加到曲线的所有关键帧都将具有与相邻关键帧相同的切线类型，以保持原始动画曲线分段的形状。一旦将关键帧添加到当前动画曲线，则可以选择关键帧并调整其设置。

（2）设定切线类型。

①在“曲线图编辑器”中，执行以下操作之一。

• 如果要为曲线中的所有切线设置相同的切线类型，那么选择曲线。

• 如果仅为特定关键帧之前和之后的曲线分段设置切线类型，那么选择曲线上的关键帧。

②从菜单栏中的“切线”菜单中选择一个选项，默认切线类型为“自动”。

如图 7–20 所示白色曲线是修改为“阶跃下一个”的效果。

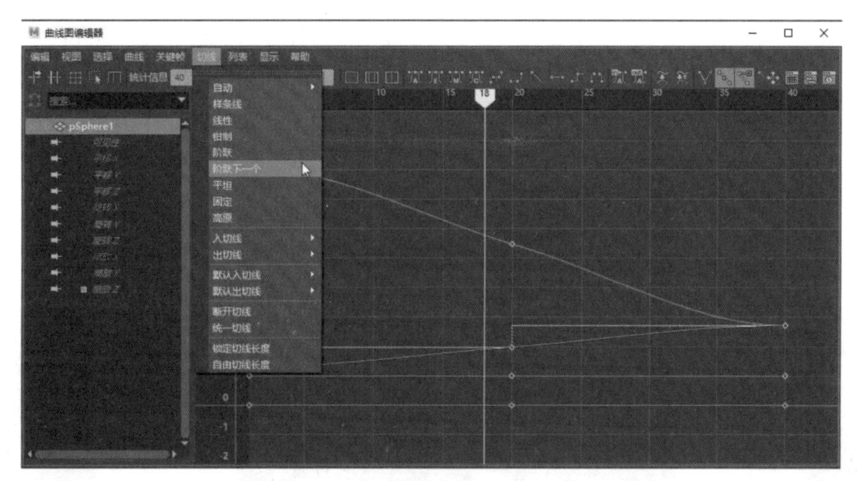

图 7–20

（3）使用关键帧切线修改曲线。

切线是每个“曲线图编辑器”关键帧上的控制柄，可用于调整关键帧的出入角度。利用切线，可以平滑或锐化动画移动，调节效果如图 7–21 所示。

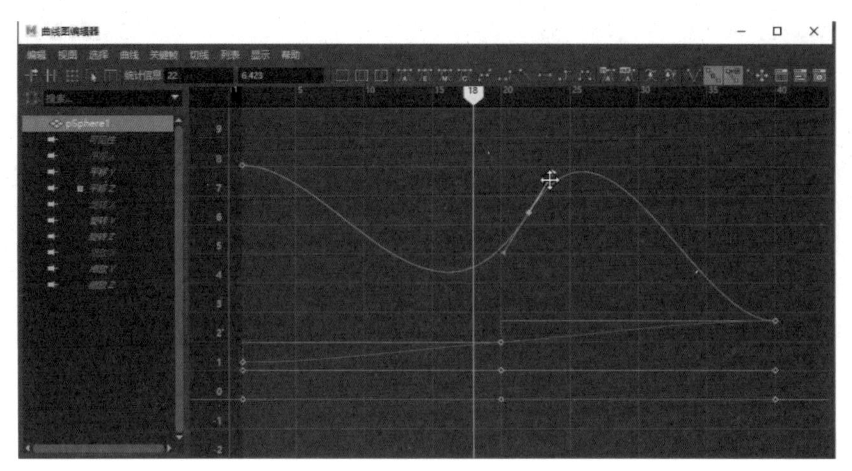

图 7–21

双击关键帧显示切线，然后选择一个关键帧进行拉伸，关键帧前后的曲线均会更改，这会影响关键帧的速度和距离。

选择切线控制柄时，该控制柄将会亮显。切线控制柄的另一侧将会体现移动切线的方式。分割切线，使其仅一侧受影响，可以从“曲线图编辑器”工具栏中选择“断开切线”，断开的切线在“视图”窗格中以虚线显示。此外，也可以锁定切线，以便在移动切线时只能更改其角度。锁定切线长度之后，其在“图表视图”中变为黑色。

7.4 变形

1. 晶格

选择图 7–22 所示的对象，然后选择“变形→晶格”选项，打开“晶格选项”对话框，进行相应的参数设置，如图 7–23 所示，添加晶格的效果如图 7–24 所示。调节晶格点，变形效果如图 7–25、图 7–26 所示。如果移动对象到晶格之外，则变形效果就会消失。如图 7–27 所示，当把对象部分移动到晶格之外时，晶格之外的对象会恢复原状，晶格之内的对象仍保留变形效果。

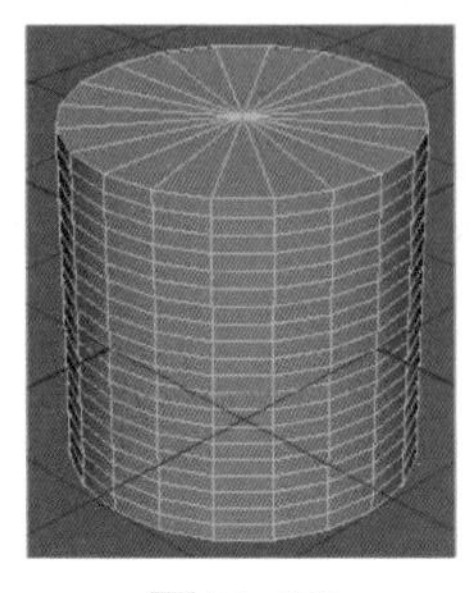

图 7–22

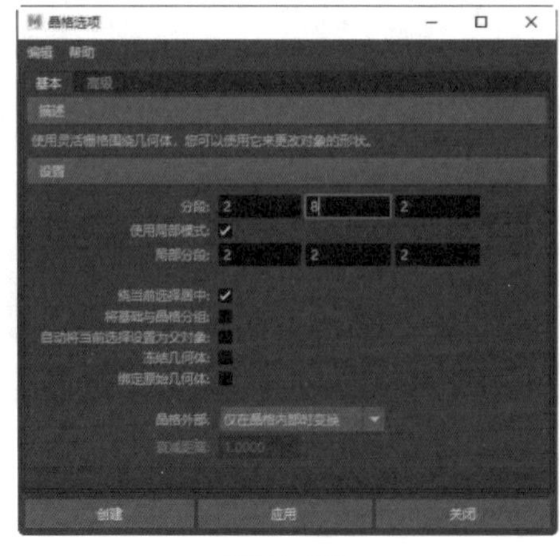

图 7–23

图 7–24

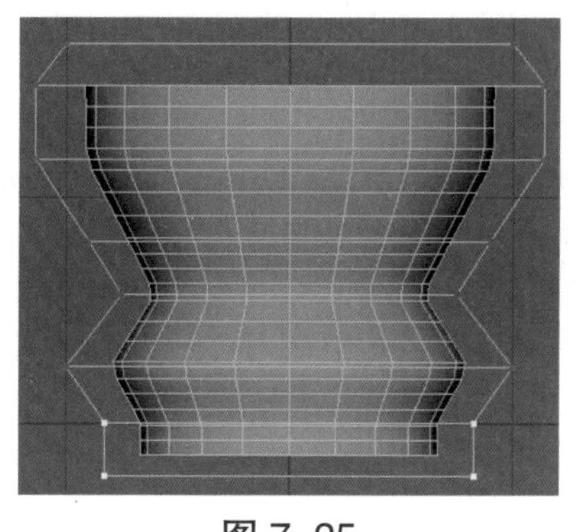
图 7-25

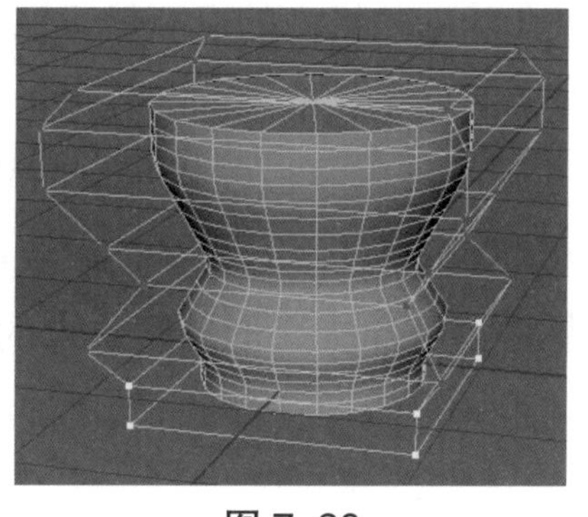
图 7-26

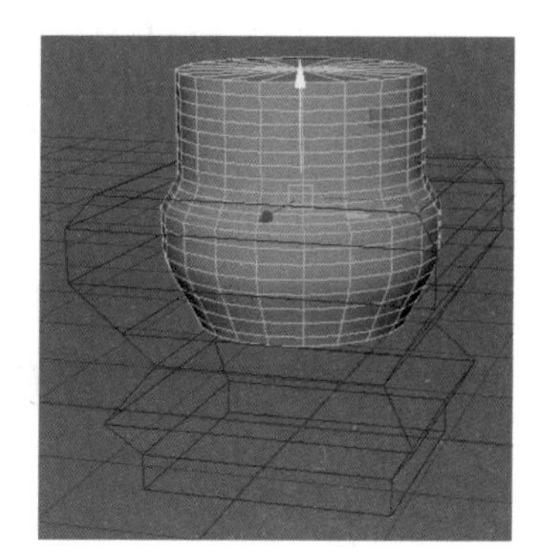
图 7-27

“晶格选项”对话框中“基本”选项卡各参数含义如下。

• 分段：指定晶格的局部 STU 空间中的晶格结构。STU 空间提供了指定晶格结构的特殊坐标系。

可以按 S 分段数、T 分段数和 U 分段数指定晶格的结构。当指定分段时，还可以间接指定晶格中的晶格点数量，因为这些晶格点位于分段与晶格外部会合的地方。分区数越大，晶格点分辨率越大。

• 使用局部模式：指定每个晶格点是否可以只影响附近（局部）的可变形对象的点，或可以影响所有可变形对象的点。启用该功能则可以指定“局部分段”。

局部分段仅在“局部模式”处于启用状态时可用。指定每个晶格点在晶格的局部 STU 空间方面的局部影响范围。默认设置为，S 有 2 个分段，T 有 2 个分段，同时 U 有 2 个分段。使用默认设置，每个晶格点只能影响离晶格点最多两个分段（在 S、T、或 U 中）的可变形对象的点。

• 绕当前选择居中：启用该功能可使晶格居中，禁用该功能可将晶格放在工作区原点。默认设置为启用。

• 将基础与晶格分组：指定是否将影响晶格和基础晶格编组在一起。对影响晶格和基础晶格分组允许同时变换（移动、旋转或缩放）两者，默认设置为禁用。默认情况下，不对影响晶格和基础晶格分组。

• 自动将当前选择设置为父对象：指定是否在创建变形器时将晶格设置为选定可变形对象的子对象。为它们建立父子关系允许同时变换（移动、旋转或缩放）两者。默认设置为禁用。

• 冻结几何体：指定是否冻结晶格变形映射。如果冻结（启用该功能），则在影响晶格内变形的对象组件将固定在晶格内，并仅受影响晶格的影响，即使变换（移动、旋转或缩放）对象或基础晶格也是如此。默认设置为禁用。

• 绑定原始几何体：将原始几何体绑定。

• 晶格外部：指定晶格变形器对其目标对象点的影响范围。允许变换所有对象的点，即使该对象的一部分位于晶格以外。

· 仅在晶格内部时变换：仅在基础晶格内的点变形。默认情况下，该功能处于启用状态。

· 变换所有点：所有目标对象的点（晶格内部和外部）都由晶格变形。

· 在衰减范围内则变换：基础晶格以及最多指定衰减距离内的点将被晶格变形。例如，如果将“衰减距离”设置为 2.0，那么将变形基础晶格以及最多 2 个晶格宽度内的点。

• 衰减距离：指定从基础晶格到受晶格变形器影响点的距离。衰减距离单位以晶格宽度测量。例如，一个 3.0 的“衰减距离”值将设置衰减距离为 3 个晶格宽度。

2. 弯曲

选择如图 7–28 所示的对象，执行“变形→非线性→弯曲”命令，打开图 7–29 所示的“弯曲选项”对话框，单击“创建”按钮为对象添加变形手柄，效果如图 7–30 所示；旋转变形手柄使之与对象重合，如图 7–31 所示；在通道盒设置属性，如图 7–32 所示；弯曲效果如图 7–33 所示。

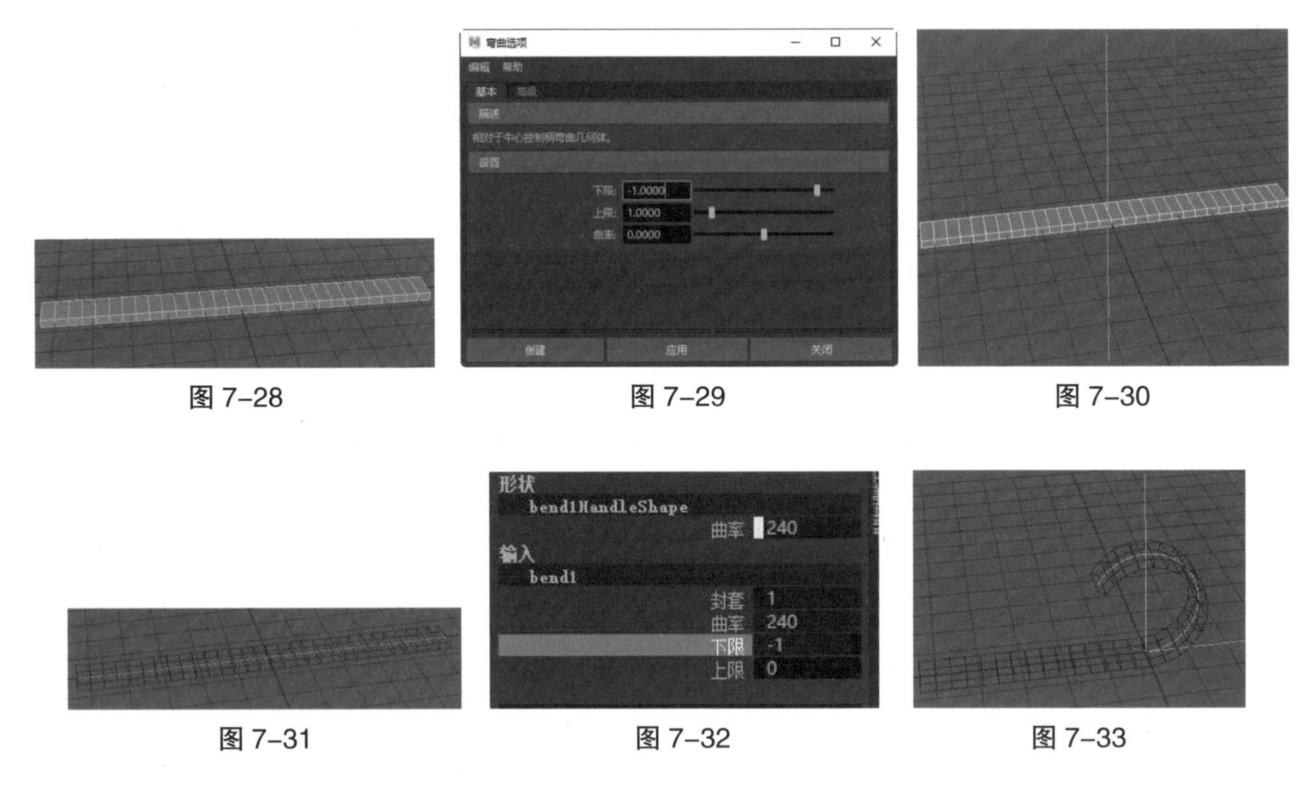

图 7–28　图 7–29　图 7–30

图 7–31　图 7–32　图 7–33

“弯曲选项”对话框中各选项参数含义如下。

（1）“基本”选项卡。

• 下限：指定沿弯曲变形器的负 Y 轴弯曲的下限，值可以是负数或零。使用滑块在 –10.0000 到 0.0000 的范围内选择值，默认值为 –1.0000。

• 上限：指定沿弯曲变形器的正 Y 轴弯曲的上限，值只能是正数（最小值为 0.0000）。使用滑块在 0.0000 到 10.0000 的范围内选择值，默认值为 1.0000。

• 曲率：指定弯曲量（以度为单位）。负值指定朝着弯曲变形器的负 X 轴弯曲，正值指定朝变形器的正 X 轴弯曲。默认值为 0，表示不指定任何弯曲。

（2）“高级”选项卡。

• 变形顺序：指定变形器节点在变形对象历史中如何放置。

• 排除：指定变形器集是否位于某个划分中。划分中的集不能有重叠的成员。如果启用该选项，“要使用的划分”和“新划分名称”选项将变为可用。默认设置为禁用。

• 要使用的划分：列出所有现有划分和默认选择“创建新划分”。如果选择“创建新划分”，可以编辑“新划分名称”字段以指定新划分的名称。只有当“排除”选项处于启用状态时才可以使用。

• 新划分名称：指定将包括变形器集的新划分的名称。

3. 扩张

创建一个多边形球体，执行“变形→非线性→扩张”命令，打开图 7–34 所示的“扩张选项”对话框，单击“创建”按钮，效果如图 7–35 所示；在通道盒设置属性，如图 7–36 所示；变形效果如图 7–37、图 7–38 所示。

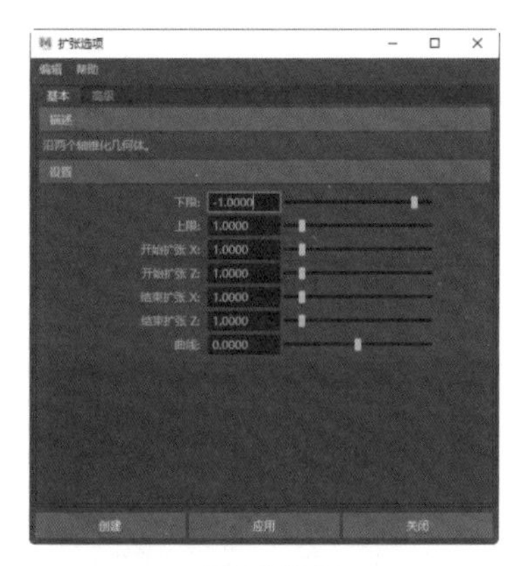

图 7–34

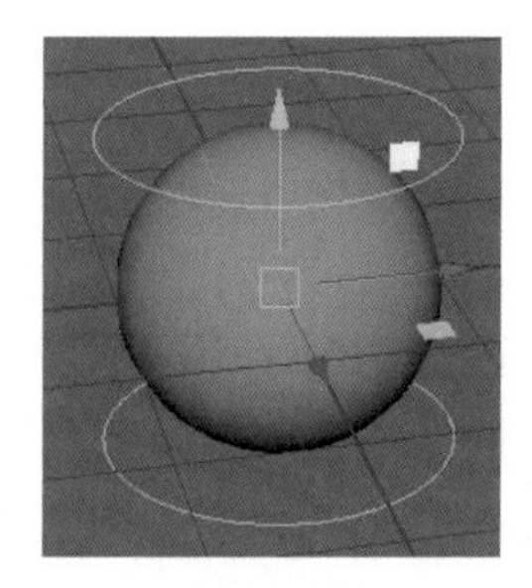

图 7–35

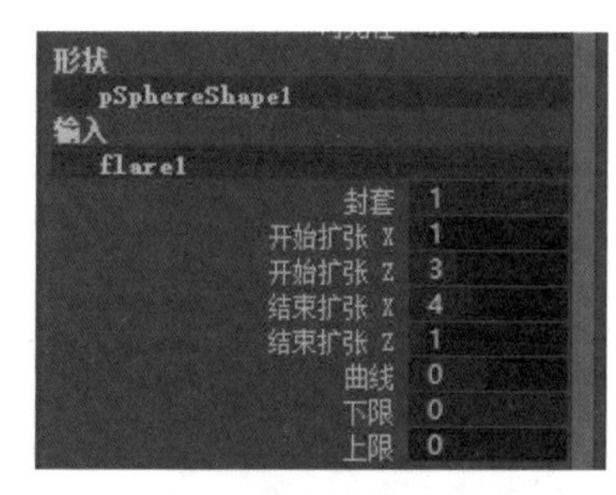

图 7–36

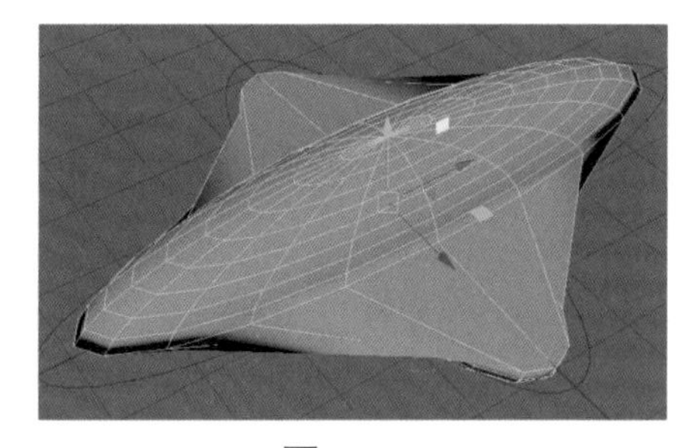

图 7–37

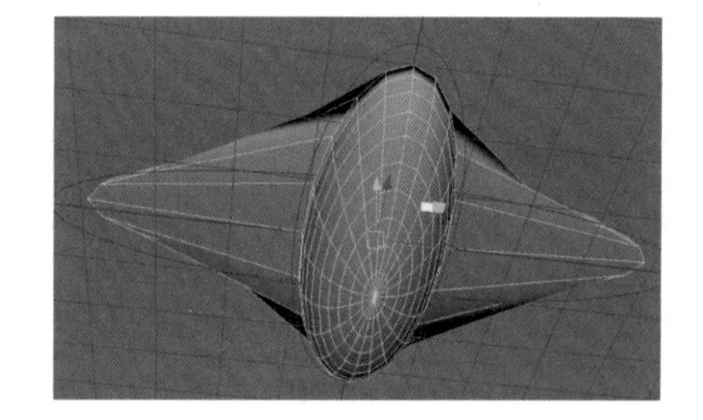

图 7–38

“扩张选项”对话框各选项参数含义如下。

• 下限：指定扩张在变形器的局部负 Y 轴上的较低界限。值可以是负数或零，使用滑块从 –10.0000 到 0.0000 的范围内选择值，默认值为 –1.0000。

• 上限：指定扩张在变形器的局部正 Y 轴上的较高界限。其值只能为正数（最小值为 0），可以使用滑块选择从 0.0000 到 10.0000 的值，默认值为 1.0000。

• 开始扩张 X：在“下限”中指定沿变形器 X 轴的扩张度。沿变形器的局部 X 轴进行扩张，具体因“曲线”的值而异。可以使用滑块选择从 0.0000 到 10.0000 的值，默认值为 1.0000。

• 开始扩张 Z：指定在“下限”处从变形器的 Z 轴扩张的量。沿变形器的局部 Z 轴扩张到“上限”，具体因“曲线”的值而异。可以使用滑块选择从 0.0000 到 10.0000 的值，默认值为 1.0000。

• 结束扩张 X：指定在“上限”处从变形器的 X 轴扩张的量。从“下限”开始扩张，并沿变形器的局部 X 轴扩张到“上限”，具体因“曲线”的值而异。可以使用滑块选择从 0.0000 到 10.0000 的值，默认值为 1.0000。

• 结束扩张 Z：在“上限”指定沿变形器 Z 轴的扩张度。从“下限”开始扩张，并沿变形器的局部 Z 轴扩张到“上限”，具体因“曲线”的值而异。可以使用滑块选择从 0.0000 到 10.0000 的值，默认值为 1.0000。

• 曲线：指定在“下限”和“上限”之间曲率（扩张曲线的剖面）的量。值为 0 指定无曲率（线性插值），正值指定向外凸起曲率，负值指定向内凹进曲率。可以使用滑块选择从 0.0000 到 10.0000 的值，默认值为 0.0000。

4. 扭曲

选择如图 7–39 所示的对象，执行“变形→非线性→扭曲”命令，打开“扭曲选项”对话框，设置如图 7–40 所示，单击“创建”按钮，效果如图 7–41 所示。

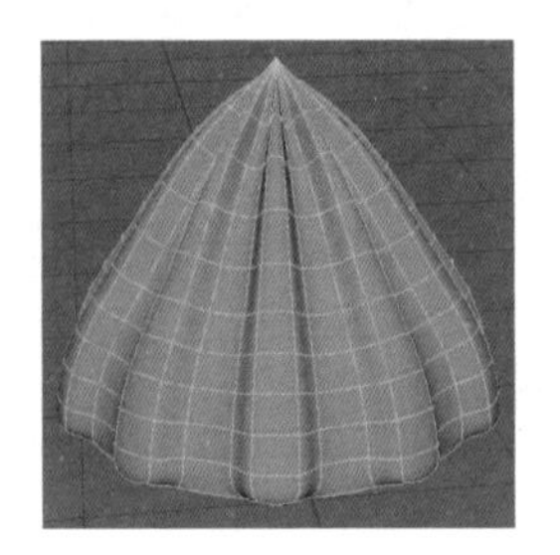

图 7–39

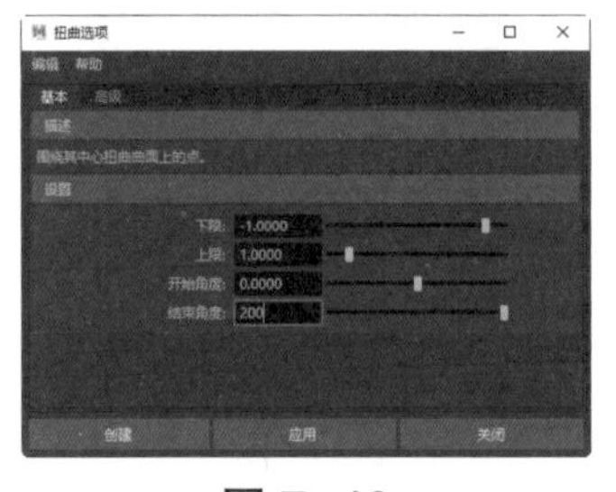

图 7–40

图 7–41

“扭曲选项”对话框中各选项参数含义如下。

• 下限：指定在变形器的局部 Y 轴上开始角度扭曲的位置，值必须为负数或零。使用滑块选择从 –10.0000 到 0.0000 的值，默认值为 –1.0000。

• 上限：指定在变形器的局部 Y 轴上结束角度扭曲的位置，值必须为正数。使用滑块选择从 0.0000 到 10.0000 的值，默认值为 1.0000。

• 开始角度：指定在变形器控制柄局部负 Y 轴上的下限位置处扭曲的度数。使用滑块选择从 –10.0000 到 10.0000 的值，默认值为 0.0000。

• 结束角度：指定在变形器控制柄局部正 Y 轴上的上限位置处扭曲的度数。使用滑块选择从 –10.0000 到 10.0000 的值，默认值为 0.0000。

案例 17 受驱动关键帧动画制作

案例描述

通过本案例的学习，了解受驱动关键帧动画制作的原理，学会受驱动关键帧动画制作的方法，动画效果如图 7–42 所示。

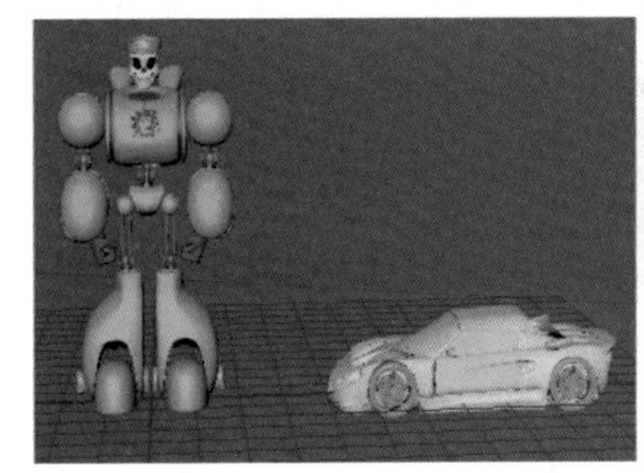

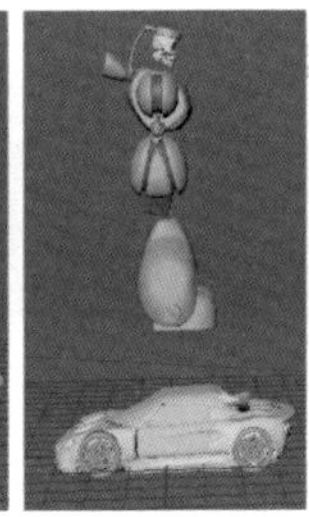

图 7–42

学习目标

1. 知识目标

- 了解受驱动关键帧动画。

2. 技能目标

- 会制作受驱动关键帧动画。

3. 素养目标

- 养成规范操作的习惯；
- 培养自主探究的学习能力。

操作步骤

（1）新建场景，命名为“受驱动关键帧动画”，保存文件。设置“动画结束时间”为 120，“播放范围结束时间”为 120。导入“汽车”“机器人”模型，放置在工作区，如图 7–43 所示。选择全部汽车组件，组合后命名为 car；选择全部机器人组件，组合后命名为 rbt。

（2）执行动画模块的“关键帧→设定受驱动关键帧→设置”命令，打开“设置受驱动关键帧”对话框。选择大纲视图的“car”，单击对话框的“加载驱动者”按钮，选择“rbt”，单击对话框的“加载受驱动者”按钮。选择“驱动者”栏的“平移 X”，同时选择“受驱动”栏的“平移 Y”“选择 Y”。单击“关键帧”按钮，如图 7-44 所示。

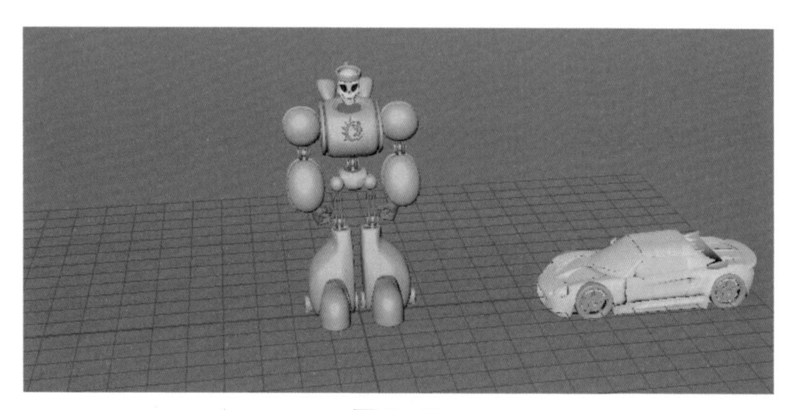

图 7-43

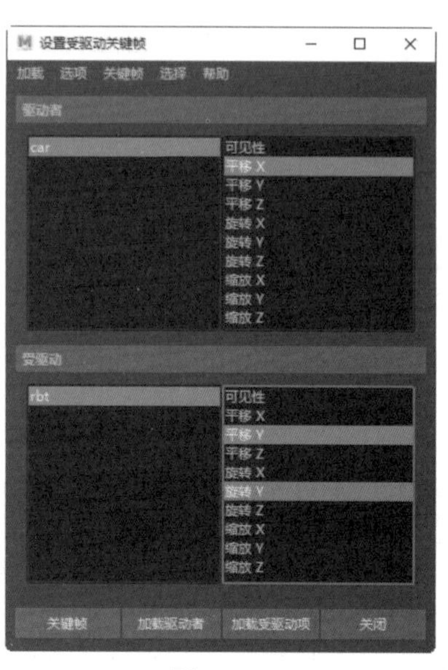

图 7-44

（3）把“car”平移到“rbt”的另一侧，如图 7-45 所示。再次单击“关键帧”按钮。把“car”平移到“rbt”的正下方，把“rbt”沿 Y 轴平移同时沿 Y 轴旋转 90°，如图 7-46 所示。沿 Y 轴移动“car”，可以预览机器人腾空躲避汽车的动画效果。

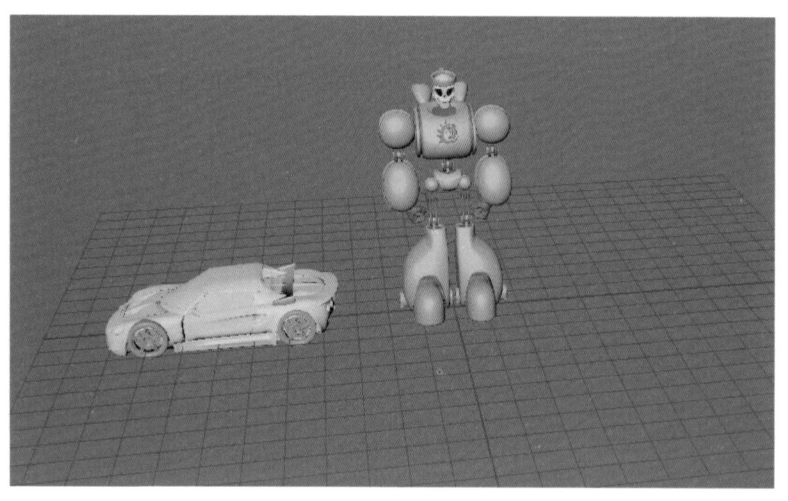

图 7-45

图 7-46

（4）关闭“设置受驱动关键帧”对话框。把当前时间设置为 1，选择“car”，移动到工作区右侧，按【S】键，添加一个关键帧。把当前时间设置为 120，选择“car”，按【S】键，添加一个关键帧。把当前时间设置为 60，选择“car”，移动到工作区左侧，按【S】键，添加一个关键帧。时间轴上，添加关键帧的位置会以红色标记。

（5）预览动画。每当汽车前进或后退到机器人附近时，机器人会腾空躲避汽车。预览完后保存场景文件。

知识精讲

7.5 受驱动关键帧动画

“受驱动关键帧”是 Maya 中一种特殊的关键帧，利用受驱动关键帧功能，可以将一个物体的属性与另一个物体的属性建立连接关系，通过改变一个物体的属性值来驱动另一个物体的属性值发生相应的改变。其中，能主动驱使其他物体属性发生变化的物体称为驱动物体，而受其他物体属性影响的物体称为被驱动物体。

“设置受驱动关键帧”对话框各选项参数设置如下。

1.“驱动者”列表

选定驱动者对象的名称显示在左列，对象的可设置关键帧属性显示在右列，在右列选择其中一项属性作为驱动者对象属性。

2.“受驱动”列表

选定受驱动对象的名称显示在左列，对象的可设置关键帧属性显示在右列，在右列选择其中一项属性作为受驱动对象属性。

3.“加载”菜单

（1）作为驱动者选择：将当前对象设定为驱动者对象。“作为驱动者选择”的功能等效于单击“设置受驱动关键帧”窗口中的“加载驱动者”按钮。

（2）作为受驱动项选择：将当前对象设定为受驱动对象。“作为受驱动项选择”的功能等效于单击“设置受驱动关键帧”窗口中的“加载受驱动项”按钮。

（3）当前驱动者：从驱动者列表中删除“当前驱动者”。

4.“选项”菜单

（1）加载时清除：启用时，加载驱动者或受驱动对象会导致删除“驱动者”或“受驱动”列表中的当前内容。禁用时，加载驱动者或受驱动对象会导致“驱动者”或“受驱动”列表中添加当前对象。

（2）加载形状：启用时，“驱动者”或“受驱动”列表的右手列中只会显示加载对象的形状节点属性。禁用时，“驱动者”或“受驱动”列表中只会显示加载对象的变换节点属性。

（3）自动选择：启用时，如果在“设置受驱动关键帧”对话框中选定某一对象，则场景视图中会自动选择该对象；禁用时，如果在“设置受驱动关键帧”对话框中选定某一对象，则场景视图中不会自动选择该对象。

（4）显示不可设置关键帧的属性：启用时，“驱动者”或“受驱动”列表的右手列中只会显示加载对象的可设定关键帧属性。禁用时，“驱动者”或“受驱动”列表的右手列中会显示加载对象的所有可设定关键帧属性和非可设定关键帧属性。

5.“关键帧”菜单

（1）设定：用它们的当前值链接所选“驱动者”和“受驱动”对象的属性，其功能等效于单击“设置受驱动关键帧”对话框中的“加载”按钮。

（2）“转到上一个”和“转到下一个”：循环查看当前对象受驱动属性的所有关键帧，并查看每一个关键帧处对象的状态。

6.“选择”菜单

受驱动项目：在场景视图的“受驱动”列表中选择当前对象。例如，如果在“受驱动”列表中选定了“圆锥体 1”，则通过执行“菜单→受驱动项目”命令选择场景视图中的“圆锥体 1”。

案例18　路径动画制作

案例描述

通过本案例，了解路径动画制作的原理，学会路径动画制作的方法。动画效果如图7–47所示。

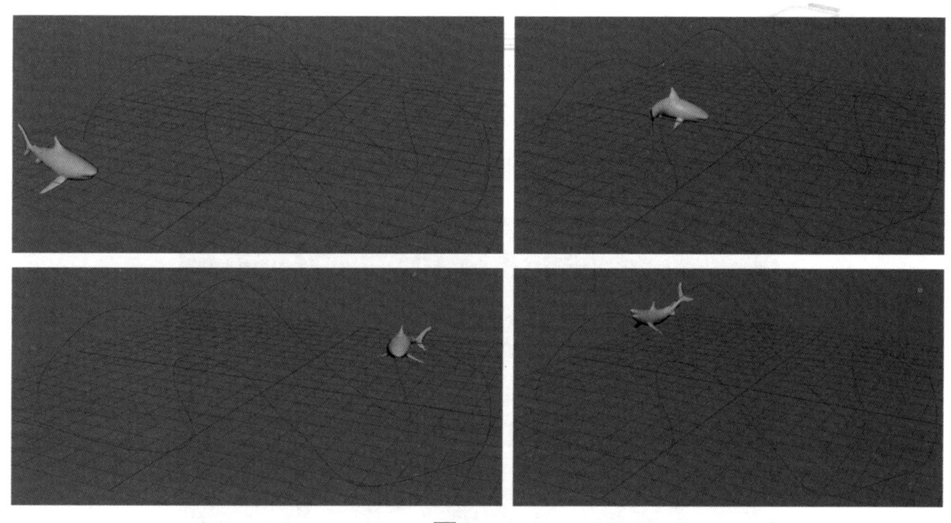

图7–47

学习目标

1. 知识目标

- 了解路径动画。

2. 技能目标

- 会制作路径动画。

3. 素养目标

- 养成规范操作的习惯；
- 培养自主探究的学习能力。

操作步骤

（1）新建场景，命名为“路径动画”，保存文件。设置“动画结束时间”为200，“播放范围结束时间”为200，创建如图7–48所示的CV曲线，然后进一步调整各控制点在Y轴的变化，最终效果如图 7–49 所示。

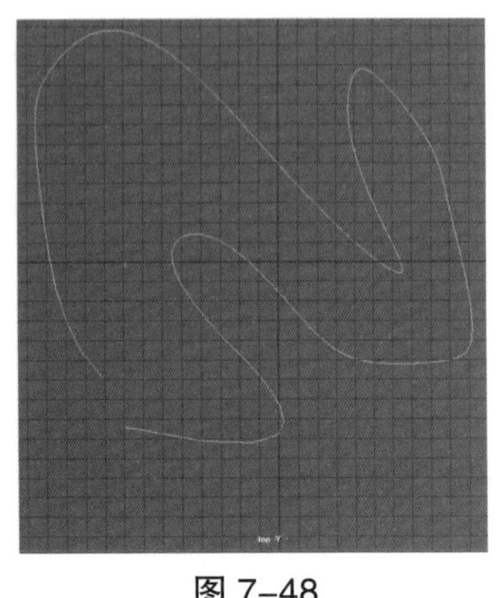

图 7–48

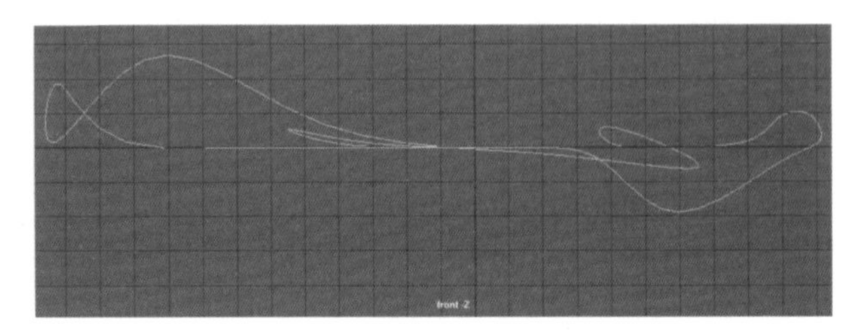

图 7–49

（2）导入“海豚”模型，如图 7–50 所示。选择海豚，然后按【Shift】键加选路径曲线，单击动画模块的“约束→运动路径→连接到运动路径”命令右侧的方框，打开“连接到运动路径选项”对话框。参数设置及动画效果如图 7–51 所示。

图 7–50

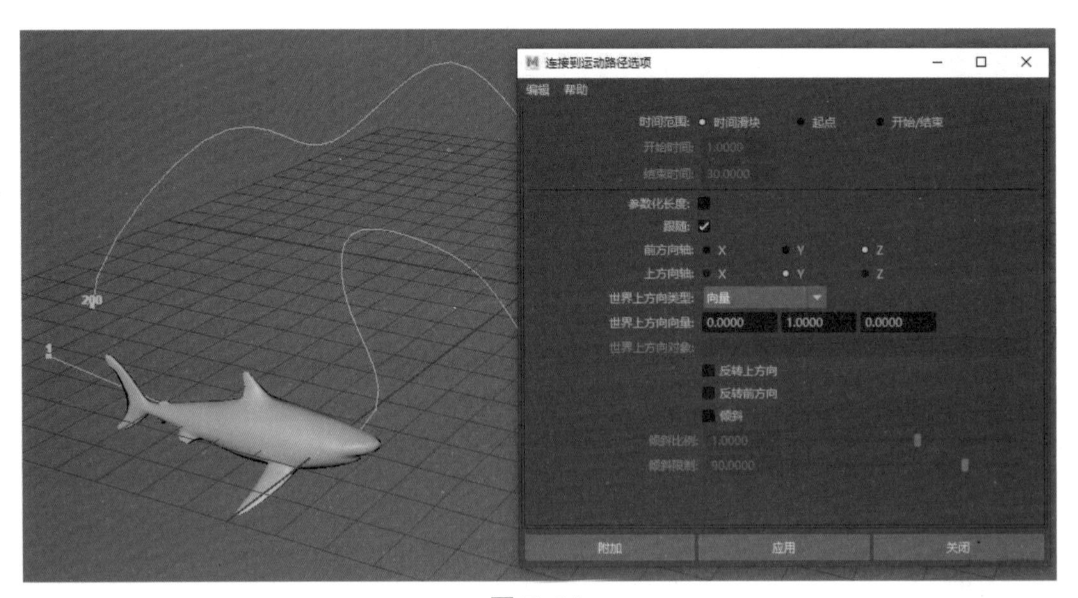

图 7–51

（3）预览动画发现海豚可以沿路径运动，只是在路径的转角处效果较生硬，如图 7–52 所示。选择海豚，单击“约束→运动路径→流动路径对象”右侧的方框，打开“流动路径对象选项”对话框，设置“分段”为 30，如图 7–53 所示。单击“流”按钮，效果如图 7–54 所示。

图 7–52

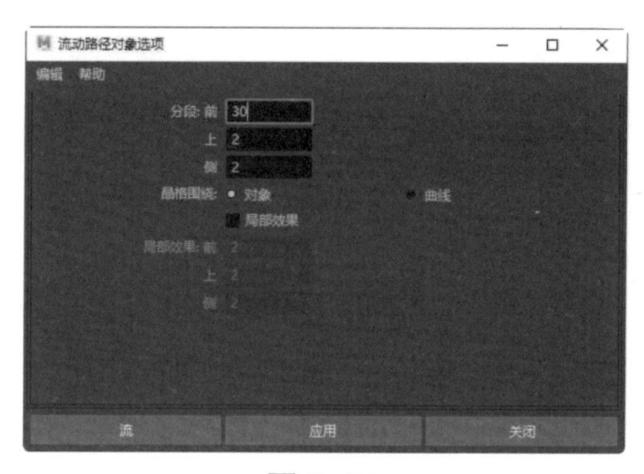

图 7–53

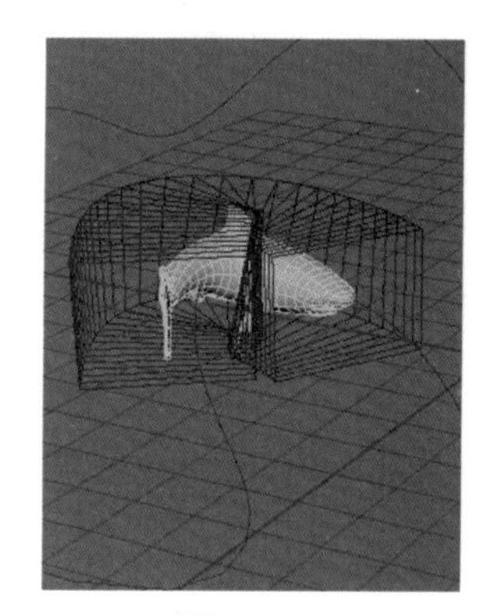

图 7–54

（4）预览动画，最终播放效果如图 7–47 所示。保存场景文件。

知识精讲

7.6　路径动画

为一个或多个在场景中沿既定三维路径移动的对象设置的动画称为“路径动画”。运动路径动画可以沿着指定形状的路径曲线平滑地让物体产生运动效果，其适用于表现汽车在公路上行驶、飞机在天空中飞行、鱼在水中游动等动画效果。

运动路径动画可以利用一条 NURBS 曲线作为运动路径来控制物体的位置和旋转角度，能被制作成动画的物体类型不仅是几何体，也可以利用运动路径来控制摄影机、灯光、粒子发射器或其他辅助物体沿指定的路径进行曲线运动。

“运动路径”菜单包括“连接到运动路径”“流动路径对象”“设定运动路径关键帧”3 个命令。

1. 连接到运动路径

“连接到运动路径选项”对话框中各选项参数含义如下。

• 时间范围：指定创建运动路径动画的时间范围，共有以下 3 种设置方式。

• 时间滑块：当选择该选项时，将按照在“时间轴”上定义的播放开始和结束时间来指定一个运动路径动画的时间范围。

• 起点：当选择该选项时，下面的“开始时间”选项才起作用，可以通过输入数值的方式来指定运动路径动画的开始时间。

• 开始 / 结束：当选择该选项时，下面的“开始时间”和“结束时间”选项才起作用，可以通过输入数值的方式来指定一个运动路径动画的时间范围。

• 开始时间：当选择“起点”或“开始 / 结束”选项时，该选项才可用，利用该选项可以指定运动路径动画的开始时间。

• 结束时间：当选择“开始 / 结束”选项时，该选项才可用，利用该选项可以指定运动路径动画的结束时间。

• 参数化长度：指定 Maya 用于定位沿曲线移动的对象的方法。

• 跟随：当选择该选项时，在物体沿路径曲线移动时，Maya 不但会计算物体的位置，也将计算物体的运动方向。

• 前方向轴：指定物体的哪个局部坐标轴与向前向量对齐，提供了 X、Y、Z 3 个选项。

• X：当选择该选项时，指定物体局部坐标轴的 X 轴向与向前向量对齐。

• Y：当选择该选项时，指定物体局部坐标轴的 Y 轴向与向前向量对齐。

• Z：当选择该选项时，指定物体局部坐标轴的 Z 轴向与向前向量对齐。

• 上方向轴：指定物体的哪个局部坐标轴与向上向量对齐，提供了 X、Y、Z 3 个选项。

• X：当选择该选项时，指定物体局部坐标轴的 X 轴向与向上向量对齐。

• Y：当选择该选项时，指定物体局部坐标轴的 Y 轴向与向上向量对齐。

• Z：当选择该选项时，指定物体局部坐标轴的 Z 轴向与向上向量对齐。

• 世界上方向类型：指定上方向向量对齐的世界上方向向量类型，共有以下 5 种。

• 场景上方向：指定上方向向量尝试与场景的上方向轴而不是与世界上方向向量对齐，世界上方向向量将被忽略。

• 对象上方向：指定上方向向量尝试对准指定对象的原点，而不是与世界上方向向量对齐，世界上方向向量将被忽略。

• 对象旋转上方向：指定相对于一些对象的局部空间而不是场景的世界空间来定义世界上方向向量。

• 向量：指定上方向向量，尝试尽可能紧密地与世界上方向向量对齐。世界上方向向量是相对于场景世界空间来定义的，这是默认设置。

• 法线：被指定的轴将尝试匹配路径曲线的法线。曲线法线的插值不同，这具体取决于路径曲线是否是世界空间中的曲线或是否是曲面曲线上的曲线。

• 世界上方向向量：指定世界上方向向量相对于场景的世界空间方向，因为 Maya 默认的世界空间是 Y 轴向上，因此默认值为（0，1，0），即表示世界上方向向量将指向世界空间的 Y 轴正方向。

• 世界向上对象：该选项只有设置“世界上方向类型”为“对象上方向”或“对象旋转上方向”选项时才起作用，可以通过输入物体名称来指定一个世界向上对象，使向上向量总是尽可能尝试对齐该物体的原点，以防止物体沿路径曲线运动时发生意外翻转。

• 反转上方向：当选择该选项时，“上方向轴”将尝试用向上向量的相反方向对齐它自身。

• 转向前方向：当选择该选项时，将反转物体沿路径曲线向前运动的方向。

• 倾斜：当选择该选项时，使物体沿路径曲线运动时，在曲线弯曲位置会朝向曲线曲率中心倾斜，就像摩托车在转弯时总是向内倾斜一样。只有当选择“跟随”选项时，“倾斜”选项才起作用。

• 倾斜比例：设置物体的倾斜程度，较大的数值会使物体倾斜效果更加明显。如果输入一个负值，物体将会向外侧倾斜。

• 倾斜限制：限制物体的倾斜角度。如果增大“倾斜比例”数值，物体可能在曲线上曲率大的地方产生过度的倾斜，利用该选项可以将倾斜效果限制在一个指定的范围之内。

2. 流动路径对象

使用“流动路径对象”命令可以沿当前运动路径或围绕当前物体周围创建晶格变形器，使物体沿路径曲线运动的同时也能跟随路径曲线曲率的变化改变自身形状，创建出一种流畅的运动路径动画效果。

“流动路径对象选项”对话框各选项参数含义如下。

• 分段：代表将创建的晶格部分数。“前”“上”“侧”与创建路径动画时指定的轴相对应。

• 晶格围绕：指定创建晶格物体的位置。其提供了以下两个选项。

• 对象：当选择该选项时，将围绕物体创建晶格。这是默认选项。

• 曲线：当选择该选项时，将围绕路径曲线创建晶格。

• 局部效果：当围绕路径曲线创建晶格时，该选项将非常有用。如果创建了一个很大的晶格，多数情况下，可能不希望在物体靠近晶格一端时仍然被另一端的晶格点影响。例如，如果设置“晶格围绕”为“曲线”，并将“分段：前”设置为30，这意味着晶格物体将从路径曲线的起点到终点共有30个细分。当物体沿着路径曲线移动通过晶格时，它可能只被4~5个晶格分割度围绕。如果“局部效果”选项处于关闭状态，那么这个晶格中的所有晶格点都将影响物体的变形，这可能会导致物体脱离晶格，因为距离物体位置较远的晶格点也会影响到它。

• 局部效果：利用“前”“上”“侧”3个属性数值输入框，可以设置晶格能够影响物体的有效范围。一般情况下，设置的数值应该使晶格点的影响范围能够覆盖整个被变形的物体。

3. 设定运动路径关键帧

使用“设定运动路径关键帧”命令可以创建一个运动路径动画，其流程和制作关键帧动画的流程一样。要注意的是，在创建运动路径动画之前不需要创建作为运动路径的曲线，路径曲线会在设置运动路径关键帧的过程中被自动创建。

创建运动路径动画步骤如下。

（1）选择要使用运动路径设置动画的对象，并将其移动到开始位置。

（2）将当前时间设定为路径动画的开始时间。

（3）执行“约束→运动路径→设置运动路径关键帧”命令，将在指定的开始时间创建一条具有位置标记的CV曲线，如图7-55所示。

（4）增加当前时间并将对象移动到新位置。

（5）执行“约束→运动路径→设置运动路径关键帧”命令，将在开始时间标记到对象的当前位置（在该位置放置一个新标记）之间绘制一条跨度曲线，如图 7-56 所示。

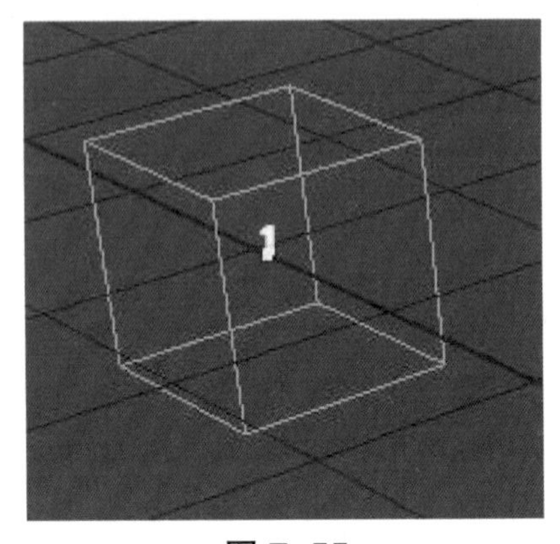

图 7-55

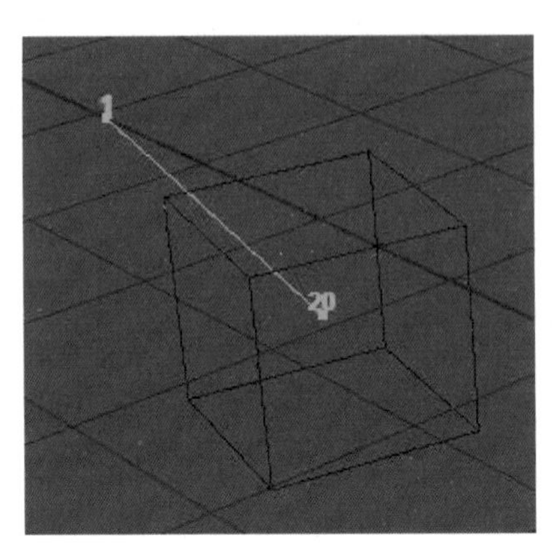

图 7-56

（6）重复以上步骤可以继续创建动画，如图 7-57 所示。

更改现有路径曲线的形状的方式：更改当前时间、将对象移动到新位置，并执行“约束→运动路径→设置运动路径关键帧”命令，如图 7-58 所示。

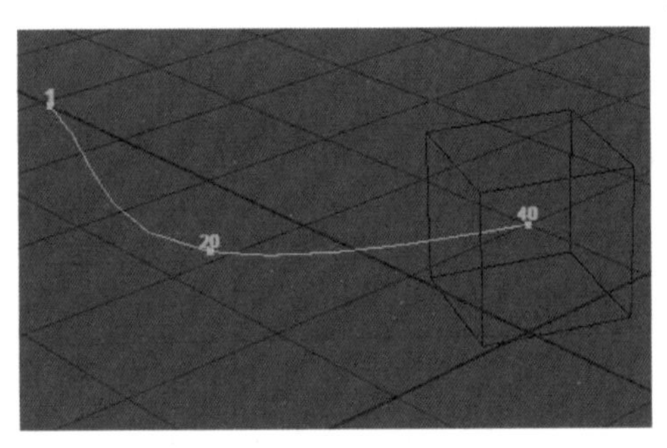

图 7-57

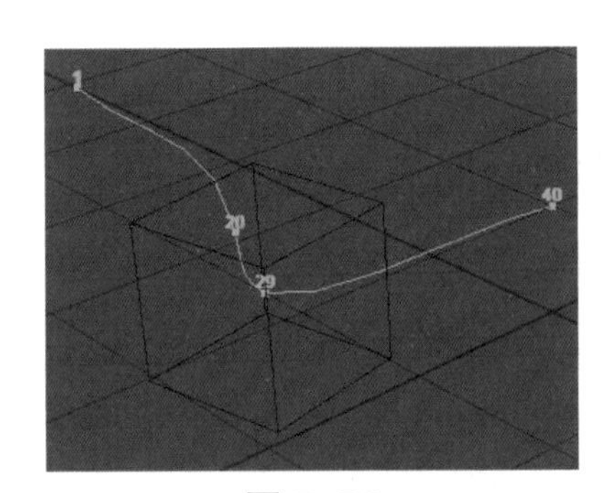

图 7-58

拓展练习

1. 练习制作不同效果的关键帧动画。
2. 自主练习制作受驱动关键帧动画、路径动画。
3. 熟练各种变形效果，制作各种变形动画。
4. 综合以上几种动画效果，创建复杂动画效果。